ライブラリ 現代の数学への道 3

現代の数学への道
集合と位相

遠藤 久顕 著

サイエンス社

サイエンス社のホームページのご案内
https://www.saiensu.co.jp
ご意見・ご要望は　rikei@saiensu.co.jp　まで.

●まえがき●

　本書は，集合と位相の基礎を解説した現代数学のための入門書である.

　集合は数学を記述するための言語であり，高度な数学を展開するために不可欠のものである．すべての数学は集合によって記述されるというのが現代数学の基本的な立場である．位相はひとつの集合に含まれる元どうしの結びつきを規定する概念であり，集合に与えられる最も基本的な構造のひとつである．集合と位相はいずれも優れた汎用性を備えているが，そのため抽象的で初学者にはなじみにくい概念である．本書では，これから現代数学を学ぼうとする読者に向けて，集合と位相に関する基礎事項を丁寧に解説する.

　本書には多くの数学的な概念が現れるが，それらを学ぶ動機やそれらの背後にある思想や直観の説明は含まれていない．本書の内容は集合と位相に関する素材を並べたものであり，読者に無味乾燥な印象を与えるかもしれない．一方で，読者が本書の内容を修得した後では，定義や定理が参照しやすく，ハンドブックとして使いやすいかもしれない．大学の講義などで教科書として使われる場合には，本書の不備が教員の説明によって補われることを期待している.

　本書では**定理**や**補題**の証明をできるかぎり丁寧に述べた．また，**例題**や**問題**には詳しい解答を与えた．文中に読者が説明を補う必要のある箇所はさほど多くない（**例**には証明をつけていないので，読者がそれを補う必要がある）．詳細な記述を行った理由のひとつは，「自ら証明を補いながら数学の専門書を読む」という作業のサンプルを読者に示したいと考えたためである．読者がより進んだ専門書に取り組み，議論の詳細を自ら補う際に，本書の記述が参考になれば嬉しく思う．一方で，冗長な記述がアイデアやストーリーをわかりにくくしている点や，詳しい解答が読者の独創を妨げている点などは，本書を利用する際に留意してほしい点である.

　本書を読むために必要な知識は，高校までの数学と大学 1～2 年次に学ぶ微分積分学のごく基礎的な部分である．後者に関しては，実数の性質，数列および点列の収束，関数の収束および連続性などを読者がすでに知っているものと

している．また，2.9 節の定理 2.82 においてのみ，線形代数（ベクトル空間の定義）の知識が必要である．既出の定理などを用いる際は引用元を明記したが，第 1 章の内容は頻繁に用いるので第 2 章以降では引用元を示していない．

　本書は，2017, 2018 年度に開講された東京工業大学理学院数学系専門科目「位相空間論第一〜第四」の講義ノートをもとに書かれた．この科目の受講者の方々には，講義や本書の草稿に関して多くの意見をいただいた．また，この科目の演習を担当した河井真吾氏・新田泰文氏・橋本義規氏には，演習問題を提供していただいたり，様々な助言をいただいたりした．サイエンス社の田島伸彦氏・大溝良平氏・鈴木綾子氏には，本書の企画から出版に至るまで筆者を導き執筆を助けていただいた．ここに心から感謝を表したい．最後に，執筆中の筆者を支えてくれた妻 恭子に感謝したい．

2020 年 10 月

遠藤久顕

　本書の正誤表および本書に掲載することのできなかった各章の演習問題は，サイエンス社のサポートページに掲載する予定である．

https://www.saiensu.co.jp/

尚，演習問題の解答例は掲載しないことをお断りしておく．

● 目　　　次 ●

第 1 章

集合と写像

　集合は，考察する対象の範囲を明確にするためになくてはならない概念である．写像は関数の一般化であり，それ自身の振る舞いも興味深いが，複数の集合を関係づける役割も果たす．集合をひとつずつ単独で扱うだけでなく，写像を用いて集合の相互関係を調べることにより，我々はより多くのことを知ることができる．

　本章では，集合と写像に関する基本事項を，論理の基礎を交えつつ解説する．

1.1 集　合

【集合】　集合とは，数学的な 'もの' の集まりのことである．集合を構成するひとつひとつの 'もの' をその集合の元（または**要素**）という．x が集合 X の元であるとき，x は X に**属する**といい，$x \in X$ または $X \ni x$ という記号で表す．また，$x \in X$ でないことを $x \notin X$ という記号で表す．

　ひとつの集合の範囲は明確に規定されなければならない．すなわち，集合 X と数学的な 'もの' x に対し，$x \in X$ または $x \notin X$ のいずれか一方が成り立つ．また，ひとつの集合に属する複数の元は，互いに明確に区別されなければならない．すなわち，集合 X の 2 つの元 x, y に対し，$x = y$ または $x \neq y$ のいずれか一方が成り立つ．

注意 1.1　ここで述べた集合や元などの用語の説明は，定義とよぶにはいささか心許ない．しかし，本書では集合の定義についてこれ以上言及しない．

例 1.2　自然数全体の集合を $\mathbb{N}$，整数全体の集合を $\mathbb{Z}$，有理数全体の集合を $\mathbb{Q}$，実数全体の集合を $\mathbb{R}$，複素数全体の集合を $\mathbb{C}$ で表す．例えば，

$$3 \in \mathbb{N}, \ -7 \in \mathbb{Z}, \ \frac{2}{3} \in \mathbb{Q}, \ \sqrt{5} \in \mathbb{R}, \ -6 + 9\sqrt{-1} \in \mathbb{C}$$

である．一方，

$$-2 \notin \mathbb{N}, \ -\frac{5}{6} \notin \mathbb{Z}, \ 2\pi \notin \mathbb{Q}, \ 4 - 8\sqrt{-1} \notin \mathbb{R}$$

である.

【集合の記法】　集合の表し方には大きく分けて 2 通りの方法がある. ひとつは**外延的記法**とよばれる方法で,

$$\{2, 3, 5, 7, 11, 13, 17, 19, 23, 29, 31, 37, 41, 43, 47\}$$

のように, 集合に含まれるすべての元を書き並べる方法である. もうひとつは**内包的記法**とよばれる方法で,

$$\{x \mid x \text{ は } 50 \text{ 以下の素数}\}$$

のように, 元のみたすべき条件を記すことにより集合を規定する方法である.

注意 1.3　内包的記法によって $\{x \mid x \in \mathbb{R}$ かつ $-1 < x < 1\}$ と表される集合を, しばしば $\{x \in \mathbb{R} \mid -1 < x < 1\}$ と表す. また, 内包的記法によって $\{x \mid x = 2n$ となる自然数 n が存在する$\}$ と表される集合を, $\{2n \mid n \in \mathbb{N}\}$ のように表すことも多い.

【包含と相等】　X, Y を集合とする. X の任意の元が Y に属するとき, X を Y の**部分集合**といい, $X \subset Y$ または $Y \supset X$ という記号で表す. $X \subset Y$ であることを, X は Y に**含まれる**, あるいは, Y は X を**含む**ともいう. また, $X \subset Y$ でないことを $X \not\subset Y$ という記号で表す.

　　$X \subset Y$ かつ $Y \subset X$ であるとき, X と Y は**等しい**といい, $X = Y$ と表す. また, $X = Y$ でないことを $X \neq Y$ と表す. $X \subset Y$ かつ $X \neq Y$ であるとき, X を Y の**真部分集合**といい, $X \subsetneqq Y$ という記号で表す.

例 1.4　$\mathbb{N} \subset \mathbb{Z} \subset \mathbb{Q} \subset \mathbb{R} \subset \mathbb{C}$ であり, かつ, $\mathbb{N} \neq \mathbb{Z} \neq \mathbb{Q} \neq \mathbb{R} \neq \mathbb{C}$ であるから, $\mathbb{N} \subsetneqq \mathbb{Z} \subsetneqq \mathbb{Q} \subsetneqq \mathbb{R} \subsetneqq \mathbb{C}$ である.

例題 1.5　次の集合 X, Y に対し, $X = Y$ であることを示せ.

$$X = \left\{ \frac{2t}{t-1} \ \middle| \ t \in \mathbb{R} \text{ かつ } t < 1 \right\}, \qquad Y = \{y \in \mathbb{R} \mid y < 2\}$$

[解答]　$X \subset Y$ かつ $Y \subset X$ であることを示せばよい.

　　$X \subset Y$ であること：X の元 x を任意にとる. X の定義より, $x = \frac{2t}{t-1}$ および $t <$

1 をみたす実数 t が存在する．$t - 1 < 0$ であるので

$$x - 2 = \frac{2t}{t-1} - 2 = \frac{2t - 2(t-1)}{t-1} = \frac{2}{t-1} < 0$$

である．よって，$x \in \mathbb{R}$ かつ $x < 2$ であり，Y の定義より $x \in Y$ である．

　$Y \subset X$ であること：Y の元 y を任意にとる．Y の定義より，$y \in \mathbb{R}$ かつ $y < 2$ である．$y - 2 < 0$ であるので，$t = \frac{y}{y-2}$ と定める．

$$t - 1 = \frac{y}{y-2} - 1 = \frac{y - (y-2)}{y-2} = \frac{2}{y-2} < 0$$

であるので，$t \in \mathbb{R}$ かつ $t < 1$ である．$y = \frac{2t}{t-1}$ であるので，X の定義より $y \in X$ である．□

問題 1.6　2 つの集合
$$X = \{x \in \mathbb{R} \mid \sqrt{|x+7|} = -x - 1\}, \quad Y = \{2, -3\}$$
に対し，$X \subsetneq Y$ であることを示せ．

例 1.7　$a < b$ をみたす実数 a, b に対し，次のような $\mathbb{R}$ の部分集合を考える．

$$
\begin{array}{ll}
(a,b) = \{x \in \mathbb{R} \mid a < x < b\}, & [a,b] = \{x \in \mathbb{R} \mid a \leqq x \leqq b\}, \\
(a,b] = \{x \in \mathbb{R} \mid a < x \leqq b\}, & [a,b) = \{x \in \mathbb{R} \mid a \leqq x < b\}, \\
(a,\infty) = \{x \in \mathbb{R} \mid x > a\}, & [a,\infty) = \{x \in \mathbb{R} \mid x \geqq a\}, \\
(-\infty,b) = \{x \in \mathbb{R} \mid x < b\}, & (-\infty,b] = \{x \in \mathbb{R} \mid x \leqq b\}
\end{array}
$$

また，$[a,a] = \{a\}$ と約束する．(a,b), (a,∞), $(-\infty,b)$ を**開区間**，$[a,b]$ を**閉区間**，$(a,b]$, $[a,b)$, $[a,\infty)$, $(-\infty,b]$ を**半開区間**という．

【空集合・巾集合】　元をひとつももたない集合を**空集合**（くうしゅうごう）といい，$\varnothing$ という記号で表す．空集合 $\varnothing$ は任意の集合の部分集合である（問題 1.21 (2)）．

　X を集合とする．X のすべての部分集合からなる集合を X の**巾集合**（べきしゅうごう）といい，$\mathcal{P}(X)$ で表す．$\varnothing \in \mathcal{P}(X)$ であり，$X \in \mathcal{P}(X)$ である（問題 1.21 (3)）．

例 1.8　$X = \{1, 2, 3\}$ であるとき，
$$\mathcal{P}(X) = \{\varnothing, \{1\}, \{2\}, \{3\}, \{1,2\}, \{1,3\}, \{2,3\}, X\}$$
である．

問題 1.9　$X = \{1, 2, 3, 4\}$ であるとき，$\mathcal{P}(X)$ を外延的記法によって表せ．

1.2 命題と論理

【命題】　正しいかどうかがはっきりと定まっている数学的な主張を**命題**という.
命題 P が正しいとき, P は**真**であるといい, 正しくないとき, P は**偽**である
という.

例 1.10　「5 は素数である」という命題は真であり,「$\sqrt{3}$ は有理数である」
という命題は偽である.

【論理式】　P, Q を命題とする.「P でない」という命題を P の**否定**といい,
$\neg P$ という記号で表す.「P または Q」という命題を P と Q の**論理和**といい,
$P \vee Q$ という記号で表す.「P かつ Q」という命題を P と Q の**論理積**といい,
$P \wedge Q$ という記号で表す.

　命題を表すいくつかの記号（$P, Q, \ldots$ など）から, 否定・論理和・論理積を
とる操作を繰り返すことによってえられるものを**論理式**という. 論理式 $(\neg P) \vee$
Q を**含意**といい, $P \Rightarrow Q$ という記号で表す. $P \Rightarrow Q$ を「P ならば Q」と読
む. 論理式 $(P \Rightarrow Q) \wedge (Q \Rightarrow P)$ を $P \Leftrightarrow Q$ という記号で表す.

例 1.11　「-1 は自然数である」という命題を P とし,「7 は奇数である」と
いう命題を Q とする. $\neg P$ は「-1 は自然数でない」という命題である. $P \vee Q$
は「-1 は自然数であるか, または, 7 は奇数である」という命題である. $P \wedge$
Q は「-1 は自然数であり, かつ, 7 は奇数である」という命題である.

【真理表】　P, Q を命題とする. P と Q の真偽に従い, $\neg P, P \vee Q, P \wedge Q$ の
真偽を表 1.1 左のように定義する.（表 1.1 において 1 は真であることを表し,
0 は偽であることを表している.）例えば, P が真であり, Q が偽であるとき,
$\neg P$ は偽, $P \vee Q$ は真, $P \wedge Q$ は偽であると定める.

　表 1.1 左の定義を繰り返し用いることにより, 様々な論理式の真偽を表 1.1
右のように求めることができる. 例えば, P が真であり, Q が偽であるとき,
$\neg P$ は偽, $(\neg P) \vee Q$ は偽であるから, $P \Rightarrow Q$ は偽である. 同様に, $Q \Rightarrow P$ は
真であることがわかるので, $(P \Rightarrow Q) \wedge (Q \Rightarrow P)$ は偽である. 従って, $P \Leftrightarrow$
Q は偽である.

表 1.1 真理表

P	Q	$\neg P$	$P \vee Q$	$P \wedge Q$
1	1	0	1	1
1	0	0	1	0
0	1	1	1	0
0	0	1	0	0

P	Q	$\neg P$	$\neg Q$	$P \Rightarrow Q$	$Q \Rightarrow P$	$P \Leftrightarrow Q$
1	1	0	0	1	1	1
1	0	0	1	0	1	0
0	1	1	0	1	0	0
0	0	1	1	1	1	1

注意 1.12 P, Q を命題とする．論理式 $P \Rightarrow Q$ の真偽と，日常用語の「P ならば Q である」とは，双方の意味にずれがある．論理式においては，P が偽であるとき，Q の真偽に関わらず $P \Rightarrow Q$ は真であると約束する．

例題 1.13 P, Q を命題とする．次の (1), (2) の論理式が P, Q の真偽に関係なく常に真であることを示せ．
(1) $P \Rightarrow (P \vee Q), Q \Rightarrow (P \vee Q)$ (2) $(P \wedge Q) \Rightarrow P, (P \wedge Q) \Rightarrow Q$

[解答] (1) 表 1.2 より，$P \Rightarrow (P \vee Q), Q \Rightarrow (P \vee Q)$ は P, Q の真偽に関係なく常に真である．

表 1.2 例題 1.13 (1) の真理表

P	Q	$P \vee Q$	$P \Rightarrow (P \vee Q)$	$Q \Rightarrow (P \vee Q)$
1	1	1	1	1
1	0	1	1	1
0	1	1	1	1
0	0	0	1	1

(2) 表 1.3 より，$(P \wedge Q) \Rightarrow P, (P \wedge Q) \Rightarrow Q$ は P, Q の真偽に関係なく常に真である．

表 1.3 例題 1.13 (2) の真理表

P	Q	$P \wedge Q$	$(P \wedge Q) \Rightarrow P$	$(P \wedge Q) \Rightarrow Q$
1	1	1	1	1
1	0	0	1	1
0	1	0	1	1
0	0	0	1	1

問題 1.14 P, Q を命題とする．P と Q の真偽が一致するのは，$P \Leftrightarrow Q$ が真であるとき，またそのときに限る．これを確かめよ．

定理 1.15 P, Q, R を命題とする. 次の (1)〜(6) の論理式は P, Q, R の真偽に関係なく常に真である.

(1) $\neg(\neg P) \Leftrightarrow P$

(2) $P \vee P \Leftrightarrow P, P \wedge P \Leftrightarrow P$

(3) $P \vee Q \Leftrightarrow Q \vee P, P \wedge Q \Leftrightarrow Q \wedge P$

(4) $(P \vee Q) \vee R \Leftrightarrow P \vee (Q \vee R), (P \wedge Q) \wedge R \Leftrightarrow P \wedge (Q \wedge R)$

(5) $P \vee (Q \wedge R) \Leftrightarrow (P \vee Q) \wedge (P \vee R), P \wedge (Q \vee R) \Leftrightarrow (P \wedge Q) \vee (P \wedge R)$

(6) $\neg(P \vee Q) \Leftrightarrow (\neg P) \wedge (\neg Q), \neg(P \wedge Q) \Leftrightarrow (\neg P) \vee (\neg Q)$

証明　(1)〜(6) の論理式はすべて 2 つの論理式を $\Leftrightarrow$ でつないだ形をしている. 問題 1.14 より, これらの論理式が真であることを示すには, $\Leftrightarrow$ の両側の論理式の真偽が一致することを真理表を用いて確かめればよい.

(1), (2) 表 1.4 より, P と $\neg(\neg P)$, $P \vee P$, $P \wedge P$ の真偽は常に一致する.

表 1.4　定理 1.15 (1), (2) の真理表

P	$\neg P$	$\neg(\neg P)$
1	0	1
0	1	0

P	$P \vee P$	$P \wedge P$
1	1	1
0	0	0

(3) 論理和・論理積の真偽の定義より, $P \vee Q$ と $Q \vee P$, $P \wedge Q$ と $Q \wedge P$ の真偽は常に一致する.

(4) 表 1.5 より, $(P \vee Q) \vee R$ と $P \vee (Q \vee R)$ の真偽は常に一致する.

表 1.5　定理 1.15 (4) の真理表 (その 1)

P	Q	R	$P \vee Q$	$(P \vee Q) \vee R$	$Q \vee R$	$P \vee (Q \vee R)$
1	1	1	1	1	1	1
1	1	0	1	1	1	1
1	0	1	1	1	1	1
1	0	0	1	1	0	1
0	1	1	1	1	1	1
0	1	0	1	1	1	1
0	0	1	0	1	1	1
0	0	0	0	0	0	0

また, 表 1.6 より, $(P \wedge Q) \wedge R$ と $P \wedge (Q \wedge R)$ の真偽は常に一致する.

表 1.6　定理 1.15 (4) の真理表（その 2）

P	Q	R	$P \wedge Q$	$(P \wedge Q) \wedge R$	$Q \wedge R$	$P \wedge (Q \wedge R)$
1	1	1	1	1	1	1
1	1	0	1	0	0	0
1	0	1	0	0	0	0
1	0	0	0	0	0	0
0	1	1	0	0	1	0
0	1	0	0	0	0	0
0	0	1	0	0	0	0
0	0	0	0	0	0	0

(5) 表 1.7 より，$P \vee (Q \wedge R)$ と $(P \vee Q) \wedge (P \vee R)$ の真偽は常に一致する.

表 1.7　定理 1.15 (5) の真理表（その 1）

P	Q	R	$Q \wedge R$	$P \vee (Q \wedge R)$	$P \vee Q$	$P \vee R$	$(P \vee Q) \wedge (P \vee R)$
1	1	1	1	1	1	1	1
1	1	0	0	1	1	1	1
1	0	1	0	1	1	1	1
1	0	0	0	1	1	1	1
0	1	1	1	1	1	1	1
0	1	0	0	0	1	0	0
0	0	1	0	0	0	1	0
0	0	0	0	0	0	0	0

また，表 1.8 より，$P \wedge (Q \vee R)$ と $(P \wedge Q) \vee (P \wedge R)$ の真偽は常に一致する.

表 1.8　定理 1.15 (5) の真理表（その 2）

P	Q	R	$Q \vee R$	$P \wedge (Q \vee R)$	$P \wedge Q$	$P \wedge R$	$(P \wedge Q) \vee (P \wedge R)$
1	1	1	1	1	1	1	1
1	1	0	1	1	1	0	1
1	0	1	1	1	0	1	1
1	0	0	0	0	0	0	0
0	1	1	1	0	0	0	0
0	1	0	1	0	0	0	0
0	0	1	1	0	0	0	0
0	0	0	0	0	0	0	0

(6) 表 1.9 より，$\neg(P \vee Q)$ と $(\neg P) \wedge (\neg Q)$ の真偽は常に一致する．

表 1.9　定理 1.15 (6) の真理表（その 1）

P	Q	$P \vee Q$	$\neg(P \vee Q)$	$\neg P$	$\neg Q$	$(\neg P) \wedge (\neg Q)$
1	1	1	0	0	0	0
1	0	1	0	0	1	0
0	1	1	0	1	0	0
0	0	0	1	1	1	1

また，表 1.10 より，$\neg(P \wedge Q)$ と $(\neg P) \vee (\neg Q)$ の真偽は常に一致する．

表 1.10　定理 1.15 (6) の真理表（その 2）

P	Q	$P \wedge Q$	$\neg(P \wedge Q)$	$\neg P$	$\neg Q$	$(\neg P) \vee (\neg Q)$
1	1	1	0	0	0	0
1	0	0	1	0	1	1
0	1	0	1	1	0	1
0	0	0	1	1	1	1

$\square$

問題 1.16　P, Q, R を命題とする．次の (1), (2) の論理式が P, Q, R の真偽に関係なく常に真であることを示せ．

(1) $(P \Rightarrow Q) \Leftrightarrow ((\neg Q) \Rightarrow (\neg P))$

(2) $((P \Rightarrow R) \wedge (Q \Rightarrow R)) \Leftrightarrow ((P \vee Q) \Rightarrow R)$

(3) $((R \Rightarrow P) \wedge (R \Rightarrow Q)) \Leftrightarrow (R \Rightarrow (P \wedge Q))$

問題 1.17　P, Q, R を命題とする．次の (1)〜(3) の論理式が P, Q, R の真偽に関係なく常に真であることを示せ．

(1) $P \Rightarrow P$

(2) $(P \wedge (P \Rightarrow Q)) \Rightarrow Q$

(3) $((P \Rightarrow Q) \wedge (Q \Rightarrow R)) \Rightarrow (P \Rightarrow R)$

【必要条件・十分条件】 P, Q を命題とする．$P \Rightarrow Q$ が真であるとき，Q を P の**必要条件**といい，P を Q の**十分条件**という．$P \Leftrightarrow Q$ が真であるとき，P と Q は**同値**である（あるいは，P を Q の**必要十分条件**）という．

注意 1.18　通常の数学では真であるような命題を扱うことが多い．従って，命題 P が真であるとき，「P は真である」とは書かずに「P である」とだけ書くことが多い．「P が成り立つ」と書くこともある．本書でもこの慣習に従う．

　また，本書では本節と 1.6 節を除いて，主に文章と数式によって数学を記述する．真理表や論理式，命題関数を明示的に用いることは多くない．

1.3 集合の演算

【集合の演算】 A, B を集合とする．このとき，集合

$$A \cup B = \{x \mid x \in A \text{ または } x \in B\}, \quad A \cap B = \{x \mid x \in A \text{ かつ } x \in B\}$$

をそれぞれ A と B の**和集合**，**共通部分**という．$A \cap B \neq \varnothing$ であるとき，A と B は**交わる**という．また，集合 $A - B = \{x \mid x \in A \text{ かつ } x \notin B\}$ を A と B の**差集合**という．

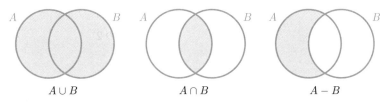

$$A \cup B \qquad A \cap B \qquad A - B$$

図 1.1 和集合・共通部分・差集合

例 1.19 $A = \{2, 4, 6, 8, 10, 12, 14, 16, 18, 20\}$, $B = \{3, 6, 9, 12, 15, 18\}$ に対し，

$$A \cup B = \{2, 3, 4, 6, 8, 9, 10, 12, 14, 15, 16, 18, 20\}$$
$$A \cap B = \{6, 12, 18\}$$

であり，

$$A - B = \{2, 4, 8, 10, 14, 16, 20\}, \quad B - A = \{3, 9, 15\}$$

である．

【集合の包含関係と命題】 A, B を集合とする．「x は A の元である」という命題を P とし，「x は B の元である」という命題を Q とする．$A \subset B$ であることと論理式 $P \Rightarrow Q$ が真であることは同じであり，$A = B$ であることと論理式 $P \Leftrightarrow Q$ が真であることは同じである．

補題 1.20 A, B を集合とする．次の (1)〜(3) が成り立つ．

(1) $A \subset A \cup B$, $B \subset A \cup B$

(2) $A \cap B \subset A$, $A \cap B \subset B$

(3) $A \cup B = B \cup A$, $A \cap B = B \cap A$

証明 「x は A の元である」という命題を P とし，「x は B の元である」という命題を Q とする.

(1) 例題 1.13 (1) より，$x \in A$ ならば $x \in A \cup B$ である. 同様に，$x \in B$ ならば $x \in A \cup B$ である.

(2) 例題 1.13 (2) より，$x \in A \cap B$ ならば $x \in A$ である. 同様に，$x \in A \cap B$ ならば $x \in B$ である.

(3) 定理 1.15 (3) より，$x \in A \cup B$ ならば $x \in B \cup A$ であり，$x \in B \cup A$ ならば $x \in A \cup B$ である. 同様に，$x \in A \cap B$ ならば $x \in B \cap A$ であり，$x \in B \cap A$ ならば $x \in A \cap B$ である. □

問題 1.21 A を集合とする. 次の (1)〜(3) が成り立つことを示せ.

(1) $A \cup A = A$, $A \cap A = A$

(2) $A \cup \varnothing = A$, $A \cap \varnothing = \varnothing$, $\varnothing \subset A$

(3) $A \subset A$

補題 1.22 A, B, C を集合とする. 次の (1), (2) が成り立つ.

(1) $A \cup B \subset C$ であるための必要十分条件は，$A \subset C$ かつ $B \subset C$ であることである.

(2) $C \subset A \cap B$ であるための必要十分条件は，$C \subset A$ かつ $C \subset B$ であることである.

証明 「x は A の元である」という命題を P，「x は B の元である」という命題を Q，「x は C の元である」という命題を R とする. このとき，問題 1.16 (2) より (1) が従い，問題 1.16 (3) より (2) が従う. □

補題 1.23 A, B, C を集合とする. 次の (1), (2) が成り立つ.

(1) $(A \cup B) \cup C = A \cup (B \cup C)$

(2) $(A \cap B) \cap C = A \cap (B \cap C)$

証明 「x は A の元である」という命題を P，「x は B の元である」という命題を Q，「x は C の元である」という命題を R とする. このとき，定理 1.15 (4) より (1), (2) が従う. □

注意 1.24 補題 1.23 (1) の集合を $A \cup B \cup C$，補題 1.23 (2) の集合を $A \cap B \cap C$ と表す.

補題 1.25 A, B, C を集合とする. 次の (1), (2) が成り立つ.

(1) $A \cup (B \cap C) = (A \cup B) \cap (A \cup C)$

(2) $A \cap (B \cup C) = (A \cap B) \cup (A \cap C)$

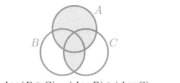

$$A \cup (B \cap C) = (A \cup B) \cap (A \cup C) \qquad A \cap (B \cup C) = (A \cap B) \cup (A \cap C)$$

証明 「x は A の元である」という命題を P,「x は B の元である」という命題を Q,「x は C の元である」という命題を R とする. このとき, 定理 1.15 (5) より (1), (2) が従う. $\square$

問題 **1.26** A, B を集合とする. 次の (1), (2) が成り立つことを示せ.
(1) $(A \cup B) \cap A = A$
(2) $(A \cap B) \cup A = A$

定理 **1.27** (**ド・モルガンの法則**) X, A, B を集合とする. 次の (1), (2) が成り立つ.

(1) $X - (A \cup B) = (X - A) \cap (X - B)$
(2) $X - (A \cap B) = (X - A) \cup (X - B)$

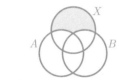 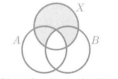

$$X - (A \cup B) = (X - A) \cap (X - B) \qquad X - (A \cap B) = (X - A) \cup (X - B)$$

証明 「x は A の元である」という命題を P,「x は B の元である」という命題を Q,「x は X の元である」という命題を R とする.
(1) 定理 1.15 (2), (3), (4), (6) より,

$$\begin{aligned}
R \wedge \neg(P \vee Q) &\Leftrightarrow R \wedge ((\neg P) \wedge (\neg Q)) \\
&\Leftrightarrow (R \wedge R) \wedge ((\neg P) \wedge (\neg Q)) \\
&\Leftrightarrow (R \wedge (\neg P)) \wedge (R \wedge (\neg Q))
\end{aligned}$$

であるので, 和集合・差集合・共通部分の定義より与式が成り立つ.
(2) 定理 1.15 (5), (6) より,

$$\begin{aligned}
R \wedge \neg(P \wedge Q) &\Leftrightarrow R \wedge ((\neg P) \vee (\neg Q)) \\
&\Leftrightarrow (R \wedge (\neg P)) \vee (R \wedge (\neg Q))
\end{aligned}$$

であるので, 和集合・差集合・共通部分の定義より与式が成り立つ. $\square$

注意 1.28 X の部分集合 A に対し，$X - A$ を（X に関する）A の**補集合**といい，A^c という記号で表す．定理 1.27（ド・モルガンの法則）において $A \subset X$ かつ $B \subset X$ であるとき，(1), (2) はそれぞれ

$$(A \cup B)^c = A^c \cap B^c, \quad (A \cap B)^c = A^c \cup B^c$$

と表される．

例題 1.29 $X = \mathbb{R}$ とし，$A = (-\infty, 2)$, $B = [-1, 3]$ とするとき，注意 1.28 の 2 つの等式を確かめよ．

[解答] $A \cup B = (-\infty, 3]$ であるので，$(A \cup B)^c = (3, \infty)$ である．一方，$A^c = [2, \infty)$, $B^c = (-\infty, -1) \cup (3, \infty)$ であるので，$A^c \cap B^c = (3, \infty)$ である．よって，$(A \cup B)^c = A^c \cap B^c$ である．

$A \cap B = [-1, 2)$ であるので，$(A \cap B)^c = (-\infty, -1) \cup [2, \infty)$ である．一方，$A^c = [2, \infty)$, $B^c = (-\infty, -1) \cup (3, \infty)$ であるので，$A^c \cup B^c = (-\infty, -1) \cup [2, \infty)$ である．よって，$(A \cap B)^c = A^c \cup B^c$ である．□

問題 1.30 X を集合とし，A を X の部分集合とする．次の (1)〜(3) が成り立つことを示せ．
(1) $A \cup A^c = X$, $A \cap A^c = \varnothing$
(2) $(A^c)^c = A$
(3) $A = X \Leftrightarrow A^c = \varnothing$

1.4 直積集合

【順序対】 X, Y を集合とし，x, x' を X の元，y, y' を Y の元とする．x と y の（並べる順番を考えた）組 (x, y) を，x と y の**順序対**という．$x = x'$ かつ $y = y'$ であるとき，2 つの順序対 (x, y) と (x', y') は**等しい**といい，

$$(x, y) = (x', y')$$

と表す．

注意 1.31 (1) x と y の順序対 (x, y) は，x と y からなる集合 $\{x, y\}$ とは異なる．例えば，$\{1, 2\} = \{2, 1\}$ であるが，$(1, 2) \neq (2, 1)$ である．
(2) x と y の順序対 (x, y) を，集合 $\{\{x\}, \{x, y\}\}$ として定義することもできる．

問題 1.32 2 つの集合 $\{\{x\}, \{x, y\}\}$, $\{\{x'\}, \{x', y'\}\}$ が等しいための必要十分条件は，$x = x'$ かつ $y = y'$ であることである．これを示せ．

【直積】 X, Y を集合とする. X の元と Y の元の順序対全体の集合

$$X \times Y = \{(x, y) \mid x \in X \text{ かつ } y \in Y\}$$

を, X と Y の **直積** という. $X = \varnothing$ または $Y = \varnothing$ のとき, $X \times Y = \varnothing$ である. A を X の部分集合, B を Y の部分集合とするとき, $A \times B \subset X \times Y$ である.

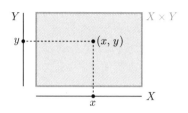

図 1.2 X と Y の直積 $X \times Y$

例 1.33 $X = \{1, 2\}$, $Y = \{3, 4, 5\}$ であるとき,

$$X \times Y = \big\{(1, 3), (1, 4), (1, 5), (2, 3), (2, 4), (2, 5)\big\}$$

である.

例 1.34 $\mathbb{R}$ と $\mathbb{R}$ の直積 $\mathbb{R} \times \mathbb{R}$ を $\mathbb{R}^2$ で表す. $\mathbb{R}^2$ を座標平面と考えるとき, $\mathbb{R}^2$ の部分集合 $\{(x, y) \in \mathbb{R}^2 \mid x^2 + y^2 = 1\}$ は, 原点を中心とする単位円である.

問題 1.35 A, B, C を集合とする. 次の (1)～(4) が成り立つことを示せ.
 (1) $A \times (B \cup C) = (A \times B) \cup (A \times C)$
 (2) $A \times (B \cap C) = (A \times B) \cap (A \times C)$
 (3) $(A \cup B) \times C = (A \times C) \cup (B \times C)$
 (4) $(A \cap B) \times C = (A \times C) \cap (B \times C)$

例題 1.36 A, B, C, D を集合とする.
(1) $(A \times C) \cup (B \times D) \subset (A \cup B) \times (C \cup D)$ が成り立つことを示せ.
(2) $(A \times C) \cup (B \times D) \subsetneqq (A \cup B) \times (C \cup D)$ をみたす A, B, C, D を具体的に例示せよ.

[解答] (1) 補題 1.20 (1) より, $A \subset A \cup B$ かつ $C \subset C \cup D$ であるので, $A \times C \subset (A \cup B) \times (C \cup D)$ である. 同様に, $B \subset A \cup B$ かつ $D \subset C \cup D$ であるので, $B \times D \subset (A \cup B) \times (C \cup D)$ である. よって, 補題 1.22 (1) より与式が成り立つ.
 (2) $A = \{1\}$, $B = \{2\}$, $C = \{3\}$, $D = \{4\}$ であるとき, $(A \times C) \cup (B \times D) =$

$\{(1,3),(2,4)\}$ であり，$(A \cup B) \times (C \cup D) = \{(1,3),(1,4),(2,3),(2,4)\}$ である．よって，$(A \times C) \cup (B \times D) \subsetneqq (A \cup B) \times (C \cup D)$ である．$\square$

【有限個の直積】 n を 2 以上の整数とし，$X_1,\ldots,X_n$ を集合とする．直積をとる操作を繰り返すことによってえられる集合 $(\cdots((X_1 \times X_2) \times X_3) \times \cdots \times X_n)$ を，$X_1,\ldots,X_n$ の**直積**といい，$X_1 \times \cdots \times X_n$ で表す．$x_1,\ldots,x_n$ をそれぞれ $X_1,\ldots,X_n$ の元とするとき，$X_1 \times \cdots \times X_n$ の元 $(\cdots((x_1,x_2),x_3),\cdots,x_n)$ を $(x_1,\ldots,x_n)$ で表す．このとき，x_i を $(x_1,\ldots,x_n)$ の第 i **成分**という．

集合 X に対し，n 個の X の直積 $X \times \cdots \times X$ を X^n で表す．また，$X^1 = X$ と約束する．

1.5 写　　　像

【写像】 X,Y を集合とする．X の任意の元に Y の元をただひとつ対応させる規則 f を，X から Y への**写像**といい，$f\colon X \to Y$ と表す．このとき，X を f の**始域**（あるいは**定義域**）といい，Y を f の**終域**という．写像 $f\colon X \to Y$ によって X の元 x に対応する Y の元を，f による x の**像**といい，$f(x)$ で表す．X から Y への写像全体の集合を $\mathcal{F}(X,Y)$，あるいは Y^X で表す．

例 1.37 閉区間 $[-1,2]$ の元 x に対し，$f(x) = x^2$ と定める．このとき，$f(x)$ は閉区間 $[-2,9]$ の元であるので，写像 $f\colon [-1,2] \to [-2,9]$ が定まる．f による 2 の像は $f(2) = 2^2 = 4$ である．

【像と逆像】 X,Y を集合，$f\colon X \to Y$ を写像とし，A,B をそれぞれ X,Y の部分集合とする．Y の部分集合 $\{f(x) \mid x \in A\}$ を f による A の**像**といい，$f(A)$ で表す．特に，f による X の像 $f(X)$ を f の**像**という．X の部分集合 $\{x \in X \mid f(x) \in B\}$ を f による B の**逆像**といい，$f^{-1}(B)$ で表す．Y の元 y に対し，$f^{-1}(\{y\})$ をしばしば $f^{-1}(y)$ と表す．X と Y の直積 $X \times Y$ の部分集合 $\Gamma_f = \{(x,y) \in X \times Y \mid y = f(x)\}$ を f の**グラフ**という．

注意 1.38 $X \times Y$ の部分集合 Γ であって，X の任意の元 x に対し $(x,y) \in \Gamma$ をみたす Y の元 y がただひとつ存在するものを考える．このような Γ を考えることは，X から Y への写像を考えることと同じである．すなわち，写像とそのグラフは一方から他方が決まる関係にある．

例題 **1.39**　実数 x に対し $f(x) = x^3 - x$ と定めることにより，写像 $f\colon \mathbb{R} \to \mathbb{R}$ を定義する．$A = (-2, \frac{1}{2})$, $B = [0, \infty)$ とするとき，f による A の像 $f(A)$ と，f による B の逆像 $f^{-1}(B)$ を求めよ．

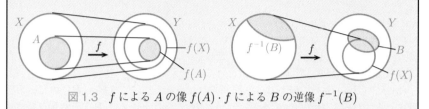

図 1.3　f による A の像 $f(A)$・f による B の逆像 $f^{-1}(B)$

[解答]　$f(A) = \{f(x) \mid x \in A\} = \{x^3 - x \mid -2 < x < \frac{1}{2}\}$ である．f は $x = -\frac{1}{\sqrt{3}}$ のとき極大値 $\frac{2}{3\sqrt{3}}$ をとり，$x = \frac{1}{\sqrt{3}}$ のとき極小値 $-\frac{2}{3\sqrt{3}}$ をとる．$f(-2) = -6$, $f(\frac{1}{2}) = -\frac{3}{8}$ であるので，$f(A) = (-6, \frac{2}{3\sqrt{3}}]$ である．

　$f^{-1}(B) = \{x \in \mathbb{R} \mid f(x) \in B\} = \{x \in \mathbb{R} \mid x^3 - x \geqq 0\}$ である．実数 x が $x^3 - x \geqq 0$ をみたすための必要十分条件は，$-1 \leqq x \leqq 0$ または $x \geqq 1$ をみたすことである．よって，$f^{-1}(B) = [-1, 0] \cup [1, \infty)$ である．□

定理 **1.40**　X, Y を集合とし，$f\colon X \to Y$ を写像とする．A, A_1, A_2 を X の部分集合とし，B, B_1, B_2 を Y の部分集合とする．次の (1)〜(8) が成り立つ．

(1) $f(A_1 \cup A_2) = f(A_1) \cup f(A_2)$

(2) $f(A_1 \cap A_2) \subset f(A_1) \cap f(A_2)$

(3) $f^{-1}(B_1 \cup B_2) = f^{-1}(B_1) \cup f^{-1}(B_2)$

(4) $f^{-1}(B_1 \cap B_2) = f^{-1}(B_1) \cap f^{-1}(B_2)$

(5) $A \subset f^{-1}(f(A))$

(6) $f(f^{-1}(B)) \subset B$

(7) $f(A_1) - f(A_2) \subset f(A_1 - A_2)$

(8) $f^{-1}(B_1) - f^{-1}(B_2) = f^{-1}(B_1 - B_2)$

証明　まず，次の (a), (b) が成り立つことを示す．

(a) $A_1 \subset A_2$ ならば $f(A_1) \subset f(A_2)$ である．

(b) $B_1 \subset B_2$ ならば $f^{-1}(B_1) \subset f^{-1}(B_2)$ である．

(a) の証明：$f(A_1)$ の元 y を任意にとる．$f(x) = y$ をみたす A_1 の元 x が存在する．$A_1 \subset A_2$ より $x \in A_2$ である．よって，$y = f(x) \in f(A_2)$ である．

(b) の証明：$f^{-1}(B_1)$ の元 x を任意にとる．$f(x) \in B_1$ である．$B_1 \subset B_2$ より

$f(x) \in B_2$ である．よって，$x \in f^{-1}(B_2)$ である．

(1) $f(A_1 \cup A_2) \subset f(A_1) \cup f(A_2)$ であること：$f(A_1 \cup A_2)$ の元 y を任意にとる．$f(x) = y$ をみたす $A_1 \cup A_2$ の元 x が存在する．$x \in A_1$ ならば $y = f(x) \in f(A_1)$ であり，$x \in A_2$ ならば $y = f(x) \in f(A_2)$ である．よって，$y \in f(A_1) \cup f(A_2)$ である．

$f(A_1 \cup A_2) \supset f(A_1) \cup f(A_2)$ であること：補題 1.20 (1) より $A_1 \subset A_1 \cup A_2$, $A_2 \subset A_1 \cup A_2$ である．(a) より $f(A_1) \subset f(A_1 \cup A_2)$, $f(A_2) \subset f(A_1 \cup A_2)$ である．よって，補題 1.22 (1) より $f(A_1) \cup f(A_2) \subset f(A_1 \cup A_2)$ である．

(2) 補題 1.20 (2) より $A_1 \cap A_2 \subset A_1$, $A_1 \cap A_2 \subset A_2$ である．(a) より $f(A_1 \cap A_2) \subset f(A_1)$, $f(A_1 \cap A_2) \subset f(A_2)$ である．よって，補題 1.22 (2) より $f(A_1 \cap A_2) \subset f(A_1) \cap f(A_2)$ である．

(3) $f^{-1}(B_1 \cup B_2) \subset f^{-1}(B_1) \cup f^{-1}(B_2)$ であること：$f^{-1}(B_1 \cup B_2)$ の元 x を任意にとる．$f(x) \in B_1 \cup B_2$ である．$f(x) \in B_1$ ならば $x \in f^{-1}(B_1)$ であり，$f(x) \in B_2$ ならば $x \in f^{-1}(B_2)$ である．よって，$x \in f^{-1}(B_1) \cup f^{-1}(B_2)$ である．

$f^{-1}(B_1 \cup B_2) \supset f^{-1}(B_1) \cup f^{-1}(B_2)$ であること：補題 1.20 (1) より $B_1 \subset B_1 \cup B_2$, $B_2 \subset B_1 \cup B_2$ である．(b) より $f^{-1}(B_1) \subset f^{-1}(B_1 \cup B_2)$, $f^{-1}(B_2) \subset f^{-1}(B_1 \cup B_2)$ である．よって，補題 1.22 (1) より $f^{-1}(B_1) \cup f^{-1}(B_2) \subset f^{-1}(B_1 \cup B_2)$ である．

(4) $f^{-1}(B_1 \cap B_2) \subset f^{-1}(B_1) \cap f^{-1}(B_2)$ であること：補題 1.20 (2) より $B_1 \cap B_2 \subset B_1$, $B_1 \cap B_2 \subset B_2$ である．(b) より $f^{-1}(B_1 \cap B_2) \subset f^{-1}(B_1)$, $f^{-1}(B_1 \cap B_2) \subset f^{-1}(B_2)$ である．よって，補題 1.22 (2) より $f^{-1}(B_1 \cap B_2) \subset f^{-1}(B_1) \cap f^{-1}(B_2)$ である．

$f^{-1}(B_1 \cap B_2) \supset f^{-1}(B_1) \cap f^{-1}(B_2)$ であること：$f^{-1}(B_1) \cap f^{-1}(B_2)$ の元 x を任意にとる．$x \in f^{-1}(B_1)$ かつ $x \in f^{-1}(B_2)$ である．$f(x) \in B_1$ かつ $f(x) \in B_2$ であるので，$f(x) \in B_1 \cap B_2$ である．よって，$x \in f^{-1}(B_1 \cap B_2)$ である．

(5) A の元 x を任意にとる．$f(x) \in f(A)$ である．よって，$x \in f^{-1}(f(A))$ である．

(6) $f(f^{-1}(B))$ の元 y を任意にとる．$f(x) = y$ をみたす $x \in f^{-1}(B)$ が存在する．$f(x) \in B$ であるので，$y \in B$ である．

(7) $f(A_1) - f(A_2)$ の元 y を任意にとる．$y \in f(A_1)$ かつ $y \notin f(A_2)$ である．$f(x) = y$ をみたす $x \in A_1$ が存在する．もし $x \in A_2$ ならば $y = f(x) \in f(A_2)$ となり $y \notin f(A_2)$ に矛盾する．従って，$x \notin A_2$ であり，$x \in A_1 - A_2$ である．よって，$y = f(x) \in f(A_1 - A_2)$ である．

(8) $f^{-1}(B_1) - f^{-1}(B_2) \subset f^{-1}(B_1 - B_2)$ であること：$f^{-1}(B_1) - f^{-1}(B_2)$ の元 x を任意にとる．$x \in f^{-1}(B_1)$ かつ $x \notin f^{-1}(B_2)$ である．すなわち，$f(x) \in B_1$ かつ $f(x) \notin B_2$ である．よって，$f(x) \in B_1 - B_2$ であり，$x \in f^{-1}(B_1 - B_2)$ である．

$f^{-1}(B_1) - f^{-1}(B_2) \supset f^{-1}(B_1 - B_2)$ であること：$f^{-1}(B_1 - B_2)$ の元 x を任意にとる．$f(x) \in B_1 - B_2$ である．すなわち，$f(x) \in B_1$ かつ $f(x) \notin B_2$ である．よって，$x \in f^{-1}(B_1)$ かつ $x \notin f^{-1}(B_2)$ であり，$x \in f^{-1}(B_1) - f^{-1}(B_2)$ である．$\square$

例 **1.41** 実数 x に対し $f(x) = x^2$ と定めることにより，写像 $f \colon \mathbb{R} \to \mathbb{R}$ を定義する．$A_1 = [0, \infty)$，$A_2 = (-\infty, 0]$ とするとき，$f(A_1 \cap A_2) = \{0\}$ であり，$f(A_1) \cap f(A_2) = [0, \infty)$ である．従って，$f(A_1 \cap A_2) \subsetneqq f(A_1) \cap f(A_2)$ である．つまり，定理 1.40 (2) において一般に等号は成り立たない．

問題 1.42　X, Y を集合，$f \colon X \to Y$ を写像とし，B を Y の部分集合とする．このとき，$f(f^{-1}(B)) \subsetneqq B$ をみたす X, Y, f, B を具体的に例示せよ．

問題 1.43　X, Y を集合，$f \colon X \to Y$ を写像とし，A_1, A_2 を X の部分集合とする．このとき，$f(A_1) - f(A_2) \subsetneqq f(A_1 - A_2)$ をみたす X, Y, f, A_1, A_2 を具体的に例示せよ．

【相等と合成】　X, X', Y, Y' を集合とし，$f \colon X \to Y$，$f' \colon X' \to Y'$ を写像とする．$X = X'$ かつ $Y = Y'$ であり，X の任意の元 x に対し $f(x) = f'(x)$ であるとき，f と f' は**等しい**といい，$f = f'$ と表す．また，$f = f'$ でないことを $f \neq f'$ と表す．

　X, Y, Z を集合とし，$f \colon X \to Y$，$g \colon Y \to Z$ を写像とする．X の元 x に Z の元 $g(f(x))$ を対応させる写像 $g \circ f \colon X \to Z$ を，f と g の**合成**という．

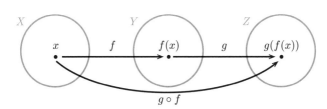

図 1.4　f と g の合成 $g \circ f$

例 **1.44** 実数 x に対し $f(x) = 2x + 1$，$g(x) = x^2 - 1$ と定めることにより，写像 $f, g \colon \mathbb{R} \to \mathbb{R}$ をそれぞれ定義する．このとき，f と g の合成 $g \circ f \colon \mathbb{R} \to \mathbb{R}$ による実数 x の像は，

$$(g \circ f)(x) = g\big(f(x)\big) = g(2x + 1) = (2x + 1)^2 - 1 = 4x^2 + 4x$$

である．また，g と f の合成 $f \circ g \colon \mathbb{R} \to \mathbb{R}$ による実数 x の像は，

$$(f \circ g)(x) = f\big(g(x)\big) = f(x^2 - 1) = 2(x^2 - 1) + 1 = 2x^2 - 1$$

である．従って，$g \circ f \neq f \circ g$ である．

定理 1.45 X, Y, Z, W を集合とし, $f: X \to Y$, $g: Y \to Z$, $h: Z \to W$ を写像とする. このとき, $h \circ (g \circ f) = (h \circ g) \circ f$ が成り立つ.

証明 X の元 x を任意にとる. このとき,
$$(h \circ (g \circ f))(x) = h((g \circ f)(x)) = h(g(f(x))) = (h \circ g)(f(x)) = ((h \circ g) \circ f)(x)$$
である. よって, $h \circ (g \circ f) = (h \circ g) \circ f$ である. $\square$

【**制限と拡張**】 X, Y を集合, A を X の部分集合とし, $f: X \to Y$, $g: A \to Y$ を写像とする. A の元 x に対し $f(x)$ を対応させることにより, A から Y への写像がえられる. これを f の A への**制限**といい, $f|_A: A \to Y$ と表す. $g = f|_A$ であるとき, f を g の**拡張**という.

【**射影・写像の直積**】 n を 2 以上の整数とし, $X_1, \ldots, X_n, Y_1, \ldots, Y_n$ を集合とする. i を $\{1, \ldots, n\}$ の元とする. $X_1 \times \cdots \times X_n$ の元 $(x_1, \ldots, x_n)$ に対し $\mathrm{pr}_i(x_1, \ldots, x_n) = x_i$ と定めることにより, 写像 $\mathrm{pr}_i: X_1 \times \cdots \times X_n \to X_i$ を定義する. pr_i を第 i 成分への**射影** (projection) という. $\{1, \ldots, n\}$ の任意の元 i に対し, 写像 $f_i: X_i \to Y_i$ が与えられているとする. $X_1 \times \cdots \times X_n$ の元 $(x_1, \ldots, x_n)$ に対し $f(x_1, \ldots, x_n) = (f_1(x_1), \ldots, f_n(x_n))$ と定めることにより, 写像 $f: X_1 \times \cdots \times X_n \to Y_1 \times \cdots \times Y_n$ を定義する. f を $f_1, \ldots, f_n$ の**直積**といい, $f_1 \times \cdots \times f_n$ で表す.

注意 1.46 X_1, X_2, X_3 を集合とする. $(X_1 \times X_2) \times X_3$ の元 $((x_1, x_2), x_3)$ に対し $\varphi((x_1, x_2), x_3) = (x_1, (x_2, x_3))$ と定めることにより, 写像 $\varphi: (X_1 \times X_2) \times X_3 \to X_1 \times (X_2 \times X_3)$ を定義する. φ は全単射であるので, 2 つの集合 $(X_1 \times X_2) \times X_3$ と $X_1 \times (X_2 \times X_3)$ を区別しないことも多い.

1.6 述 語 論 理

【**命題関数**】 X を集合とする. X の任意の元 x に対し, x を含む命題 $P(x)$ が与えられているとき, これを**命題関数** (あるいは**述語**) という. このとき, x を**自由変数**, X を**変域**という. 以下では, $P(x)$ を命題関数とよぶ.

例 1.47 実数 x を任意にとる. $x + 1 = 2$ という命題を $P(x)$ で表す. このとき $P(x)$ は, x を自由変数, $\mathbb{R}$ を変域とする命題関数である. $P(1)$ は $1 + 1 = 2$ という命題であり, $P(2)$ は $2 + 1 = 2$ という命題である. $P(1)$ は真であり, $P(2)$ は偽である.

【全称命題・存在命題】 X を集合とする. x を自由変数, X を変域とする命題関数 $P(x)$ を考える. 「X の任意の元 x に対し $P(x)$ である」という命題 (**全称命題**) を, $\forall x \in X(P(x))$ という記号で表す. 「X のある元 x に対し $P(x)$ である」という命題 (**存在命題**) を, $\exists x \in X(P(x))$ という記号で表す.

命題 $\forall x \in X(P(x))$ が真であるとは, X の任意の元 x に対し $P(x)$ が真であることである. 命題 $\exists x \in X(P(x))$ が真であるとは, X のある元 x に対し $P(x)$ が真であることである.

注意 1.48 X を集合とする. x を自由変数, X を変域とする命題関数 $P(x)$ を考える. X の元 x であって $P(x)$ が真であるもの全体の集合を A とする. A は X の部分集合であり, 内包的記法 $\{x \in X \mid P(x)\}$ によって表される. 逆に, A を X の部分集合とする. X の元 x に対し「x は A の元である」という命題を $P(x)$ とする. このとき, $A = \{x \in X \mid P(x)\}$ である. すなわち, X の部分集合と X を変域とする命題関数は一方から他方が決まる関係にある.

例 **1.49** 実数 x を任意にとる. $x^2 + 2x + 1 \geqq 0$ という命題を $P(x)$ で表し, $x^2 - 2x \geqq 0$ という命題を $Q(x)$ で表す. このとき $P(x), Q(x)$ は, x を自由変数, $\mathbb{R}$ を変域とする命題関数である. 任意の実数 x に対し

$$x^2 + 2x + 1 = (x+1)^2 \geqq 0$$

であるから, 命題 $\forall x \in \mathbb{R}(P(x))$ は真である. $x = 3$ のとき, $x^2 - 2x = 3^2 - 2 \times 3 = 3 \geqq 0$ であるから, 命題 $\exists x \in \mathbb{R}(Q(x))$ も真である.

補題 **1.50** X を集合とする. x を自由変数, X を変域とする命題関数 $P(x)$ を考える. a を X の元とする. 次の (1), (2) の命題は, 各 x に対する $P(x)$ の真偽に関係なく常に真である.

(1) $P(a) \Rightarrow \exists x \in X(P(x))$

(2) $\forall x \in X(P(x)) \Rightarrow P(a)$

証明 X の元 x であって $P(x)$ が真であるもの全体の集合を A とする.

(1) $P(a)$ が真であるとき, $a \in A$ であるので $A \neq \varnothing$ である. これは, X のある元 x に対し $P(x)$ が真であることである. よって, $\exists x \in X(P(x))$ も真である. 従って, $P(a) \Rightarrow \exists x \in X(P(x))$ は真である. $P(a)$ が偽であるとき, $\exists x \in X(P(x))$ の真偽に関係なく $P(a) \Rightarrow \exists x \in X(P(x))$ は真である. ゆえに, $P(a) \Rightarrow \exists x \in X(P(x))$ は各 x に対する $P(x)$ の真偽に関係なく常に真である.

(2) $\forall x \in X(P(x))$ が真であるとき, X の任意の元 x に対し $P(x)$ は真である. よって, $A = X$ である. $a \in X$ であるので, $a \in A$ である. すなわち, $P(a)$ も真である.

従って，$\forall x \in X(P(x)) \Rightarrow P(a)$ は真である．$\forall x \in X(P(x))$ が偽であるとき，$P(a)$ の真偽に関係なく $\forall x \in X(P(x)) \Rightarrow P(a)$ は真である．ゆえに，$\forall x \in X(P(x)) \Rightarrow P(a)$ は各 x に対する $P(x)$ の真偽に関係なく常に真である．□

$\boxed{\textbf{定理 1.51}}$　X を集合とする．x を自由変数，X を変域とする命題関数 $P(x)$ を考える．次の (1), (2) の命題は，各 x に対する $P(x)$ の真偽に関係なく常に真である．

(1) $\neg(\forall x \in X(P(x)))$ $\Leftrightarrow$ $\exists x \in X(\neg P(x))$

(2) $\neg(\exists x \in X(P(x)))$ $\Leftrightarrow$ $\forall x \in X(\neg P(x))$

証明　問題 1.14 より，$\Leftrightarrow$ の両側の命題の真偽が一致することを証明すればよい．X の元 x であって $P(x)$ が真であるもの全体の集合を A とする．このとき $A^c = X - A$ は，X の元 x であって $\neg P(x)$ が真であるもの全体の集合である．

(1) $\forall x \in X(P(x))$ が真であるとは，X の任意の元 x に対し $P(x)$ が真であることである．これは，$A = X$ ということと同値である．従って，$\neg(\forall x \in X(P(x)))$ が真であることと，$A \neq X$ であることは同値である．これは，$A^c \neq \varnothing$ ということと同値であり，X のある元 x に対し $\neg P(x)$ が真であることと同値である．すなわち，$\exists x \in X(\neg P(x))$ が真であることと同値である．

(2) $\exists x \in X(P(x))$ が真であるとは，X のある元 x に対し $P(x)$ が真であることである．これは，$A \neq \varnothing$ ということと同値である．従って，$\neg(\exists x \in X(P(x)))$ が真であることと，$A = \varnothing$ であることは同値である．これは，$A^c = X$ ということと同値であり，X の任意の元 x に対し $\neg P(x)$ が真であることと同値である．すなわち，$\forall x \in X(\neg P(x))$ が真であることと同値である．□

$\boxed{\textbf{例 1.52}}$　例 1.49 の命題関数 $Q(x)$ を考える．$x = 1$ のとき，

$$x^2 - 2x = 1^2 - 2 \times 1 = -1 < 0$$

であるから，命題 $\exists x \in \mathbb{R}(\neg Q(x))$ は真である．定理 1.51 (1) より命題 $\neg(\forall x \in \mathbb{R}(Q(x)))$ も真であり，命題 $\forall x \in \mathbb{R}(Q(x))$ は偽である．

注意 1.53　定理 1.51 (1) より，命題 $\forall x \in X(P(x))$ が偽であることを示すには，$P(a)$ が偽であるような X の元 a をひとつでも見つければよい（例 1.52 を参照）．このような a を命題 $\forall x \in X(P(x))$ の**反例**という．

問題 1.54　X を集合とする．x を自由変数，X を変域とする命題関数 $P(x), Q(x)$ を考える．命題

$$\neg\big(\forall x \in X(P(x) \Rightarrow Q(x))\big) \Leftrightarrow \exists x \in X\big(P(x) \wedge \neg Q(x)\big)$$

は，各 x に対する $P(x), Q(x)$ の真偽に関係なく常に真であることを示せ．

問題 1.55　X を集合とする．x を自由変数，X を変域とする命題関数 $P(x)$ を考える．Q を（x を含まない）命題とする．次の (1)〜(4) の命題は，各 x に対する $P(x)$ および Q の真偽に関係なく常に真であることを示せ．

(1) $\forall x \in X(P(x) \vee Q) \Leftrightarrow (\forall x \in X(P(x))) \vee Q$

(2) $\forall x \in X(P(x) \wedge Q) \Leftrightarrow (\forall x \in X(P(x))) \wedge Q$

(3) $\exists x \in X(P(x) \vee Q) \Leftrightarrow (\exists x \in X(P(x))) \vee Q$

(4) $\exists x \in X(P(x) \wedge Q) \Leftrightarrow (\exists x \in X(P(x))) \wedge Q$

問題 1.56　X を集合とする．x を自由変数，X を変域とする命題関数 $P(x)$ を考える．Q を（x を含まない）命題とする．次の (1), (2) の命題は，各 x に対する $P(x)$ および Q の真偽に関係なく常に真であることを示せ．

(1) $\forall x \in X(P(x) \Rightarrow Q) \Leftrightarrow ((\exists x \in X(P(x))) \Rightarrow Q)$

(2) $\forall x \in X(Q \Rightarrow P(x)) \Leftrightarrow (Q \Rightarrow (\forall x \in X(P(x))))$

注意 1.57　$X_1, \ldots, X_n$ を集合とする．直積集合 $X_1 \times \cdots \times X_n$ の任意の元 $(x_1, \ldots, x_n)$ に対し，$x_1, \ldots, x_n$ を含む命題 $P(x_1, \ldots, x_n)$ が与えられているとき，これを n 変数の命題関数という．n 変数の命題関数の扱いは，命題関数の扱いと基本的に同じである．

例題 1.58　$f\colon \mathbb{R} \to \mathbb{R}$ を写像とし，$\mathbb{R}_+ = \{x \in \mathbb{R} \mid x > 0\}$ とする．直積集合 $\mathbb{R}_+ \times \mathbb{R}_+ \times \mathbb{R}$ の任意の元 (ε, δ, x) に対し，$|x| < \delta \Rightarrow |f(x) - f(0)| < \varepsilon$ という命題を $P(\varepsilon, \delta, x)$ で表す．命題

$$\forall \varepsilon \in \mathbb{R}_+ \big(\exists \delta \in \mathbb{R}_+ (\forall x \in \mathbb{R}(|x| < \delta \Rightarrow |f(x) - f(0)| < \varepsilon))\big)$$

の否定と同値な命題であって，記号 $\neg$ を含まないものを求めよ．

証明　定理 1.51 (1), (2) を用いることにより，上の命題の否定と同値な命題がえられる．

$$\neg(\forall \varepsilon \in \mathbb{R}_+(\exists \delta \in \mathbb{R}_+(\forall x \in \mathbb{R}(|x| < \delta \Rightarrow |f(x) - f(0)| < \varepsilon))))$$
$$\Leftrightarrow \neg(\forall \varepsilon \in \mathbb{R}_+(\exists \delta \in \mathbb{R}_+(\forall x \in \mathbb{R}(P(\varepsilon, \delta, x)))))$$
$$\Leftrightarrow \exists \varepsilon \in \mathbb{R}_+(\neg(\exists \delta \in \mathbb{R}_+(\forall x \in \mathbb{R}(P(\varepsilon, \delta, x)))))$$
$$\Leftrightarrow \exists \varepsilon \in \mathbb{R}_+(\forall \delta \in \mathbb{R}_+(\neg(\forall x \in \mathbb{R}(P(\varepsilon, \delta, x)))))$$
$$\Leftrightarrow \exists \varepsilon \in \mathbb{R}_+(\forall \delta \in \mathbb{R}_+(\exists x \in \mathbb{R}(\neg P(\varepsilon, \delta, x))))$$
$$\Leftrightarrow \exists \varepsilon \in \mathbb{R}_+(\forall \delta \in \mathbb{R}_+(\exists x \in \mathbb{R}(\neg(|x| < \delta \Rightarrow |f(x) - f(0)| < \varepsilon))))$$
$$\Leftrightarrow \exists \varepsilon \in \mathbb{R}_+(\forall \delta \in \mathbb{R}_+(\exists x \in \mathbb{R}(\neg(\neg(|x| < \delta) \vee (|f(x) - f(0)| < \varepsilon)))))$$
$$\Leftrightarrow \exists \varepsilon \in \mathbb{R}_+(\forall \delta \in \mathbb{R}_+(\exists x \in \mathbb{R}((|x| < \delta) \wedge (|f(x) - f(0)| \geqq \varepsilon)))) \qquad \square$$

注意 1.59　例題 1.58 において，命題 $\forall \varepsilon \in \mathbb{R}_+(\exists \delta \in \mathbb{R}_+(\forall x \in \mathbb{R}(P(\varepsilon, \delta, x))))$ は「f は 0 において連続である」という命題をいわゆる「イプシロン・デルタ論法」を用いて述べたものである．

1.7 集合族の演算

【集合族】 Λ, $\mathcal{A}$ を集合とし，$\mathcal{A}$ の任意の元はそれ自身ひとつの集合である
とする．このとき，Λ から $\mathcal{A}$ への写像を Λ で添字づけられた**集合族**という．
$f\colon \Lambda \to \mathcal{A}$ を Λ で添字づけられた集合族とする．しばしば，Λ の元 λ に対し
$f(\lambda)$ を A_λ などと表し，f を $(A_\lambda)_{\lambda\in\Lambda}$ という記号で表す．

例 1.60 自然数 n に対し $f(n) = (-\frac{1}{n}, \frac{1}{n})$, $g(n) = [-1+\frac{1}{n}, 1-\frac{1}{n}]$ と定め
ることにより，写像 $f, g\colon \mathbb{N} \to \mathcal{P}(\mathbb{R})$ をそれぞれ定義する．自然数 n に対し，
$(-\frac{1}{n}, \frac{1}{n})$ を I_n で表し，$[-1+\frac{1}{n}, 1-\frac{1}{n}]$ を J_n で表すとき，$(I_n)_{n\in\mathbb{N}}$, $(J_n)_{n\in\mathbb{N}}$
はいずれも $\mathbb{N}$ で添字づけられた集合族である．

【集合族の演算】 $(A_\lambda)_{\lambda\in\Lambda}$ を Λ で添字づけられた集合族とする．集合

$$\bigcup_{\lambda\in\Lambda} A_\lambda = \{x \mid \exists\lambda\in\Lambda(x\in A_\lambda)\}, \quad \bigcap_{\lambda\in\Lambda} A_\lambda = \{x \mid \forall\lambda\in\Lambda(x\in A_\lambda)\}$$

をそれぞれ $(A_\lambda)_{\lambda\in\Lambda}$ の**和集合，共通部分**という．（ただし，$\Lambda = \varnothing$ のとき，
$(A_\lambda)_{\lambda\in\Lambda}$ の共通部分は定義しない．また，$(A_\lambda)_{\lambda\in\Lambda}$ の和集合は空集合である．）

例 1.61 例 1.60 の $(I_n)_{n\in\mathbb{N}}$, $(J_n)_{n\in\mathbb{N}}$ に対し，次が成り立つ．

$$\bigcup_{n\in\mathbb{N}} I_n = \bigcup_{n\in\mathbb{N}} J_n = (-1, 1), \quad \bigcap_{n\in\mathbb{N}} I_n = \bigcap_{n\in\mathbb{N}} J_n = \{0\}$$

補題 1.62 $(A_\lambda)_{\lambda\in\Lambda}$ を Λ で添字づけられた集合族とし，$\mu\in\Lambda$ とする．次
の (1), (2) が成り立つ．

   (1) $A_\mu \subset \bigcup_{\lambda\in\Lambda} A_\lambda$ (2) $\bigcap_{\lambda\in\Lambda} A_\lambda \subset A_\mu$

証明 Λ の元 λ に対し，「x は A_λ の元である」という命題を $P(\lambda)$ とする．このと
き $P(\lambda)$ は，λ を自由変数，Λ を変域とする命題関数である．補題 1.50 (1), (2) より，
それぞれ (1), (2) が従う．□

問題 1.63 $(A_\lambda)_{\lambda\in\Lambda}$ を Λ で添字づけられた集合族とし，B を集合とする．次の (1)〜
(4) が成り立つことを示せ．
   (1) $(\bigcup_{\lambda\in\Lambda} A_\lambda)\cup B = \bigcup_{\lambda\in\Lambda}(A_\lambda\cup B)$ (2) $(\bigcup_{\lambda\in\Lambda} A_\lambda)\cap B = \bigcup_{\lambda\in\Lambda}(A_\lambda\cap B)$
   (3) $(\bigcap_{\lambda\in\Lambda} A_\lambda)\cup B = \bigcap_{\lambda\in\Lambda}(A_\lambda\cup B)$ (4) $(\bigcap_{\lambda\in\Lambda} A_\lambda)\cap B = \bigcap_{\lambda\in\Lambda}(A_\lambda\cap B)$

問題 1.64 $(A_\lambda)_{\lambda \in \Lambda}$ を Λ で添字づけられた集合族とし，B を集合とする．次の (1)，(2) を示せ．

(1) $\bigcup_{\lambda \in \Lambda} A_\lambda \subset B$ であるための必要十分条件は，Λ の任意の元 μ に対し $A_\mu \subset B$ であることである．

(2) $B \subset \bigcap_{\lambda \in \Lambda} A_\lambda$ であるための必要十分条件は，Λ の任意の元 μ に対し $B \subset A_\mu$ であることである．

【部分集合族】 X を集合とし，$(A_\lambda)_{\lambda \in \Lambda}$ を Λ で添字づけられた集合族とする．Λ の任意の元 λ に対し $A_\lambda \subset X$ であるとき，$(A_\lambda)_{\lambda \in \Lambda}$ を X の**部分集合族**という．すなわち，X の部分集合族とは Λ から $\mathcal{P}(X)$ への写像のことである．

注意 1.65 X を集合とし，$\mathcal{A}$ を $\mathcal{P}(X)$ の部分集合とする．$\mathcal{A}$ から $\mathcal{P}(X)$ への包含写像を，$\mathcal{A}$ で添字づけられた集合族 $(A)_{A \in \mathcal{A}}$ と考える．このとき，$(A)_{A \in \mathcal{A}}$ の和集合 $\bigcup_{A \in \mathcal{A}} A$，共通部分 $\bigcap_{A \in \mathcal{A}} A$ をしばしば $\bigcup \mathcal{A}$，$\bigcap \mathcal{A}$ で表す．

定理 1.66 X の部分集合族 $(A_\lambda)_{\lambda \in \Lambda}$ に対し，次の (1)，(2) が成り立つ．

$$(1) \left(\bigcap_{\lambda \in \Lambda} A_\lambda \right)^c = \bigcup_{\lambda \in \Lambda} A_\lambda^c \qquad (2) \left(\bigcup_{\lambda \in \Lambda} A_\lambda \right)^c = \bigcap_{\lambda \in \Lambda} A_\lambda^c$$

証明 Λ の元 λ に対し，「x は A_λ の元である」という命題を $P(\lambda)$ とする．このとき $P(\lambda)$ は，λ を自由変数，Λ を変域とする命題関数である．定理 1.51 (1)，(2) よりそれぞれ (1)，(2) が従う．□

例題 1.67 $\mathbb{N}^2$ の元 (m,n) に対し

$$A_{(m,n)} = \{(x,y) \in \mathbb{N}^2 \mid x \leqq m,\ y \leqq n\}$$

と定めることにより，$\mathbb{N}^2$ で添字づけられた $\mathbb{N}^2$ の部分集合族 $(A_{(m,n)})_{(m,n) \in \mathbb{N}^2}$ を定義する．また，$\mathbb{N}(m) = \mathbb{N} - \{1, \ldots, m-1\}$ とする．次の (1)，(2) の集合をそれぞれ求めよ．

$$(1) \bigcup_{m \in \mathbb{N}} \left(\bigcap_{n \in \mathbb{N}(m)} A_{(m,n)} \right)$$

$$(2) \bigcap_{m \in \mathbb{N}} \left(\bigcup_{n \in \mathbb{N}(m)} A_{(m,n)} \right)$$

[解答] 自然数 m を任意にとる. $A_{(m,n)}$ の定義より

$$\bigcap_{n\in\mathbb{N}(m)} A_{(m,n)} = \left\{(x,y)\in\mathbb{N}^2 \mid x\leqq m,\ y\leqq m\right\}$$

$$\bigcup_{n\in\mathbb{N}(m)} A_{(m,n)} = \{x\in\mathbb{N}\mid x\leqq m\}\times\mathbb{N}$$

である. よって,

$$\bigcup_{m\in\mathbb{N}}\left(\bigcap_{n\in\mathbb{N}(m)} A_{(m,n)}\right) = \bigcup_{m\in\mathbb{N}}\left\{(x,y)\in\mathbb{N}^2 \mid x\leqq m,\ y\leqq m\right\} = \mathbb{N}^2$$

$$\bigcap_{m\in\mathbb{N}}\left(\bigcup_{n\in\mathbb{N}(m)} A_{(m,n)}\right) = \bigcap_{m\in\mathbb{N}}\{x\in\mathbb{N}\mid x\leqq m\}\times\mathbb{N} = \{1\}\times\mathbb{N}$$

である. □

問題 1.68 X, Y を集合とし, $f\colon X\to Y$ を写像とする. $(A_\lambda)_{\lambda\in\Lambda}$ を X の部分集合族とし, $(B_\mu)_{\mu\in M}$ を Y の部分集合族とする. 次の (1)〜(4) が成り立つことを示せ.

(1) $f(\bigcup_{\lambda\in\Lambda} A_\lambda) = \bigcup_{\lambda\in\Lambda} f(A_\lambda)$

(2) $f(\bigcap_{\lambda\in\Lambda} A_\lambda) \subset \bigcap_{\lambda\in\Lambda} f(A_\lambda)$

(3) $f^{-1}(\bigcup_{\mu\in M} B_\mu) = \bigcup_{\mu\in M} f^{-1}(B_\mu)$

(4) $f^{-1}(\bigcap_{\mu\in M} B_\mu) = \bigcap_{\mu\in M} f^{-1}(B_\mu)$

1.8 全射と単射

【全射・単射】 X, Y を集合とし, $f\colon X\to Y$ を写像とする. Y の任意の元 y に対し,

$$f(x) = y$$

をみたす X の元 x が存在するとき, f は**全射**であるという. X の任意の元 x_1, x_2 に対し,

$$f(x_1) = f(x_2)\ ならば\ x_1 = x_2$$

であるとき, f は**単射**であるという. f が全射であり, かつ単射であるとき, f は**全単射**であるという.

注意 1.69 f が全射であるとは, $f(X) = Y$ が成り立つことである. f が単射であるとは, X の任意の元 x_1, x_2 に対し, $x_1\neq x_2$ ならば $f(x_1)\neq f(x_2)$ となることである.

例 1.70 実数 x に対し

$$f_1(x) = 2x, \quad f_2(x) = x^3 - x, \quad f_3(x) = e^x, \quad f_4(x) = x^2$$

と定めることにより，写像 $f_1, f_2, f_3, f_4 \colon \mathbb{R} \to \mathbb{R}$ をそれぞれ定義する．f_1 は全単射である．f_2 は全射であるが単射ではない．f_3 は単射であるが全射ではない．f_4 は全射でも単射でもない．

定理 1.71 X, Y, Z を集合とし，$f \colon X \to Y$，$g \colon Y \to Z$ を写像とする．次の (1), (2) が成り立つ．
 (1) $g \circ f$ が全射ならば，g も全射である．
 (2) $g \circ f$ が単射ならば，f も単射である．

証明 (1) Z の元 z を任意にとる．$g \circ f$ が全射であるので，$(g \circ f)(x) = z$ をみたす X の元 x が存在する．$f(x)$ が Y の元であり，

$$g\big(f(x)\big) = (g \circ f)(x) = z$$

であるので，g は全射である．
 (2) X の元 x_1, x_2 を任意にとる．$f(x_1) = f(x_2)$ であるとする．両辺の g による像を考えると，$g(f(x_1)) = g(f(x_2))$ となる．

$$(g \circ f)(x_1) = (g \circ f)(x_2)$$

であり，$g \circ f$ が単射であるので，$x_1 = x_2$ である．よって，f は単射である．□

問題 1.72 X, Y, Z を集合とし，$f \colon X \to Y$，$g \colon Y \to Z$ を写像とする．次の (1), (2) が成り立つことを示せ．
 (1) f, g がいずれも全射ならば，$g \circ f$ も全射である．
 (2) f, g がいずれも単射ならば，$g \circ f$ も単射である．

【包含写像・恒等写像】 X を集合とし，A を X の部分集合とする．A の任意の元 a に X の元 a を対応させることにより定まる写像 $i \colon A \to X$ を，A から X への**包含写像**という．X から X への包含写像を X 上の**恒等写像**といい，$1_X \colon X \to X$ で表す．X 上の恒等写像 1_X の A への制限は，A から X への包含写像である．包含写像は単射であり，恒等写像は全単射である．

 X, Y を集合とし，$f \colon X \to Y$ を写像とする．A を X の部分集合とし，$i \colon A \to X$ を A から X への包含写像とする．このとき，

$$f \circ 1_X = 1_Y \circ f = f$$

であり，$f \circ i = f|_A$ である．

【逆写像】 X, Y を集合とし，$f\colon X \to Y$, $g\colon Y \to X$ を写像とする．

$$g \circ f = 1_X \text{ かつ } f \circ g = 1_Y$$

であるとき，g を f の**逆写像**という．このとき，f は g の逆写像である．

注意 1.73 上で写像 $h\colon Y \to X$ も f の逆写像であるとする．定理 1.45 より

$$h = 1_X \circ h = (g \circ f) \circ h = g \circ (f \circ h) = g \circ 1_Y = g$$

が成り立つ．よって，f の逆写像は（存在するとすれば）ただひとつである．これを，$f^{-1}\colon Y \to X$ と表す．f^{-1} は逆像を表す際にも用いられるので，注意が必要である．

定理 1.74 X, Y を集合とし，$f\colon X \to Y$ を写像とする．f の逆写像が存在するための必要十分条件は，f が全単射であることである．

証明 必要であること：f の逆写像 $f^{-1}\colon Y \to X$ が存在するとする．$f \circ f^{-1} = 1_Y$ であり，1_Y が全射であるので，定理 1.71 (1) より f は全射である．$f^{-1} \circ f = 1_X$ であり，1_X が単射であるので，定理 1.71 (2) より f は単射である．ゆえに，f は全単射である．

十分であること：f が全単射であるとする．Y の元 y を任意にとる．f が全射であるので，$f(x) = y$ をみたす X の元 x が存在する．$f(x') = y$ をみたす X のもうひとつの元 x' に対し，$f(x') = f(x)$ が成り立つ．f が単射であるので，$x' = x$ である．よって，$g(y) = x$ と定めることにより，写像 $g\colon Y \to X$ が定義される．このとき，$(f \circ g)(y) = f(g(y)) = f(x) = y$ であり，$(g \circ f)(x) = g(f(x)) = g(y) = x$ であるので，$f \circ g = 1_Y$ かつ $g \circ f = 1_X$ である．すなわち，g は f の逆写像である．□

注意 1.75 定理 1.74 において，f の逆写像 f^{-1} も全単射である．

定理 1.76 X, Y, Z を集合とし，$f\colon X \to Y$, $g\colon Y \to Z$ を写像とする．もし f, g がいずれも全単射ならば，$g \circ f$ も全単射であり，

$$(g \circ f)^{-1} = f^{-1} \circ g^{-1}$$

が成り立つ．

証明 f, g がいずれも全単射であるとき，問題 1.72 (1), (2) より $g \circ f$ も全単射である．また，定理 1.74 より f, g の逆写像 f^{-1}, g^{-1} が存在する．定理 1.45 より，

$$\begin{aligned}
(f^{-1} \circ g^{-1}) \circ (g \circ f) &= f^{-1} \circ ((g^{-1} \circ g) \circ f) \\
&= f^{-1} \circ (1_Y \circ f) = f^{-1} \circ f = 1_X \\
(g \circ f) \circ (f^{-1} \circ g^{-1}) &= (g \circ (f \circ f^{-1})) \circ g^{-1} \\
&= (g \circ 1_Y) \circ g^{-1} = g \circ g^{-1} = 1_Z
\end{aligned}$$

である．よって，$f^{-1} \circ g^{-1}$ は $g \circ f$ の逆写像である．□

> **例題 1.77** X, Y を集合とし，$f\colon X \to Y$ を写像とする．X の任意の部分集合 A_1, A_2 に対し
>
> $$f(A_1 \cap A_2) = f(A_1) \cap f(A_2)$$
>
> であるための必要十分条件は，f が単射であることである．これを示せ．

[**解答**]　必要であること：X の任意の部分集合 A_1, A_2 に対し $f(A_1 \cap A_2) = f(A_1) \cap f(A_2)$ であるとする．X の元 x_1, x_2 を任意にとる．$f(x_1) = f(x_2)$ であるとする．$y = f(x_1)$ とすると，

$$\{y\} = \{f(x_1)\} \cap \{f(x_2)\} = f(\{x_1\}) \cap f(\{x_2\})$$

である．仮定より $f(\{x_1\}) \cap f(\{x_2\}) = f(\{x_1\} \cap \{x_2\})$ であるので，

$$f(\{x_1\} \cap \{x_2\}) = \{y\} \neq \varnothing$$

である．もし $x_1 \neq x_2$ ならば $\{x_1\} \cap \{x_2\} = \varnothing$ であり，$f(\{x_1\} \cap \{x_2\}) = \varnothing$ であるので，$f(\{x_1\} \cap \{x_2\}) \neq \varnothing$ に矛盾する．よって，$x_1 = x_2$ である．ゆえに，f は単射である．

　十分であること：f が単射であるとする．X の部分集合 A_1, A_2 を任意にとる．$f(A_1) \cap f(A_2)$ の元 y を任意にとる．$f(x_1) = y, f(x_2) = y$ をみたす A_1 の元 x_1 と A_2 の元 x_2 が存在する．$f(x_1) = f(x_2)$ であり，f が単射であるので，$x_1 = x_2$ である．$x_1 \in A_1 \cap A_2$ であるので，

$$y = f(x_1) \in f(A_1 \cap A_2)$$

である．よって，

$$f(A_1) \cap f(A_2) \subset f(A_1 \cap A_2)$$

である．定理 1.40 (2) より

$$f(A_1) \cap f(A_2) \supset f(A_1 \cap A_2)$$

であるので，$f(A_1) \cap f(A_2) = f(A_1 \cap A_2)$ である．□

問題 1.78　X, Y を集合とし，$f\colon X \to Y$ を写像とする．次の (1)〜(4) が同値であることを示せ．
  (1) f は単射である．
  (2) X の任意の部分集合 A に対し，$A = f^{-1}(f(A))$ である．
  (3) X の任意の部分集合 A_1, A_2 に対し，$f(A_1) - f(A_2) = f(A_1 - A_2)$ である．
  (4) X の任意の部分集合族 $(A_\lambda)_{\lambda \in \Lambda}$ に対し，$f(\bigcap_{\lambda \in \Lambda} A_\lambda) = \bigcap_{\lambda \in \Lambda} f(A_\lambda)$ である．

問題 1.79　X, Y を集合とし，$f\colon X \to Y$ を写像とする．次の (1), (2) が同値であることを示せ．
  (1) f は全射である．
  (2) Y の任意の部分集合 B に対し，$f(f^{-1}(B)) = B$ である．

第 **2** 章

濃度と二項関係

　集合に属する元の個数を数学的に厳密に定義するために，集合の濃度という概念が考えられた．数の大小関係や数学的対象の分類を抽象化することにより，順序や同値関係などの二項関係とよばれる概念が生まれた.

　本章では，集合の濃度の相等と二項関係の定義から始めて，選択公理やツォルンの補題などの集合論の初歩までを解説する.

2.1　集合の濃度

【集合の対等】　X, Y を集合とする．X から Y への全単射が存在するとき，X と Y は**対等**である（あるいは**濃度**が等しい）といい，$X \sim Y$ と表す.

定理 **2.1**　X, Y, Z を集合とする．次の (1)～(3) が成り立つ.

(1) $X \sim X$ である.

(2) $X \sim Y$ ならば $Y \sim X$ である.

(3) $X \sim Y$ かつ $Y \sim Z$ ならば $X \sim Z$ である.

証明　(1) X 上の恒等写像 1_X は X から X への全単射であるので，$X \sim X$ である.

　(2) $X \sim Y$ ならば，X から Y への全単射 $f\colon X \to Y$ が存在する．定理 1.74 より，f の逆写像 $f^{-1}\colon Y \to X$ が存在する．f^{-1} も全単射であるので，$Y \sim X$ である.

　(3) $X \sim Y$ かつ $Y \sim Z$ ならば，全単射 $f\colon X \to Y$, $g\colon Y \to Z$ が存在する．定理 1.76 より，$g \circ f\colon X \to Z$ も全単射である．よって，$X \sim Z$ である．□

問題 2.2　次の (1), (2) が成り立つことを示せ.

(1) 自然数 m, n に対し，$\{1, \ldots, m\} \sim \{1, \ldots, n\}$ ならば $m = n$ である.

(2) 任意の自然数 n に対し，$\{1, \ldots, n\}$ と $\mathbb{N}$ は対等でない.

【有限集合・可算集合】　X を集合とする．$X = \varnothing$ であるか，もしくは，ある自然数 n に対して $X \sim \{1, \ldots, n\}$ であるとき，X を**有限集合**という．X が有限集合でないとき，X を**無限集合**という．$X \sim \mathbb{N}$ であるとき，X を**可算集合**

という．X が有限集合または可算集合であるとき，X を**高々可算集合**という．問題 2.2 (2) より，可算集合は無限集合である．

問題 2.3　X, Y を集合とする．次の (1), (2) が成り立つことを示せ．
(1) X が有限集合であり，$Y \subset X$ ならば，Y も有限集合である．
(2) X, Y がいずれも有限集合ならば，$X \cup Y$ も有限集合である．

例 2.4　$2\mathbb{N} = \{2n \mid n \in \mathbb{N}\}$ とする．自然数 n に対し $f(n) = 2n$ と定めることにより，写像 $f \colon \mathbb{N} \to 2\mathbb{N}$ を定義する．このとき，f は $\mathbb{N}$ から $2\mathbb{N}$ への全単射であるので，$\mathbb{N} \sim 2\mathbb{N}$ である．

例 2.5　実数 x に対し，x を超えない最大の整数を $[x]$ で表す．自然数 n に対し $f(n) = (-1)^n \left[\frac{n}{2}\right]$ と定めることにより，写像 $f \colon \mathbb{N} \to \mathbb{Z}$ を定義する．このとき，f は $\mathbb{N}$ から $\mathbb{Z}$ への全単射であるので，$\mathbb{N} \sim \mathbb{Z}$ である．

例 2.6　自然数 n, m に対し $f(n, m) = 2^{n-1}(2m - 1)$ と定めることにより，写像 $f \colon \mathbb{N} \times \mathbb{N} \to \mathbb{N}$ を定義する．このとき，f は $\mathbb{N} \times \mathbb{N}$ から $\mathbb{N}$ への全単射であるので，$\mathbb{N} \times \mathbb{N} \sim \mathbb{N}$ である．

問題 2.7　X, Y がいずれも可算集合ならば，$X \times Y$ も可算集合であることを示せ．

例題 2.8　$\mathbb{R}$ と $(-1, 1)$ が対等であることを示せ．

[解答]　実数 x に対し $f(x) = \frac{x}{1 + |x|}$ と定める．

$$\left| f(x) \right| = \left| \frac{x}{1 + |x|} \right| = \frac{|x|}{1 + |x|} = 1 - \frac{1}{1 + |x|} < 1$$

であるので，写像 $f \colon \mathbb{R} \to (-1, 1)$ が定義される．$(-1, 1)$ の元 y に対し $g(y) = \frac{y}{1 - |y|}$ と定める．$1 - |y| > 0$ であるので，写像 $g \colon (-1, 1) \to \mathbb{R}$ が定義される．実数 x を任意にとる．

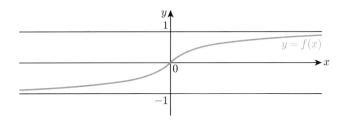

$$(g \circ f)(x) = g\big(f(x)\big) = g\left(\frac{x}{1+|x|}\right) = \frac{\frac{x}{1+|x|}}{1 - \left|\frac{x}{1+|x|}\right|} = \frac{x}{(1+|x|) - |x|} = x$$

であるので，$g \circ f = 1_{\mathbb{R}}$ である．$(-1,1)$ の元 y を任意にとる．

$$(f \circ g)(y) = f\big(g(y)\big) = f\left(\frac{y}{1-|y|}\right) = \frac{\frac{y}{1-|y|}}{1 + \left|\frac{y}{1-|y|}\right|} = \frac{y}{(1-|y|) + |y|} = y$$

であるので，$f \circ g = 1_{(-1,1)}$ である．定理 1.74 より，f は $\mathbb{R}$ から $(-1,1)$ への全単射であるので，$\mathbb{R} \sim (-1,1)$ である．□

例 2.9　a, b, c, d を実数とし，$a < b, c < d$ とする．実数 x に対し

$$f(x) = \frac{d-c}{b-a}(x-a) + c$$

と定めることにより，写像 $f\colon [a,b] \to [c,d]$ を定義する．f は $[a,b]$ から $[c,d]$ への全単射であるので，$[a,b] \sim [c,d]$ である．f の (a,b) への制限は (a,b) から (c,d) への全単射であるので，$(a,b) \sim (c,d)$ である．

【濃度に関する記号 1】　X, Y を集合とする．$X \sim Y$ であることを $\#X = \#Y$ とも表す．自然数 n に対し $\#X = \#\{1,\dots,n\}$ であることを $\#X = n$ と表す．$\#X = \#\mathbb{N}$ であることを $\#X = \aleph_0$ と表し，$\#X = \#\mathbb{R}$ であることを $\#X = \aleph$ と表す．ここで，$\aleph$ はヘブライ文字の第 1 字母であり，「アレフ」と読む．（$\aleph_0$ と $\aleph$ の関係については定理 2.22 を参照せよ．）

例 2.10　例 2.4，例 2.5，例 2.6 より $\#2\mathbb{N} = \#\mathbb{Z} = \#(\mathbb{N} \times \mathbb{N}) = \aleph_0$ であり，例題 2.8，例 2.9 より任意の実数 a, b $(a < b)$ に対し $\#(a,b) = \aleph$ である．

【特性関数】　X を集合とし，A を X の部分集合とする．A の元に 1 を対応させ，$X - A$ の元に 0 を対応させることにより，写像 $\chi_A\colon X \to \{0,1\}$ を定義する．χ_A を A の**特性関数**という．

例 2.11　X を集合とし，A, B を X の部分集合とする．$\chi_A, \chi_B\colon X \to \{0,1\}$ をそれぞれ A, B の特性関数とする．このとき，$A \cup B$, $A \cap B$, $X - A$ の特性関数 $\chi_{A \cup B}, \chi_{A \cap B}, \chi_{X-A}\colon X \to \{0,1\}$ はそれぞれ

$$\chi_{A \cup B}(x) = \max\{\chi_A(x), \chi_B(x)\} \quad (x \in X)$$

$$\chi_{A \cap B}(x) = \min\{\chi_A(x), \chi_B(x)\} \quad (x \in X)$$

$$\chi_{X-A}(x) = 1 - \chi_A(x) \quad (x \in X)$$

によって与えられる．ただし，実数 a, b に対し $\max\{a,b\}$, $\min\{a,b\}$ はそれ
ぞれ a と b の小さくないほう，大きくないほうを表す．

問題 2.12　X を集合とする．X の部分集合 A に A の特性関数 χ_A を対応させるこ
とにより，写像 $\Phi: \mathcal{P}(X) \to \mathcal{F}(X, \{0,1\})$ を定義する．このとき，Φ が全単射であ
ることを示せ．また，自然数 n に対し $\#X = n$ ならば，$\#\mathcal{P}(X) = 2^n$ であることを
示せ．

2.2 ベルンシュタインの定理と対角線論法

定理 2.13 （ベルンシュタインの定理）　X, Y を集合とし，$f: X \to Y$, $g: Y \to$
X を写像とする．f と g がいずれも単射ならば，X と Y は対等である．

証明　X の部分集合族 $\{A_n\}_{n \in \{0\} \cup \mathbb{N}}$ と Y の部分集合族 $\{B_n\}_{n \in \{0\} \cup \mathbb{N}}$ を以下のよ
うに帰納的に定義する．まず，$A_0 = X$, $B_0 = Y$ とする．$\{0\} \cup \mathbb{N}$ の元 n に対し A_n,
B_n がすでに定義されているとき，$A_{n+1} = g(B_n)$, $B_{n+1} = f(A_n)$ と定義する．こ
のとき，$\{0\} \cup \mathbb{N}$ の任意の元 n に対し，$A_{n+1} \subset A_n$, $B_{n+1} \subset B_n$ である．

実際，$A_1 = g(B_0) = g(Y) \subset X = A_0$ であり，$B_1 = f(A_0) = f(X) \subset Y = B_0$
である．自然数 n に対し $A_n \subset A_{n-1}$ かつ $B_n \subset B_{n-1}$ であると仮定すると，

$$A_{n+1} = g(B_n) \subset g(B_{n-1}) = A_n \text{ かつ } B_{n+1} = f(A_n) \subset f(A_{n-1}) = B_n$$

である．よって，帰納法により $\{0\} \cup \mathbb{N}$ の任意の元 n に対し $A_{n+1} \subset A_n$, $B_{n+1} \subset$
B_n が成り立つ．

$\{0\} \cup \mathbb{N}$ の元 n に対し，f の A_n への制限 $f|_{A_n}: A_n \to f(A_n) = B_{n+1}$ と，g の
B_n への制限 $g|_{B_n}: B_n \to g(B_n) = A_{n+1}$ は，いずれも全単射である．よって，f
の $A_n - A_{n+1}$ への制限 $f|_{A_n - A_{n+1}}: A_n - A_{n+1} \to f(A_n - A_{n+1})$ と，g の $B_n -$
B_{n+1} への制限 $g|_{B_n - B_{n+1}}: B_n - B_{n+1} \to f(B_n - B_{n+1})$ も，いずれも全単射であ
る．ここで，問題 1.78 より

$$f(A_n - A_{n+1}) = B_{n+1} - B_{n+2}, \quad f(B_n - B_{n+1}) = A_{n+1} - A_{n+2}$$

である．

X の部分集合 A_*, A_{**}, A_∞ と Y の部分集合 B_*, B_{**}, B_∞ を次のように定める．

$$A_* = \bigcup_{m \in \{0\} \cup \mathbb{N}} (A_{2m} - A_{2m+1}), \qquad B_* = \bigcup_{m \in \{0\} \cup \mathbb{N}} (B_{2m} - B_{2m+1}),$$

$$A_{**} = \bigcup_{m \in \{0\} \cup \mathbb{N}} (A_{2m+1} - A_{2m+2}), \qquad B_{**} = \bigcup_{m \in \{0\} \cup \mathbb{N}} (B_{2m+1} - B_{2m+2}),$$

$$A_\infty = \bigcap_{n \in \{0\} \cup \mathbb{N}} A_n, \qquad B_\infty = \bigcap_{n \in \{0\} \cup \mathbb{N}} B_n$$

X の元 x を任意にとる. このとき, $\{0\} \cup \mathbb{N}$ のすべての元 n に対し $x \in A_n$ である
か, $\{0\} \cup \mathbb{N}$ の元 N が存在して $x \in A_N$ かつ $x \notin A_{N+1}$ であるかのいずれかが成り
立つ. Y の元に関しても同様の考察を行うと, 次がわかる.

$$X = A_* \cup A_{**} \cup A_\infty,\ A_* \cap A_{**} = \varnothing,\ A_* \cap A_\infty = \varnothing,\ A_{**} \cap A_\infty = \varnothing$$
$$Y = B_* \cup B_{**} \cup B_\infty,\ B_* \cap B_{**} = \varnothing,\ B_* \cap B_\infty = \varnothing,\ B_{**} \cap B_\infty = \varnothing$$

f が単射であることと問題 1.68 (1), 問題 1.78 より,

$$
\begin{aligned}
f(A_*) &= f\left(\bigcup_{m \in \{0\} \cup \mathbb{N}} (A_{2m} - A_{2m+1}) \right) = \bigcup_{m \in \{0\} \cup \mathbb{N}} \left(f(A_{2m}) - f(A_{2m+1}) \right) \\
&= B_{**} \\
g(B_*) &= g\left(\bigcup_{m \in \{0\} \cup \mathbb{N}} (B_{2m} - B_{2m+1}) \right) = \bigcup_{m \in \{0\} \cup \mathbb{N}} \left(g(B_{2m}) - g(B_{2m+1}) \right) \\
&= A_{**} \\
f(A_\infty) &= f\left(\bigcap_{n \in \{0\} \cup \mathbb{N}} A_n \right) = \bigcap_{n \in \{0\} \cup \mathbb{N}} f(A_n) = \bigcap_{n \in \{0\} \cup \mathbb{N}} B_n = B_\infty
\end{aligned}
$$

が成り立つ. 従って, $f|_{A_*} \colon A_* \to B_{**}$, $g|_{B_*} \colon B_* \to A_{**}$, $f|_{A_\infty} \colon A_\infty \to B_\infty$ はい
ずれも全単射である. X の元 x に対し

$$
h(x) = \begin{cases} f(x) & (x \in A_* \cup A_\infty) \\ (g|_{B_*})^{-1}(x) & (x \in A_{**}) \end{cases}
$$

と定めることにより, 写像 $h \colon X \to Y$ を定義する. h は全単射であるので, X と Y
は対等である. $\square$

例 2.14　$X = [0, 1)$, $Y = [0, 1]$ とする. X の元 x と Y の元 y に対し $f(x) = x$, $g(y) = \frac{y}{2}$ と定めることにより, 写像 $f \colon X \to Y$, $g \colon Y \to X$ をそれぞれ定
義する. このとき, f と g はいずれも単射である. 定理 2.13 (ベルンシュタイ
ンの定理) の証明における構成を適用すると, $\{0\} \cup \mathbb{N}$ の元 m に対し

$$
A_{2m-1} = B_{2m} = \left[0, \frac{1}{2^m} \right], \quad A_{2m} = B_{2m+1} = \left[0, \frac{1}{2^m} \right)
$$

(ただし, $m = 0$ に対する A_{2m-1} は考えない) となるので, 次がわかる.

$$
A_\infty = \{0\},\ A_{**} = \left\{ \frac{1}{2^m} \ \middle|\ m \in \mathbb{N} \right\},\ A_* = X - (A_{**} \cup A_\infty)
$$
$$
B_\infty = \{0\},\ B_* = \left\{ \frac{1}{2^{m-1}} \ \middle|\ m \in \mathbb{N} \right\},\ B_{**} = Y - (B_* \cup B_\infty)
$$

従って，X の元 x に対し

$$h(x) = \begin{cases} x & (x \in X - \{\frac{1}{2^m} \mid m \in \mathbb{N}\}) \\ 2x & (x \in \{\frac{1}{2^m} \mid m \in \mathbb{N}\}) \end{cases}$$

と定めることにより，写像 $h\colon X \to Y$ がえられる．h は全単射であるので，X と Y は対等である．

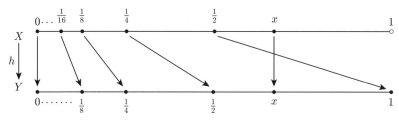

図 2.1 $X = [0,1)$ から $Y = [0,1]$ への全単射 h

例題 2.15 $\mathbb{R}$ の部分集合 A が開区間を含むとき，A が $\mathbb{R}$ と対等であることを示せ．

[**解答**] A が開区間 (a,b) を含むとし，$i\colon (a,b) \to A$ を包含写像とする．例題 2.8 より $\mathbb{R}$ と $(-1,1)$ は対等であり，例 2.9 より $(-1,1)$ と (a,b) は対等であるから，定理 2.1 (3) より $\mathbb{R}$ と (a,b) は対等である．すなわち，全単射 $\varphi\colon \mathbb{R} \to (a,b)$ が存在する．φ と i が単射であるから，問題 1.72 (2) より $i \circ \varphi\colon \mathbb{R} \to A$ も単射である．一方，A から $\mathbb{R}$ への包含写像は単射である．よって，定理 2.13（ベルンシュタインの定理）より A と $\mathbb{R}$ は対等である． $\square$

注意 2.16 例 1.7 において定義された開区間・閉区間・半開区間は，例題 2.15 よりすべて $\mathbb{R}$ と対等である．ただし，$[a,a] = \{a\}$ を除く．

問題 2.17 次の (1), (2) が成り立つことを示せ．

(1) 有理数 r に対し，$r = \frac{m}{n}$ をみたす $\mathbb{Z} \times \mathbb{N}$ の元 (m,n) であって m と n が互いに素であるものを選ぶ．$\varphi(r) = (m,n)$ と定めることにより，写像 $\varphi\colon \mathbb{Q} \to \mathbb{Z} \times \mathbb{N}$ を定義する．このとき，φ は単射である．

(2) $\#\mathbb{Q} = \aleph_0$

【濃度に関する記号 2】 X, Y を集合とする. X から Y への単射が存在することを

$$\#X \leqq \#Y$$

と表す. $\#X \leqq \#Y$ であり, かつ $\#X = \#Y$ でないことを

$$\#X < \#Y$$

と表す.

問題 2.18 X, Y, Z を集合とする. 次の (1)～(3) が成り立つことを示せ.
 (1) $\#X \leqq \#X$ である.
 (2) $\#X \leqq \#Y$ かつ $\#Y \leqq \#X$ ならば $\#X = \#Y$ である.
 (3) $\#X \leqq \#Y$ かつ $\#Y \leqq \#Z$ ならば $\#X \leqq \#Z$ である.

問題 2.19 n を 2 以上の整数とし, $X_1, \ldots, X_n$ を集合とする. $\{1, \ldots, n\}$ の任意の元 i に対し $\#X_i \leqq \aleph_0$ ならば, $\#(X_1 \times \cdots \times X_n) \leqq \aleph_0$ であることを示せ.

問題 2.20 X を集合とする. 次の (1), (2) が成り立つことを示せ.
 (1) $\#X \leqq \aleph_0$ であるための必要十分条件は, X が高々可算集合であることである.
 (2) $\#X < \aleph_0$ であるための必要十分条件は, X が有限集合であることである.

注意 2.21 本書では, $\#X \leqq \aleph_0$ であることと X が高々可算集合であること, $\#X < \aleph_0$ であることと X が有限集合であることを区別しないことも多い.

定理 2.22 $\#\mathbb{N} < \#\mathbb{R}$ が成り立つ. すなわち, $\aleph_0 < \aleph$ である.

証明（カントールの対角線論法） $\mathbb{N}$ から $\mathbb{R}$ への包含写像は単射であるので, $\#\mathbb{N} \leqq \#\mathbb{R}$ が成り立つ. $\#\mathbb{N} = \#\mathbb{R}$ でないことを背理法により証明する. $\mathbb{N} \sim \mathbb{R}$ であると仮定する. 例題 2.8 と例 2.9 より

$$\mathbb{R} \sim (-1, 1) \text{ かつ } (-1, 1) \sim (0, 1)$$

であるので, 定理 2.1 (3) より $\mathbb{N} \sim (0, 1)$ である. すなわち, 全単射 $f \colon \mathbb{N} \to (0, 1)$ が存在する. 注意 2.23 より, 自然数 n に対し $f(n)$ の 10 進小数表示

$$f(n) = (0.a_{n1}a_{n2}\cdots)_{10} \quad (a_{ni} \in \{0, 1, 2, 3, 4, 5, 6, 7, 8, 9\})$$

が存在する. ただし, $f(n)$ が 2 通りの 10 進小数表示をもつ場合は注意 2.23 (I) の表示を選ぶ. このとき, 自然数 n に対し

$$b_n = \begin{cases} 2 & (a_{nn} = 1 \text{のとき}) \\ 1 & (a_{nn} \neq 1 \text{のとき}) \end{cases}$$

と定め, 10 進小数表示 $(0.b_1b_2\cdots)_{10}$ をもつ $(0, 1)$ の元 b を定義する. すると, 任意の自然数 n に対し $b_n \neq a_{nn}$ である. よって, 任意の自然数 n に対し $b \neq f(n)$ であり, $b \notin f(\mathbb{N})$ である. これは f が全射であることに矛盾する. 以上より, $\#\mathbb{N} = \#\mathbb{R}$ でないことが示された. ゆえに, $\#\mathbb{N} < \#\mathbb{R}$ が成り立つ.

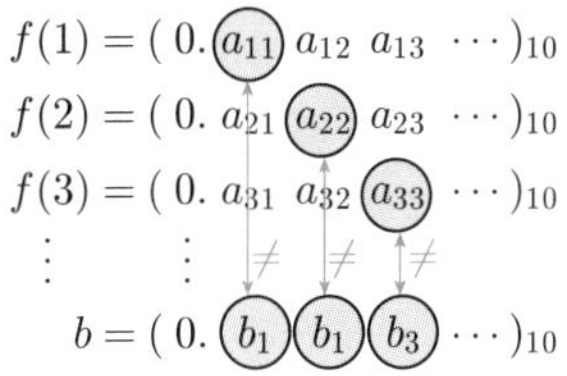

$$f(1) = (\,0.\,\textcircled{a_{11}}\,a_{12}\,a_{13}\,\cdots)_{10}$$
$$f(2) = (\,0.\,a_{21}\,\textcircled{a_{22}}\,a_{23}\,\cdots)_{10}$$
$$f(3) = (\,0.\,a_{31}\,a_{32}\,\textcircled{a_{33}}\,\cdots)_{10}$$
$$\vdots \qquad \vdots \qquad \vdots \; \neq \; \neq \; \neq$$
$$b = (\,0.\,\textcircled{b_1}\,\textcircled{b_1}\,\textcircled{b_3}\,\cdots)_{10}$$

図 2.2　任意の自然数 n に対し $b \neq f(n)$ である. □

注意 2.23　m を 2 以上の自然数とし, x を実数とする. 次の (1)〜(3) が成り立つ. (巻末の参考文献 [3], [14] に詳しい解説がある.)

(1) x が $[0,1]$ に属するための必要十分条件は, 任意の自然数 i に対し $\{0,1,\ldots,m-1\}$ の元 a_i が存在し次が成り立つことである.

$$x = \sum_{i=0}^{\infty} \frac{a_i}{m^i}$$

このとき, $x = (0.a_1a_2\cdots)_m$ と表し, これを x の m 進小数表示という.

(2) $x \in (0,1) \cap \mathbb{Q}$ のとき, x の m 進小数表示はちょうど 2 つ存在し, それらは次の (I), (II) である.

(I) $x = (0.a_1a_2\cdots a_p\,0\,0\cdots)_m \quad (a_p \neq 0)$

(II) $x = (0.a_1a_2\cdots a_p - 1\,m - 1\,m - 1\cdots)_m$

(3) $x \in ((0,1) - \mathbb{Q}) \cup \{0,1\}$ のとき, x の m 進小数表示はただひとつである.

問題 2.24　次の (1)〜(3) が成り立つことを示せ.

(1) $\mathcal{F}(\mathbb{N}, \{0,1\})$ の元 f に対し

$$\varphi(f) = \sum_{n=1}^{\infty} \frac{2f(n)}{3^n}$$

と定めることにより, 写像 $\varphi\colon \mathcal{F}(\mathbb{N}, \{0,1\}) \to \mathbb{R}$ を定義する. このとき, φ は単射である. (φ の像を**カントール集合**という.)

(2) 実数 x に対し $\psi(x) = \{r \in \mathbb{Q} \mid r < x\}$ と定めることにより, 写像 $\psi\colon \mathbb{R} \to \mathcal{P}(\mathbb{Q})$ を定義する. このとき, ψ は単射である.

(3) $\#\mathcal{P}(\mathbb{N}) = \aleph$

定理 2.25　任意の集合 X に対し, $\#X < \#\mathcal{P}(X)$ が成り立つ.

証明　X の元 x に対し $f_0(x) = \{x\}$ と定めることにより, 写像 $f_0\colon X \to \mathcal{P}(X)$ を定義する. f_0 は単射であるので, $\#X \leqq \#\mathcal{P}(X)$ である. $\#X = \#\mathcal{P}(X)$ でないことを背理法により証明する. $X \sim \mathcal{P}(X)$ であると仮定する. すなわち, 全単射 $f\colon X \to \mathcal{P}(X)$ が存在する. $A = \{x \in X \mid x \notin f(x)\}$ とする. $A \in \mathcal{P}(X)$ であり, f が全射であるので, $f(a) = A$ をみたす X の元 a が存在する. $a \in A$ ならば, A の定義より $a \notin f(a)$ である. $f(a) = A$ であるので, $a \notin A$ となり矛盾が生じる. $a \notin A$ なら

ば，$A = f(a)$ であるので，$a \notin f(a)$ である．よって，A の定義より $a \in A$ となり，やはり矛盾が生じる．以上より，$\#X = \#\mathcal{P}(X)$ でないことが証明された．ゆえに，$\#X < \#\mathcal{P}(X)$ である．□

問題 2.26　次の (1), (2) が成り立つことを示せ．

(1) $(0,1) \times (0,1)$ の元 (x,y) に対し，x, y の 10 進小数表示をそれぞれ

$$x = (0.a_1a_2\cdots)_{10} \quad (a_i \in \{0,1,2,3,4,5,6,7,8,9\})$$
$$y = (0.b_1b_2\cdots)_{10} \quad (b_i \in \{0,1,2,3,4,5,6,7,8,9\})$$

とする．ただし，x, y が 2 通りの 10 進小数表示をもつ場合は注意 2.23 (I) の表示を選ぶ．自然数 n に対し

$$c_n = \begin{cases} a_{\frac{n+1}{2}} & (n \text{ が奇数のとき}) \\ b_{\frac{n}{2}} & (n \text{ が偶数のとき}) \end{cases}$$

とし，10 進小数表示 $(0.c_1c_2\cdots)_{10}$ をもつ $(0,1)$ の元 $f(x,y)$ を定める．これにより，写像 $f: (0,1) \times (0,1) \to (0,1)$ を定義すると，f は単射である．

(2) $\#(\mathbb{R} \times \mathbb{R}) = \aleph$

2.3　同 値 関 係

【二項関係】　X を集合とする．X と X の直積 $X \times X$ の部分集合 R を，X 上の**二項関係**という．X の元 x, y に対し，$(x,y) \in R$ であることを xRy と表す．

注意 2.27　X 上の二項関係 R と X の元 x, y に対し，xRy という命題を考えることにより，x, y を自由変数，$X \times X$ を変域とする 2 変数の命題関数 $R(x,y)$ が定まる．逆に，$R(x,y)$ が真であるような (x,y) の全体は R に等しい．すなわち，X 上の二項関係を考えることは，$X \times X$ を変域とする命題関数を考えることと同じである．

【同値関係】　X を集合とし，R を X 上の二項関係とする．次の (1)〜(3) が成り立つとき，R を X 上の**同値関係**という．

(1) X の任意の元 x に対し，xRx である．

(2) X の任意の元 x, y に対し，xRy ならば yRx である．

(3) X の任意の元 x, y, z に対し，xRy かつ yRz ならば xRz である．

(1), (2), (3) をそれぞれ**反射律**，**対称律**，**推移律**という．R が X 上の同値関係であるとき，xRy をしばしば $x \sim_R y$，あるいは $x \sim y$ と表す．X の元 x に対し，X の部分集合 $\{y \in X \mid x \sim_R y\}$ を R に関する x の**同値類**といい，$[x]_R$，あるいは $[x]$ で表す．$[x]_R$ の元を $[x]_R$ の**代表元**ともいう．

例 2.28　X を集合とする．$R = \{(x, y) \in X \times X \mid x = y\}$ は X 上の同値関係である．X の元 x, y に対し，$x \sim_R y$ と $x = y$ は同値である．

例 2.29　$X = \mathbb{Z}$ とし，n を自然数とする．このとき，

$$R = \big\{(a, b) \in X \times X \mid a \equiv b \pmod{n}\big\}$$

は X 上の同値関係である．X の元 a, b に対し，$a \sim_R b$ と $a \equiv b \pmod{n}$ は同値である．ただし，整数 a, b に対し $a - b$ が n の倍数であるとき，a と b は n を法として**合同**であるといい，

$$a \equiv b \pmod{n}$$

と表す．

例 2.30　X, Y を集合とし，$f\colon X \to Y$ を写像とする．このとき，

$$R = \big\{(x, x') \in X \times X \mid f(x) = f(x')\big\}$$

は X 上の同値関係である．X の元 x, x' に対し，$x \sim_R x'$ と $f(x) = f(x')$ は同値である．

例題 2.31　$X = \{(x, y) \in \mathbb{R}^2 \mid x^2 + y^2 \leqq 1\}$ とする．

$$R_1 = \big\{((x_1, y_1), (x_2, y_2)) \in X \times X \mid x_1 = x_2 \text{ かつ } y_1 = y_2\big\}$$
$$R_2 = \big\{((x_1, y_1), (x_2, y_2)) \in X \times X \mid x_1^2 + y_1^2 = x_2^2 + y_2^2 = 1$$
$$\text{かつ } x_2 = -x_1 \text{ かつ } y_2 = -y_1\big\}$$

とするとき，$R = R_1 \cup R_2$ が X 上の同値関係であることを示せ．

[解答]　R に対し，反射律，対称律，推移律が成り立つことを示す．

反射律：X の元 (x, y) を任意にとる．$((x, y), (x, y)) \in R_1$ であるので，$(x, y) \sim_R (x, y)$ である．

対称律：X の元 $z_1 = (x_1, y_1)$, $z_2 = (x_2, y_2)$ に対し，$z_1 \sim_R z_2$ とする．$(z_1, z_2) \in R_1$ または $(z_1, z_2) \in R_2$ である．$(z_1, z_2) \in R_1$ ならば，$x_1 = x_2$ かつ $y_1 = y_2$ である．よって，$x_2 = x_1$ かつ $y_2 = y_1$ であり，$(z_2, z_1) \in R_1$ である．$(z_1, z_2) \in R_2$ ならば，$x_1^2 + y_1^2 = x_2^2 + y_2^2 = 1$ かつ $x_2 = -x_1$ かつ $y_2 = -y_1$ である．よって，$x_2^2 + y_2^2 = x_1^2 + y_1^2 = 1$ かつ $x_1 = -x_2$ かつ $y_1 = -y_2$ であり，$(z_2, z_1) \in R_2$ である．以上より，$z_2 \sim_R z_1$ である．

推移律：X の元 $z_1 = (x_1, y_1)$, $z_2 = (x_2, y_2)$, $z_3 = (x_3, y_3)$ に対し，$z_1 \sim_R z_2$ かつ $z_2 \sim_R z_3$ とする．下の表に従って，4 つの場合に分けて考える．

場合	❶	❷	❸	❹
(z_1, z_2)	$\in R_1$	$\in R_1$	$\in R_2$	$\in R_2$
(z_2, z_3)	$\in R_1$	$\in R_2$	$\in R_1$	$\in R_2$

❶の場合：$x_1 = x_2$ かつ $y_1 = y_2$ であり，かつ，$x_2 = x_3$ かつ $y_2 = y_3$ である．よって，$x_1 = x_3$ かつ $y_1 = y_3$ であり，$(z_1, z_3) \in R_1$ である．

❷の場合：$x_1 = x_2$ かつ $y_1 = y_2$ であり，かつ，$x_2^2 + y_2^2 = x_3^2 + y_3^2 = 1$ かつ $x_3 = -x_2$ かつ $y_3 = -y_2$ である．よって，$x_1^2 + y_1^2 = x_3^2 + y_3^2 = 1$ かつ $x_3 = -x_1$ かつ $y_3 = -y_1$ であり，$(z_1, z_3) \in R_2$ である．

❸の場合：$x_1^2 + y_1^2 = x_2^2 + y_2^2 = 1$ かつ $x_2 = -x_1$ かつ $y_2 = -y_1$ であり，かつ，$x_2 = x_3$ かつ $y_2 = y_3$ である．よって，$x_1^2 + y_1^2 = x_3^2 + y_3^2 = 1$ かつ $x_3 = -x_1$ かつ $y_3 = -y_1$ であり，$(z_1, z_3) \in R_2$ である．

❹の場合：$x_1^2 + y_1^2 = x_2^2 + y_2^2 = 1$ かつ $x_2 = -x_1$ かつ $y_2 = -y_1$ であり，$x_2^2 + y_2^2 = x_3^2 + y_3^2 = 1$ かつ $x_3 = -x_2$ かつ $y_3 = -y_2$ である．よって，$x_1 = x_3$ かつ $y_1 = y_3$ であり，$(z_1, z_3) \in R_1$ である．

以上より，$z_1 \sim_R z_3$ である．□

問題 2.32 X を集合とし，R を X 上の同値関係とする．次の (1)〜(3) が成り立つことを示せ．
(1) X の任意の元 x に対し，$x \in [x]_R$ である．
(2) X の元 x, y に対し，$x \sim_R y$ と $[x]_R = [y]_R$ は同値である．
(3) X の元 x, y に対し，$[x]_R \neq [y]_R$ ならば $[x]_R \cap [y]_R = \varnothing$ である．

【商集合・集合の分割】 X を集合とし，R を X 上の同値関係とする．$\mathcal{P}(X)$ の部分集合 $\{[x]_R \mid x \in X\}$ を X の R による**商集合**といい，X/R で表す．X の元 x に対し x の同値類 $[x]_R$ を対応させることにより，写像 $\pi \colon X \to X/R$ が定まる．π を X から X/R への**自然な全射**という．

X を集合とし，$\mathcal{S}$ を $\mathcal{P}(X)$ の部分集合とする．次の (1)〜(3) が成り立つとき，$\mathcal{S}$ を X の**分割**という．

(1) $\varnothing \notin \mathcal{S}$ である．
(2) X の任意の元 x に対し，$x \in A$ をみたす $\mathcal{S}$ の元 A が存在する．
(3) $\mathcal{S}$ の任意の元 A, B に対し，$A \neq B$ ならば $A \cap B = \varnothing$ である．

注意 2.33 X を集合とし，R を X 上の同値関係とする．問題2.32より，X の R による商集合 X/R は X の分割である．逆に，X を集合とし，$\mathcal{S}$ を X の分割とするとき，$R = \{(x, y) \in X \times X \mid x, y \in A$ をみたす $\mathcal{S}$ の元 A が存在する$\}$ は X 上の同値関係である．

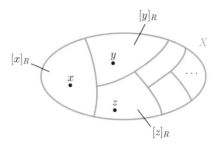

図 2.3 商集合 X/R は X の分割である.

例 **2.34** 例 2.29 において，R に関する整数 a の同値類は

$$[a]_R = \{b \in X \mid a \equiv b \pmod{n}\}$$

である．X の R による商集合は $X/R = \{[0]_R, [1]_R, \ldots, [n-1]_R\}$ である．

例 **2.35** 例 2.30 において，R に関する X の元 x の同値類は

$$[x]_R = f^{-1}(f(x))$$

である．X の R による商集合は $X/R = \{f^{-1}(y) \mid y \in f(X)\}$ である．

2.4 順序集合

【**順序**】 X を集合とし，R を X 上の二項関係とする．次の (1)〜(3) が成り立つとき，R を X 上の**順序**という．

(1) X の任意の元 x に対し，xRx である．

(2) X の任意の元 x, y に対し，xRy かつ yRx ならば $x = y$ である．

(3) X の任意の元 x, y, z に対し，xRy かつ yRz ならば xRz である．

(2) を**反対称律**という．X と X 上の順序 R の組 (X, R) を**順序集合**という．R が X 上の順序であるとき，xRy をしばしば $x \leqq_R y$，あるいは $x \leqq y$ と表す．また，$x \leqq_R y$ かつ $x \neq y$ であることを $x <_R y$，あるいは $x < y$ と表す．

例 **2.36** $X = \mathbb{R}$ とする．このとき，$R = \{(x, y) \in X \times X \mid x \leqq y\}$ は X 上の順序である．ただし，$\leqq$ は通常の大小関係を表す記号である．

例 **2.37**　Y を集合とし，$X = \mathcal{P}(Y)$ とする．このとき，

$$R = \bigl\{ (A, B) \in X \times X \mid A \subset B \bigr\}$$

は X 上の順序である．X の元 A, B に対し，$A \leqq_R B$ と $A \subset B$ は同値である．

例 **2.38**　$X = \mathbb{N}$ とする．このとき，$R = \{(a, b) \in X \times X \mid a|b\}$ は X 上の順序である．ただし，自然数 a, b に対し b が a の倍数であることを $a|b$ と表す．

例 **2.39**　$(X, R), (Y, S)$ を順序集合とする．

$$R' = \bigl\{ ((x_1, y_1), (x_2, y_2)) \in (X \times Y) \times (X \times Y) \mid (x_1, x_2) \in R \text{ かつ } x_1 \neq x_2 \bigr\}$$
$$S' = \bigl\{ ((x_1, y_1), (x_2, y_2)) \in (X \times Y) \times (X \times Y) \mid x_1 = x_2 \text{ かつ } (y_1, y_2) \in S \bigr\}$$

とするとき，$R * S = R' \cup S'$ は $X \times Y$ 上の順序である．$R * S$ を R, S から定まる $X \times Y$ 上の **辞書式順序** という．

問題 **2.40**　(X, R) を順序集合とし，A を X の部分集合とする．このとき，$R \cap (A \times A)$ が A 上の順序であることを示せ．（特にことわらない限り，順序集合の部分集合はこの意味で順序集合と考える．）

注意 **2.41**　X を集合とする．X 上の順序 R が文脈から容易に特定される場合，しばしば X を順序集合という．

【全順序】　X を集合とし，R を X 上の順序とする．X の元 x, y に対し $x \leqq_R y$ または $y \leqq_R x$ が成り立つとき，x と y は（R に関して）**比較可能** であるという．X の任意の元 x, y に対し x と y が（R に関して）比較可能であるとき，R を X 上の **全順序** という．X と X 上の全順序 R の組 (X, R) を **全順序集合** という．

問題 **2.42**　例 2.36 の順序は全順序であり，例 2.37 および例 2.38 の順序は全順序でないことを示せ．

問題 **2.43**　例 2.39 において，$X \neq \varnothing$ かつ $Y \neq \varnothing$ とする．$(X \times Y, R * S)$ が全順序集合であるための必要十分条件は，$(X, R), (Y, S)$ がいずれも全順序集合であることである．これを示せ．

【最大元・最小元・上限・下限】　(X, R) を順序集合，A を X の部分集合とし，x を X の元とする．A の任意の元 a に対し $a \leqq_R x$ であるとき，x を A の **上界** という．A の任意の元 a に対し $x \leqq_R a$ であるとき，x を A の **下界**（かかい）という．x が A の元であり，かつ A の上界であるとき，x を A の **最大元** といい，$\max A$ で表す．x が A の元であり，かつ A の下界であるとき，x を A の **最小元** とい

い, $\min A$ で表す. A の上界全体の集合の最小元を A の**上限**といい, $\sup A$ で表す. A の下界全体の集合の最大元を A の**下限**といい, $\inf A$ で表す.

問題 **2.44**　(X, R) を順序集合, A を X の部分集合とする. 次の (1)〜(3) が成り立つことを示せ.
(1) $\max A, \min A, \sup A, \inf A$ は（存在すれば）ただひとつである.
(2) $\max A$ が存在すれば $\sup A$ も存在し, $\max A = \sup A$ である.
(3) $\min A$ が存在すれば $\inf A$ も存在し, $\min A = \inf A$ である.

例 2.45　例 2.36 の順序集合 (X, R) に対し, X の部分集合 $A = [0, 1]$, $B = (0, \infty)$ を考える.

$$\max A = \sup A = 1, \quad \min A = \inf A = 0$$

である. 一方, $\max B, \sup B, \min B$ は存在しない. また, $\inf B = 0$ である.

例 2.46　例 2.38 の順序集合 (X, R) に対し, X の部分集合 $A = \mathbb{N} - \{1\}$ を考える. このとき, $\max A, \sup A, \min A$ は存在しない. また, $\inf A = 1$ である.

例 2.47　$X = \mathbb{Q}, R = \{(x, y) \in X \times X \mid x \leqq y\}$ とすると, (X, R) は順序集合である. X の部分集合 $A = (-\sqrt{2}, \sqrt{2}) \cap \mathbb{Q}$ に対し, $\max A, \sup A, \min A$, $\inf A$ は存在しない.

【順序を保つ写像】　$(X, R), (Y, S)$ を順序集合とし, $f\colon X \to Y$ を写像とする. X の任意の元 x_1, x_2 に対し, $x_1 \leqq_R x_2$ ならば $f(x_1) \leqq_S f(x_2)$ であるとき, f は**順序を保つ**という. f が全単射であり, かつ f と f^{-1} が順序を保つとき, f を**順序同型写像**という. このとき, (X, R) と (Y, S) は**順序同型**であるという.

問題 **2.48**　$(X, R), (Y, S), (Z, T)$ を順序集合とする. 次の (1)〜(3) が成り立つことを示せ.
(1) (X, R) と (X, R) は順序同型である.
(2) (X, R) と (Y, S) が順序同型ならば, (Y, S) と (X, R) も順序同型である.
(3) (X, R) と (Y, S) が順序同型であり, かつ (Y, S) と (Z, T) が順序同型ならば, (X, R) と (Z, T) も順序同型である.

問題 **2.49**　例 2.36 の順序集合 (X, R) に対し, X の部分集合 $\mathbb{N}, \mathbb{Z}, \mathbb{Q}, \mathbb{R}$ を順序集合と考える. これらはどの 2 つも順序同型でないことを示せ.

例題 **2.50**　$X = \{1, 2, 3\}$ とし，X 上の二項関係

$$R = \{(1,1), (2,2), (3,3), (1,3), (2,3)\}$$

が X 上の順序であることを示せ．$\leqq$ を通常の大小関係を表す記号とし，$R_0 = \{(x,y) \in X \times X \mid x \leqq y\}$ とする．(X, R_0) と (X, R) は順序同型でないことを示せ．

[解答]　R が X 上の順序であること：R に対し，反射律，反対称律，推移律が成り立つことを示す．

　反射律：$X = \{1, 2, 3\}$ であり，$(1,1), (2,2), (3,3) \in R$ であるので，X の任意の元 x に対し $x \leqq_R x$ である．

　反対称律：X の元 x, y に対し $x \leqq_R y$ かつ $y \leqq_R x$ とする．R の定義より，(x, y) は $(1,1), (2,2), (3,3)$ のいずれかである．よって，$x = y$ である．

　推移律：X の元 x, y, z に対し $x \leqq_R y$ かつ $y \leqq_R z$ とする．R の定義より，(x, y, z) は $(1,1,1), (1,1,3), (1,3,3), (2,2,2), (2,2,3), (2,3,3), (3,3,3)$ のいずれかである．よって，(x, z) は $(1,1), (1,3), (2,2), (2,3), (3,3)$ のいずれかである．従って，$x \leqq_R z$ である．

　(X, R_0) と (X, R) が順序同型でないこと：背理法により証明する．(X, R_0) から (X, R) への順序同型写像 $f: X \to X$ が存在すると仮定する．もし $f(3) = 1$ ならば，f が単射であるので，$f(1) \neq 1$ である．R の定義より，$(f(1), f(3)) \notin R$ である．これは f が順序を保つことに矛盾する．$f(3) = 2$ とした場合も同様の矛盾が生じる．よって，$f(3) = 3$ である．f が単射であるので，$(f(1), f(2))$ は $(1,2), (2,1)$ のいずれかである．R の定義より $(1,2), (2,1) \notin R$ であるので，$(f(1), f(2)) \notin R$ である．これは f が順序を保つことに矛盾する．ゆえに，(X, R_0) と (X, R) は順序同型でない．□

2.5　整 列 集 合

【整列集合】　(X, R) を順序集合とする．X の空でない任意の部分集合が最小元をもつとき，(X, R) を**整列集合**という．

問題 **2.51**　任意の整列集合は全順序集合であることを示せ．

例 **2.52**　例 2.36 の順序集合 (X, R) に対し，X の部分集合 $\mathbb{N}, \mathbb{Z}, \mathbb{Q}, \mathbb{R}$ を順序集合と考える．このとき，$\mathbb{N}$ は整列集合であり，$\mathbb{Z}, \mathbb{Q}, \mathbb{R}$ は整列集合でない．

例題 2.53 例 2.36 の順序集合 (X, R) に対し，X の部分集合

$$A = \left\{ n + \frac{1}{m} \mid n \in \{0\} \cup \mathbb{N},\ m \in \mathbb{N} \right\}, \quad B = \left\{ n - \frac{1}{m} \mid n, m \in \mathbb{N} \right\},$$

$$C = \{3n \mid n \in \mathbb{N}\} \cup \{7n \mid n \in \mathbb{N}\}, \quad D = \mathbb{Q} \cap [0, \infty)$$

の中で，整列集合であるものをすべてあげよ．

[解答] A の空でない部分集合 $A_0 = \{\frac{1}{m} \mid m \in \mathbb{N}\}$ は最小元をもたない．よって，A は整列集合でない．

n を自然数とし，$B_n = \{n - \frac{1}{m} \mid m \in \mathbb{N}\}$ とする．B の空でない部分集合 B' を任意にとる．$B' \cap B_n \neq \varnothing$ をみたす n の中で最小のものを N とする．B_N と $\mathbb{N}$ は順序同型であり，$\mathbb{N}$ は整列集合であるので，B_N も整列集合である．よって，$B' \cap B_N$ は最小元 b をもつ．B' の元 b' を任意にとる．$b' \in B_N$ ならば，b の定義より $b' \geqq b$ である．$b' \notin B_N$ ならば，$b' \in B_n$ かつ $n \neq N$ をみたす自然数 n が存在する．N の定義より $n > N$ であるので，$b' \geqq n - 1 \geqq N > b$ である．よって，b は B' の最小元である．従って，B は整列集合である．

$C_1 = \{3n \mid n \in \mathbb{N}\}$，$C_2 = \{7n \mid n \in \mathbb{N}\}$ とする．C の空でない部分集合 C' を任意にとる．$C' \cap C_1 \neq \varnothing$ または $C' \cap C_2 \neq \varnothing$ である．C_1, C_2 はいずれも $\mathbb{N}$ と順序同型であり，$\mathbb{N}$ は整列集合であるので，C_1, C_2 も整列集合である．よって，$c_1 = \min(C' \cap C_1)$，$c_2 = \min(C' \cap C_2)$ の少なくとも一方は存在する．c_1, c_2 の大きくないほうを c とすると，c は C' の最小元である．よって，C は整列集合である．

D の空でない部分集合 $D_0 = \mathbb{Q} \cap (0, \infty)$ は最小元をもたない．よって，D は整列集合でない．□

問題 2.54 (X, R), (Y, S) を順序集合とし，$R * S$ を R, S から定まる $X \times Y$ 上の辞書式順序とする．また，$X \neq \varnothing$ かつ $Y \neq \varnothing$ とする．$(X \times Y, R * S)$ が整列集合であるための必要十分条件は，(X, R), (Y, S) がいずれも整列集合であることである．これを示せ．

補題 2.55 (X, R) を整列集合とし，$f \colon X \to X$ を順序を保つ単射とする．このとき，X の任意の元 x に対し $x \leqq_R f(x)$ が成り立つ．

証明 背理法により証明する．$A = \{x \in X \mid f(x) <_R x\}$ とし，$A \neq \varnothing$ と仮定する．整列集合の定義より，A の最小元 a が存在する．$a \in A$ であるので $f(a) <_R a$ である．すなわち，$f(a) \leqq_R a$ かつ $f(a) \neq a$ である．f が順序を保つので $f(f(a)) \leqq_R f(a)$ であり，f が単射であるので $f(f(a)) \neq f(a)$ である．よって，$f(f(a)) <_R f(a)$ であり，$f(a) \in A$ である．$f(a) <_R a$ であったから，これは a が A の最小元であることに矛盾する．ゆえに，$A = \varnothing$ でなければならない．□

【切片】　(X, R) を整列集合とし，a を X の元とする．X の部分集合 $\{x \in X \mid x <_R a\}$ を X の a による**切片**といい，$X\langle a \rangle$ で表す．

問題 2.56　(X, R) を整列集合とし，a, b を X の元とする．次の (1), (2) が成り立つことを示せ．
  (1) $X\langle a \rangle$ は整列集合である．
  (2) $a <_R b$ のとき，$(X\langle b \rangle)\langle a \rangle = X\langle a \rangle$ である．

補題 2.57　(X, R) を整列集合とする．次の (1), (2) が成り立つ．
  (1) X の任意の元 a に対し，X と $X\langle a \rangle$ は順序同型でない．
  (2) X の任意の元 a, b に対し，$a \neq b$ ならば $X\langle a \rangle$ と $X\langle b \rangle$ は順序同型でない．

証明　(1) 背理法により証明する．X の元 a を任意にとる．順序同型写像 $f \colon X \to X\langle a \rangle$ が存在すると仮定する．$i \colon X\langle a \rangle \to X$ を $X\langle a \rangle$ から X への包含写像とする．f と i はいずれも順序を保つ単射であるので，問題 1.72 (2) より f と i の合成 $i \circ f \colon X \to X$ も順序を保つ単射である．$(i \circ f)(a) = f(a)$ であり，$f(a) \in X\langle a \rangle$ であるので，$(i \circ f)(a) <_R a$ である．これは補題 2.55 に矛盾する．ゆえに，X と $X\langle a \rangle$ は順序同型でない．

  (2) X の元 a, b を任意にとる．問題 2.51 より X は全順序集合であるので，$a \neq b$ ならば $a <_R b$ または $b <_R a$ である．まず $a <_R b$ であるとする．問題 2.56 (2) より，$(X\langle b \rangle)\langle a \rangle = X\langle a \rangle$ である．よって，(1) より $X\langle b \rangle$ と $X\langle a \rangle$ は順序同型でない．次に $b <_R a$ であるとする．問題 2.56 (2) より，$(X\langle a \rangle)\langle b \rangle = X\langle b \rangle$ である．よって，(1) より $X\langle a \rangle$ と $X\langle b \rangle$ は順序同型でない．□

問題 2.58　$(X, R), (Y, S)$ を整列集合とし，$f \colon X \to Y$ を順序同型写像とする．X の任意の元 a に対し，$f(X\langle a \rangle) = Y\langle f(a) \rangle$ が成り立つことを示せ．

補題 2.59　$(X, R), (Y, S)$ を整列集合とする．次の集合 W, X_1, Y_1 を考える．

$$W = \big\{(a, b) \in X \times Y \mid X\langle a \rangle \text{ と } Y\langle b \rangle \text{ は順序同型である}\big\}$$
$$X_1 = \big\{a \in X \mid (a, b) \in W \text{ をみたす } Y \text{ の元 } b \text{ が存在する}\big\}$$
$$Y_1 = \big\{b \in Y \mid (a, b) \in W \text{ をみたす } X \text{ の元 } a \text{ が存在する}\big\}$$

このとき，次の (1), (2) が成り立つ．
  (1) $X_1 = X$ であるか，もしくは $X_1 = X\langle a \rangle$ をみたす X の元 a が存在する．
  (2) $Y_1 = Y$ であるか，もしくは $Y_1 = Y\langle b \rangle$ をみたす Y の元 b が存在する．

証明　(1) まず，次の (∗) が成り立つことを示す．
  (∗)　X_1 の任意の元 a に対し，$X\langle a \rangle \subset X_1$ である．

X_1 の元 a を任意にとる. X_1 の定義より, $(a,b) \in W$ をみたす Y の元 b が存在する. すなわち, Y の元 b と順序同型写像 $f \colon X\langle a \rangle \to Y\langle b \rangle$ が存在する. $X\langle a \rangle$ の元 x を任意にとる. 問題 2.56 と問題 2.58 より

$$f(X\langle x \rangle) = f((X\langle a \rangle)\langle x \rangle) = (Y\langle b \rangle)\langle f(x) \rangle = Y\langle f(x) \rangle$$

であるので, f の $X\langle x \rangle$ への制限は $X\langle x \rangle$ から $Y\langle f(x) \rangle$ への順序同型写像である. よって, $(x, f(x)) \in W$ であるので, $x \in X_1$ である. 従って, $X\langle a \rangle \subset X_1$ である. 以上より, $(*)$ が示された.

もし $X_1 = X$ であれば (1) が成り立つ. そこで, $X_1 \neq X$ であるとする. $X - X_1 \neq \varnothing$ であり, X が整列集合であるので, $X - X_1$ の最小元 a_1 が存在する. このとき, $X_1 = X\langle a_1 \rangle$ であることを証明する. $X\langle a_1 \rangle$ の元 x を任意にとる. もし $x \in X - X_1$ ならば, $a_1 = \min(X - X_1)$ であるので $a_1 \leqq_R x$ であり, $x <_R a_1$ であることに矛盾する. よって, $x \in X_1$ である. ゆえに, $X\langle a_1 \rangle \subset X_1$ である. X_1 の元 x を任意にとる. $a_1 \leqq_R x$ と仮定する. もし $x = a_1$ ならば $x \in X - X_1$ であり, $x \in X_1$ であることに矛盾する. もし $a_1 <_R x$ ならば $a_1 \in X\langle x \rangle$ である. 一方, $x \in X_1$ と $(*)$ より, $X\langle x \rangle \subset X_1$ となる. よって, $a_1 \in X\langle x \rangle \subset X_1$ となり, $a_1 \in X - X_1$ であることに矛盾する. 従って, $x <_R a_1$, すなわち $x \in X\langle a_1 \rangle$ でなければならない. ゆえに, $X_1 \subset X\langle a_1 \rangle$ である. 以上より, $X_1 = X\langle a_1 \rangle$ であることが示された.

(2) (1) と全く同様にして証明することができる. $\square$

定理 2.60(**整列集合の比較定理**) (X, R), (Y, S) を整列集合とする. 次の ❶, ❷, ❸ のいずれかが成り立つ. また, ❶, ❷, ❸ のどの 2 つも同時に成り立つことはない.

❶ X と Y は順序同型である.

❷ Y のある元 b に対し, X と $Y\langle b \rangle$ は順序同型である.

❸ X のある元 a に対し, $X\langle a \rangle$ と Y は順序同型である.

証明 (X, R), (Y, S) に対し, 補題 2.59 のように W, X_1, Y_1 を定める.

第 1 段「❶, ❷, ❸ のいずれかが成り立つこと」: まず, X_1 と Y_1 が順序同型であることを証明する. 写像 $f \colon X_1 \to Y_1$ を次のように定義する. X_1 の元 a を任意にとる. X_1 の定義より, a に対し $(a, b) \in W$ をみたす Y の元 b が存在する. このとき Y_1 の定義から $b \in Y_1$ であり, 補題 2.57 (2) よりこのような Y_1 の元 b はただひとつである. そこで, $f(a) = b$ と定める. $f \colon X_1 \to Y_1$ が全単射であることを示す. Y_1 の元 b を任意にとる. Y_1 の定義より, b に対し $(a, b) \in W$ をみたす X の元 a が存在する. このとき X_1 の定義から $a \in X_1$ であり, f の定義から $f(a) = b$ である. よって, f は全射である. また, b に対し $(a, b) \in W$ をみたす X の元 a は, 補題 2.57 (2) よりただひとつであるから, f は単射である. 従って, f は全単射である. $f \colon X_1 \to Y_1$ が順序同型写像であることを示す. X_1 の元 a, a' を任意にとる. $a \leqq_R a'$ であるとする. もし $a = a'$ ならば $f(a) = f(a')$ である. そこで, $a <_R a'$ であるとする. $a' \in$

X_1 であるから,順序同型写像 $\varphi\colon X\langle a'\rangle \to Y\langle f(a')\rangle$ が存在する.$\varphi(a) \in Y\langle f(a')\rangle$ であるから $\varphi(a) <_S f(a')$ であり,問題 2.56 と問題 2.58 より

$$\varphi(X\langle a\rangle) = \varphi((X\langle a'\rangle)\langle a\rangle) = (Y\langle f(a')\rangle)\langle\varphi(a)\rangle = Y\langle\varphi(a)\rangle$$

となる.よって,$X\langle a\rangle$ と $Y\langle\varphi(a)\rangle$ は順序同型であり,$(a,\varphi(a)) \in W$ となる.従って,f の定義より $f(a) = \varphi(a)$ であり,$f(a) = \varphi(a) <_S f(a')$ となる.ゆえに,f は順序を保つ.同様に,$f^{-1}\colon Y_1 \to X_1$ も順序を保つので,f は順序同型写像である.以上より,X_1 と Y_1 は順序同型である.

X_1 と Y_1 が順序同型であるので,補題 2.59 (1), (2) より,❶,❷,❸,もしくは ❹「X のある元 a と Y のある元 b に対し,$X\langle a\rangle\ (= X_1)$ と $Y\langle b\rangle\ (= Y_1)$ は順序同型である」のいずれかが成り立つ.もし❹が成り立つとすると,$(a,b) \in W$ となり,$a \in X_1$ かつ $b \in Y_1$ となる.すると,$a \in X\langle a\rangle$ かつ $b \in Y\langle b\rangle$ となり矛盾が生じる.すなわち,❹が成り立つことはない.以上より,❶,❷,❸のいずれかが成り立つ.

第 2 段「❶,❷,❸のどの 2 つも同時には成り立たないこと」:❶と❷,もしくは ❶と❸が同時に成り立つとすると,問題 2.48 よりそれぞれ Y と $Y\langle b\rangle$,X と $X\langle a\rangle$ が順序同型となる.これは補題 2.57 (1) に矛盾する.❷と❸が同時に成り立つとすると,2 つの順序同型写像

$$g\colon X \to Y\langle b\rangle, \quad h\colon Y \to X\langle a\rangle$$

が存在する.$i\colon Y\langle b\rangle \to Y$,$j\colon X\langle a\rangle \to X$ を包含写像とすると,問題 1.72 (2) より合成写像 $\psi = j \circ h \circ i \circ g\colon X \to X$ は順序を保つ単射である.一方,ψ の像は $X\langle a\rangle$ に含まれるから,$\psi(a) <_R a$ である.これは補題 2.55 に矛盾する.以上より,❶,❷,❸のどの 2 つも同時に成り立つことはない.□

定理 2.61(超限帰納法) (X,R) を整列集合とし,$P(a)$ を X の元 a を変数とする命題関数とする.次の (I), (II) が成り立つとする.

(I) $P(\min X)$ は真である.

(II) X の元 a に対し,$x <_R a$ をみたす X の任意の元 x に対して $P(x)$ が真ならば $P(a)$ も真である.

このとき,X の任意の元 a に対し $P(a)$ は真である.

証明 背理法により証明する.命題 $P(a)$ が真であるような X の元 a 全体の集合を A とする.$A \neq X$ であると仮定する.$X - A \neq \varnothing$ であるので,X が整列集合であることから $X - A$ の最小元 a が存在する.このとき,$X\langle a\rangle \cap (X - A) = \varnothing$ であるので,$X\langle a\rangle \subset A$ である.よって,(II) より $a \in A$ である.これは $a \in X - A$ に矛盾する.従って,$A = X$ でなければならない.□

注意 2.62 定理 2.61 において,実は条件 (II) から条件 (I) が導かれる.(II) において $a = \min X$ とすると,X の任意の元 x に対し $x <_R a$ は偽である.よって,$\forall x \in X(x <_R a \Rightarrow P(x))$ は真である.(II) が真であることから,$(\forall x \in X(x <_R a \Rightarrow P(x))) \Rightarrow P(a)$ が真であるので,$P(a)$ も真である.

2.6 選択公理

【集合族の直積】 $(A_\lambda)_{\lambda \in \Lambda}$ を Λ で添字づけられた集合族とする．Λ から $\bigcup_{\lambda \in \Lambda} A_\lambda$ への写像 $f : \Lambda \to \bigcup_{\lambda \in \Lambda} A_\lambda$ であって，Λ の任意の元 λ に対し $f(\lambda) \in A_\lambda$ をみたすもの全体の集合を $(A_\lambda)_{\lambda \in \Lambda}$ の**直積**といい，$\prod_{\lambda \in \Lambda} A_\lambda$ で表す．すなわち，

$$\prod_{\lambda \in \Lambda} A_\lambda = \left\{ f \in \mathcal{F}\left(\Lambda, \bigcup_{\lambda \in \Lambda} A_\lambda \right) \,\middle|\, \forall \lambda \in \Lambda (f(\lambda) \in A_\lambda) \right\}$$

である．μ を Λ の元とする．$\prod_{\lambda \in \Lambda} A_\lambda$ の元 f に対し $\mathrm{pr}_\mu(f) = f(\mu)$ と定めることにより，写像 $\mathrm{pr}_\mu : \prod_{\lambda \in \Lambda} A_\lambda \to A_\mu$ を定義する．pr_μ を μ 成分への**射影**という．$f \in \prod_{\lambda \in \Lambda} A_\lambda$ とする．Λ の元 λ に対し $f(\lambda)$ を x_λ などで表し，f を $(x_\lambda)_{\lambda \in \Lambda}$ のように表すことが多い．このとき，Λ の元 μ に対し $\mathrm{pr}_\mu((x_\lambda)_{\lambda \in \Lambda}) = x_\mu$ である．A を集合とする．Λ の任意の元 λ に対し $A_\lambda = A$ であるとき，

$$\prod_{\lambda \in \Lambda} A_\lambda = A^\Lambda$$

である．

問題 **2.63** n を 2 以上の整数とし，$\Lambda = \{1, \ldots, n\}$ とする．$\prod_{\lambda \in \Lambda} A_\lambda$ の元 f に対し $\varphi(f) = (f(1), \ldots, f(n))$ と定めることにより，写像 $\varphi : \prod_{\lambda \in \Lambda} A_\lambda \to A_1 \times \cdots \times A_n$ を定義する．このとき，φ が全単射であることを示せ．

【選択公理】 $(A_\lambda)_{\lambda \in \Lambda}$ を Λ で添字づけられた集合族とする．「Λ の任意の元 λ に対し $A_\lambda \neq \varnothing$ ならば $\prod_{\lambda \in \Lambda} A_\lambda \neq \varnothing$ である」という命題を**選択公理**という．本書では，選択公理は真であるとする．

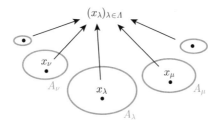

図 2.4 選択公理

問題 2.64　$(A_\lambda)_{\lambda \in \Lambda}$ を Λ で添字づけられた集合族とし，Λ の任意の元 λ に対し $A_\lambda \neq \varnothing$ であるとする．Λ の任意の元 μ に対し，$\mathrm{pr}_\mu \colon \prod_{\lambda \in \Lambda} A_\lambda \to A_\mu$ が全射であることを示せ．

定理 2.65　X, Y を集合とし，$f \colon X \to Y$ を写像とする．$f \circ g = 1_Y$ をみたす写像 $g \colon Y \to X$ が存在するための必要十分条件は，f が全射であることである．

証明　必要であること：$f \circ g = 1_Y$ をみたす写像 $g \colon Y \to X$ が存在するとする．1_Y が全射であるので，定理 1.71 (1) より f も全射である．

　十分であること：f が全射であるとする．$Y = \varnothing$ ならば $X = \varnothing$ であり，$g = f$ とすればよい．$Y \neq \varnothing$ とする．Y の任意の元 y に対し，$f^{-1}(y) \neq \varnothing$ である．選択公理より $\prod_{y \in Y} f^{-1}(y) \neq \varnothing$ であるので，写像 $g \colon Y \to \bigcup_{y \in Y} f^{-1}(y) = X$ であって，Y の任意の元 y に対し $g(y) \in f^{-1}(y)$ をみたすものが存在する．このとき，Y の任意の元 y に対し $(f \circ g)(y) = f(g(y)) = y$ であるので，$f \circ g = 1_Y$ である．□

問題 2.66　X, Y を空でない集合とする．X から Y への単射が存在するための必要十分条件は，Y から X への全射が存在することである．これを示せ．

注意 2.67　実は，問題 2.66 の命題から選択公理を導くことができる．

問題 2.68　$(A_\lambda)_{\lambda \in \Lambda}$ を Λ で添字づけられた集合族とする．$\#\Lambda \leqq \aleph_0$ であり，Λ の任意の元 λ に対し $\#A_\lambda \leqq \aleph_0$ であるとする．このとき，$\#(\bigcup_{\lambda \in \Lambda} A_\lambda) \leqq \aleph_0$ であることを示せ．

問題 2.69　X を集合とし，$\mathcal{A} = \{A \in \mathcal{P}(X) \mid \#A < \aleph_0\}$ とする．$\#X \leqq \aleph_0$ ならば $\#\mathcal{A} \leqq \aleph_0$ であることを示せ．

例題 2.70　X を無限集合とする．$\#A = \aleph_0$ をみたす X の部分集合 A が存在することを示せ．

[解答]　$\mathcal{P}(X) - \{\varnothing\}$ 上の恒等写像を，$\mathcal{P}(X) - \{\varnothing\}$ で添字づけられた集合族 $(A)_{A \in \mathcal{P}(X) - \{\varnothing\}}$ と考える．選択公理より $\prod_{A \in \mathcal{P}(X) - \{\varnothing\}} A \neq \varnothing$ であるので，写像 $f \colon \mathcal{P}(X) - \{\varnothing\} \to \bigcup_{A \in \mathcal{P}(X) - \{\varnothing\}} A = X$ であって，$\mathcal{P}(X) - \{\varnothing\}$ の任意の元 A に対し $f(A) \in A$ をみたすものが存在する．$a_1 = f(X)$ と定める．自然数 n に対し $a_{n+1} = f(X - \{a_1, \ldots, a_n\})$ と定めることにより，X の部分集合 $A_0 = \{a_n \mid n \in \mathbb{N}\}$ を帰納的に定義する．任意の自然数 n に対し $a_{n+1} \in X - \{a_1, \ldots, a_n\}$ であるので，自然数 m, n に対し $a_m = a_n$ ならば $m = n$ である．よって，$\#A_0 = \aleph_0$ である．□

問題 2.71 X を無限集合とし，A を X の部分集合とする．$\#A = \aleph_0$ であり，$X - A$ が無限集合であるとき，$X - A$ と X は対等であることを示せ．

注意 2.72 問題 2.17 と問題 2.71 より，無理数全体の集合 $\mathbb{R} - \mathbb{Q}$ と $\mathbb{R}$ は対等である．

問題 2.73 X を集合とする．X が無限集合であるための必要十分条件は，$\#A = \#X$ をみたす X の真部分集合 A が存在することである．これを示せ．

2.7 ツォルンの補題

【極大元・極小元・帰納的】 (X, R) を順序集合とし，x を X の元とする．$x <_R y$ をみたす X の元 y が存在しないとき，x を X の**極大元**という．$y <_R x$ をみたす X の元 y が存在しないとき，x を X の**極小元**という．X の任意の全順序部分集合 A に対し，A の上界が存在するとき，(X, R) は**帰納的**であるという．

問題 2.74 (X, R) を順序集合とし，x を X の元とする．次の (1), (2) が成り立つことを示せ．
　(1) x が X の最大元ならば，x は X の極大元である．
　(2) x が X の最小元ならば，x は X の極小元である．

問題 2.75 (X, R) を全順序集合とし，x を X の元とする．次の (1), (2) が成り立つことを示せ．
　(1) x が X の極大元ならば，x は X の最大元である．
　(2) x が X の極小元ならば，x は X の最小元である．

定理 2.76（**ツォルンの補題**） (X, R) を順序集合とする．(X, R) が帰納的ならば，X の極大元が存在する．

【真の上界】 (X, R) を順序集合とし，X の全順序部分集合全体の集合を $\mathcal{T}(X)$ とする．$\varnothing \in \mathcal{T}(X)$ である．A を $\mathcal{T}(X)$ の元とし，x を X の元とする．A の任意の元 a に対し $a <_R x$ であるとき，x を A の**真の上界**という．A の真の上界全体の集合を U_A で表す．U_A は $X - A$ の部分集合である．

　$f \colon \mathcal{T}(X) \to X$ を写像とし，$\mathcal{T}(X)$ の任意の元 A に対し $f(A) \in U_A$ であるとする．A を X の整列部分集合とする．A の任意の元 x に対し $x = f(A\langle x \rangle)$ であるとき，A は f に**適合**するという．f に適合する X の整列部分集合全体の集合を $\mathcal{W}(f)$ で表す．$\mathcal{W}(f) \subset \mathcal{T}(X) \subset \mathcal{P}(X)$ である．

補題 2.77 (X, R) を順序集合とする．$f \colon \mathcal{T}(X) \to X$ を写像とし，$\mathcal{T}(X)$ の

任意の元 A に対し $f(A) \in U_A$ であるとする. $\mathcal{W}(f)$ の任意の元 A, B に対し, 次の❶, ❷, ❸のいずれかが成り立つ.

❶ $A = B$ である.

❷ $A\langle a \rangle = B$ をみたす A の元 a が存在する.

❸ $B\langle b \rangle = A$ をみたす B の元 b が存在する.

証明　A と B の包含関係について, $A = B$, $A - B \neq \varnothing$, $B - A \neq \varnothing$ のいずれかが成り立つ.

(i) $A = B$ のとき：❶が成り立つ.

(ii) $A - B \neq \varnothing$ のとき：$A - B \subset A$ であり, A が整列集合であるので, $A - B$ の最小元 a が存在する. $A\langle a \rangle$ の任意の元 x をとる. $x \in A$ かつ $x <_R a$ である. もし $x \notin B$ であるとすると $x \in A - B$ である. $a = \min(A - B)$ であるので $a \leqq_R x$ である. これは $x <_R a$ に矛盾する. よって, $x \in B$ である. ゆえに, $A\langle a \rangle \subset B$ である.

以下では, $B \subset A\langle a \rangle$ であることを背理法により証明する. $B - A\langle a \rangle \neq \varnothing$ であると仮定する. $B - A\langle a \rangle \subset B$ であり, B が整列集合であるので, $B - A\langle a \rangle$ の最小元 b が存在する. このとき, 次の $(*)$ が成り立つ.

$(*)$ $B\langle b \rangle \subset A\langle a \rangle$ である.

$(*)$ の証明：$B\langle b \rangle$ の元 y を任意にとる. $y \in B$ かつ $y <_R b$ である. もし $y \notin A\langle a \rangle$ であるとすると $x \in B - A\langle a \rangle$ である. $b = \min(B - A\langle a \rangle)$ であるので $b \leqq_R y$ である. これは $y <_R b$ に矛盾する. よって, $y \in A\langle a \rangle$ である. ゆえに $B\langle b \rangle \subset A\langle a \rangle$ であり, $(*)$ が証明された.

さて, $B\langle b \rangle \subset B$ より $A - B\langle b \rangle \supset A - B \neq \varnothing$ である. $A - B\langle b \rangle \subset A$ であり, A が整列集合であるので, $A - B\langle b \rangle$ の最小元 a' が存在する. このとき, 次の $(**)$ が成り立つ.

$(**)$ $A\langle a' \rangle = B\langle b \rangle$ である.

$(**)$ の証明：$A\langle a' \rangle$ の元 x を任意にとる. $x \in A$ かつ $x <_R a'$ である. もし $x \notin B\langle b \rangle$ であるとすると $x \in A - B\langle b \rangle$ である. $a' = \min(A - B\langle b \rangle)$ であるので $a' \leqq_R x$ である. これは $x <_R a'$ に矛盾する. よって, $x \in B\langle b \rangle$ である. ゆえに, $A\langle a' \rangle \subset B\langle b \rangle$ である. $B\langle b \rangle$ の元 y を任意にとる. $y \in B$ かつ $y <_R b$ である. もし $y \notin A\langle a' \rangle$ であるとすると, ① $y \notin A$, もしくは ② $y \geqq_R a'$ のいずれかが成り立つ. (ここで, $a' \in A - B\langle b \rangle \subset A$ であり, $(*)$ より $y \in B\langle b \rangle \subset A\langle a \rangle \subset A$ であるので, a' と y は比較可能である.) ① $y \notin A$ のとき：$y \in B - A \subset B - A\langle a \rangle$ である. $b = \min(B - A\langle a \rangle)$ であるので $b \leqq_R y$ である. 一方, $y \in B\langle b \rangle$ であるので $y <_R b$ である. これは矛盾である. ② $y \geqq_R a'$ のとき：まず $y >_R a'$ であるとする. $y \in B\langle b \rangle$ であるので, $y \in B$ かつ $y <_R b$ である. よって, $a' <_R y <_R b$ となる. もし $a' \notin B$ であるとすると $a' \in A - B$ である. $a = \min(A - B)$ であるので $a \leqq_R a' <_R y$ である. 一方, $(*)$ より $y \in A\langle a \rangle$ であるので $y <_R a$ である. これは $a <_R y$ に矛盾する. よって, $a' \in B$ でなければならない. $a' <_R b$ であったので $a' \in B\langle b \rangle$ である. 次に $y = a'$ であるとする. このとき, $a' = y \in B\langle b \rangle$ である. いずれの場合も $a' \in B\langle b \rangle$ であ

る．これは $a' \in A - B\langle b \rangle$ に矛盾する．①，②いずれの場合にも矛盾が生じたので，$y \in A\langle a' \rangle$ である．ゆえに，$B\langle b \rangle \subset A\langle a' \rangle$ である．以上で，$(**)$ が証明された．

$B\langle b \rangle \subset B$ より $A - B \subset A - B\langle b \rangle$ であるので，

$$a = \min(A - B) \geqq_R \min(A - B\langle b \rangle) = a'$$

が成り立つ．$(**)$ より

$$a' = f(A\langle a' \rangle) = f(B\langle b \rangle) = b$$

が成り立つ．$b \in B - A\langle a \rangle \subset B$ であり，$a \in A - B$ であるので，$b \neq a$ である．よって，$a' \leqq_R a$ かつ $a' = b \neq a$ であるので，$a' <_R a$ である．従って，$a' \in A$ より $a' \in A\langle a \rangle$ であり，$b = a' \in A\langle a \rangle$ である．これは $b \in B - A\langle a \rangle$ に矛盾する．ゆえに，$B \subset A\langle a \rangle$ である．以上より，$B = A\langle a \rangle$ であるので，❷が成り立つ．

(iii) $B - A \neq \varnothing$ のとき：(ii) と同様にして❸が成り立つ．□

補題 2.78 (X, R) を順序集合とする．$f : \mathcal{T}(X) \to X$ を写像とし，$\mathcal{T}(X)$ の任意の元 A に対し $f(A) \in U_A$ であるとする．このとき，$\mathcal{W}(f)$ のすべての元の和集合 S は $\mathcal{W}(f)$ の元である．

証明 まず，S が X の整列部分集合であることを示す．S の空でない部分集合 C を任意にとる．S の定義より，C と交わる $\mathcal{W}(f)$ の元が存在する．$A \cap C \neq \varnothing$，$B \cap C \neq \varnothing$ をみたす $\mathcal{W}(f)$ の元 A, B をとる．A, B はいずれも整列集合であるので，$A \cap C$，$B \cap C$ の最小元 m_A, m_B がそれぞれ存在する．補題 2.77 より，❶，❷，❸のいずれかが成り立つ．❶ $A = B$ のとき：$m_A = m_B$ である．❷ $A\langle a \rangle = B$ をみたす A の元 a が存在するとき：$B = A\langle a \rangle \subset A$ より $B \cap C \subset A \cap C$ であるので，

$$m_B = \min(B \cap C) \geqq_R \min(A \cap C) = m_A$$

が成り立つ．$m_A \in A \cap C$ であるので，$m_A \in A$ かつ $m_A \in C$ である．$A\langle a \rangle \cap C = B \cap C \neq \varnothing$ であるので，$A\langle a \rangle \cap C$ の元 x が存在する．$x \in A\langle a \rangle \cap C \subset A \cap C$ であり，$m_A = \min(A \cap C)$ であるので，$x \geqq_R m_A$ である．また，$x \in A\langle a \rangle \cap C \subset A\langle a \rangle$ より，$x \in A$ かつ $x <_R a$ である．よって，$m_A \leqq_R x <_R a$ であり，$m_A \in A\langle a \rangle$ である．$m_A \in A\langle a \rangle \cap C = B \cap C$ であり，$m_B = \min(B \cap C)$ であるので，$m_A \geqq_R m_B$ である．従って，$m_A = m_B$ が成り立つ．❸ $B\langle b \rangle = A$ をみたす B の元 b が存在するとき：❷と同様にして $m_A = m_B$ が成り立つ．以上より，C の元 m_A は $A \cap C \neq \varnothing$ をみたす $\mathcal{W}(f)$ の元 A のとり方に関係しないので，m_A を m で表す．C の元 x を任意にとる．S の定義より，$x \in A$ をみたす $\mathcal{W}(f)$ の元 A が存在する．$x \in A \cap C$ であるので，$m_A = \min(A \cap C)$ であることから $x \geqq_R m_A = m$ である．すなわち，m は C の最小元である．ゆえに，S は X の整列部分集合である．

次に，S が f に適合することを示す．S の元 x を任意にとる．S の定義より，$x \in A$ をみたす $\mathcal{W}(f)$ の元 A が存在する．このとき，$A\langle x \rangle = S\langle x \rangle$ であることを示す．$A \subset S$ であるので $A\langle x \rangle \subset S\langle x \rangle$ である．$S\langle x \rangle$ の元 y を任意にとる．$y \in S$ かつ $y <_R x$ である．S の定義より，$y \in B$ をみたす $\mathcal{W}(f)$ の元 B が存在する．補題 2.77 より，

❶, ❷, ❸のいずれかが成り立つ. ❶ $A = B$ のとき：$y \in B = A$ である. ❷ $A\langle a \rangle = B$ をみたす A の元 a が存在するとき：$y \in B = A\langle a \rangle \subset A$ である. ❸ $B\langle b \rangle = A$ をみたす B の元 b が存在するとき：もし $y \in B - B\langle b \rangle$ であるとすると, $y \in B$ かつ $y \geqq_R b$ である. よって, $b \leqq_R y <_R x$ である. 一方, $x \in A = B\langle b \rangle$ より $x <_R b$ である. これは矛盾であるので, $y \in B\langle b \rangle$ である. 従って, $y \in B\langle b \rangle = A$ である. 以上より, ❶, ❷, ❸のいずれの場合も $y \in A$ であるので, $y \in A\langle x \rangle$ である. よって, $S\langle x \rangle \subset A\langle x \rangle$ であり, $A\langle x \rangle = S\langle x \rangle$ である. A が f に適合するので, $x = f(A\langle x \rangle) = f(S\langle x \rangle)$ である. ゆえに, S も f に適合する.

以上より, $S \in \mathcal{W}(f)$ であることが証明された. $\square$

定理 2.76（ツォルンの補題）の証明　背理法により証明する. (X, R) が帰納的であり, かつ X の極大元が存在しないと仮定する. $\mathcal{T}(X)$ の元 A を任意にとる. (X, R) が帰納的であるので, A の上界 z が存在する. X の極大元は存在しないので, z は A の極大元ではない. よって, $y >_R z$ をみたす X の元 y が存在する. A の任意の元 x に対し $x \leqq_R z <_R y$ であるので, y は A の真の上界である. 以上より, $\mathcal{T}(X)$ の任意の元 A に対し $U_A \neq \varnothing$ である. 選択公理より $\prod_{A \in \mathcal{T}(X)} U_A \neq \varnothing$ である. すなわち, 写像 $f \colon \mathcal{T}(X) \to X$ であって, $\mathcal{T}(X)$ の任意の元 A に対し $f(A) \in U_A$ をみたすものが存在する.

$\mathcal{W}(f)$ のすべての元の和集合を S とする. 補題 2.78 より $S \in \mathcal{W}(f)$ である. 特に $S \in \mathcal{T}(X)$ であるので, $s = f(S)$ とする. $s \in U_S \subset X - S$ である. ここで, $\widetilde{S} = S \cup \{s\}$ とする. このとき, $\widetilde{S} \in \mathcal{W}(f)$ が成り立つことを示す.

$\widetilde{S}$ の空でない部分集合 A を任意にとる. $A' = A \cap S$ とする. もし $A' = \varnothing$ ならば, $A \neq \varnothing$ より $A = \{s\}$ であり, s が A の最小元である. もし $A' \neq \varnothing$ ならば, S が整列集合であるので A' の最小元 a が存在する. $s \in U_S \subset U_{A'}$ であるので $a <_R s$ であり, a は A の最小元でもある. いずれの場合にも A の最小元が存在するので, $\widetilde{S}$ は整列集合である. $\widetilde{S}$ の任意の元 x をとる. もし $x \in S$ ならば, $S \in \mathcal{W}(f)$ であるので $x = f(S\langle x \rangle)$ である. $s \in U_S$ より $x <_R s$ であり, $\widetilde{S}\langle x \rangle = S\langle x \rangle$ であるので, $x = f(S\langle x \rangle) = f(\widetilde{S}\langle x \rangle)$ である. もし $x \notin S$ ならば $x = s$ であるので, $s = f(S) = f(\widetilde{S}\langle s \rangle)$ である. 以上より, $\widetilde{S} \in \mathcal{W}(f)$ である.

さて, $s \in U_S \subset X - S$ である. 従って, $S \subsetneqq \widetilde{S}$ である. 一方, $\widetilde{S} \in \mathcal{W}(f)$ であるので, S の定義より $\widetilde{S} \subset S$ である. これは矛盾である. ゆえに, X の極大元が存在する. $\square$

2.8 整列定理

定理 2.79（整列定理）　任意の集合 X に対し, (X, R) が整列集合であるような X 上の順序 R が存在する.

証明 X の部分集合 A と A 上の順序 R であって，(A, R) が整列集合であるもの全体の集合を $\mathcal{W}(X)$ とする．このとき，下の第 1 段より

$$\mathcal{R} = \big\{ ((A, R), (B, S)) \in \mathcal{W}(X) \times \mathcal{W}(X) \ \big| \ A = B \text{ かつ } R = S,\ \text{もしくは}$$
$$A \subset B \text{ かつ } R = S \cap (A \times A) \text{ で } B\langle b \rangle = A \text{ をみたす } B \text{ の元 } b \text{ が存在} \big\}$$

は $\mathcal{W}(X)$ 上の順序である．順序集合 $(\mathcal{W}(X), \mathcal{R})$ の全順序部分集合 $\mathcal{A}$ を任意にとる．$\mathcal{A}$ に対し，

$$A^* = \bigcup_{(A, R) \in \mathcal{A}} A, \quad R^* = \bigcup_{(A, R) \in \mathcal{A}} R$$

とする．第 2 段と第 3 段より $(A^*, R^*) \in \mathcal{W}(X)$ であり，第 4 段より (A^*, R^*) は $\mathcal{A}$ の上界である．よって，順序集合 $(\mathcal{W}(X), \mathcal{R})$ は帰納的であるので，定理 2.76（ツォルンの補題）より $\mathcal{W}(X)$ の極大元 (A_0, R_0) が存在する．第 5 段より $A_0 = X$ であるので，R_0 は X 上の順序であり，(X, R_0) は整列集合である．

第 1 段「$\mathcal{R}$ が $\mathcal{W}(X)$ 上の順序であること」：$\mathcal{R}$ に対し，反射律，反対称律，推移律が成り立つことを示す．

反射律：$\mathcal{W}(X)$ の元 (A, R) を任意にとる．$A = A$ かつ $R = R$ であるので，$\mathcal{R}$ の定義より $(A, R) \leqq_{\mathcal{R}} (A, R)$ が成り立つ．

反対称律：$\mathcal{W}(X)$ の元 $(A, R), (B, S)$ に対し，$(A, R) \leqq_{\mathcal{R}} (B, S)$ かつ $(B, S) \leqq_{\mathcal{R}} (A, R)$ であるとする．$(A, R) \leqq_{\mathcal{R}} (B, S)$ より，次の❶，❷のいずれかが成り立つ．

❶ $A = B$ かつ $R = S$ である．

❷ $A \subset B$ かつ $R = S \cap (A \times A)$ であり，$B\langle b \rangle = A$ をみたす B の元 b が存在する．

$(B, S) \leqq_{\mathcal{R}} (A, R)$ より，❶もしくは次の❸のいずれかが成り立つ．

❸ $B \subset A$ かつ $S = R \cap (B \times B)$ であり，$A\langle a \rangle = B$ をみたす A の元 a が存在する．

❷のとき $A \subsetneqq B$ であり，❸のとき $B \subsetneqq A$ であるので，❶と❷，❶と❸，❷と❸が同時に成り立つことはない．よって，$A = B$ かつ $R = S$ であり，$(A, R) = (B, S)$ が成り立つ．

推移律：$\mathcal{W}(X)$ の元 $(A, R), (B, S), (C, T)$ に対し，$(A, R) \leqq_{\mathcal{R}} (B, S)$ かつ $(B, S) \leqq_{\mathcal{R}} (C, T)$ であるとする．$(A, R) \leqq_{\mathcal{R}} (B, S)$ より，上の❶，❷のいずれかが成り立つ．$(B, S) \leqq_{\mathcal{R}} (C, T)$ より，次の❹，❺のいずれかが成り立つ．

❹ $B = C$ かつ $S = T$ である．

❺ $B \subset C$ かつ $S = T \cap (B \times B)$ であり，$C\langle c \rangle = B$ をみたす C の元 c が存在する．

❶かつ❹のとき，$A = C$ かつ $R = T$ である．❶かつ❺，もしくは❷かつ❹のとき，$A \subset C$ かつ $R = T \cap (A \times A)$ であり，$C\langle c \rangle = A$ をみたす C の元 c が存在する．❷かつ❺のとき，$A \subset B \subset C$ かつ $R = (T \cap (B \times B)) \cap (A \times A) = T \cap (A \times A)$ である．$b \in B = C\langle c \rangle$ より $b <_T c$ であるので，問題 2.56 (2) より

$$C\langle b \rangle = (C\langle c \rangle)\langle b \rangle = B\langle b \rangle = A$$

である．$\mathcal{R}$ の定義より，いずれの場合も $(A, R) \leqq_{\mathcal{R}} (C, T)$ が成り立つ．

第 2 段「R^* が A^* 上の順序であること」：R^* に対し，反射律，反対称律，推移律が

成り立つことを示す.

反射律：A^* の元 x を任意にとる. A^* の定義より, $x \in A$ をみたす $\mathcal{A}$ の元 (A, R) が存在する. R が A 上の順序であるので $x \leqq_R x$ である. よって, $R \subset R^*$ より $x \leqq_{R^*} x$ が成り立つ.

反対称律：A^* の元 x, y に対し, $x \leqq_{R^*} y$ かつ $y \leqq_{R^*} x$ であるとする. R^* の定義より, $(x, y) \in R$, $(y, x) \in S$ をみたす $\mathcal{A}$ の元 (A, R), (B, S) がそれぞれ存在する. $\mathcal{A}$ が $(\mathcal{W}(X), \mathcal{R})$ の全順序部分集合であるので, $(A, R) \leqq_{\mathcal{R}} (B, S)$, もしくは $(B, S) \leqq_{\mathcal{R}} (A, S)$ のいずれかが成り立つ. もし $(A, R) \leqq_{\mathcal{R}} (B, S)$ ならば, $A \subset B$ かつ $R = S \cap (A \times A)$ であるので, $x \leqq_S y$ かつ $y \leqq_S x$ である. S が B 上の順序であるので $x = y$ である. もし $(B, S) \leqq_{\mathcal{R}} (A, R)$ ならば,
$$B \subset A \text{ かつ } S = R \cap (B \times B)$$
であるので, $x \leqq_R y$ かつ $y \leqq_R x$ である. R が A 上の順序であるので $x = y$ である. 従って, いずれの場合も $x = y$ が成り立つ.

推移律：A^* の元 x, y, z に対し, $x \leqq_{R^*} y$ かつ $y \leqq_{R^*} z$ であるとする. R^* の定義より, $(x, y) \in R$, $(y, z) \in S$ をみたす $\mathcal{A}$ の元 (A, R), (B, S) がそれぞれ存在する. $\mathcal{A}$ が $(\mathcal{W}(X), \mathcal{R})$ の全順序部分集合であるので, $(A, R) \leqq_{\mathcal{R}} (B, S)$, もしくは $(B, S) \leqq_{\mathcal{R}} (A, S)$ のいずれかが成り立つ. もし $(A, R) \leqq_{\mathcal{R}} (B, S)$ ならば, $A \subset B$ かつ $R = S \cap (A \times A)$ であるので, $x \leqq_S y$ かつ $y \leqq_S z$ である. S が B 上の順序であるので $x \leqq_S z$ である. もし $(B, S) \leqq_{\mathcal{R}} (A, R)$ ならば,
$$B \subset A \text{ かつ } S = R \cap (B \times B)$$
であるので, $x \leqq_R y$ かつ $y \leqq_R z$ である. R が A 上の順序であるので $x \leqq_R z$ である. R^* の定義より, いずれの場合も $x \leqq_{R^*} z$ が成り立つ. 以上より, R^* は A^* 上の順序である.

第3段「(A^*, R^*) が整列集合であること」：A^* の空でない部分集合 C を任意にとる. A^* の定義より, C と交わる $\mathcal{A}$ の元が存在する. $A \cap C \neq \varnothing$, $B \cap C \neq \varnothing$ をみたす $\mathcal{A}$ の元 (A, R), (B, S) をとる. (A, R), (B, S) はいずれも整列集合であるので, $A \cap C$, $B \cap C$ の最小元 m_A, m_B がそれぞれ存在する. $\mathcal{A}$ が $(\mathcal{W}(X), \mathcal{R})$ の全順序部分集合であるので, $(A, R) \leqq_{\mathcal{R}} (B, S)$, もしくは $(B, S) \leqq_{\mathcal{R}} (A, S)$ のいずれかが成り立つ. すなわち, 上の❶, ❷, ❸のいずれかが成り立つ.

❶のとき：$m_A = m_B$ である. ❸のとき：$A\langle a \rangle \cap C \subset A \cap C \subset A$ であるので,
$$m_A = \min(A \cap C) \leqq_R \min(A\langle a \rangle \cap C) = \min(B \cap C) = m_B$$
が成り立つ. よって, R^* の定義より $m_A \leqq_{R^*} m_B$ である. $A\langle a \rangle \cap C = B \cap C \neq \varnothing$ であるので, $A\langle a \rangle \cap C$ の元 x が存在する. $x \in A\langle a \rangle \cap C \subset A \cap C$ であり, $m_A = \min(A \cap C)$ であるので, $x \geqq_R m_A$ である. また, $x \in A\langle a \rangle \cap C \subset A\langle a \rangle$ より, $x \in A$ かつ $x <_R a$ である. よって, $m_A \leqq_R x <_R a$ であり, $m_A \in A\langle a \rangle$ である. $m_A \in A\langle a \rangle \cap C = B \cap C$ であり, $m_B = \min(B \cap C)$ であるので, $m_A \geqq_R m_B$ である. よって, R^* の定義より $m_A \geqq_{R^*} m_B$ である. 従って, $m_A = m_B$ が成り立つ. ❷のとき：❸と同様にして $m_A = m_B$ が成り立つ. 以上より, C の元 m_A は $A \cap C \neq \varnothing$

をみたす $\mathcal{A}$ の元 (A, R) のとり方に関係しないので, m_A を m で表す. C の元 x を任意にとる. A^* の定義より, $x \in A$ をみたす $\mathcal{A}$ の元 (A, R) が存在する. $x \in A \cap C$ であるので, $m_A = \min(A \cap C)$ であることから $x \geqq_R m_A = m$ である. よって, R^* の定義より $x \geqq_{R^*} m$ である. すなわち, m は C の最小元である. ゆえに, (A^*, R^*) は整列集合である.

第 4 段「(A^*, R^*) が $\mathcal{A}$ の上界であること」: $\mathcal{A}$ の元 (A, R) を任意にとる.

もし $A = A^*$ であるとすると, R^* の定義より $R \subset R^*$ である. A^* の元 x, y に対し $x \leqq_{R^*} y$ であるとする. もし $x >_R y$ ならば, R^* の定義より $x >_{R^*} y$ である. $y <_{R^*} x \leqq_{R^*} y$ となり, 矛盾が生じる. よって, $x \leqq_R y$ である. 従って, $R^* \subset R$ であり, $R = R^*$ である. ゆえに, $(A, R) = (A^*, R^*)$ である.

もし $A \neq A^*$ であるとすると, $A^* - A \neq \varnothing$ である. (A^*, R^*) が整列集合であるので, $A^* - A$ の最小元 b が存在する. A^* の定義より, $b \in B$ をみたす $\mathcal{A}$ の元 (B, S) が存在する. $b \in B - A$ であるので, $B - A \neq \varnothing$ である. $\mathcal{A}$ が $(\mathcal{W}(X), \mathcal{R})$ の全順序部分集合であるので, $(A, R) <_{\mathcal{R}} (B, S)$, すなわち上の❷が成り立つ. A の元 x を任意にとる. A^* の定義より $x \in A^*$ である. また, $A = B\langle b \rangle$ であるので $x <_S b$ である. R^* の定義より $x <_{R^*} b$ である. よって, $x \in A^*\langle b \rangle$ である. 従って, $A \subset A^*\langle b \rangle$ である. $A^*\langle b \rangle$ の元 x を任意にとる. $x \in A^*$ かつ $x <_{R^*} b$ である. A^* の定義より, $x \in C$ をみたす $\mathcal{A}$ の元 (C, T) が存在する. $\mathcal{A}$ が $(\mathcal{W}(X), \mathcal{R})$ の全順序部分集合であるので, $(B, S) \leqq_{\mathcal{R}} (C, T)$, もしくは $(C, T) \leqq_{\mathcal{R}} (B, S)$ のいずれかが成り立つ. もし $(B, S) \leqq_{\mathcal{R}} (C, T)$ ならば, ❹または❺が成り立つ. もし $(C, T) \leqq_{\mathcal{R}} (B, S)$ ならば, ❹または次の❻が成り立つ.

❻ $C \subset B$ かつ $T = S \cap (C \times C)$ であり, $B\langle b \rangle = C$ をみたす B の元 b が存在する.

❹または❻のとき, $x \in C \subset B$ である. もし $x \geqq_S b$ ならば $x \geqq_{R^*} b$ となり矛盾が生じる. よって, $x <_S b$ であり, $x \in B\langle b \rangle = A$ である. ❺のとき, $b \in B \subset C$ である. もし $x \geqq_T b$ ならば $x \geqq_{R^*} b$ となり矛盾が生じる. よって, $x <_T b$ である. $b \in B = C\langle c \rangle$ より $b <_T c$ であるので, 問題 2.56 (2) より

$$x \in C\langle b \rangle = (C\langle c \rangle)\langle b \rangle = B\langle b \rangle = A$$

である. いずれの場合も $x \in A$ である. 従って, $A^*\langle b \rangle \subset A$ である. ゆえに, $A = A^*\langle b \rangle$ である. R^* の定義より $R \subset R^*$ である. A の元 x, y に対し $x \leqq_{R^*} y$ であるとする. もし $x >_R y$ ならば, R^* の定義より $x >_{R^*} y$ である. $y <_{R^*} x \leqq_{R^*} y$ となり, 矛盾が生じる. よって, $x \leqq_R y$ である. 従って, $R = R^* \cap (A \times A)$ である. ゆえに, $(A, R) \leqq_{\mathcal{R}} (A^*, R^*)$ である. 以上より, (A^*, R^*) は $\mathcal{A}$ の上界である.

第 5 段「$A_0 = X$ であること」: 背理法により証明する. $A_0 \neq X$ であると仮定する. $X - A_0 \neq \varnothing$ であるので, $X - A_0$ の元 x_0 が存在する. $A_1 = A_0 \cup \{x_0\}$ とすると, $A_0 \subsetneqq A_1$ である. このとき, $R_1 = R_0 \cup (A_1 \times \{x_0\})$ とする. R_0 が A_0 上の順序であるので, R_1 は A_1 上の順序である. すなわち, (A_1, R_1) は順序集合である. A_1 の空でない部分集合 C を任意にとる. $C' = C \cap A_0$ とする. もし $C' = \varnothing$ ならば, $C \neq$

∅ より $C = \{x_0\}$ であり，x_0 が (A_1, R_1) における C の最小元である．もし $C' \neq \varnothing$ ならば，(A_0, R_0) が整列集合であるので C' の最小元 c が存在する．R_1 の定義より，$c \leqq_{R_1} x_0$ であり，A_0 の任意の元 x に対して $c \leqq_{R_1} x$ であるので，c は (A_1, R_1) における C の最小元である．よって，(A_1, R_1) は整列集合である．$A_1 \subset X$ であるので，$(A_1, R_1) \in \mathcal{W}(X)$ である．$A_0 \subset A_1$ かつ $R_0 = R_1 \cap (A_0 \times A_0)$ であり，$A_0 = A_1\langle x_0 \rangle$ であるので，$(A_0, R_0) <_{\mathcal{R}} (A_1, R_1)$ である．これは (A_0, R_0) が $\mathcal{W}(X)$ の極大元であることに矛盾する．よって，$A_0 = X$ である．□

注意 2.80　選択公理を用いて定理 2.76（ツォルンの補題）が証明され，ツォルンの補題を用いて整列定理が証明された．実は次のように，整列定理を用いて選択公理を証明することができる：Λ を集合とし，$(A_\lambda)_{\lambda \in \Lambda}$ を Λ で添字づけられた集合族とする．$X = \bigcup_{\lambda \in \Lambda} A_\lambda$ とする．定理 2.79（整列定理）より，(X, R) が整列集合であるような X 上の順序 R が存在する．Λ の任意の元 λ に対し $A_\lambda \neq \varnothing$ であるとすると，整列集合の定義より $\min A_\lambda$ が存在する．Λ の元 λ に対し $f(\lambda) = \min A_\lambda$ と定めることにより，写像 $f \colon \Lambda \to X$ を定義する．$f \in \prod_{\lambda \in \Lambda} A_\lambda$ であるので，$\prod_{\lambda \in \Lambda} A_\lambda \neq \varnothing$ である．

2.9　二つの応用

定理 2.81 （濃度の比較定理）　X, Y を集合とする．次の❶，❷，❸ のいずれかが成り立つ．また，❶，❷，❸ のどの 2 つも同時に成り立つことはない．

❶ $\#X = \#Y$　　❷ $\#X < \#Y$　　❸ $\#X > \#Y$

証明　定理 2.79（整列定理）より，(X, R)，(Y, S) が整列集合であるような X, Y 上の順序 R, S がそれぞれ存在する．定理 2.60（整列集合の比較定理）より，次の①，②，③ のいずれかが成り立つ．

① X と Y は順序同型である．

② Y のある元 b に対し，X と $Y\langle b \rangle$ は順序同型である．

③ X のある元 a に対し，$X\langle a \rangle$ と Y は順序同型である．

順序同型写像は全単射であるので，① が成り立つならば ❶ が成り立つ．② が成り立つならば，X から Y への単射が存在するので，❶ もしくは ❷ が成り立つ．③ が成り立つならば，Y から X への単射が存在するので，❶ もしくは ❸ が成り立つ．記号の定義より，❶ と ❷，❶ と ❸ が同時に成り立つことはない．また，問題 2.18 (2) より，❷ と ❸ も同時に成り立つことはない．□

【ベクトル空間の基底の存在】　K を体とし，V を K 上のベクトル空間とする B を V の部分集合とする．B の有限個の元 $v_1, \dots, v_n$ と実数 $a_1, \dots, a_n$ に対し，$a_1 v_1 + \cdots + a_n v_n = 0$ ならば $a_1 = \cdots = a_n = 0$ であるとき，B は

一次独立であるという. V の 0 でない任意の元 v に対し,

$$v = a_1 v_1 + \cdots + a_n v_n$$

をみたす B の元 $v_1, \ldots, v_n$ と実数 $a_1, \ldots, a_n$ が存在するとき, B は V を**生成**するという. B が一次独立であり, かつ V を生成するとき, B は V の**基底**であるという.

定理 2.82 任意の体 K と, K 上の任意のベクトル空間 V に対し, V の基底が存在する.

証明 もし $V = \{0\}$ であれば, $\varnothing$ が V の基底である. そこで, $V \neq \{0\}$ であるとする. V の一次独立な部分集合全体の集合を $\mathcal{B}$ とする. 例 2.37 より,
$$R = \{(B_1, B_2) \in \mathcal{B} \times \mathcal{B} \mid B_1 \subset B_2\}$$
は $\mathcal{B}$ 上の順序である. このとき, $(\mathcal{B}, R)$ が帰納的であることを示す.

$\mathcal{B}$ の全順序部分集合 $\mathcal{T}$ を任意にとる. もし $\mathcal{T} = \{\varnothing\}$ であれば, $B_{\mathcal{T}} = \{0\}$ とする. 以下では $\mathcal{T} \neq \{\varnothing\}$ であるとする. $\mathcal{T}$ のすべての元の和集合を $B_{\mathcal{T}}$ とする. $B_{\mathcal{T}}$ の有限個の元 $v_1, \ldots, v_n$ と実数 $a_1, \ldots, a_n$ に対し, $a_1 v_1 + \cdots + a_n v_n = 0$ とする. $\{1, \ldots, n\}$ の任意の元 i に対し, $v_i \in B_i$ をみたす $\mathcal{T}$ の元 B_i が存在する. $\mathcal{T}$ は $\mathcal{B}$ の全順序部分集合であるので, $B_1, \ldots, B_n \subset B_k$ をみたす $\{1, \ldots, n\}$ の元 k が存在する. $v_1, \ldots, v_n \in B_k$ であり, $B_k \in \mathcal{B}$ であるので, $a_1 = \cdots = a_n = 0$ である. よって, $B_{\mathcal{T}} \in \mathcal{B}$ である. $\mathcal{T}$ の任意の元 B に対し $B \subset B_{\mathcal{T}}$ であるので, $B_{\mathcal{T}}$ は $\mathcal{T}$ の上界である. 以上より, $(\mathcal{B}, R)$ は帰納的である.

定理 2.76（ツォルンの補題）より, $\mathcal{B}$ の極大元 B_0 が存在する. 以下では, B_0 が V を生成することを示す. V の元 v を任意にとる. もし $v \in B_0$ ならば, $v = 1v$ である. もし $v \notin B_0$ ならば, B_0 が $\mathcal{B}$ の極大元であるので, $B_0 \cup \{v\} \notin \mathcal{B}$ である. よって, $B_0 \cup \{v\}$ の相異なる有限個の元 $v_1, \ldots, v_n$ と, 少なくともひとつは 0 でない実数 $a_1, \ldots, a_n$ が存在し, $a_1 v_1 + \cdots + a_n v_n = 0$ が成り立つ. もし $\{v_1, \ldots, v_n\} \subset B_0$ ならば, $B_0 \in \mathcal{B}$ より $a_1 = \cdots = a_n = 0$ となり矛盾が生じる. 従って, $v_k = v$ かつ $a_k \neq 0$ をみたす $\{1, \ldots, n\}$ の元 k が存在する. このとき, $\{v_1, \ldots, v_n\} - \{v_k\} \subset B_0$ であり,
$$v = \sum_{i \in \{1, \ldots, n\} - \{k\}} \left(-\frac{a_i}{a_k}\right) v_i$$
である. 以上より, B_0 は V を生成する.

$B_0 \in \mathcal{B}$ であるので, B_0 は V の基底である. $\square$

注意 2.83 定理 2.82 の証明に定理 2.76（ツォルンの補題）が本質的に用いられるのは, V の基底が無限集合となる場合である. 例えば, $\mathbb{R}$ を $\mathbb{Q}$ 上のベクトル空間と考えるとき, 定理 2.82 より $\mathbb{R}$ の基底 B_0 が存在する. B_0 は**ハメル基底**とよばれており, $\#B_0 = \aleph$ であることが知られている.

章

距 離 空 間

　平面や空間における 2 点間の距離のもつ性質，特に「三角形の二辺の長さの和は他の一辺の長さより大きい」という性質を抽象することにより，集合上の距離関数の概念がえられる．距離空間は距離関数の与えられた集合であり，そこでは点列の収束などの概念を扱うことができる．

　本章では，距離空間に関する基本事項を解説する．

3.1　距 離 空 間

【距離空間】　X を集合とし，$d\colon X \times X \to \mathbb{R}$ を写像とする．次の (D1)～(D4) が成り立つとき，d を X 上の**距離関数**（または単に**距離**）という．

> (D1)　X の任意の元 x, y に対し，$d(x, y) \geqq 0$ である．
>
> (D2)　X の任意の元 x, y に対し，$d(x, y) = 0$ であるための必要十分条件は $x = y$ であることである．
>
> (D3)　X の任意の元 x, y に対し，$d(x, y) = d(y, x)$ である．
>
> (D4)　X の任意の元 x, y, z に対し，$d(x, z) \leqq d(x, y) + d(y, z)$ である．

(D4) の不等式を**三角不等式**という．X と X 上の距離関数 d の組 (X, d) を**距離空間**という．X 上に距離関数を考えるとき，X の元を X の**点**ともいう．

【ユークリッド空間】　自然数 n に対し，n 個の $\mathbb{R}$ の直積 $\mathbb{R}^n = \mathbb{R} \times \cdots \times \mathbb{R}$ を考える．$\mathbb{R}^n$ の元 $x = (x_1, \ldots, x_n)$, $y = (y_1, \ldots, y_n)$ に対し

$$d^{(n)}(x, y) = \sqrt{(x_1 - y_1)^2 + \cdots + (x_n - y_n)^2}$$

と定めることにより，写像 $d^{(n)}\colon \mathbb{R}^n \times \mathbb{R}^n \to \mathbb{R}$ を定義する．$\mathbb{R}^n$ と $d^{(n)}$ の組 $(\mathbb{R}^n, d^{(n)})$ を n 次元**ユークリッド空間**という．

問題 3.1（**シュワルツの不等式**）　n を自然数とし，$a_1, \ldots, a_n, b_1, \ldots, b_n$ を実数とする．このとき，次が成り立つことを示せ．

$$\left(\sum_{i=1}^{n} a_i b_i\right)^2 \leqq \left(\sum_{i=1}^{n} a_i^2\right)\left(\sum_{i=1}^{n} b_i^2\right)$$

定理 3.2 任意の自然数 n に対し, $d^{(n)}$ は $\mathbb{R}^n$ 上の距離関数である. 従って, n 次元ユークリッド空間 $(\mathbb{R}^n, d^{(n)})$ は距離空間である.

証明 $d^{(n)}$ が距離関数の性質 (D1)〜(D4) をみたすことを示す. $X_n = \{1, \ldots, n\}$ とする. $\mathbb{R}^n$ の元 $x = (x_1, \ldots, x_n)$, $y = (y_1, \ldots, y_n)$, $z = (z_1, \ldots, z_n)$ を任意にとる.

(D1) をみたすこと:$d^{(n)}$ の定義より $d^{(n)}(x, y) \geqq 0$ である.

(D2) をみたすこと:$x = y$ ならば, X_n の任意の元 i に対し $x_i = y_i$ であるので, $d^{(n)}$ の定義より $d^{(n)}(x, y) = 0$ である. $d^{(n)}(x, y) = 0$ ならば, $(x_1 - y_1)^2 + \cdots + (x_n - y_n)^2 = 0$ であるので, X_n の任意の元 i に対し $x_i = y_i$ である. よって, $x = y$ である.

(D3) をみたすこと:X_n の任意の元 i に対し $(x_i - y_i)^2 = (y_i - x_i)^2$ であるので, $d^{(n)}$ の定義より $d^{(n)}(x, y) = d^{(n)}(y, x)$ である.

(D4) をみたすこと:X_n の任意の元 i に対し, $a_i = x_i - y_i$, $b_i = y_i - z_i$ とする. このとき, 問題 3.1 (シュワルツの不等式) より

$$
\begin{aligned}
&d^{(n)}(x, z)^2 \\
&= \sum_{i=1}^{n} (x_i - z_i)^2 = \sum_{i=1}^{n} (a_i + b_i)^2 = \sum_{i=1}^{n} a_i^2 + \sum_{i=1}^{n} b_i^2 + 2\sum_{i=1}^{n} a_i b_i \\
&\leqq \sum_{i=1}^{n} a_i^2 + \sum_{i=1}^{n} b_i^2 + 2\sqrt{\left(\sum_{i=1}^{n} a_i^2\right)\left(\sum_{i=1}^{n} b_i^2\right)} = \left(\sqrt{\sum_{i=1}^{n} a_i^2} + \sqrt{\sum_{i=1}^{n} b_i^2}\right)^2 \\
&= \left(\sqrt{\sum_{i=1}^{n} (x_i - y_i)^2} + \sqrt{\sum_{i=1}^{n} (y_i - z_i)^2}\right)^2 \\
&= \left(d^{(n)}(x, y) + d^{(n)}(y, z)\right)^2
\end{aligned}
$$

である. よって, $d^{(n)}(x, z) \leqq d^{(n)}(x, y) + d^{(n)}(y, z)$ が成り立つ. $\square$

例 3.3 n を自然数とする. $\mathbb{R}^n$ の元 $x = (x_1, \ldots, x_n)$, $y = (y_1, \ldots, y_n)$ に対し

$$d_\infty^{(n)}(x, y) = \max\{|x_1 - y_1|, \ldots, |x_n - y_n|\}$$
$$d_1^{(n)}(x, y) = |x_1 - y_1| + \cdots + |x_n - y_n|$$

と定めることにより, 写像 $d_\infty^{(n)}: \mathbb{R}^n \times \mathbb{R}^n \to \mathbb{R}$, $d_1^{(n)}: \mathbb{R}^n \times \mathbb{R}^n \to \mathbb{R}$ を定義する. このとき, $d_\infty^{(n)}$, $d_1^{(n)}$ はいずれも $\mathbb{R}^n$ 上の距離関数である.

例 3.4　X を集合とする. X の元 x, y に対し

$$d(x,y) = \begin{cases} 0 & (x = y \text{ のとき}) \\ 1 & (x \neq y \text{ のとき}) \end{cases}$$

と定めることにより, 写像 $d\colon X \times X \to \mathbb{R}$ を定義する. このとき, d は X 上の距離関数である. この (X, d) を**離散距離空間**という.

例題 3.5　$I = [0, 1]$ とし, I 上の実数値連続関数全体の集合を $C(I)$ とする. $C(I)$ の元 f, g に対し

$$d_1(f, g) = \int_0^1 \big|f(x) - g(x)\big|\, dx$$

と定めることにより, 写像 $d_1\colon C(I) \times C(I) \to \mathbb{R}$ を定義する. このとき, d_1 が $C(I)$ 上の距離関数であることを示せ.

[解答]　d_1 が距離関数の性質 (D1)〜(D4) をみたすことを示す. $C(I)$ の元 f, g, h を任意にとる.

(D1) をみたすこと：I の任意の元 x に対し $|f(x) - g(x)| \geqq 0$ であるので, 積分の単調性より $d_1(f, g) \geqq 0$ である.

(D2) をみたすこと：$f = g$ ならば, I の任意の元 x に対し $f(x) = g(x)$ であるので, 積分の定義より $d_1(f, g) = 0$ である. $f \neq g$ とする. $f(a) \neq g(a)$ をみたす I の元 a が存在する. I の元 x に対し $u(x) = |f(x) - g(x)|$ と定めることにより, 写像 $u\colon I \to \mathbb{R}$ を定義する. $f, g \in C(I)$ であるので $u \in C(I)$ であり, $u(a) = |f(a) - g(a)| > 0$ である. u の連続性より, 実数 δ であって次の $(*)$ をみたすものが存在する.

$(*)$ $0 < \delta < \frac{1}{2}$ である. また, $I \cap [a - \delta, a + \delta]$ の任意の元 x に対し, $|u(x) - u(a)| < \frac{u(a)}{2}$ が成り立つ.

$0 < \delta < \frac{1}{2}$ であるので, $[a - \delta, a] \subset I$ または $[a, a + \delta] \subset I$ である. $[a - \delta, a] \subset I$ ならば, $[a - \delta, a]$ の任意の元 x に対し, $(*)$ より $u(x) > \frac{u(a)}{2}$ である. よって, 積分の単調性より

$$d_1(f, g) = \int_0^1 u(x)\, dx \geqq \int_{a-\delta}^a u(x)\, dx \geqq \int_{a-\delta}^a \frac{u(a)}{2}\, dx = \frac{u(a)}{2}\delta > 0$$

である. $[a, a + \delta] \subset I$ の場合も同様に $d_1(f, g) > 0$ である. 従って, $d_1(f, g) \neq 0$ である.

(D3) をみたすこと：I の任意の元 x に対し $|f(x) - g(x)| = |g(x) - f(x)|$ であるので, d_1 の定義より $d_1(f, g) = d_1(g, f)$ である.

(D4) をみたすこと：I の任意の元 x に対し

$$|f(x) - h(x)| = |f(x) - g(x) + g(x) - h(x)| \leqq |f(x) - g(x)| + |g(x) - h(x)|$$

であるので，積分の単調性と積分の線形性より $d_1(f, h) \leqq d_1(f, g) + d_1(g, h)$ である．
□

問題 3.6　$I = [0, 1]$ とし，I 上の実数値連続関数全体の集合を $C(I)$ とする．$C(I)$ の元 f, g に対し

$$d_\infty(f, g) = \max\{|f(x) - g(x)| \mid x \in I\}$$

と定めることにより，写像 $d_\infty \colon C(I) \times C(I) \to \mathbb{R}$ を定義する．このとき，d_∞ が $C(I)$ 上の距離関数であることを示せ．

【部分距離空間】　(X, d) を距離空間とし，A を X の部分集合とする．A と d の $A \times A$ への制限 $d|_{A \times A}$ の組 $(A, d|_{A \times A})$ を (X, d) の**部分距離空間**という．

問題 3.7　距離空間 (X, d) の部分距離空間 $(A, d|_{A \times A})$ が距離空間であることを示せ．（特にことわらない限り，距離空間の部分集合はこの意味で距離空間と考える．）

【直積距離空間】　n を 2 以上の整数とし，$(X_1, d_1), \ldots, (X_n, d_n)$ を距離空間とする．直積 $X = X_1 \times \cdots \times X_n$ の元 $x = (x_1, \ldots, x_n)$, $y = (y_1, \ldots, y_n)$ に対し

$$d(x, y) = \sqrt{d_1(x_1, y_1)^2 + \cdots + d_n(x_n, y_n)^2}$$

と定めることにより，写像 $d \colon X \times X \to \mathbb{R}$ を定義する．このとき，X と d の組 (X, d) を $(X_1, d_1), \ldots, (X_n, d_n)$ の**直積距離空間**という．

問題 3.8　n を 2 以上の整数とする．距離空間 $(X_1, d_1), \ldots, (X_n, d_n)$ の直積距離空間が距離空間であることを示せ．

例 3.9　k を 2 以上の整数，$n_1, \ldots, n_k$ を自然数とし，$n = n_1 + \cdots + n_k$ とする．このとき，$(\mathbb{R}^{n_1}, d^{(n_1)}), \ldots, (\mathbb{R}^{n_k}, d^{(n_k)})$ の直積距離空間は $(\mathbb{R}^n, d^{(n)})$ に等しい．

3.2　距離空間の位相

【ε 近傍】　(X, d) を距離空間，a を X の点とし，ε を正の実数とする．X の部分集合

$$U(a; \varepsilon) = \{x \in X \mid d(x, a) < \varepsilon\}$$

を (X, d) における a の **ε 近傍**という．

問題 3.10 ε を正の実数とする．定理 3.2 および例 3.3 において定義された距離空間 $(\mathbb{R}^2, d^{(2)})$, $(\mathbb{R}^2, d_\infty^{(2)})$, $(\mathbb{R}^2, d_1^{(2)})$ における $(0,0)$ の ε 近傍をそれぞれ図示せよ．

【**内点・外点・境界点・内部・外部・境界**】 (X, d) を距離空間，A を X の部分集合とし，a を X の点とする．$U(a; \varepsilon) \subset A$ をみたす正の実数 ε が存在するとき，a を A の**内点**という．a が $A^c = X - A$ の内点であるとき，a を A の**外点**という．a が A の内点でも A の外点でもないとき，a を A の**境界点**という．A の内点，外点，境界点全体の集合をそれぞれ (X, d) における A の**内部**，**外部**，**境界**といい，A^i, A^e, A^f で表す．

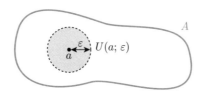

図 3.1 a は A の内点である

問題 3.11 (X, d) を距離空間とし，A, B を X の部分集合とする．このとき，$A \subset B$ ならば $A^i \subset B^i$ であることを示せ．

| 補題 3.12 | (X, d) を距離空間とし，A を X の部分集合とする．次の (1)〜(4) が成り立つ．

(1) $A^e = (A^c)^i$

(2) $A^i \subset A$, $A^e \subset A^c$

(3) $A^i \cup A^e \cup A^f = X$

(4) $A^i \cap A^e = A^i \cap A^f = A^e \cap A^f = \varnothing$

証明   (1) A^e は A の外点全体の集合であり，$(A^c)^i$ は A^c の内点全体の集合であるので，外点の定義より両者は等しい．

(2) A^i の点 a を任意にとる．a は A の内点であるので，$U(a; \varepsilon) \subset A$ をみたす正の実数 ε が存在する．$d(a, a) = 0$ より $a \in U(a; \varepsilon)$ であるので，$a \in A$ である．よって，$A^i \subset A$ である．

A^e の点 a を任意にとる．a は A の外点であるので，$U(a; \varepsilon) \subset A^c$ をみたす正の実数 ε が存在する．$d(a, a) = 0$ より $a \in U(a; \varepsilon)$ であるので，$a \in A^c$ である．よって，$A^e \subset A^c$ である．

(3) 境界点の定義より $A^f = (A^i \cup A^e)^c$ である．よって，

$$A^i \cup A^e \cup A^f = A^i \cup A^e \cup (A^i \cup A^e)^c = X$$

である.

(4) 定理 1.27（ド・モルガンの法則）より $A^f = (A^i \cup A^e)^c = (A^i)^c \cap (A^e)^c$ であるので, $A^f \subset (A^i)^c$ かつ $A^f \subset (A^e)^c$ である. よって,

$$A^i \cap A^f \subset A^i \cap (A^i)^c = \varnothing, \quad A^e \cap A^f \subset A^e \cap (A^e)^c = \varnothing$$

である. また, (2) より $A^i \cap A^e \subset A \cap A^c = \varnothing$ である. □

例題 3.13 $\mathbb{R}^2$ の部分集合

$$A = \{(x_1, x_2) \in \mathbb{R}^2 \mid x_2 > 0\} \cup \{(x_1, x_2) \in \mathbb{R}^2 \mid x_2 = 0 \text{ かつ } x_1 \geqq 0\}$$

に対し, (X, d) における A の内部, 外部, 境界を求めよ.

[解答]　$\mathbb{R}^2_+ = \{(x_1, x_2) \in \mathbb{R}^2 \mid x_2 > 0\}$, $\mathbb{R}^2_- = \{(x_1, x_2) \in \mathbb{R}^2 \mid x_2 < 0\}$, $\mathbb{R}_0 = \{(x_1, x_2) \in \mathbb{R}^2 \mid x_2 = 0\}$, $A_0 = \{(x_1, x_2) \in \mathbb{R}^2 \mid x_2 = 0 \text{ かつ } x_1 \geqq 0\}$ とする. このとき, $A = \mathbb{R}^2_+ \cup A_0$ である.

$\mathbb{R}^2_+$ の元 $a = (a_1, a_2)$ を任意にとる. $a_2 > 0$ である. $U(a; a_2)$ の元 $x = (x_1, x_2)$ を任意にとる. このとき, $d^{(2)}(x, a) < a_2$ であるので, $d^{(2)}(x, a)^2 < a_2^2$ である. よって, $(x_1 - a_1)^2 < x_2(2a_2 - x_2)$ であり, 特に $x_2(2a_2 - x_2) > 0$ である. 従って, $0 < x_2 < 2a_2$ であり, 特に $x \in \mathbb{R}^2_+$ である. $U(a; a_2) \subset \mathbb{R}^2_+ \subset A$ であるので, a は A の内点である. すなわち, $a \in A^i$ である. ゆえに, $\mathbb{R}^2_+ \subset A^i$ である.

$\mathbb{R}^2_-$ の元 $a = (a_1, a_2)$ を任意にとる. $a_2 < 0$ である. $U(a; a_2)$ の元 $x = (x_1, x_2)$ を任意にとる. このとき, $d^{(2)}(x, a) < a_2$ であるので, $d^{(2)}(x, a)^2 < a_2^2$ である. よって, $(x_1 - a_1)^2 < x_2(2a_2 - x_2)$ であり, 特に $x_2(2a_2 - x_2) > 0$ である. 従って, $2a_2 < x_2 < 0$ であり, 特に $x \in \mathbb{R}^2_-$ である. $U(a; a_2) \subset \mathbb{R}^2_- \subset A^c$ であるので, a は A^c の内点である. すなわち, $a \in A^e$ である. ゆえに, $\mathbb{R}^2_- \subset A^e$ である.

$\mathbb{R}_0$ の元 $a = (a_1, a_2)$ を任意にとる. $a_2 = 0$ である. 正の実数 ε を任意にとる. $x = (a_1, \frac{\varepsilon}{2})$, $y = (a_1, -\frac{\varepsilon}{2})$ とする. このとき, $d^{(2)}(x, a) = d^{(2)}(y, a) = \frac{\varepsilon}{2}$ であるので, $x, y \in U(a; \varepsilon)$ である. また, $\frac{\varepsilon}{2} > 0$ より $x \in \mathbb{R}^2_+ \subset A$ であり, $-\frac{\varepsilon}{2} < 0$ より $y \in \mathbb{R}^2_- \subset A^c$ である. よって, $U(a; \varepsilon) \cap A \neq \varnothing$ かつ $U(a; \varepsilon) \cap A^c \neq \varnothing$ である. 従って, a は A の内点でも A の外点でもないので, A の境界点である. すなわち, $a \in A^f$ である. ゆえに, $\mathbb{R}_0 \subset A^f$ である.

以上より, $\mathbb{R}^2_+ \subset A^i$, $\mathbb{R}^2_- \subset A^e$, $\mathbb{R}_0 \subset A^f$ である. よって, 補題 3.12 (4) より

$$A^i \cap \mathbb{R}^2_- \subset A^i \cap A^e = \varnothing, \quad A^i \cap \mathbb{R}_0 \subset A^i \cap A^f = \varnothing$$

である. $\mathbb{R}^2_+ \cup \mathbb{R}^2_- \cup \mathbb{R}_0 = \mathbb{R}^2$ であるので, $A^i \subset \mathbb{R}^2_+$ である. 同様に $A^e \subset \mathbb{R}^2_-$, $A^f \subset \mathbb{R}_0$ である. ゆえに, $A^i = \mathbb{R}^2_+$, $A^e = \mathbb{R}^2_-$, $A^f = \mathbb{R}_0$ である. □

【触点と閉包】 (X, d) を距離空間，A を X の部分集合とし，a を X の点とする．任意の正の実数 ε に対し $U(a; \varepsilon) \cap A \neq \varnothing$ であるとき，a を A の**触点**という．A の触点全体の集合を (X, d) における A の**閉包**といい，A^a で表す．

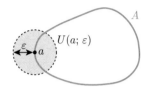

図 3.2　a は A の触点である

問題 3.14 (X, d) を距離空間とし，A, B を X の部分集合とする．このとき，$A \subset B$ ならば $A^a \subset B^a$ であることを示せ．

補題 3.15 (X, d) を距離空間とし，A を X の部分集合とする．次の (1)〜(3) が成り立つ．

(1) $A \subset A^a$

(2) $A^a = A^i \cup A^f$

(3) $(A^a)^c = (A^c)^i$, $(A^c)^a = (A^i)^c$

証明 (1) A の点 a を任意にとる．正の実数 ε を任意にとる．$d(a, a) = 0$ より $a \in U(a; \varepsilon)$ であり，$a \in A$ であるので，$a \in U(a; \varepsilon) \cap A$ である．特に，$U(a; \varepsilon) \cap A \neq \varnothing$ である．よって，a は A の触点である．すなわち，$a \in A^a$ である．ゆえに，$A \subset A^a$ である．

(2) a を X の点とする．a が A の外点でないとは，a が A^c の内点でないことである．これは，任意の正の実数 ε に対し $U(a; \varepsilon) \not\subset A^c$ が成り立つことである．すなわち，任意の正の実数 ε に対し $U(a; \varepsilon) \cap A \neq \varnothing$ が成り立つことである．これは，a が A の触点であることに他ならない．よって，$(A^e)^c = A^a$ である．従って，補題 3.12 (3), (4) より $A^a = (A^e)^c = A^i \cup A^f$ である．

(3) (2) の証明より $A^a = (A^e)^c$ であるので，$(A^a)^c = ((A^e)^c)^c = A^e$ である．また，補題 3.12 (1) より $A^e = (A^c)^i$ である．よって，$(A^a)^c = (A^c)^i$ である．この式の A を A^c に変えると，$((A^c)^a)^c = ((A^c)^c)^i = A^i$ である．両辺の補集合を考えると，$(A^c)^a = (A^i)^c$ である．□

問題 3.16 (X, d) を距離空間とし，A を X の部分集合とする．次の (1), (2) が成り立つことを示せ．

(1) $(A^i)^i = A^i$ 　　(2) $(A^a)^a = A^a$

【**開集合・閉集合**】　(X,d) を距離空間とし，A を X の部分集合とする．$A^i = A$ であるとき，A を (X,d) の**開集合**という．$A^a = A$ であるとき，A を (X,d) の**閉集合**という．

定理 **3.17**　(X,d) を距離空間とし，A を X の部分集合とする．A が (X,d) の開集合であるための必要十分条件は，A^c が (X,d) の閉集合であることである．

証明　$A^i = A$ ならば，補題 3.15 (3) より $A^c = (A^i)^c = (A^c)^a$ である．$(A^c)^a = A^c$ ならば，補題 3.15 (3) より $A = (A^c)^c = ((A^c)^a)^c = ((A^i)^c)^c = A^i$ である．□

例 **3.18**　n を 2 以上の整数とする．$a_1 < b_1, \ldots, a_n < b_n$ をみたす $2n$ 個の実数 $a_1, \ldots, a_n, b_1, \ldots, b_n$ を考える．$\mathbb{R}^n$ の部分集合

$$(a_1, b_1) \times \cdots \times (a_n, b_n), \quad [a_1, b_1] \times \cdots \times [a_n, b_n]$$

はそれぞれ $(\mathbb{R}^n, d^{(n)})$ の開集合，閉集合である．

問題 3.19　(X,d) を距離空間，a を X の点とし，ε を正の実数とする．次の (1)〜(3) が成り立つことを示せ．
　(1) $U(a; \varepsilon)$ は (X,d) の開集合である．
　(2) $U(a; \varepsilon)^a \subset \{x \in X \mid d(x,a) \leqq \varepsilon\}$
　(3) $\{a\}$ は (X,d) の閉集合である．

定理 **3.20**　(X,d) を距離空間とし，A を X の部分集合とする．次の (1)〜(4) が成り立つ．
　(1) A^i は (X,d) の開集合である．
　(2) (X,d) の開集合 B に対し，$B \subset A$ ならば $B \subset A^i$ である．
　(3) A^a は (X,d) の閉集合である．
　(4) (X,d) の閉集合 B に対し，$A \subset B$ ならば $A^a \subset B$ である．

証明　(1) 問題 3.16 (1) から従う．
　(2) (X,d) の開集合 B が $B \subset A$ をみたすとする．B の点 a を任意にとる．$a \in B = B^i$ であるので，$U(a; \varepsilon) \subset B$ をみたす正の実数 ε が存在する．$U(a; \varepsilon) \subset A$ であるので，$a \in A^i$ である．よって，$B \subset A^i$ である．
　(3) 問題 3.16 (2) から従う．
　(4) (X,d) の閉集合 B が $A \subset B$ をみたすとする．A^a の点 a を任意にとる．正の実数 ε を任意にとる．a が A の触点であるので，$U(a; \varepsilon) \cap A \neq \varnothing$ である．よって，$U(a; \varepsilon) \cap B \neq \varnothing$ であるので，$a \in B^a = B$ である．ゆえに，$A^a \subset B$ である．□

定理 **3.21** (X,d) を距離空間とし, $\mathcal{O}$ を (X,d) の開集合全体の集合とする. 次の (1)～(3) が成り立つ.

(1) $X \in \mathcal{O}$, $\varnothing \in \mathcal{O}$

(2) n を 2 以上の整数とする. $O_1,\ldots,O_n \in \mathcal{O}$ ならば, $O_1 \cap \cdots \cap O_n \in \mathcal{O}$ である.

(3) $(O_\lambda)_{\lambda \in \Lambda}$ を X の部分集合族とする. Λ の任意の元 λ に対し $O_\lambda \in \mathcal{O}$ ならば, $\bigcup_{\lambda \in \Lambda} O_\lambda \in \mathcal{O}$ である.

証明 (1) 定義より $X^i \subset X$ である. X の点 a を任意にとる. $U(a;1) \subset X$ であるので, $a \in X^i$ である. よって, $X \subset X^i$ である. 従って, $X^i = X$ である. ゆえに, $X \in \mathcal{O}$ である.

補題 3.12 (2) より $\varnothing^i \subset \varnothing$ である. また, 問題 1.21 (2) より $\varnothing \subset \varnothing^i$ である. よって, $\varnothing^i = \varnothing$ である. ゆえに, $\varnothing \in \mathcal{O}$ である.

(2) $O = O_1 \cap \cdots \cap O_n$ とする. 補題 3.12 (2) より $O^i \subset O$ である. O の点 a を任意にとる. $X_n = \{1,\ldots,n\}$ とする. X_n の元 i を任意にとる. $O_i \in \mathcal{O}$ より $O_i = (O_i)^i$ であるので, $a \in O_i = (O_i)^i$ である. よって, $U(a;\varepsilon_i) \subset O_i$ をみたす正の実数 ε_i が存在する. $\varepsilon = \min\{\varepsilon_1,\ldots,\varepsilon_n\}$ とすると,

$$U(a;\varepsilon) \subset U(a;\varepsilon_1) \cap \cdots \cap U(a;\varepsilon_n) \subset O_1 \cap \cdots \cap O_n = O$$

である. よって, $a \in O^i$ である. 従って, $O \subset O^i$ であり, $O^i = O$ である. ゆえに, $O \in \mathcal{O}$ である.

(3) $O = \bigcup_{\lambda \in \Lambda} O_\lambda$ とする. 補題 3.12 (2) より $O^i \subset O$ である. O の点 a を任意にとる. $a \in O_\lambda$ をみたす Λ の元 λ が存在する. $O_\lambda \in \mathcal{O}$ より $O_\lambda = (O_\lambda)^i$ であるので, $a \in (O_\lambda)^i$ である. よって, $U(a;\varepsilon) \subset O_\lambda$ をみたす正の実数 ε が存在する. $O_\lambda \subset O$ より $U(a;\varepsilon) \subset O$ であるので, $a \in O^i$ である. よって, $O \subset O^i$ である. 従って, $O^i = O$ である. ゆえに, $O \in \mathcal{O}$ である. $\square$

問題 3.22 (X,d) を距離空間とし, $\mathcal{A}$ を (X,d) の閉集合全体の集合とする. 次の (1)～(3) が成り立つことを示せ.

(1) $X \in \mathcal{A}$, $\varnothing \in \mathcal{A}$

(2) n を 2 以上の整数とする. $A_1,\ldots,A_n \in \mathcal{A}$ ならば, $A_1 \cup \cdots \cup A_n \in \mathcal{A}$ である.

(3) $(A_\lambda)_{\lambda \in \Lambda}$ を X の部分集合族とする. Λ の任意の元 λ に対し $A_\lambda \in \mathcal{A}$ ならば, $\bigcap_{\lambda \in \Lambda} A_\lambda \in \mathcal{A}$ である.

問題 3.23 (X,d) を距離空間とし, A, B を X の部分集合とする. 次の (1)～(4) が成り立つことを示せ.

(1) $(A \cap B)^i = A^i \cap B^i$ (2) $(A \cup B)^i \supset A^i \cup B^i$

(3) $(A \cup B)^a = A^a \cup B^a$ (4) $(A \cap B)^a \subset A^a \cap B^a$

【集積点・導集合・孤立点】 (X, d) を距離空間，A を X の部分集合とし，a を X の点とする．a が $A - \{a\}$ の触点であるとき，a を A の**集積点**という．A の集積点全体の集合を (X, d) における A の**導集合**といい，A^d で表す．a が $A - A^d$ の点であるとき，a を A の**孤立点**という．

問題 **3.24** (X, d) を距離空間とし，A を X の部分集合とする．
$$A^a = A \cup A^d$$
が成り立つことを示せ．

3.3 距離空間と連続写像

【近傍と近傍系】 (X, d) を距離空間，U を X の部分集合とし，a を X の点とする．$a \in U^i$ であるとき，U を a の**近傍**という．a の近傍全体の集合を (X, d) における a の**近傍系**といい，$\mathcal{N}(a)$ で表す．

問題 **3.25** (X, d) を距離空間，U, V を X の部分集合とし，a を X の点とする．次の (1)〜(4) が成り立つことを示せ．
 (1) $U \in \mathcal{N}(a)$ ならば $a \in U$ である．
 (2) $U, V \in \mathcal{N}(a)$ ならば $U \cap V \in \mathcal{N}(a)$ である．
 (3) $U \in \mathcal{N}(a)$ かつ $U \subset V$ ならば $V \in \mathcal{N}(a)$ である．
 (4) $\mathcal{N}(a)$ の任意の元 U に対し，$\mathcal{N}(a)$ の元 V が存在し，V の任意の点 b に対し $U \in \mathcal{N}(b)$ が成り立つ．

【連続写像】 (X, d_X), (Y, d_Y) を距離空間，$f\colon X \to Y$ を写像とし，a を X の点とする．任意の正の実数 ε に対し，ある正の実数 δ が存在し，X の任意の点 x に対し「$d_X(x, a) < \delta$ ならば $d_Y(f(x), f(a)) < \varepsilon$ である」とき，f は a で**連続**であるという．f が X の任意の点で連続であるとき，f を (X, d_X) から (Y, d_Y) への**連続写像**という．

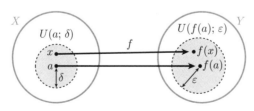

図 3.3 f は a で連続である

定理 3.26　$(X, d_X), (Y, d_Y)$ を距離空間，$f \colon X \to Y$ を写像とし，a を X の点とする．f が a で連続であるための必要十分条件は，$\mathcal{N}(f(a))$ の任意の元 V に対し $f^{-1}(V) \in \mathcal{N}(a)$ が成り立つことである．

証明　a を X の点とし，ε, δ を正の実数とする．次に注意する．

　　　X の任意の点 x に対し「$d_X(x, a) < \delta$ ならば $d_Y(f(x), f(a)) < \varepsilon$ である」
　$\Leftrightarrow$ X の任意の点 x に対し「$x \in U(a; \delta)$ ならば $f(x) \in U(f(a); \varepsilon)$ である」
　$\Leftrightarrow$ $f(U(a; \delta)) \subset U(f(a); \varepsilon)$

　必要であること：f が a で連続であるとする．$\mathcal{N}(f(a))$ の元 V を任意にとる．$f(a) \in V^i$ であるので，$U(f(a); \varepsilon) \subset V$ をみたす正の実数 ε が存在する．f が a で連続であるので，$f(U(a; \delta)) \subset U(f(a); \varepsilon)$ をみたす正の実数 δ が存在する．よって，定理 1.40 (5) より

$$U(a; \delta) \subset f^{-1}(f(U(a; \delta))) \subset f^{-1}(U(f(a); \varepsilon)) \subset f^{-1}(V)$$

であるので，$a \in f^{-1}(V)^i$ である．ゆえに，$f^{-1}(V) \in \mathcal{N}(a)$ である．

　十分であること：$\mathcal{N}(f(a))$ の任意の元 V に対し $f^{-1}(V) \in \mathcal{N}(a)$ であるとする．正の実数 ε を任意にとる．$U(f(a); \varepsilon) \in \mathcal{N}(f(a))$ であるので，仮定より $f^{-1}(U(f(a); \varepsilon)) \in \mathcal{N}(a)$ である．よって，$a \in f^{-1}(U(f(a); \varepsilon))^i$ であるので，$U(a; \delta) \subset f^{-1}(U(f(a); \varepsilon))$ をみたす正の実数 δ が存在する．従って，定理 1.40 (6) より

$$f(U(a; \delta)) \subset f(f^{-1}(U(f(a); \varepsilon))) \subset U(f(a); \varepsilon)$$

である．ゆえに，f は a で連続である．□

注意 3.27　$(X, d_X), (Y, d_Y)$ を距離空間，$f \colon X \to Y$ を写像とし，a を X の点とする．定理 3.26 の証明より，次の (1)～(3) は同値である．

(1) f は a で連続である．

(2) 任意の正の実数 ε に対し，ある正の実数 δ が存在し，$f(U(a; \delta)) \subset U(f(a); \varepsilon)$ が成り立つ．

(3) 任意の正の実数 ε に対し，ある正の実数 δ が存在し，$U(a; \delta) \subset f^{-1}(U(f(a); \varepsilon))$ が成り立つ．

定理 3.28　$(X, d_X), (Y, d_Y)$ を距離空間とし，$f \colon X \to Y$ を写像とする．$\mathcal{O}_X, \mathcal{O}_Y$ をそれぞれ $(X, d_X), (Y, d_Y)$ の開集合全体の集合とし，$\mathcal{A}_X, \mathcal{A}_Y$ をそれぞれ $(X, d_X), (Y, d_Y)$ の閉集合全体の集合とする．次の (1)～(3) は同値である．

(1) f は (X, d_X) から (Y, d_Y) への連続写像である．

(2) $\mathcal{O}_Y$ の任意の元 O に対し，$f^{-1}(O) \in \mathcal{O}_X$ である．

(3) $\mathcal{A}_Y$ の任意の元 A に対し，$f^{-1}(A) \in \mathcal{A}_X$ である．

証明 (1) ⇒ (2)：$f^{-1}(O) = \varnothing$ ならば，$f^{-1}(O) \in \mathcal{O}_X$ である．$f^{-1}(O) \neq \varnothing$ とする．$\mathcal{O}_Y$ の元 O を任意にとる．$f^{-1}(O)$ の点 a を任意にとる．$f(a) \in O$ かつ $O = O^i$ であるので，$O \in \mathcal{N}(f(a))$ である．f が連続であるので，定理 3.26 より $f^{-1}(O) \in \mathcal{N}(a)$ である．よって，$a \in f^{-1}(O)^i$ である．従って，$f^{-1}(O) \subset f^{-1}(O)^i$ である．補題 3.12 (2) より $f^{-1}(O) \supset f^{-1}(O)^i$ であるので，$f^{-1}(O) = f^{-1}(O)^i$ である．ゆえに，$f^{-1}(O) \in \mathcal{O}_X$ である．

(2) ⇒ (1)：X の点 a を任意にとる．$\mathcal{N}(f(a))$ の元 V を任意にとる．$f(a) \in V^i$ であるので，$a \in f^{-1}(V^i)$ である．定理 3.20 (1) より $V^i \in \mathcal{O}_Y$ であるので，仮定より $f^{-1}(V^i) \in \mathcal{O}_X$ である．補題 3.12 (2) より $V^i \subset V$ であるので，$f^{-1}(V^i) \subset f^{-1}(V)$ である．よって，定理 3.20 (2) より $f^{-1}(V^i) \subset f^{-1}(V)^i$ である．従って，$a \in f^{-1}(V)^i$ であり，$f^{-1}(V) \in \mathcal{N}(a)$ である．ゆえに，定理 3.26 より f は連続写像である．

(2) ⇒ (3)：$\mathcal{A}_Y$ の元 A を任意にとる．定理 3.17 より $Y - A \in \mathcal{O}_Y$ であるので，仮定より $f^{-1}(Y - A) \in \mathcal{O}_X$ である．定理 1.40 (8) より

$$f^{-1}(Y - A) = f^{-1}(Y) - f^{-1}(A) = X - f^{-1}(A)$$

であるので，$X - f^{-1}(A) \in \mathcal{O}_X$ である．よって，定理 3.17 より $f^{-1}(A) \in \mathcal{A}_X$ である．

(3) ⇒ (2)：$\mathcal{O}_Y$ の元 O を任意にとる．定理 3.17 より $Y - O \in \mathcal{A}_Y$ であるので，仮定より $f^{-1}(Y - O) \in \mathcal{A}_X$ である．定理 1.40 (8) より

$$f^{-1}(Y - O) = f^{-1}(Y) - f^{-1}(O) = X - f^{-1}(O)$$

であるので，$X - f^{-1}(O) \in \mathcal{A}_X$ である．よって，定理 3.17 より $f^{-1}(O) \in \mathcal{O}_X$ である．□

【等長写像】 $(X, d_X), (Y, d_Y)$ を距離空間とし，$f \colon X \to Y$ を写像とする．X の任意の点 x_1, x_2 に対し

$$d_Y(f(x_1), f(x_2)) = d_X(x_1, x_2)$$

が成り立つとき，f を (X, d_X) から (Y, d_Y) への**等長写像**という．

問題 **3.29** $(X, d_X), (Y, d_Y)$ を距離空間とし，$f \colon X \to Y$ を (X, d_X) から (Y, d_Y) への等長写像とする．次の (1), (2) が成り立つことを示せ．
(1) f は単射である．
(2) f は (X, d_X) から (Y, d_Y) への連続写像である．

【点と部分集合の距離】 (X, d) を距離空間，A を X の空でない部分集合とし，a を X の点とする．$\mathbb{R}$ における部分集合 $\{d(x, a) \mid x \in A\}$ の下限を a と A の**距離**といい，$d(a, A)$ で表す．

補題 **3.30**　(X, d) を距離空間，A を X の空でない部分集合とし，x, y を X の点とする．このとき，

$$\big|d(x, A) - d(y, A)\big| \leqq d(x, y)$$

が成り立つ．

証明　A の点 a を任意にとる．三角不等式より

$$d(x, A) \leqq d(x, a) \leqq d(x, y) + d(y, a)$$

であるので，

$$d(x, A) - d(x, y) \leqq d(y, a)$$

である．この不等式の左辺は a に関係しないので，

$$d(x, A) - d(x, y) \leqq \inf\big\{d(y, a) \,\big|\, a \in A\big\} = d(y, A)$$

である．全く同様にして

$$d(y, A) - d(y, x) \leqq d(x, A)$$

であることがわかるので，

$$-d(x, y) \leqq d(x, A) - d(y, A) \leqq d(x, y)$$

である．よって，$|d(x, A) - d(y, A)| \leqq d(x, y)$ が成り立つ．□

問題 **3.31**　(X, d) を距離空間，A を X の空でない部分集合とし，a を X の点とする．次の (1), (2) が成り立つことを示せ．
　(1) $a \in A^a$ であるための必要十分条件は，$d(a, A) = 0$ が成り立つことである．
　(2) $a \in A^i$ であるための必要十分条件は，$d(a, A^c) > 0$ が成り立つことである．

定理 **3.32**　(X, d) を距離空間，A を X の空でない部分集合とする．X の点 x に対し

$$f(x) = d(x, A)$$

と定めることにより，写像 $f \colon X \to \mathbb{R}$ を定義する．このとき，f は (X, d) から $(\mathbb{R}, d^{(1)})$ への連続写像である．

証明　X の点 a を任意にとる．正の実数 ε を任意にとる．$\delta = \varepsilon$ と定める．$d(x, a) < \delta$ をみたす X の点 x に対し，補題 3.30 より

$$d^{(1)}\big(f(x), f(a)\big) = \big|d(x, A) - d(a, A)\big| \leqq d(x, a) < \delta = \varepsilon$$

である．よって，f は a で連続である．ゆえに，f は (X, d) から $(\mathbb{R}, d^{(1)})$ への連続写像である．□

【部分集合の距離・有界・直径】 (X, d) を距離空間，A, B を X の空でない部分集合とする．$\mathbb{R}$ における部分集合

$$\{d(x, y) \mid x \in A, \ y \in B\}$$

の下限を A と B の**距離**といい，$d(A, B)$ で表す．$\mathbb{R}$ における部分集合 $\{d(x, y) \mid x, y \in A\}$ が上に有界であるとき，A は**有界**であるという．A が有界であるとき，$\{d(x, y) \mid x, y \in A\}$ の上限を A の**直径**といい，$\delta(A)$ で表す．A が有界でないことを $\delta(A) = \infty$ と表す．X が有界であることを，(X, d) が有界であるともいう．

問題 3.33 (X, d) を距離空間とし，A, B を X の空でない部分集合とする．次の (1)〜(3) が成り立つことを示せ．
(1) $\delta(A) = 0$ であるための必要十分条件は，$\#A = 1$ が成り立つことである．
(2) $A \subset B$ ならば，$\delta(A) \leqq \delta(B)$ である．
(3) A が有界であるための必要十分条件は，$A \subset U(a; \varepsilon)$ をみたす X の点 a と正の実数 ε が存在することである．

問題 3.34 (X, d) を距離空間とし，A, B を X の空でない部分集合とする．次の (1), (2) が成り立つことを示せ．
(1) $d(A, B) = d(B, A)$
(2) $A \cap B \neq \varnothing$ ならば，$d(A, B) = 0$ である．

問題 3.35 (X, d) を距離空間とし，A, B を X の空でない部分集合とする．このとき，

$$\delta(A \cup B) \leqq \delta(A) + \delta(B) + d(A, B)$$

が成り立つことを示せ．

3.4 点列とその収束

【点列】 X を集合とする．$\mathbb{N}$ から X への写像 $f \colon \mathbb{N} \to X$ を X の**点列**という．しばしば，自然数 n に対し $f(n)$ を a_n などと表し，f を $(a_n)_{n \in \mathbb{N}}$ という記号で表す．

例 3.36 自然数 n に対し

$$a_n = \left(\frac{1}{n} \cos \frac{\pi}{2n}, \ \frac{1}{n} \sin \frac{\pi}{2n} \right)$$

と定めるとき，$(a_n)_{n \in \mathbb{N}}$ は $\mathbb{R}^2$ の点列である．

【点列の収束】 (X, d) を距離空間とする. $(a_n)_{n\in\mathbb{N}}$ を X の点列とし, a を X の点とする. 任意の正の実数 ε に対し, ある自然数 N が存在し, 任意の自然数 n に対し「$n > N$ ならば $d(a_n, a) < \varepsilon$ である」とき, $(a_n)_{n\in\mathbb{N}}$ は a に**収束**するという. このとき, a を $(a_n)_{n\in\mathbb{N}}$ の**極限点**（または**極限**）という. $(a_n)_{n\in\mathbb{N}}$ が a に収束することを,

$$\lim_{n\to\infty} a_n = a \quad \text{あるいは} \quad a_n \longrightarrow a \,(n \to \infty)$$

という記号で表す.

注意 3.37 (X, d) を距離空間とするとき, X の点列 $(a_n)_{n\in\mathbb{N}}$ が X の点 a に収束することは, 実数列 $(d(a_n, a))_{n\in\mathbb{N}}$ が 0 に収束することに他ならない.

問題 3.38 (X, d) を距離空間とする. $(a_n)_{n\in\mathbb{N}}$ を X の点列とし, a, b を X の点とする. a, b がいずれも $(a_n)_{n\in\mathbb{N}}$ の極限ならば, $a = b$ であることを示せ.

例 3.39 $(\mathbb{R}^2, d^{(2)})$ において, 例 3.36 の点列 $(a_n)_{n\in\mathbb{N}}$ は $a = (0, 0)$ に収束する. 実際,

$$d^{(2)}(a_n, a) = \sqrt{\left(\frac{1}{n}\cos\frac{\pi}{2n} - 0\right)^2 + \left(\frac{1}{n}\sin\frac{\pi}{2n} - 0\right)^2} = \frac{1}{n} \to 0 \quad (n \to \infty)$$

が成り立つ. $(\mathbb{R}^2, d_\infty^{(2)})$ においても, 例 3.36 の点列 $(a_n)_{n\in\mathbb{N}}$ は $a = (0, 0)$ に収束する. 実際,

$$d_\infty^{(2)}(a_n, a) = \max\left\{\left|\frac{1}{n}\cos\frac{\pi}{2n} - 0\right|, \left|\frac{1}{n}\sin\frac{\pi}{2n} - 0\right|\right\} \leqq \frac{1}{n} \to 0 \quad (n \to \infty)$$

が成り立つ. $(\mathbb{R}^2, d_1^{(2)})$ においても, 例 3.36 の点列 $(a_n)_{n\in\mathbb{N}}$ は $a = (0, 0)$ に収束する. 実際,

$$d_1^{(2)}(a_n, a) = \left|\frac{1}{n}\cos\frac{\pi}{2n} - 0\right| + \left|\frac{1}{n}\sin\frac{\pi}{2n} - 0\right| \leqq \frac{2}{n} \to 0 \quad (n \to \infty)$$

が成り立つ.

問題 3.40 (X, d) を距離空間とする. $(a_n)_{n\in\mathbb{N}}$, $(b_n)_{n\in\mathbb{N}}$ を X の点列とし, a, b を X の点とする. $(a_n)_{n\in\mathbb{N}}$, $(b_n)_{n\in\mathbb{N}}$ がそれぞれ a, b に収束するとき, $(\mathbb{R}, d^{(1)})$ において

$$\lim_{n\to\infty} d(a_n, b_n) = d(a, b)$$

が成り立つことを示せ.

> **例題 3.41** n を自然数とする．$I = [0,1]$ の元 x に対し
>
> $$f_n(x) = \begin{cases} -n^3 x + n & (0 \leqq x \leqq \frac{1}{n^2}) \\ 0 & (\frac{1}{n^2} \leqq x \leqq 1) \end{cases}$$
>
> と定めることにより，写像 $f_n \colon I \to \mathbb{R}$ を定義する．また，I の元 x に対し $f(x) = 0$ と定めることにより，写像 $f \colon I \to \mathbb{R}$ を定義する．例題 3.5 の距離空間 $(C(I), d_1)$ において，点列 $(f_n)_{n \in \mathbb{N}}$ が f に収束することを示せ．

[解答]　正の実数 ε を任意にとる．$\frac{1}{2\varepsilon}$ より大きい自然数 N が存在する．$n > N$ をみたす任意の自然数 n に対し，

$$d_1(f_n, f) = \int_0^1 |f_n(x) - f(x)|\, dx = \int_0^{\frac{1}{n^2}} (-n^3 x + n)\, dx = \frac{1}{2n} < \frac{1}{2N} < \varepsilon$$

が成り立つ．よって，$(f_n)_{n \in \mathbb{N}}$ は f に収束する．

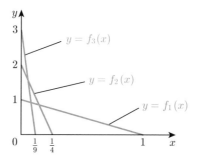

図 3.4　$y = f_n(x)$ のグラフ $(n = 1, 2, 3)$　　□

問題 3.42　問題 3.6 の距離空間 $(C(I), d_\infty)$ において，例題 3.41 の点列 $(f_n)_{n \in \mathbb{N}}$ は f に収束しないことを示せ．

定理 3.43　(X, d) を距離空間とする．A を X の空でない部分集合とし，a を X の点とする．a が A の触点であるための必要十分条件は，a が A のある点列の極限となることである．

証明　必要であること：a が A の触点であるとする．任意の自然数 n に対し，$U(a; \frac{1}{n}) \cap A \neq \varnothing$ である．選択公理より $\prod_{n \in \mathbb{N}}(U(a; \frac{1}{n}) \cap A) \neq \varnothing$ であるので，写像 $f \colon \mathbb{N} \to \bigcup_{n \in \mathbb{N}}(U(a; \frac{1}{n}) \cap A)$ であって，任意の自然数 n に対し

$$f(n) \in U\left(a; \frac{1}{n}\right) \cap A$$

をみたすものが存在する. 自然数 n に対し $a_n = f(n)$ と定めることにより, A の点
列 $(a_n)_{n \in \mathbb{N}}$ を定義する. 正の実数 ε を任意にとる. $\frac{1}{\varepsilon}$ より大きい自然数 N が存在す
る. $n > N$ をみたす任意の自然数 n に対し, $a_n \in U(a; \frac{1}{n})$ より

$$d(a_n, a) < \frac{1}{n} < \frac{1}{N} < \varepsilon$$

である. よって, a は $(a_n)_{n \in \mathbb{N}}$ の極限である.

十分であること：a が A の点列 $(a_n)_{n \in \mathbb{N}}$ の極限であるとする. 正の実数 ε を任意に
とる. ある自然数 N が存在し, $n > N$ をみたす任意の自然数 n に対し $d(a_n, a) < \varepsilon$
が成り立つ. 特に, $d(a_{N+1}, a) < \varepsilon$ より $a_{N+1} \in U(a; \varepsilon) \cap A$ であるので, $U(a; \varepsilon) \cap A \neq \varnothing$ である. よって, a は A の触点である. $\square$

$\boxed{\text{定理 3.44}}$ $(X, d_X), (Y, d_Y)$ を距離空間, $f \colon X \to Y$ を写像とし, a を X の
点とする. f が a で連続であるための必要十分条件は, a に収束する X の任意
の点列 $(a_n)_{n \in \mathbb{N}}$ に対し

$$\lim_{n \to \infty} f(a_n) = f(a)$$

が成り立つことである.

証明 必要であること：f が a で連続であるとする. a に収束する X の点列 $(a_n)_{n \in \mathbb{N}}$
を任意にとる. 正の実数 ε を任意にとる. 仮定より, ある正の実数 δ が存在し,
$d_X(x, a) < \delta$ をみたす X の任意の点 x に対し $d_Y(f(x), f(a)) < \varepsilon$ が成り立つ. この δ
に対し, ある自然数 N が存在し, $n > N$ をみたす任意の自然数 n に対し $d_X(a_n, a) < \delta$ が成り立つ. よって, $n > N$ をみたす任意の自然数 n に対し $d_Y(f(a_n), f(a)) < \varepsilon$
が成り立つ. 以上より, $(f(a_n))_{n \in \mathbb{N}}$ は $f(a)$ に収束する.

十分であること：対偶を示す. f が a で連続でないとする. 注意 3.27 より, ある
正の実数 ε_0 が存在し, 任意の正の実数 δ に対し, $U(a; \delta) \not\subset f^{-1}(U(f(a); \varepsilon_0))$ であ
る. 任意の自然数 n に対し $U(a; \frac{1}{n}) \not\subset f^{-1}(U(f(a); \varepsilon_0))$ であるので,

$$A_n = U\left(a; \frac{1}{n}\right) - f^{-1}(U(f(a); \varepsilon_0)) \neq \varnothing$$

である. 選択公理より $\prod_{n \in \mathbb{N}} A_n \neq \varnothing$ であるので, 写像 $f \colon \mathbb{N} \to \bigcup_{n \in \mathbb{N}} A_n$ であって,
任意の自然数 n に対し $f(n) \in A_n$ をみたすものが存在する. 自然数 n に対し $a_n = f(n)$ と定めることにより, X の点列 $(a_n)_{n \in \mathbb{N}}$ を定義する. 任意の自然数 n に対し,
$a_n \in U(a; \frac{1}{n})$ より $d_X(a_n, a) < \frac{1}{n}$ である. よって, $(a_n)_{n \in \mathbb{N}}$ は a に収束する. 任意
の自然数 n に対し, $a_n \notin f^{-1}(U(f(a); \varepsilon_0))$ より

$$d_Y(f(a_n), f(a)) \geqq \varepsilon_0$$

である. よって, $(f(a_n))_{n \in \mathbb{N}}$ は $f(a)$ に収束しない. $\square$

第 4 章

位 相 空 間

　位相は，ひとつの集合に属する元どうしのつながりを規定する概念である．位相空間は位相の与えられた集合であり，距離空間を特殊な場合として含む空間概念である．写像の連続性を定義する上で最も基本的な構造が位相である．

　本章では，位相空間に関する基本事項を解説する．

4.1 位相空間

【位相空間】 X を集合とし，$\mathcal{O}$ を X の巾集合 $\mathcal{P}(X)$ の部分集合とする．次の(O1)〜(O3) が成り立つとき，$\mathcal{O}$ を X の**位相**という．

(O1)　$X \in \mathcal{O}, \emptyset \in \mathcal{O}$

(O2)　$O_1, O_2 \in \mathcal{O}$ ならば，$O_1 \cap O_2 \in \mathcal{O}$ である．

(O3)　$(O_\lambda)_{\lambda \in \Lambda}$ を X の部分集合族とする．Λ の任意の元 λ に対し $O_\lambda \in \mathcal{O}$ ならば，$\bigcup_{\lambda \in \Lambda} O_\lambda \in \mathcal{O}$ である．

X と X の位相 $\mathcal{O}$ の組 $(X, \mathcal{O})$ を**位相空間**という．$\mathcal{O}$ の元を $(X, \mathcal{O})$ の**開集合**という．$\mathcal{O}$ は $(X, \mathcal{O})$ の**開集合系**ともよばれる．X の位相を考えるとき，X の元を X の**点**ともいう．

問題 4.1　X を集合とし，$\mathcal{O}$ を $\mathcal{P}(X)$ の部分集合とする．上の (O2) と次の (O2)$'$ が同値であることを示せ．

　(O2)$'$ n を 2 以上の整数とする．$O_1, \ldots, O_n \in \mathcal{O}$ ならば，$O_1 \cap \cdots \cap O_n \in \mathcal{O}$ である．

例 4.2　(X, d) を距離空間とし，$\mathcal{O}$ を (X, d) の開集合全体の集合とする．定理 3.21 より $\mathcal{O}$ は X の位相である．$\mathcal{O}$ を d から定まる X の**距離位相**という．n 次元ユークリッド空間 $(\mathbb{R}^n, d^{(n)})$ に対し，$d^{(n)}$ から定まる距離位相を $\mathbb{R}^n$ の**通常の位相**（または**ユークリッド位相**）という．

【位相の大小】 X を集合とし，$\mathcal{O}_1, \mathcal{O}_2$ を X の位相とする．$\mathcal{O}_1 \subset \mathcal{O}_2$ である とき，$\mathcal{O}_1$ は $\mathcal{O}_2$ より**小さい**（あるいは**弱い**，**粗い**）という．このとき，$\mathcal{O}_2$ は $\mathcal{O}_1$ より**大きい**（あるいは**強い**，**細かい**）という．

例 **4.3** X を集合とする．X の位相 $\{X, \varnothing\}$ を X の**密着位相**といい，X の位 相 $\mathcal{P}(X)$ を X の**離散位相**という．X の密着位相は X の任意の位相より小さ い．X の離散位相は X の任意の位相より大きい．

問題 4.4 離散距離空間 (X, d) に対し，d から定まる X の距離位相は X の離散位相 であることを示せ.

例題 **4.5** $X = \{1, 2, 3, 4, 5\}$ とする．$\mathcal{P}(X)$ の部分集合 $\mathcal{O}_1, \mathcal{O}_2, \mathcal{O}_3$ の 中で，X の位相であるものをすべてあげよ．

$$\mathcal{O}_1 = \big\{\varnothing, \{1\}, \{1, 2\}, \{1, 3\}, X\big\}$$
$$\mathcal{O}_2 = \big\{\varnothing, \{1, 2, 3\}, \{1, 2, 4\}, \{1, 2, 3, 4\}, X\big\}$$
$$\mathcal{O}_3 = \big\{\varnothing, \{1\}, \{1, 2\}, \{1, 2, 3\}, \{1, 2, 3, 4\}, X\big\}$$

[解答] $\{1, 2\} \in \mathcal{O}_1$ かつ $\{1, 3\} \in \mathcal{O}_1$ であり，$\{1, 2\} \cup \{1, 3\} = \{1, 2, 3\} \notin \mathcal{O}_1$ であ る．よって，$\mathcal{O}_1$ は位相の性質 (O3) をみたさない．ゆえに，$\mathcal{O}_1$ は X の位相でない． $\{1, 2, 3\} \in \mathcal{O}_2$ かつ $\{1, 2, 4\} \in \mathcal{O}_2$ であり，$\{1, 2, 3\} \cap \{1, 2, 4\} = \{1, 2\} \notin \mathcal{O}_2$ であ る．よって，$\mathcal{O}_2$ は位相の性質 (O2) をみたさない．ゆえに，$\mathcal{O}_2$ は X の位相でない． $X \in \mathcal{O}_3$ かつ $\varnothing \in \mathcal{O}_3$ であるので，$\mathcal{O}_3$ は位相の性質 (O1) をみたす．$O_0 = \varnothing, O_1 = \{1\}, O_2 = \{1, 2\}, O_3 = \{1, 2, 3\}, O_4 = \{1, 2, 3, 4\}, O_5 = X$ とする．$O_0 \subset O_1 \subset O_2 \subset O_3 \subset O_4 \subset O_5$ である．$\{0, 1, 2, 3, 4, 5\}$ の元 i, j に対し $k = \min\{i, j\}$ と定め ると，$O_i \cap O_j = O_k \in \mathcal{O}_3$ である．よって，$\mathcal{O}_3$ は位相の性質 (O2) をみたす．$\mathcal{O}_3$ の部分集合 $\mathcal{O}'$ に対し $\ell = \max\{i \mid O_i \in \mathcal{O}'\}$ と定めると，$\bigcup \mathcal{O}' = O_\ell \in \mathcal{O}_3$ である． よって，$\mathcal{O}_3$ は位相の性質 (O3) をみたす．ゆえに，$\mathcal{O}_3$ は X の位相である．□

問題 4.6 集合 $\{1\}, \{1, 2\}, \{1, 2, 3\}$ の位相をそれぞれすべて求めよ.

【閉集合】 $(X, \mathcal{O})$ を位相空間とし，A を X の部分集合とする．$A^c = X - A$ が $\mathcal{O}$ の元であるとき，A を $(X, \mathcal{O})$ の**閉集合**という．

問題 4.7 (X, d) を距離空間とし，A を X の部分集合とする．$\mathcal{O}$ を d から定まる X の距離位相とする．A が $(X, \mathcal{O})$ の閉集合であるための必要十分条件は，A が (X, d) の閉集合であることである．これを示せ.

定理 4.8 $(X, \mathcal{O})$ を位相空間とし，$\mathcal{A}$ を $(X, \mathcal{O})$ の閉集合全体の集合とする．次の (A1)〜(A3) が成り立つ．

(A1) $X \in \mathcal{A}, \varnothing \in \mathcal{A}$

(A2) $A_1, A_2 \in \mathcal{A}$ ならば，$A_1 \cup A_2 \in \mathcal{A}$ である．

(A3) $(A_\lambda)_{\lambda \in \Lambda}$ を X の部分集合族とする．Λ の任意の元 λ に対し $A_\lambda \in \mathcal{A}$ ならば，$\bigcap_{\lambda \in \Lambda} A_\lambda \in \mathcal{A}$ である．

証明 (A1) (O1) より $\varnothing \in \mathcal{O}$ であるので，$X = \varnothing^c \in \mathcal{A}$ である．(O1) より $X \in \mathcal{O}$ であるので，$\varnothing = X^c \in \mathcal{A}$ である．

(A2) $A = A_1 \cup A_2$ とする．$A_1, A_2 \in \mathcal{A}$ であるので $A_1^c, A_2^c \in \mathcal{O}$ である．よって，(O2) より $A_1^c \cap A_2^c \in \mathcal{O}$ である．$A_1^c \cap A_2^c = (A_1 \cup A_2)^c = A^c$ であるので，$A^c \in \mathcal{O}$ である．ゆえに，$A \in \mathcal{A}$ である．

(A3) $A = \bigcap_{\lambda \in \Lambda} A_\lambda$ とする．Λ の任意の元 λ に対し，$A_\lambda \in \mathcal{A}$ であるので $A_\lambda^c \in \mathcal{O}$ である．よって，(O3) より $\bigcup_{\lambda \in \Lambda} A_\lambda^c \in \mathcal{O}$ である．$\bigcup_{\lambda \in \Lambda} A_\lambda^c = (\bigcap_{\lambda \in \Lambda} A_\lambda)^c = A^c$ であるので，$A^c \in \mathcal{O}$ である．ゆえに，$A \in \mathcal{A}$ である．□

問題 4.9 X を集合とし，$\mathcal{A}$ を $\mathcal{P}(X)$ の部分集合とする．$\mathcal{A}$ が定理 4.8 の (A1)〜(A3) をみたすとする．次の (1), (2) が成り立つことを示せ．

(1) $\mathcal{O} = \{A^c \mid A \in \mathcal{A}\}$ は X の位相である．

(2) 位相空間 $(X, \mathcal{O})$ の閉集合全体の集合は $\mathcal{A}$ である．

4.2 内部と閉包

【内部・内点】 $(X, \mathcal{O})$ を位相空間とし，A を X の部分集合とする．A に含まれる $(X, \mathcal{O})$ のすべての開集合の和集合を A の**内部**（あるいは**開核**）といい，A^i（もしくは A°）で表す．(O3) より A^i は $(X, \mathcal{O})$ の開集合である．A^i の点を A の**内点**という．X の部分集合 A に対し A の内部 A^i を対応させることにより，$\mathcal{P}(X)$ から $\mathcal{P}(X)$ への写像が定まる．これを $(X, \mathcal{O})$ の**開核作用子**という．

問題 4.10 $(X, \mathcal{O})$ を位相空間とし，A を X の部分集合とする．X の点 x が A の内点であるための必要十分条件は，$x \in O$ かつ $O \subset A$ をみたす $(X, \mathcal{O})$ の開集合 O が存在することである．これを示せ．

定理 4.11 $(X, \mathcal{O})$ を位相空間とし，A, B を X の部分集合とする．次の (1)〜(4) が成り立つ．

(1) $A^i \subset A$ (2) $X^i = X$ (3) $(A \cap B)^i = A^i \cap B^i$ (4) $(A^i)^i = A^i$

証明 (1) A^i の点 x を任意にとる. 問題 4.10 より $x \in O$ かつ $O \subset A$ をみたす $\mathcal{O}$ の元 O が存在するので, $x \in A$ である. よって, $A^i \subset A$ である.

(2) $X^i \subset X$ である. (O1) より $X \in \mathcal{O}$ であり, $X \subset X$ であるので, $X \subset X^i$ である. よって, $X^i = X$ である.

(3) (1) より $(A \cap B)^i \subset A \cap B \subset A$ であり, $(A \cap B)^i \in \mathcal{O}$ であるので, $(A \cap B)^i \subset A^i$ である. 同様にして $(A \cap B)^i \subset B^i$ が成り立つ. ゆえに, $(A \cap B)^i \subset A^i \cap B^i$ である. (1) より, $A^i \cap B^i \subset A^i \subset A$ であり, $A^i \cap B^i \subset B^i \subset B$ であるので, $A^i \cap B^i \subset A \cap B$ である. $A^i, B^i \in \mathcal{O}$ であるので, (O2) より $A^i \cap B^i \in \mathcal{O}$ である. よって, $A^i \cap B^i \subset (A \cap B)^i$ である. ゆえに, $(A \cap B)^i = A^i \cap B^i$ である.

(4) (1) より $(A^i)^i \subset A^i$ である. $A^i \in \mathcal{O}$ であり, $A^i \subset A^i$ であるので, $A^i \subset (A^i)^i$ である. よって, $(A^i)^i = A^i$ である. $\square$

問題 4.12 $(X, \mathcal{O})$ を位相空間とし, A を X の部分集合とする. A が $(X, \mathcal{O})$ の開集合であるための必要十分条件は, $A^i = A$ が成り立つことである. これを示せ.

問題 4.13 (X, d) を距離空間とし, A を X の部分集合とする. $\mathcal{O}$ を d から定まる X の距離位相とする. $(X, \mathcal{O})$ における A の内部が (X, d) における A の内部に等しいことを示せ.

問題 4.14 $(X, \mathcal{O})$ を位相空間とし, A, B を X の部分集合とする.

(1) $(A \cup B)^i \supset A^i \cup B^i$ が成り立つことを示せ.

(2) $(A \cup B)^i \supsetneqq A^i \cup B^i$ をみたす $(X, \mathcal{O})$, A, B を具体的に例示せよ.

【閉包・触点】 $(X, \mathcal{O})$ を位相空間とし, A を X の部分集合とする. A を含む $(X, \mathcal{O})$ のすべての閉集合の共通部分を A の**閉包**といい, A^a (もしくは $\overline{A}$) で表す. (A3) より A^a は $(X, \mathcal{O})$ の閉集合である. A^a の点を A の**触点**という. X の部分集合 A に対し A の閉包 A^a を対応させることにより, $\mathcal{P}(X)$ から $\mathcal{P}(X)$ への写像が定まる. これを $(X, \mathcal{O})$ の**閉包作用子**という.

定理 4.15 $(X, \mathcal{O})$ を位相空間とし, A, B を X の部分集合とする. 次の (1)〜(4) が成り立つ.

(1) $A \subset A^a$ 　　　　　(2) $\varnothing^a = \varnothing$

(3) $(A \cup B)^a = A^a \cup B^a$ 　　(4) $(A^a)^a = A^a$

証明 $(X, \mathcal{O})$ の閉集合全体の集合を $\mathcal{A}$ とする.

(1) A の点 x を任意にとる. $A \subset C$ をみたす $\mathcal{A}$ の任意の元 C に対し $x \in C$ であるので, $x \in A^a$ である. よって, $A \subset A^a$ である.

(2) $\varnothing \subset \varnothing^a$ である. (A1) より $\varnothing \in \mathcal{A}$ であり, $\varnothing \subset \varnothing$ であるので, $\varnothing^a \subset \varnothing$ である. よって, $\varnothing^a = \varnothing$ である.

(3) (1) より $A \subset A^a$ かつ $B \subset B^a$ であるので，$A \cup B \subset A^a \cup B^a$ である．(A2) より $A^a \cup B^a \in \mathcal{A}$ であるので，$(A \cup B)^a \subset A^a \cup B^a$ である．(1) より，$A \subset A \cup B \subset (A \cup B)^a$ であり，$(A \cup B)^a \in \mathcal{A}$ であるので，$A^a \subset (A \cup B)^a$ である．同様にして $B^a \subset (A \cup B)^a$ が成り立つ．よって，$A^a \cup B^a \subset (A \cup B)^a$ である．ゆえに，$(A \cup B)^a = A^a \cup B^a$ である．

(4) (1) より $A^a \subset (A^a)^a$ である．$A^a \in \mathcal{A}$ であり，$A^a \subset A^a$ であるので，$(A^a)^a \subset A^a$ である．よって，$(A^a)^a = A^a$ である．□

問題 4.16 $(X, \mathcal{O})$ を位相空間，A を X の部分集合とし，O を $(X, \mathcal{O})$ の開集合とする．$A \cap O = \varnothing$ ならば $A^a \cap O = \varnothing$ であることを示せ．

問題 4.17 $(X, \mathcal{O})$ を位相空間とし，A を X の部分集合とする．X の点 x が A の触点であるための必要十分条件は，$x \in O$ をみたす $(X, \mathcal{O})$ の任意の開集合 O に対し $A \cap O \neq \varnothing$ が成り立つことである．これを示せ．

問題 4.18 $(X, \mathcal{O})$ を位相空間とし，A を X の部分集合とする．A が $(X, \mathcal{O})$ の閉集合であるための必要十分条件は，$A^a = A$ が成り立つことである．これを示せ．

問題 4.19 (X, d) を距離空間とし，A を X の部分集合とする．$\mathcal{O}$ を d から定まる X の距離位相とする．$(X, \mathcal{O})$ における A の閉包が (X, d) における A の閉包に等しいことを示せ．

問題 4.20 $(X, \mathcal{O})$ を位相空間とし，A, B を X の部分集合とする．
(1) $(A \cap B)^a \subset A^a \cap B^a$ が成り立つことを示せ．
(2) $(A \cap B)^a \subsetneqq A^a \cap B^a$ をみたす $(X, \mathcal{O})$, A, B を具体的に例示せよ．

定理 4.21 $(X, \mathcal{O})$ を位相空間とし，A を X の部分集合とする．次の (1), (2) が成り立つ．

(1) $(A^a)^c = (A^c)^i$
(2) $(A^c)^a = (A^i)^c$

証明 $(X, \mathcal{O})$ の閉集合全体の集合を $\mathcal{A}$ とする．

(i) 定理 4.15 (1) より $A \subset A^a$ であるので，$(A^a)^c \subset A^c$ である．$A^a \in \mathcal{A}$ であるので，$(A^a)^c \in \mathcal{O}$ である．よって，$(A^a)^c \subset (A^c)^i$ である．

(ii) 定理 4.11 (1) より $A^i \subset A$ であるので，$A^c \subset (A^i)^c$ である．$A^i \in \mathcal{O}$ であるので，$(A^i)^c \in \mathcal{A}$ である．よって，$(A^c)^a \subset (A^i)^c$ である．

(iii) (ii) において A を A^c に変えると，$A^a = ((A^c)^c)^a \subset ((A^c)^i)^c$ である．両辺の補集合を考えると，$(A^a)^c \supset (((A^c)^i)^c)^c = (A^c)^i$ である．

(iv) (i) において A を A^c に変えると，$((A^c)^a)^c \subset ((A^c)^c)^i = A^i$ である．両辺の補集合を考えると，$(A^c)^a = (((A^c)^a)^c)^c \supset (A^i)^c$ である．

(i) と (iii) より (1) が従い，(ii) と (iv) より (2) が従う．□

【外点・境界点・集積点・孤立点】 $(X, \mathcal{O})$ を位相空間，A を X の部分集合とし，x を X の点とする．A の補集合の内部 $(A^c)^i$ を A の**外部**といい，A^e で表す．A の内部と A の外部の和集合の補集合 $(A^i \cup A^e)^c$ を A の**境界**といい，A^f で表す．A^e の点を A の**外点**といい，A^f の点を A の**境界点**という．x が $A - \{x\}$ の触点であるとき，x を A の**集積点**という．A の集積点全体の集合を (X, d) における A の**導集合**といい，A^d で表す．$A - A^d$ の点を A の**孤立点**という．

注意 4.22 $A^i \cup A^e \cup A^f = X$, $A^i \cap A^e = A^i \cap A^f = A^e \cap A^f = \varnothing$ が成り立つことは容易にわかる．

例題 4.23 $X = \{1, 2, 3, 4\}$ の位相 $\mathcal{O}$ を次のように定める．

$$\mathcal{O} = \big\{\varnothing, \{2\}, \{4\}, \{1,2\}, \{2,4\}, \{3,4\}, \{1,2,4\}, \{2,3,4\}, X\big\}$$

このとき，X の部分集合 $A = \{2, 3\}$ の内部 A^i，閉包 A^a，外部 A^e，境界 A^f，導集合 A^d を求めよ．

[解答] A に含まれる $\mathcal{O}$ の元は $\varnothing$, $\{2\}$ である．よって，$A^i = \varnothing \cup \{2\} = \{2\}$ である．$(X, \mathcal{O})$ の閉集合全体の集合は

$$\mathcal{A} = \big\{\varnothing, \{1\}, \{3\}, \{1,2\}, \{1,3\}, \{3,4\}, \{1,2,3\}, \{1,3,4\}, X\big\}$$

である．A を含む $\mathcal{A}$ の元は $\{1,2,3\}$, X である．よって，$A^a = \{1,2,3\} \cap X = \{1,2,3\}$ である．また，$A^c = \{1,4\}$ に含まれる $\mathcal{O}$ の元は $\varnothing$, $\{4\}$ である．よって，$A^e = (A^c)^i = \varnothing \cup \{4\} = \{4\}$ である．さらに，

$$A^f = (A^i \cup A^e)^c = (\{2\} \cup \{4\})^c = \{2,4\}^c = \{1,3\}$$

である．

$A - \{1\} = A$ であるので，$(A - \{1\})^a = A^a = \{1,2,3\}$ である．よって，1 は A の集積点である．$A - \{2\} = \{3\}$ を含む $\mathcal{A}$ の元は $\{3\}$, $\{1,3\}$, $\{3,4\}$, $\{1,2,3\}$, $\{1,3,4\}$, X であるので，$(A - \{2\})^a = \{3\}$ である．よって，2 は A の集積点でない．$A - \{3\} = \{2\}$ を含む $\mathcal{A}$ の元は $\{1,2\}$, $\{1,2,3\}$, X であるので，$(A - \{3\})^a = \{1,2\}$ である．よって，3 は A の集積点でない．$A - \{4\} = A$ であるので，$(A - \{4\})^a = A^a = \{1,2,3\}$ である．よって，4 は A の集積点でない．ゆえに，$A^d = \{1\}$ である．□

問題 4.24 $(X, \mathcal{O})$ を位相空間とし，A を X の部分集合とする．次の (1), (2) が成り立つことを示せ．

(1) $A^a = A \cup A^d$

(2) A が $(X, \mathcal{O})$ の閉集合であるための必要十分条件は，$A^d \subset A$ が成り立つことである．

4.3 近傍と近傍系

【近傍と近傍系】 $(X, \mathcal{O})$ を位相空間, U を X の部分集合とし, x を X の点とする. $x \in U^i$ であるとき, U を x の**近傍**という. x の近傍全体の集合を $(X, \mathcal{O})$ における x の**近傍系**といい, $\mathcal{N}(x)$ で表す. U が x の近傍であり, かつ $(X, \mathcal{O})$ の開集合であるとき, U を x の**開近傍**という.

定理 4.25 $(X, \mathcal{O})$ を位相空間, U, V を X の部分集合とし, x を X の点とする. 次の (N1)〜(N4) が成り立つ.

> (N1) $U \in \mathcal{N}(x)$ ならば $x \in U$ である.
> (N2) $U, V \in \mathcal{N}(x)$ ならば $U \cap V \in \mathcal{N}(x)$ である.
> (N3) $U \in \mathcal{N}(x)$ かつ $U \subset V$ ならば $V \in \mathcal{N}(x)$ である.
> (N4) $\mathcal{N}(x)$ の任意の元 U に対し, $\mathcal{N}(x)$ の元 V が存在し, V の任意の点 y に対し $U \in \mathcal{N}(y)$ が成り立つ.

証明 (N1) $U \in \mathcal{N}(x)$ であるので $x \in U^i$ である. 定理 4.11 (1) より $U^i \subset U$ であるので, $x \in U$ である.

(N2) $U, V \in \mathcal{N}(x)$ であるので, $x \in U^i$ かつ $x \in V^i$ である. よって, $x \in U^i \cap V^i$ である. 定理 4.11 (3) より $U^i \cap V^i = (U \cap V)^i$ であるので, $x \in (U \cap V)^i$ である. ゆえに, $U \cap V \in \mathcal{N}(x)$ である.

(N3) $U \in \mathcal{N}(x)$ であるので $x \in U^i$ である. $U \subset V$ であるので $U^i \subset V^i$ である. よって, $x \in V^i$ であり, $V \in \mathcal{N}(x)$ である.

(N4) $\mathcal{N}(x)$ の元 U を任意にとる. $V = U^i$ とする. $x \in U^i$ であるので, 定理 4.11 (4) より $x \in U^i = (U^i)^i = V^i$ である. よって, $V \in \mathcal{N}(x)$ である. V の点 y を任意にとる. $y \in V = U^i$ であるので $U \in \mathcal{N}(y)$ である. $\square$

定理 4.26 X を集合とする. X の点 x に対し $\mathcal{P}(X)$ の空でない部分集合 $\mathcal{N}(x)$ が定められており, 定理 4.25 の (N1)〜(N4) をみたすとする. このとき, 次の $(*)$ をみたす X の位相 $\mathcal{O}$ がただひとつ存在する.

$(*)$ X の任意の点 x に対し, $(X, \mathcal{O})$ における x の近傍系は $\mathcal{N}(x)$ である.

証明 $\mathcal{P}(X)$ の部分集合 $\mathcal{O} = \{\varnothing\} \cup \{O \in \mathcal{P}(X) \mid O \in \bigcap_{x \in O} \mathcal{N}(x)\}$ を考える. $\mathcal{O}$ が $(*)$ をみたす X のただひとつの位相であることを示す.

$\mathcal{O}$ が X の位相であること : $\mathcal{O}$ の定義より $\varnothing \in \mathcal{O}$ である. $X = \varnothing$ ならば $X \in \mathcal{O}$ である. $X \neq \varnothing$ であるとする. X の点 x を任意にとる. $\mathcal{N}(x) \neq \varnothing$ であるので, $\mathcal{N}(x)$

の元 U が存在する. $U \subset X$ であるので, (N3) より $X \in \mathcal{N}(x)$ である. よって, $X \in \bigcap_{x \in X} \mathcal{N}(x)$ である. 従って, $X \in \mathcal{O}$ である. ゆえに, $\mathcal{O}$ は (O1) をみたす. $\mathcal{O}$ の元 O_1, O_2 を任意にとる. $O_1 \cap O_2 = \varnothing$ ならば $O_1 \cap O_2 \in \mathcal{O}$ である. $O_1 \cap O_2 \neq \varnothing$ であるとする. $O_1 \in \bigcap_{x \in O_1} \mathcal{N}(x)$ かつ $O_2 \in \bigcap_{x \in O_2} \mathcal{N}(x)$ であるので, O_1 の任意の点 x に対し $O_1 \in \mathcal{N}(x)$ であり, O_2 の任意の点 x に対し $O_2 \in \mathcal{N}(x)$ である. よって, $O_1 \cap O_2$ の任意の点 x に対し $O_1 \in \mathcal{N}(x)$ かつ $O_2 \in \mathcal{N}(x)$ であるので, (N2) より $O_1 \cap O_2 \in \mathcal{N}(x)$ である. 従って, $O_1 \cap O_2 \in \bigcap_{x \in O_1 \cap O_2} \mathcal{N}(x)$ であり, $O_1 \cap O_2 \in \mathcal{O}$ である. ゆえに, $\mathcal{O}$ は (O2) をみたす. $(O_\lambda)_{\lambda \in \Lambda}$ を X の部分集合族とし, Λ の任意の元 λ に対し $O_\lambda \in \mathcal{O}$ であるとする. $O = \bigcup_{\lambda \in \Lambda} O_\lambda$ とする. $O = \varnothing$ ならば $O \in \mathcal{O}$ である. $O \neq \varnothing$ であるとする. Λ の任意の元 λ に対し, $O_\lambda \in \bigcap_{x \in O_\lambda} \mathcal{N}(x)$ であるので, O_λ の任意の点 x に対し $O_\lambda \in \mathcal{N}(x)$ である. O の任意の点 x に対し, $x \in O_\mu$ をみたす Λ の元 μ が存在する. このとき, $O_\mu \in \mathcal{N}(x)$ であり $O_\mu \subset O$ であるので, (N3) より $O \in \mathcal{N}(x)$ である. よって, $O \in \bigcap_{x \in O} \mathcal{N}(x)$ であり, $O \in \mathcal{O}$ である. ゆえに, $\mathcal{O}$ は (O3) をみたす. 以上より, $\mathcal{O}$ は X の位相である.

$\mathcal{O}$ が $(*)$ をみたすこと:X の点 x に対し, $(X, \mathcal{O})$ における x の近傍系を $\mathcal{N}_*(x)$ で表す. $\mathcal{N}_*(x) = \mathcal{N}(x)$ であることを示す. $\mathcal{N}_*(x)$ の元 U を任意にとる. $U^i \in \mathcal{O}$ であるので, $U^i \in \bigcap_{y \in U^i} \mathcal{N}(y)$ であり, U^i の任意の点 y に対し $U^i \in \mathcal{N}(y)$ である. $U \in \mathcal{N}_*(x)$ より $x \in U^i$ であるので, $U^i \in \mathcal{N}(x)$ である. 定理 4.11 (1) より $U^i \subset U$ であるので, (N3) より $U \in \mathcal{N}(x)$ である. よって, $\mathcal{N}_*(x) \subset \mathcal{N}(x)$ である. $\mathcal{N}(x)$ の元 U を任意にとる. $V = \{y \in X \mid U \in \mathcal{N}(y)\}$ とする. $U \in \mathcal{N}(x)$ であるので, $x \in V$ である. V の任意の点 y に対し, $U \in \mathcal{N}(y)$ であるので, (N1) より $y \in U$ である. よって, $V \subset U$ である. このとき, 後に示すように $V \in \mathcal{O}$ であるので, $V \subset U^i$ である. $x \in V$ であるので $x \in U^i$ である. よって, $U \in \mathcal{N}_*(x)$ である. ゆえに, $\mathcal{N}(x) \subset \mathcal{N}_*(x)$ である. 以上より, $\mathcal{N}_*(x) = \mathcal{N}(x)$ であるので, $\mathcal{O}$ は $(*)$ をみたす. $V \in \mathcal{O}$ の証明:V の点 z を任意にとる. $U \in \mathcal{N}(z)$ である. (N4) より $\mathcal{N}(z)$ の元 W が存在し, W の任意の点 w に対し $U \in \mathcal{N}(w)$ が成り立つ. V の定義より, W の任意の点 w に対し $w \in V$ であるので, $W \subset V$ である. $W \in \mathcal{N}(z)$ であるので, (N3) より $V \in \mathcal{N}(z)$ である. よって, V の任意の点 z に対し $V \in \mathcal{N}(z)$ である. ゆえに, $V \in \bigcap_{z \in V} \mathcal{N}(z)$ であり, $V \in \mathcal{O}$ である.

$\mathcal{O}$ の一意性:$\mathcal{O}'$ も $(*)$ をみたす X の位相であるとする. このとき, $\mathcal{O}' = \mathcal{O}$ であることを示す. X の部分集合 A に対し, $(X, \mathcal{O}')$ における A の内部を A^j で表す. $\mathcal{O}'$ の元 O' を任意にとる. O' の任意の点 x に対し, 問題 4.12 より $x \in O' = (O')^j$ であるので, $(*)$ より $O' \in \mathcal{N}(x)$ である. よって, $O' \in \bigcap_{x \in O'} \mathcal{N}(x)$ であるので, $O' \in \mathcal{O}$ である. ゆえに, $\mathcal{O}' \subset \mathcal{O}$ である. $\mathcal{O}$ の元 O を任意にとる. $O \in \bigcap_{x \in O} \mathcal{N}(x)$ であるので, O の任意の点 x に対し $O \in \mathcal{N}(x)$ である. よって, O の任意の点 x に対し $x \in O^j$ であるので, $O \subset O^j$ である. 定理 4.11 (1) より $O^j \subset O$ であるので, $O^j = O$ である. ゆえに, $O \in \mathcal{O}'$ であり, $\mathcal{O} \subset \mathcal{O}'$ である. 以上より, $\mathcal{O}' = \mathcal{O}$ であることが示された. $\square$

【基本近傍系】 $(X,\mathcal{O})$ を位相空間とし，x を X の点とする．$\mathcal{B}(x)$ を x の近傍系 $\mathcal{N}(x)$ の部分集合とする．$\mathcal{N}(x)$ の任意の元 U に対し，$V \subset U$ をみたす $\mathcal{B}(x)$ の元 V が存在するとき，$\mathcal{B}(x)$ を $(X,\mathcal{O})$ における x の**基本近傍系**という．

問題 4.27 $(X,\mathcal{O})$ を位相空間とし，x を X の点とする．x の開近傍全体の集合が x の基本近傍系であることを示せ．

例 4.28 (X,d) を距離空間とし，$\mathcal{O}$ を d から定まる X の距離位相とする．X の点 a に対し，
$$\mathcal{B}(a) = \left\{ U(a;\varepsilon) \,\middle|\, \varepsilon \in (0,\infty) \right\}$$
は，$(X,\mathcal{O})$ における a の基本近傍系である．

例題 4.29 $X = [-1,1]$ に対し，$\mathcal{P}(X)$ の部分集合 $\mathcal{O}$ を次のように定める．
$$\mathcal{O} = \left\{ A \in \mathcal{P}(X) \,\middle|\, 0 \notin A \right\} \cup \left\{ A \in \mathcal{P}(X) \,\middle|\, (-1,1) \subset A \right\}$$
(1) $\mathcal{O}$ が X の位相であることを示せ．
(2) $(X,\mathcal{O})$ における 0 の近傍系 $\mathcal{N}(0)$ を求めよ．
(3) $\mathcal{B}(0) = \{(-1,1)\}$，$\mathcal{B}(1) = \{\{1\}\}$ がそれぞれ $(X,\mathcal{O})$ における $0,1$ の基本近傍系であることを示せ．

[解答] $\mathcal{O}_1 = \{A \in \mathcal{P}(X) \mid 0 \notin A\}$，$\mathcal{O}_2 = \{A \in \mathcal{P}(X) \mid (-1,1) \subset A\}$ とする．このとき，$\mathcal{O} = \mathcal{O}_1 \cup \mathcal{O}_2$ であり，$\mathcal{O}_1 \cap \mathcal{O}_2 = \varnothing$ である．

(1) $(-1,1) \subset X$ であるので $X \in \mathcal{O}_2$ であり，$0 \notin \varnothing$ であるので $\varnothing \in \mathcal{O}_1$ である．よって，$X \in \mathcal{O}$ かつ $\varnothing \in \mathcal{O}$ である．ゆえに，$\mathcal{O}$ は (O1) をみたす．$\mathcal{O}$ の元 O_1, O_2 を任意にとる．$O_1 \in \mathcal{O}_1$ または $O_2 \in \mathcal{O}_1$ であるとき，$0 \notin O_1$ または $0 \notin O_2$ であるので，$0 \notin O_1 \cap O_2$ である．よって，$O_1 \cap O_2 \in \mathcal{O}_1$ である．$O_1 \in \mathcal{O}_2$ かつ $O_2 \in \mathcal{O}_2$ であるとき，$(-1,1) \subset O_1$ かつ $(-1,1) \subset O_2$ であるので，$(-1,1) \subset O_1 \cap O_2$ である．よって，$O_1 \cap O_2 \in \mathcal{O}_2$ である．いずれの場合も $O_1 \cap O_2 \in \mathcal{O}$ である．ゆえに，$\mathcal{O}$ は (O2) をみたす．$(O_\lambda)_{\lambda \in \Lambda}$ を X の部分集合族とし，Λ の任意の元 λ に対し $O_\lambda \in \mathcal{O}$ であるとする．$O = \bigcup_{\lambda \in \Lambda} O_\lambda$ とする．Λ の任意の元 λ に対し $O_\lambda \in \mathcal{O}_1$ であるとき，Λ の任意の元 λ に対し $0 \notin O_\lambda$ であるので，$0 \notin O$ である．よって，$O \in \mathcal{O}_1$ である．$O_\mu \in \mathcal{O}_2$ をみたす Λ の元 μ が存在するとき，$(-1,1) \subset O_\mu$ であるので，$(-1,1) \subset O$ である．よって，$O \in \mathcal{O}_2$ である．いずれの場合も $O \in \mathcal{O}$ である．ゆえに，$\mathcal{O}$ は (O3) をみたす．以上より，$\mathcal{O}$ は X の位相である．

(2) U を X の部分集合とする．U が 0 の近傍ならば，$0 \in U^i$ である．$U^i \in \mathcal{O}$ であるので，$U^i \in \mathcal{O}_1$ または $U^i \in \mathcal{O}_2$ である．$U^i \in \mathcal{O}_1$ ならば $0 \notin U^i$ であるので，$0 \in$

U^i であることに矛盾する. よって, $U^i \in \mathcal{O}_2$ である. このとき, $(-1,1) \subset U^i$ である. $\mathcal{O}_2 = \{(-1,1),[-1,1),(-1,1],X\}$ であるので, $U\,(=U^i)$ は $(-1,1)$, $[-1,1)$, $(-1,1]$, X のいずれかである. ゆえに $\mathcal{N}(0) = \{(-1,1),[-1,1),(-1,1],X\}$ である.

(3) (2) より $\mathcal{N}(0) = \{(-1,1),[-1,1),(-1,1],X\}$ であるので, 0 の任意の近傍は $(-1,1)$ を含む. よって, $\mathcal{B}(0) = \{(-1,1)\}$ は 0 の基本近傍系である. $1 \in \{1\}$ であり, $\{1\} \in \mathcal{O}_1 \subset \mathcal{O}$ であるので, $\{1\}$ は 1 の近傍である. U を 1 の任意の近傍とする. $1 \in U^i$ であるので $\{1\} \subset U^i \subset U$ である. よって, $\mathcal{B}(1) = \{\{1\}\}$ は 1 の基本近傍系である. □

定理 4.30 $(X,\mathcal{O})$ を位相空間とし, U, V を X の部分集合とする. x を X の点とし, $\mathcal{B}(x)$ を x の基本近傍系とする. 次の (F1)~(F3) が成り立つ.

> (F1) $U \in \mathcal{B}(x)$ ならば $x \in U$ である.
>
> (F2) $U, V \in \mathcal{B}(x)$ ならば, $W \subset U \cap V$ をみたす $\mathcal{B}(x)$ の元 W が存在する.
>
> (F3) $\mathcal{B}(x)$ の任意の元 U に対し, $\mathcal{B}(x)$ の元 W が存在し, W の任意の点 y に対し, $V \subset U$ をみたす $\mathcal{B}(y)$ の元 V が存在する.

証明 (F1) $U \in \mathcal{B}(x)$ であり, $\mathcal{B}(x) \subset \mathcal{N}(x)$ であるので, $U \in \mathcal{N}(x)$ である. よって, (N1) より $x \in U$ である.

(F2) $U, V \in \mathcal{B}(x)$ であり, $\mathcal{B}(x) \subset \mathcal{N}(x)$ であるので, $U, V \in \mathcal{N}(x)$ である. よって, (N2) より $U \cap V \in \mathcal{N}(x)$ である. ゆえに, $W \subset U \cap V$ をみたす $\mathcal{B}(x)$ の元 W が存在する.

(F3) $\mathcal{B}(x)$ の元 U を任意にとる. $\mathcal{B}(x) \subset \mathcal{N}(x)$ であるので, $U \in \mathcal{N}(x)$ である. (N4) より, $\mathcal{N}(x)$ の元 V' が存在し, V' の任意の点 z に対し $U \in \mathcal{N}(z)$ が成り立つ. ここで, V' の任意の点 z に対し $z \in U^i$ であるので, $V' \subset U^i$ である. $V' \in \mathcal{N}(x)$ であるので, $W \subset V'$ をみたす $\mathcal{B}(x)$ の元 W が存在する. W の点 y を任意にとる. $W \subset V' \subset U^i$ であるので, $y \in U^i$ であり, $U \in \mathcal{N}(y)$ である. ゆえに, $V \subset U$ をみたす $\mathcal{B}(y)$ の元 V が存在する. □

定理 4.31 X を集合とする. X の点 x に対し $\mathcal{P}(X)$ の空でない部分集合 $\mathcal{B}(x)$ が定められており, 定理 4.30 の (F1)~(F3) をみたすとする. このとき, 次の (**) をみたす X の位相 $\mathcal{O}$ がただひとつ存在する.

(**) X の任意の点 x に対し, $\mathcal{B}(x)$ は $(X,\mathcal{O})$ における x の基本近傍系である.

証明 X の点 x に対し, $\mathcal{P}(X)$ の部分集合

$$\mathcal{N}(x) = \{U \in \mathcal{P}(X) \mid V \subset U \text{ をみたす } \mathcal{B}(x) \text{ の元 } V \text{ が存在する}\}$$

を考える. このとき, $\mathcal{N}(x)$ が定理 4.25 の (N1)〜(N4) をみたすことを示す.

$\mathcal{N}(x)$ の元 U を任意にとる. $V \subset U$ をみたす $\mathcal{B}(x)$ の元 V が存在する. (F1) より $x \in V$ であるので $x \in U$ である. ゆえに, $\mathcal{N}(x)$ は (N1) をみたす. $\mathcal{N}(x)$ の元 U, V を任意にとる. $U' \subset U$, $V' \subset V$ をみたす $\mathcal{B}(x)$ の元 U', V' が存在する. (F2) より $W \subset U' \cap V'$ をみたす $\mathcal{B}(x)$ の元 W が存在する. $W \subset U' \cap V' \subset U \cap V$ であるので, $U \cap V \in \mathcal{N}(x)$ である. ゆえに, $\mathcal{N}(x)$ は (N2) をみたす. X の部分集合 V が $\mathcal{N}(x)$ のある元 U を含むとする. $W \subset U$ をみたす $\mathcal{B}(x)$ の元 W が存在する. $W \subset U \subset V$ であるので, $V \in \mathcal{N}(x)$ である. ゆえに, $\mathcal{N}(x)$ は (N3) をみたす. $\mathcal{N}(x)$ の元 U を任意にとる. $U' \subset U$ をみたす $\mathcal{B}(x)$ の元 U' が存在する. (F3) より, $\mathcal{B}(x)$ の元 V が存在し, V の任意の点 y に対し, $W \subset U'$ をみたす $\mathcal{B}(y)$ の元 W が存在する. $\mathcal{B}(x) \subset \mathcal{N}(x)$ であるので $V \in \mathcal{N}(x)$ である. また, V の点 y に対し, 上の W は $W \subset U' \subset U$ をみたすので, $U \in \mathcal{N}(y)$ である. ゆえに, $\mathcal{N}(x)$ は (N4) をみたす.

$\mathcal{N}(x)$ が定理 4.25 の (N1)〜(N4) をみたすので, 定理 4.26 より, 次の $(*)$ をみたす X の位相 $\mathcal{O}$ がただひとつ存在する.

$(*)$ X の任意の点 x に対し, $(X, \mathcal{O})$ における x の近傍系は $\mathcal{N}(x)$ である.

$\mathcal{B}(x) \subset \mathcal{N}(x)$ であり, $\mathcal{N}(x)$ の任意の元 U に対し, $V \subset U$ をみたす $\mathcal{B}(x)$ の元 V が存在するので, $\mathcal{B}(x)$ は $(X, \mathcal{O})$ における x の基本近傍系である. すなわち, $\mathcal{O}$ は $(**)$ をみたす.

$\mathcal{O}$ の一意性: $\mathcal{O}'$ も $(**)$ をみたす X の位相であるとする. このとき, $\mathcal{O}' = \mathcal{O}$ であることを示す. X の点 x に対し, $(X, \mathcal{O}')$ における x の近傍系を $\mathcal{N}'(x)$ で表す. $\mathcal{N}'(x)$ の元 U' を任意にとる. $\mathcal{O}'$ が $(**)$ をみたすので, $V \subset U'$ をみたす $\mathcal{B}(x)$ の元 V が存在する. よって, $\mathcal{N}(x)$ の定義より $U' \in \mathcal{N}(x)$ である. ゆえに, $\mathcal{N}'(x) \subset \mathcal{N}(x)$ である. $\mathcal{N}(x)$ の元 U を任意にとる. $V \subset U$ をみたす $\mathcal{B}(x)$ の元 V が存在する. $\mathcal{O}'$ が $(**)$ をみたすので, $\mathcal{B}(x) \subset \mathcal{N}'(x)$ である. よって, $V \in \mathcal{N}'(x)$ であるので, (N3) より $U \in \mathcal{N}'(x)$ である. ゆえに, $\mathcal{N}(x) \subset \mathcal{N}'(x)$ である. 以上より, $\mathcal{N}'(x) = \mathcal{N}(x)$ である. 従って, 定理 4.26 より, $\mathcal{O}' = \mathcal{O}$ である. $\square$

問題 4.32 X を集合とし, $\mathcal{O}_1, \mathcal{O}_2$ を X の位相とする. x を X の点とし, $\mathcal{B}_1(x)$, $\mathcal{B}_2(x)$ をそれぞれ $(X, \mathcal{O}_1)$, $(X, \mathcal{O}_2)$ における x の基本近傍系とする. このとき, $\mathcal{O}_2$ が $\mathcal{O}_1$ より大きいための必要十分条件は, X の任意の点 x と $\mathcal{B}_1(x)$ の任意の元 U に対し, $V \subset U$ をみたす $\mathcal{B}_2(x)$ の元 V が存在することである. これを示せ.

問題 4.33 (X, d) を距離空間とする. X の点 x, y に対し

$$d_1(x, y) = \frac{d(x, y)}{1 + d(x, y)}, \quad d_2(x, y) = \min\{1, d(x, y)\}$$

と定めることにより, 写像 $d_1, d_2 \colon X \times X \to \mathbb{R}$ を定義する. $\{1, 2\}$ の任意の元 i に対し, 次の (1)〜(3) が成り立つことを示せ.
 (1) d_i は X 上の距離関数である.
 (2) d_i に関する X の直径は 1 以下である.
 (3) d_i から定まる X の距離位相は d から定まる X の距離位相に等しい.

4.4 連 続 写 像

【連続写像】　$(X, \mathcal{O}_X)$, $(Y, \mathcal{O}_Y)$ を位相空間，$f\colon X \to Y$ を写像とし，x を X の点とする．$\mathcal{O}_Y$ の任意の元 O に対し $f^{-1}(O) \in \mathcal{O}_X$ であるとき，f を $(X, \mathcal{O}_X)$ から $(Y, \mathcal{O}_Y)$ への**連続写像**という（または，f は**連続**であるという）．$\mathcal{N}(f(x))$ の任意の元 U に対し $f^{-1}(U) \in \mathcal{N}(x)$ であるとき，f は x で**連続**であるという．

例 4.34　$(X, \mathcal{O}_X)$, $(Y, \mathcal{O}_Y)$ を位相空間とする．$\mathcal{O}_X$ が離散位相ならば，X から Y への任意の写像は連続である．$\mathcal{O}_Y$ が密着位相ならば，X から Y への任意の写像は連続である．X 上の恒等写像は任意の $\mathcal{O}_X$ に関して連続である．

例 4.35　$(X, \mathcal{O}_X)$, $(Y, \mathcal{O}_Y)$ を位相空間とし，$f\colon X \to Y$ を写像とする．$f(X) = \{y\}$ をみたす Y の点 y が存在するとき，f は $(X, \mathcal{O}_X)$ から $(Y, \mathcal{O}_Y)$ への連続写像である．

例題 4.36　$X = \{1, 2, 3\}$ の位相 $\mathcal{O}$ を次のように定める．
$$\mathcal{O} = \{\varnothing, \{1\}, \{2\}, \{1, 2\}, X\}$$
また，写像 $f\colon X \to X$ を次のように定める．
$$f(1) = 2, \quad f(2) = 3, \quad f(3) = 2$$
このとき，f が 1, 2 で連続であり，3 で連続でないことを示せ．

[解答]　X の元 x と X の部分集合 A に対し，$A \in \mathcal{N}(x)$ であるための必要十分条件は $x \in A^i$ が成り立つことである．問題 4.10 より，これは，$x \in O$ かつ $O \subset A$ をみたす $\mathcal{O}$ の元 O が存在することと同値である．よって，$\mathcal{O}(x) = \{O \in \mathcal{O} \mid x \in O\}$ とするとき，
$$\mathcal{N}(x) = \bigcup_{O \in \mathcal{O}(x)} \{A \in \mathcal{P}(X) \mid O \subset A\}$$
である．従って，X の元 x に対し $\mathcal{O}(x)$, $\mathcal{N}(x)$ は次のように求められる．

$\mathcal{O}(1) = \{\{1\}, \{1, 2\}, X\}$, $\mathcal{O}(2) = \{\{2\}, \{1, 2\}, X\}$, $\mathcal{O}(3) = \mathcal{N}(3) = \{X\}$,
$\mathcal{N}(1) = \{\{1\}, \{1, 2\}, \{1, 3\}, X\}$, $\mathcal{N}(2) = \{\{2\}, \{1, 2\}, \{2, 3\}, X\}$

　f の 1 での連続性：$\mathcal{N}(f(1)) = \mathcal{N}(2) = \{\{2\}, \{1, 2\}, \{2, 3\}, X\}$ である．$f^{-1}(\{2\}) = f^{-1}(\{1, 2\}) = \{1, 3\} \in \mathcal{N}(1)$ であり，$f^{-1}(\{2, 3\}) = f^{-1}(X) = X \in \mathcal{N}(1)$ であ

る．ゆえに，f は 1 で連続である．

　f の 2 での連続性：$\mathcal{N}(f(2)) = \mathcal{N}(3) = \{X\}$ である．$f^{-1}(X) = X \in \mathcal{N}(2)$ である．ゆえに，f は 2 で連続である．

　f の 3 での連続性：$\{2\} \in \mathcal{N}(2) = \mathcal{N}(f(3))$ である．一方，$f^{-1}(\{2\}) = \{1, 3\} \notin \mathcal{N}(3)$ である．ゆえに，f は 3 で連続でない．□

問題 4.37　$(X, \mathcal{O})$, $(Y, \mathcal{O}_Y)$, $(Z, \mathcal{O}_Z)$ を位相空間とし，$f\colon X \to Y$, $g\colon Y \to Z$ を写像とする．f が $(X, \mathcal{O}_X)$ から $(Y, \mathcal{O}_Y)$ への連続写像であり，g が $(Y, \mathcal{O}_Y)$ から $(Z, \mathcal{O}_Z)$ への連続写像であるとき，$g \circ f$ が $(X, \mathcal{O}_X)$ から $(Z, \mathcal{O}_Z)$ への連続写像であることを示せ．

定理 4.38　$(X, \mathcal{O}_X)$, $(Y, \mathcal{O}_Y)$ を位相空間とし，$f\colon X \to Y$ を写像とする．次の (1)〜(3) は同値である．

　(1) f は $(X, \mathcal{O}_X)$ から $(Y, \mathcal{O}_Y)$ への連続写像である．

　(2) X の任意の点 x に対し，f は x で連続である．

　(3) $(Y, \mathcal{O}_Y)$ の任意の閉集合 A に対し，$f^{-1}(A)$ は $(X, \mathcal{O}_X)$ の閉集合である．

証明　$(X, \mathcal{O}_X)$, $(Y, \mathcal{O}_Y)$ の閉集合全体の集合をそれぞれ $\mathcal{A}_X$, $\mathcal{A}_Y$ とする．

　(1) $\Rightarrow$ (2)：X の点 x を任意にとる．$\mathcal{N}(f(x))$ の元 U を任意にとる．$U^i \in \mathcal{O}_Y$ であり，f が連続であるので，$f^{-1}(U^i) \in \mathcal{O}_X$ である．また，定理 4.11 (1) より $U^i \subset U$ であるので，$f^{-1}(U^i) \subset f^{-1}(U)$ である．よって，$f^{-1}(U^i) \subset f^{-1}(U)^i$ である．さて，$f(x) \in U^i$ であるので，$x \in f^{-1}(U^i)$ である．従って，$x \in f^{-1}(U)^i$ であり，$f^{-1}(U) \in \mathcal{N}(x)$ である．ゆえに，f は x で連続である．

　(2) $\Rightarrow$ (1)：$\mathcal{O}_Y$ の元 O を任意にとる．$f^{-1}(O)$ の点 x を任意にとる．問題 4.12 より $f(x) \in O = O^i$ であるので，$O \in \mathcal{N}(f(x))$ である．f が x で連続であるので，$f^{-1}(O) \in \mathcal{N}(x)$ である．よって，$x \in f^{-1}(O)^i$ である．従って，$f^{-1}(O) \subset f^{-1}(O)^i$ である．定理 4.11 (1) より $f^{-1}(O)^i \subset f^{-1}(O)$ であるので，$f^{-1}(O)^i = f^{-1}(O)$ である．ゆえに，問題 4.12 より $f^{-1}(O) \in \mathcal{O}_X$ である．

　(1) $\Rightarrow$ (3)：$\mathcal{A}_Y$ の元 A を任意にとる．$Y - A \in \mathcal{O}_Y$ であり，f が連続であるので，$f^{-1}(Y - A) \in \mathcal{O}_X$ である．ここで，

$$f^{-1}(Y - A) = f^{-1}(Y) - f^{-1}(A) = X - f^{-1}(A)$$

であるので，$X - f^{-1}(A) \in \mathcal{O}_X$ である．ゆえに，$f^{-1}(A) \in \mathcal{A}_X$ である．

　(3) $\Rightarrow$ (1)：$\mathcal{O}_Y$ の元 O を任意にとる．$Y - O \in \mathcal{A}_Y$ であるので，仮定より $f^{-1}(Y - O) \in \mathcal{A}_X$ である．ここで，

$$f^{-1}(Y - O) = f^{-1}(Y) - f^{-1}(O) = X - f^{-1}(O)$$

であるので，$X - f^{-1}(O) \in \mathcal{A}_X$ である．ゆえに，$f^{-1}(O) \in \mathcal{O}_X$ である．□

問題 4.39 (X, d_X), (Y, d_Y) を距離空間とし, $\mathcal{O}_X$, $\mathcal{O}_Y$ をそれぞれ d_X, d_Y から定まる X, Y の距離位相とする. 写像 $f: X \to Y$ が $(X, \mathcal{O}_X)$ から $(Y, \mathcal{O}_Y)$ への連続写像であるための必要十分条件は, f が (X, d_X) から (Y, d_Y) への連続写像であることである. これを示せ.

【同相写像・開写像・閉写像】 $(X, \mathcal{O}_X)$, $(Y, \mathcal{O}_Y)$ を位相空間とし, $f: X \to Y$ を写像とする. f が全単射であり, かつ f と f^{-1} がいずれも連続写像であるとき, f を $(X, \mathcal{O}_X)$ から $(Y, \mathcal{O}_Y)$ への**同相写像**という. このとき, $(X, \mathcal{O}_X)$ と $(Y, \mathcal{O}_Y)$ は**同相** (または**位相同型**) であるという. $(X, \mathcal{O}_X)$ の任意の開集合 O に対し $f(O)$ が $(Y, \mathcal{O}_Y)$ の開集合であるとき, f を $(X, \mathcal{O}_X)$ から $(Y, \mathcal{O}_Y)$ への**開写像**という. $(X, \mathcal{O}_X)$ の任意の閉集合 A に対し $f(A)$ が $(Y, \mathcal{O}_Y)$ の閉集合であるとき, f を $(X, \mathcal{O}_X)$ から $(Y, \mathcal{O}_Y)$ への**閉写像**という.

問題 4.40 $(X, \mathcal{O}_X)$, $(Y, \mathcal{O}_Y)$, $(Z, \mathcal{O}_Z)$ を位相空間とする. 次の (1)〜(3) が成り立つことを示せ.
  (1) $(X, \mathcal{O}_X)$ と $(X, \mathcal{O}_X)$ は同相である.
  (2) $(X, \mathcal{O}_X)$ と $(Y, \mathcal{O}_Y)$ が同相ならば, $(Y, \mathcal{O}_Y)$ と $(X, \mathcal{O}_X)$ も同相である.
  (3) $(X, \mathcal{O}_X)$ と $(Y, \mathcal{O}_Y)$ が同相であり, かつ $(Y, \mathcal{O}_Y)$ と $(Z, \mathcal{O}_Z)$ が同相ならば, $(X, \mathcal{O}_X)$ と $(Z, \mathcal{O}_Z)$ も同相である.

問題 4.41 $(X, \mathcal{O}_X)$, $(Y, \mathcal{O}_Y)$ を位相空間とし, $f: X \to Y$ を写像とする. 次の (1)〜(3) が同値であることを示せ.
  (1) f は $(X, \mathcal{O}_X)$ から $(Y, \mathcal{O}_Y)$ への同相写像である.
  (2) f は全単射であり, $(X, \mathcal{O}_X)$ から $(Y, \mathcal{O}_Y)$ への連続写像かつ開写像である.
  (3) f は全単射であり, $(X, \mathcal{O}_X)$ から $(Y, \mathcal{O}_Y)$ への連続写像かつ閉写像である.

問題 4.42 $(X, \mathcal{O})$, $(Y, \mathcal{O}_Y)$, $(Z, \mathcal{O}_Z)$ を位相空間とし, $f: X \to Y$, $g: Y \to Z$ を写像とする. f が $(X, \mathcal{O}_X)$ から $(Y, \mathcal{O}_Y)$ への開写像 (閉写像) であり, g が $(Y, \mathcal{O}_Y)$ から $(Z, \mathcal{O}_Z)$ への開写像 (閉写像) であるとき, $g \circ f$ が $(X, \mathcal{O}_X)$ から $(Z, \mathcal{O}_Z)$ への開写像 (閉写像) であることを示せ.

【相対位相】 $(X, \mathcal{O})$ を位相空間とし, A を X の部分集合とする.
$$\mathcal{O}_A = \{O \cap A \mid O \in \mathcal{O}\}$$
を $\mathcal{O}$ から定まる A の**相対位相**という. A と $\mathcal{O}_A$ の組 $(A, \mathcal{O}_A)$ を $(X, \mathcal{O})$ の**部分位相空間**という.

問題 4.43 $(X, \mathcal{O})$ を位相空間とし, A を X の部分集合とする. 次の (1), (2) が成り立つことを示せ.
  (1) $\mathcal{O}$ から定まる A の相対位相 $\mathcal{O}_A$ は A の位相である.
  (2) 包含写像 $i: A \to X$ は $(A, \mathcal{O}_A)$ から $(X, \mathcal{O})$ への連続写像である.

問題 4.44 $(X, \mathcal{O})$ を位相空間とし，$\mathcal{A}$ を $(X, \mathcal{O})$ の閉集合全体の集合とする．A を X の部分集合とし，$\mathcal{O}_A$ を $\mathcal{O}$ から定まる A の相対位相とする．x を A の点とし，$\mathcal{N}(x)$ を $(X, \mathcal{O})$ における x の近傍系とする．次の (1), (2) が成り立つことを示せ．
  (1) $(A, \mathcal{O}_A)$ の閉集合全体の集合は $\{B \cap A \mid B \in \mathcal{A}\}$ に等しい．
  (2) $(A, \mathcal{O}_A)$ における x の近傍系は $\{U \cap A \mid U \in \mathcal{N}(x)\}$ に等しい．

問題 4.45 $(X, \mathcal{O}_X)$, $(Y, \mathcal{O}_Y)$ を位相空間，B を Y の部分集合とし，$f\colon X \to B$ を写像とする．$i\colon B \to Y$ を包含写像とし，$\mathcal{O}_B$ を $\mathcal{O}_Y$ から定まる B の相対位相とする．f が $(X, \mathcal{O}_X)$ から $(B, \mathcal{O}_B)$ への連続写像であるための必要十分条件は，$i \circ f$ が $(X, \mathcal{O}_X)$ から $(Y, \mathcal{O}_Y)$ への連続写像であることである．これを示せ．

問題 4.46 (X, d) を距離空間とし，A を X の部分集合とする．d から定まる距離位相を $\mathcal{O}$ とし，$\mathcal{O}$ から定まる A の相対位相を $\mathcal{O}_A$ とする．このとき，d の $A \times A$ への制限 $d_A = d|_{A \times A}$ から定まる距離位相が $\mathcal{O}_A$ に等しいことを示せ．

例 4.47 $\mathcal{O}$ を $\mathbb{R}$ の通常の位相とし，$\mathcal{O}$ から定まる $A = (-1, 1)$ の相対位相を $\mathcal{O}_A$ とする．実数 x と A の元 y に対し

$$f(x) = \frac{x}{1 + |x|}, \quad g(y) = \frac{y}{1 - |y|}$$

と定めることにより，写像 $f\colon \mathbb{R} \to A$, $g\colon A \to \mathbb{R}$ を定義する．例題 2.8 より

$$g \circ f = 1_{\mathbb{R}}, \quad f \circ g = 1_A$$

であるので，g は f の逆写像である．f, g はいずれも $\mathcal{O}, \mathcal{O}_A$ に関して連続であるので，f は $(\mathbb{R}, \mathcal{O})$ から $(A, \mathcal{O}_A)$ への同相写像である．

問題 4.48 (**貼り合わせの補題**) $(X, \mathcal{O}_X)$, $(Y, \mathcal{O}_Y)$ を位相空間とし，$f\colon X \to Y$ を写像とする．A, B を $(X, \mathcal{O}_X)$ の閉集合とし，$X = A \cup B$ であるとする．$\mathcal{O}_A, \mathcal{O}_B$ をそれぞれ $\mathcal{O}_X$ から定まる A, B の相対位相とする．このとき，f が $(X, \mathcal{O}_X)$ から $(Y, \mathcal{O}_Y)$ への連続写像であるための必要十分条件は，f の A, B への制限 $f|_A\colon A \to Y$, $f|_B\colon B \to Y$ がそれぞれ $(A, \mathcal{O}_A)$, $(B, \mathcal{O}_B)$ から $(Y, \mathcal{O}_Y)$ への連続写像であることである．これを示せ．

【逆像位相】 X, Y を集合，$\mathcal{O}$ を Y の位相とし，$f\colon X \to Y$ を写像とする．

$$f^* \mathcal{O} = \{f^{-1}(O) \mid O \in \mathcal{O}\}$$

を f による $\mathcal{O}$ の**逆像位相**（あるいは，f によって $\mathcal{O}$ から**誘導される位相**）という．

問題 4.49　X, Y を集合, $\mathcal{O}$ を Y の位相とし, $f\colon X \to Y$ を写像とする. 次の (1)〜(3) が成り立つことを示せ.

(1) f による $\mathcal{O}$ の逆像位相 $f^*\mathcal{O}$ は X の位相である.

(2) f は $(X, f^*\mathcal{O})$ から $(Y, \mathcal{O})$ への連続写像である.

(3) X の位相 $\mathcal{O}'$ に対し, f が $(X, \mathcal{O}')$ から $(Y, \mathcal{O})$ への連続写像ならば, $\mathcal{O}'$ は $f^*\mathcal{O}$ より大きい.

例 4.50　$(X, \mathcal{O})$ を位相空間とし, A を X の部分集合とする. $\mathcal{O}$ から定まる A の相対位相 $\mathcal{O}_A$ は, 包含写像 $i\colon A \to X$ による $\mathcal{O}$ の逆像位相に等しい.

4.5　位相の生成

【基底】　$(X, \mathcal{O})$ を位相空間とし, $\mathcal{B}$ を $\mathcal{O}$ の部分集合とする. $\mathcal{O}$ の任意の元 O と O の任意の点 x に対し, $x \in U$ かつ $U \subset O$ をみたす $\mathcal{B}$ の元 U が存在するとき, $\mathcal{B}$ を $\mathcal{O}$ の**基底**（または**開基**）という.

例 4.51　(X, d) を距離空間, $\mathcal{O}$ を d から定まる距離位相とし,

$$\mathcal{B} = \big\{ U(a; \varepsilon) \mid a \in X,\ \varepsilon \in (0, \infty) \big\}$$

とする. 距離空間における開集合の定義より, $\mathcal{B}$ は $\mathcal{O}$ の基底である.

問題 4.52　$(X, \mathcal{O})$ を位相空間とし, $\mathcal{B}$ を $\mathcal{O}$ の基底とする. A を X の部分集合とし, $\mathcal{O}_A$ を $\mathcal{O}$ から定まる A の相対位相とする. このとき, $\{U \cap A \mid U \in \mathcal{B}\}$ が $\mathcal{O}_A$ の基底であることを示せ.

問題 4.53　$(X, \mathcal{O})$ を位相空間, $\mathcal{B}$ を $\mathcal{O}$ の基底とし, x を X の点とする. このとき, $\mathcal{B}(x) = \{V \in \mathcal{B} \mid x \in V\}$ が $(X, \mathcal{O})$ における x の基本近傍系であることを示せ.

定理 4.54　$(X, \mathcal{O})$ を位相空間とし, $\mathcal{B}$ を $\mathcal{O}$ の基底とする. 次の (B1), (B2) が成り立つ.

> (B1) X の任意の点 x に対し, $x \in U$ をみたす $\mathcal{B}$ の元 U が存在する.
>
> (B2) $\mathcal{B}$ の任意の元 U, V と $U \cap V$ の任意の点 x に対し, $x \in W$ かつ $W \subset U \cap V$ をみたす $\mathcal{B}$ の元 W が存在する.

証明　(B1) X の点 x を任意にとる. (O1) より $X \in \mathcal{O}$ であるので, $x \in U$ かつ $U \subset X$ をみたす $\mathcal{B}$ の元 U が存在する.

(B2) $U \cap V \neq \varnothing$ をみたす $\mathcal{B}$ の元 U, V を任意にとる. $U \cap V$ の点 x を任意にと

る．$\mathcal{B} \subset \mathcal{O}$ であるので，(O2) より $U \cap V \in \mathcal{O}$ である．よって，$x \in W$ かつ $W \subset U \cap V$ をみたす $\mathcal{B}$ の元 W が存在する． $\square$

$\boxed{\text{定理 4.55}}$ X を集合とし，$\mathcal{B}$ を $\mathcal{P}(X)$ の部分集合とする．$\mathcal{B}$ が定理 4.54 の (B1), (B2) をみたすとき，$\mathcal{B}$ を基底とする X の位相 $\mathcal{O}$ がただひとつ存在する．

証明 $\mathcal{B}$ が (B1), (B2) をみたすとき，$\mathcal{O} = \{\bigcup \mathcal{B}' \mid \mathcal{B}' \subset \mathcal{B}\}$ とする．$\mathcal{O}$ が $\mathcal{B}$ を基底とする X のただひとつの位相であることを示す．

$\mathcal{O}$ が X の位相であること：$\varnothing \subset \mathcal{B}$ かつ $\bigcup \varnothing = \varnothing$ であるので，$\varnothing \in \mathcal{O}$ である．X の点 x を任意にとる．(B1) より $x \in U$ をみたす $\mathcal{B}$ の元 U が存在する．$U \subset \bigcup \mathcal{B}$ であるので，$x \in \bigcup \mathcal{B}$ である．よって，$X \subset \bigcup \mathcal{B}$ である．一方，$\mathcal{B} \subset \mathcal{P}(X)$ であるので，$\bigcup \mathcal{B} \subset X$ である．従って，$X = \bigcup \mathcal{B} \in \mathcal{O}$ である．ゆえに，$\mathcal{O}$ は (O1) をみたす．$\mathcal{O}$ の元 O_1, O_2 を任意にとる．$\mathcal{B}_0 = \{U \in \mathcal{B} \mid U \subset O_1 \cap O_2\}$ とする．$\bigcup \mathcal{B}_0$ の点 x を任意にとる．$x \in U$ をみたす $\mathcal{B}_0$ の元 U が存在する．$U \subset O_1 \cap O_2$ であるので，$x \in O_1 \cap O_2$ である．よって，$\bigcup \mathcal{B}_0 \subset O_1 \cap O_2$ である．$O_1 \cap O_2$ の点 x を任意にとる．$\mathcal{O}$ の定義より，$O_1 = \bigcup \mathcal{B}_1$, $O_2 = \bigcup \mathcal{B}_2$ をみたす $\mathcal{B}$ の部分集合 $\mathcal{B}_1$, $\mathcal{B}_2$ が存在する．$x \in U_1$ をみたす $\mathcal{B}_1$ の元 U_1 と $x \in U_2$ をみたす $\mathcal{B}_2$ の元 U_2 が存在する．$\mathcal{B}_1, \mathcal{B}_2 \subset \mathcal{B}$ であるので，$U_1, U_2 \in \mathcal{B}$ である．(B2) より，$x \in U$ かつ $U \subset U_1 \cap U_2$ をみたす $\mathcal{B}$ の元 U が存在する．$U \subset U_1 \cap U_2 \subset O_1 \cap O_2$ であるので，$U \in \mathcal{B}_0$ である．よって，$x \in U \subset \bigcup \mathcal{B}_0$ である．従って，$O_1 \cap O_2 \subset \bigcup \mathcal{B}_0$ である．以上より，$\bigcup \mathcal{B}_0 = O_1 \cap O_2$ であるので，$O_1 \cap O_2 \in \mathcal{O}$ である．ゆえに，$\mathcal{O}$ は (O2) をみたす．$(O_\lambda)_{\lambda \in \Lambda}$ を X の部分集合族とし，Λ の任意の元 λ に対し $O_\lambda \in \mathcal{O}$ であるとする．$O = \bigcup_{\lambda \in \Lambda} O_\lambda$ とする．$\mathcal{O}$ の定義より，Λ の任意の元 λ に対し $O_\lambda = \bigcup \mathcal{B}_\lambda$ をみたす $\mathcal{B}$ の部分集合 $\mathcal{B}_\lambda$ が存在する．このとき，$\mathcal{B}_\infty = \bigcup_{\lambda \in \Lambda} \mathcal{B}_\lambda$ とする．$\mathcal{B}_\infty \subset \mathcal{B}$ であり，

$$\bigcup \mathcal{B}_\infty = \bigcup \left(\bigcup_{\lambda \in \Lambda} \mathcal{B}_\lambda \right) = \bigcup_{\lambda \in \Lambda} \left(\bigcup \mathcal{B}_\lambda \right) = \bigcup_{\lambda \in \Lambda} O_\lambda = O$$

であるので，$O \in \mathcal{O}$ である．ゆえに，$\mathcal{O}$ は (O3) をみたす．以上より，$\mathcal{O}$ は X の位相である．

$\mathcal{B}$ が $\mathcal{O}$ の基底であること：$\mathcal{O}$ の元 O と O の点 x を任意にとる．$\mathcal{O}$ の定義より，$O = \bigcup \mathcal{B}'$ をみたす $\mathcal{B}$ の部分集合 $\mathcal{B}'$ が存在する．$x \in U$ かつ $U \subset O$ をみたす $\mathcal{B}'$ の元 U が存在する．$\mathcal{B}' \subset \mathcal{B}$ であるので，$U \in \mathcal{B}$ である．よって $\mathcal{B}$ は $\mathcal{O}$ の基底である．

$\mathcal{O}$ の一意性：$\mathcal{O}'$ も $\mathcal{B}$ を基底とする X の位相であるとする．このとき，$\mathcal{O}' = \mathcal{O}$ であることを示す．$\mathcal{O}'$ の元 O' を任意にとる．$\mathcal{B}' = \{U \in \mathcal{B} \mid U \subset O'\}$ とする．O' の点 x を任意にとる．$\mathcal{B}$ が $\mathcal{O}'$ の基底であるので，$x \in U$ かつ $U \subset O'$ をみたす $\mathcal{B}$ の元 U が存在する．$U \in \mathcal{B}'$ であるので，$x \in U \subset \bigcup \mathcal{B}'$ である．よって，$O' \subset \bigcup \mathcal{B}'$ である．$\bigcup \mathcal{B}'$ の点 x を任意にとる．$x \in U$ をみたす $\mathcal{B}'$ の元 U が存在する．$U \subset O'$ であるので，$x \in O'$ である．よって，$\bigcup \mathcal{B}' \subset O'$ である．従って，$O' = \bigcup \mathcal{B}'$ であるので，$O' \in \mathcal{O}$ である．ゆえに，$\mathcal{O}' \subset \mathcal{O}$ である．$\mathcal{O}$ の元 O を任意にとる．$\mathcal{O}$ の

定義より，$O = \bigcup \mathcal{B}'$ をみたす $\mathcal{B}$ の部分集合 $\mathcal{B}'$ が存在する．$\mathcal{B}' \subset \mathcal{B} \subset \mathcal{O}'$ であるので，(O3) より $O \in \mathcal{O}'$ である．ゆえに，$\mathcal{O} \subset \mathcal{O}'$ である．以上より，$\mathcal{O}' = \mathcal{O}$ であることが示された．□

例題 4.56　$\mathcal{P}(\mathbb{R})$ の部分集合 $\mathcal{B}_l, \mathcal{B}_u$ を次のように定める．

$$\mathcal{B}_l = \big\{ [a,b) \,\big|\, a, b \in \mathbb{R}, \ a < b \big\}, \quad \mathcal{B}_u = \big\{ (a,b] \,\big|\, a, b \in \mathbb{R}, \ a < b \big\}$$

このとき，$\mathcal{B}_l, \mathcal{B}_u$ が (B1), (B2) をみたすことを示せ．（$\mathcal{B}_l$ を基底とする $\mathbb{R}$ の位相 $\mathcal{O}_l$ を**下限位相**（または**右半開区間位相**）といい，$\mathcal{B}_u$ を基底とする $\mathbb{R}$ の位相 $\mathcal{O}_u$ を**上限位相**（または**左半開区間位相**）という．$(\mathbb{R}, \mathcal{O}_l)$ は**ゾルゲンフライ直線**とよばれる．）

[解答]　$\mathcal{B}_l$ が (B1), (B2) をみたすことを示す．$\mathcal{B}_u$ に関する証明も全く同様である．

(B1) をみたすこと：実数 x を任意にとる．$U = [x, x+1)$ とする．$x \in U$ かつ $U \in \mathcal{B}_l$ である．ゆえに，$\mathcal{B}_l$ は (B1) をみたす．

(B2) をみたすこと：$\mathcal{B}_l$ の元 $U = [a, b)$, $V = [c, d)$ をとる．$U \cap V \neq \varnothing$ であるための必要十分条件は，$a \leqq c < b$ もしくは $c \leqq a < d$ が成り立つことである．$a \leqq c < b$ であるとしても一般性を失わない．このとき，$W = [c, \min\{b, d\})$ とすると $W = U \cap V$ である．よって，$U \cap V$ の任意の点 x に対し，$x \in W$ かつ $W \subset U \cap V$ が成り立つ．ゆえに，$\mathcal{B}_l$ は (B2) をみたす．□

問題 4.57　X を集合，$\mathcal{O}_1, \mathcal{O}_2$ を X の位相とし，$\mathcal{B}_1, \mathcal{B}_2$ をそれぞれ $\mathcal{O}_1, \mathcal{O}_2$ の基底とする．このとき，$\mathcal{O}_2$ が $\mathcal{O}_1$ より大きいための必要十分条件は，$\mathcal{B}_1$ の任意の元 U と U の任意の点 x に対し，$x \in V$ かつ $V \subset U$ をみたす $\mathcal{B}_2$ の元 V が存在することである．これを示せ．

【準基底】　$(X, \mathcal{O})$ を位相空間とし，$\mathcal{S}$ を $\mathcal{O}$ の部分集合とする．$\mathcal{O} - \{X\}$ の任意の元 O と O の任意の点 x に対し，$\mathcal{S}$ の有限個の元 $A_1, \ldots, A_n$ が存在し，$x \in A_1 \cap \cdots \cap A_n$ かつ $A_1 \cap \cdots \cap A_n \subset O$ が成り立つとき，$\mathcal{S}$ を $\mathcal{O}$ の**準基底**（または**準開基**）という．このとき，$\mathcal{O}$ は $\mathcal{S}$ によって**生成**されるという．$\mathcal{O}$ の基底は $\mathcal{O}$ の準基底である．

例 4.58　$\mathcal{O}$ を $\mathbb{R}$ の通常の位相とし，

$$\mathcal{B} = \big\{ (a,b) \,\big|\, a, b \in \mathbb{R}, \ a < b \big\}$$
$$\mathcal{S} = \big\{ (a, \infty) \,\big|\, a \in \mathbb{R} \big\} \cup \big\{ (-\infty, b) \,\big|\, b \in \mathbb{R} \big\}$$

とする．例 4.51 より，$\mathcal{B}$ は $\mathcal{O}$ の基底である．また，$\mathcal{S}$ は $\mathcal{O}$ の準基底である．

問題 4.59　$(X, \mathcal{O})$ を位相空間とし，$\mathcal{S}$ を $\mathcal{O}$ の準基底とする．A を X の部分集合とし，$\mathcal{O}_A$ を $\mathcal{O}$ から定まる A の相対位相とする．このとき，$\{B \cap A \mid B \in \mathcal{S}\}$ が $\mathcal{O}_A$ の準基底であることを示せ．

定理 4.60　X を集合とし，$\mathcal{S}$ を $\mathcal{P}(X)$ の部分集合とする．このとき，$\mathcal{S}$ を準基底とする X の位相 $\mathcal{O}$ がただひとつ存在する．

証明　$\mathcal{S}$ に対し，$\mathcal{P}(X)$ の部分集合

$$\mathcal{B} = \{X\} \cup \left\{ \bigcap \mathcal{S}' \,\middle|\, \mathcal{S}' \subset \mathcal{S},\ \#\mathcal{S}' < \aleph_0,\ \mathcal{S}' \neq \varnothing \right\}$$

を考える．このとき，$\mathcal{B}$ が定理 4.54 の (B1), (B2) をみたすことを示す．

　$\mathcal{B}$ の定義より $X \in \mathcal{B}$ であるので，X の任意の点 x に対し $x \in U$ をみたす $\mathcal{B}$ の元 U が存在する．ゆえに，$\mathcal{B}$ は (B1) をみたす．$\mathcal{B}$ の元 U, V と，$U \cap V$ の点 x を任意にとる．$U = X$ であるとする．このとき，$W = V$ とすると，$W \in \mathcal{B}$ であり，$x \in W$ かつ $W \subset U \cap V$ である．$V = X$ であるとする．このとき，$W = U$ とすると，やはり $W \in \mathcal{B}$ であり，$x \in W$ かつ $W \subset U \cap V$ である．$U \neq X$ かつ $V \neq X$ であるとする．$\mathcal{B}$ の定義より，$U = \bigcap \mathcal{S}_U$, $V = \bigcap \mathcal{S}_V$ をみたす $\mathcal{S}$ の空でない有限部分集合 $\mathcal{S}_U, \mathcal{S}_V$ が存在する．このとき，$\mathcal{S}' = \mathcal{S}_U \cup \mathcal{S}_V\ (\neq \varnothing)$ とする．$\#\mathcal{S}_U < \aleph_0$ かつ $\#\mathcal{S}_V < \aleph_0$ であるので，問題 2.20 (2) と問題 2.3 (2) より $\#\mathcal{S}' < \aleph_0$ である．また，

$$U \cap V = \left(\bigcap \mathcal{S}_U \right) \cap \left(\bigcap \mathcal{S}_V \right) = \bigcap (\mathcal{S}_U \cup \mathcal{S}_V) = \bigcap \mathcal{S}'$$

である．よって，$U \cap V \in \mathcal{B}$ である．$W = U \cap V$ とすると，$W \in \mathcal{B}$ であり，$x \in W$ かつ $W \subset U \cap V$ である．ゆえに，$\mathcal{B}$ は (B2) をみたす．

　$\mathcal{B}$ が定理 4.54 の (B1), (B2) をみたすので，定理 4.55 より $\mathcal{B}$ を基底とする X の位相 $\mathcal{O}$ がただひとつ存在する．$\mathcal{B}$ の定義より $\mathcal{S} \subset \mathcal{B}$ であり，$\mathcal{B} \subset \mathcal{O}$ であるので，$\mathcal{S} \subset \mathcal{O}$ である．$\mathcal{O} - \{X\}$ の元 O と，O の点 x を任意にとる．$\mathcal{B}$ が $\mathcal{O}$ の基底であるので，$x \in U$ かつ $U \subset O$ をみたす $\mathcal{B}$ の元 U が存在する．$U \subset O \neq X$ であるので，$\mathcal{B}$ の定義より $U = \bigcap \mathcal{S}'$ をみたす $\mathcal{S}$ の空でない有限部分集合 $\mathcal{S}'$ が存在する．よって，$\mathcal{S}$ は $\mathcal{O}$ の準基底である．

　$\mathcal{O}$ の一意性：$\mathcal{O}'$ も $\mathcal{S}$ を準基底とする X の位相であるとする．$\mathcal{O}'$ の元 O' を任意にとる．O' の点 x を任意にとる．$O' = X$ ならば $x \in O'$ かつ $O' \in \mathcal{B}$ である．$O' \neq X$ とする．$\mathcal{S}$ が $\mathcal{O}'$ の準基底であるので，$\mathcal{S}$ の有限個の元 $A_1, \ldots, A_n$ が存在し，$x \in A_1 \cap \cdots \cap A_n$ かつ $A_1 \cap \cdots \cap A_n \subset O'$ が成り立つ．$\mathcal{S}' = \{A_1, \ldots, A_n\}$ とすると，$\bigcap \mathcal{S}' \in \mathcal{B}$ であり，$x \in \bigcap \mathcal{S}'$ かつ $\bigcap \mathcal{S}' \subset O'$ である．よって，$\mathcal{B}$ は $\mathcal{O}'$ の基底である．ゆえに，定理 4.55 より $\mathcal{O}' = \mathcal{O}$ である．□

問題 4.61　$(X, \mathcal{O}_X)$, $(Y, \mathcal{O}_Y)$ を位相空間とし，$f \colon X \to Y$ を写像とする．$\mathcal{S}_Y$ を $\mathcal{O}_Y$ の準基底とする．$\mathcal{N}_X(x)$ を $(X, \mathcal{O}_X)$ における点 x の近傍系とし，$\mathcal{B}_Y(y)$ を $(Y, \mathcal{O}_Y)$ における点 y の基本近傍系とする．次の (1)～(3) が同値であることを示せ．
　(1) f は $(X, \mathcal{O}_X)$ から $(Y, \mathcal{O}_Y)$ への連続写像である．

  (2) $\mathcal{S}_Y$ の任意の元 A に対し，$f^{-1}(A) \in \mathcal{O}_X$ が成り立つ．

  (3) X の任意の点 x と $\mathcal{B}_Y(f(x))$ の任意の元 U に対し，$f^{-1}(U) \in \mathcal{N}_X(x)$ が成り立つ．

問題 4.62 $(X, \mathcal{O}_X)$, $(Y, \mathcal{O}_Y)$ を位相空間とし，$f \colon X \to Y$ を写像とする．$\mathcal{B}_X$ を $\mathcal{O}_X$ の基底とする．$\mathcal{N}_X(x)$ を $(X, \mathcal{O}_X)$ における点 x の近傍系とし，$\mathcal{N}_Y(y)$ を $(Y, \mathcal{O}_Y)$ における点 y の近傍系とする．次の (1)〜(3) が同値であることを示せ．

  (1) f は $(X, \mathcal{O}_X)$ から $(Y, \mathcal{O}_Y)$ への開写像である．

  (2) $\mathcal{B}_X$ の任意の元 U に対し，$f(U) \in \mathcal{O}_Y$ が成り立つ．

  (3) X の任意の点 x と $\mathcal{N}_X(x)$ の任意の元 U に対し，$f(U) \in \mathcal{N}_Y(f(x))$ が成り立つ．

4.6 　直 積 空 間

【直積位相】 n を 2 以上の整数とし，$(X_1, \mathcal{O}_1), \ldots, (X_n, \mathcal{O}_n)$ を位相空間とする．$X_1, \ldots, X_n$ の直積 $X = X_1 \times \cdots \times X_n$ に対し，$\mathcal{P}(X)$ の部分集合

$$\mathcal{B} = \left\{ O_1 \times \cdots \times O_n \mid \forall i \in \{1, \ldots, n\}(O_i \in \mathcal{O}_i) \right\}$$

を基底とする X の位相 $\mathcal{O}$ を $\mathcal{O}_1, \ldots, \mathcal{O}_n$ の **直積位相**という．このとき，X と $\mathcal{O}$ の組 $(X, \mathcal{O})$ を $(X_1, \mathcal{O}_1), \ldots, (X_n, \mathcal{O}_n)$ の **直積位相空間**（または**直積空間**）という．

問題 4.63 n を 2 以上の整数とし，$(X_1, \mathcal{O}_1), \ldots, (X_n, \mathcal{O}_n)$ を位相空間とする．直積 $X = X_1 \times \cdots \times X_n$ に対し，$\mathcal{B} = \{O_1 \times \cdots \times O_n \mid \forall i \in \{1, \ldots, n\}(O_i \in \mathcal{O}_i)\}$ が定理 4.54 の (B1), (B2) をみたすことを示せ．

問題 4.64 n を 2 以上の整数とし，$(X_1, \mathcal{O}_1), \ldots, (X_n, \mathcal{O}_n)$ を位相空間とする．$\mathcal{O}_1, \ldots, \mathcal{O}_{n-1}$ の直積位相と $\mathcal{O}_n$ の直積位相が，$\mathcal{O}_1, \ldots, \mathcal{O}_n$ の直積位相に等しいことを示せ．また，$n = 3$ のとき，$\mathcal{O}_1$, $\mathcal{O}_2$ の直積位相と $\mathcal{O}_3$ の直積位相が，$\mathcal{O}_1$ と $\mathcal{O}_2, \mathcal{O}_3$ の直積位相の直積位相に等しいことを示せ．

問題 4.65 $(X, \mathcal{O})$ を位相空間とし，$(X, \mathcal{O})$ と $(X, \mathcal{O})$ の直積空間を $(X \times X, \mathcal{O}^2)$ とする．対角写像 $\delta_X \colon X \to X \times X$ が $(X, \mathcal{O})$ から $(X \times X, \mathcal{O}^2)$ への連続写像であることを示せ．（X の点 x に対し (x, x) を対応させることにより，X から $X \times X$ への写像 $\delta_X \colon X \to X \times X$ が定まる．これを**対角写像**という．）

問題 4.66 n を 2 以上の整数とし，$(X_1, d_1), \ldots, (X_n, d_n)$ を距離空間とする．(X, d) を $(X_1, d_1), \ldots, (X_n, d_n)$ の直積距離空間とする．$\{1, \ldots, n\}$ の元 i に対し d_i から定まる X_i の距離位相を $\mathcal{O}_i$ とし，d から定まる X の距離位相を $\mathcal{O}$ とする．このとき，$\mathcal{O}$ が $\mathcal{O}_1, \ldots, \mathcal{O}_n$ の直積位相であることを示せ．

【**一般の直積位相**】　$(X_\lambda)_{\lambda \in \Lambda}$ を Λ で添字づけられた集合族とし，Λ の任意の元 λ に対し X_λ の位相 $\mathcal{O}_\lambda$ が与えられているとする．（このとき，$((X_\lambda, \mathcal{O}_\lambda))_{\lambda \in \Lambda}$ を Λ で添字づけられた**位相空間の族**という．）$X = \prod_{\lambda \in \Lambda} X_\lambda$ を $(X_\lambda)_{\lambda \in \Lambda}$ の直積とする．Λ の元 μ に対し，$\mathrm{pr}_\mu \colon X \to X_\mu$ を μ 成分への射影とする．$\mathcal{P}(X)$ の部分集合

$$\mathcal{S} = \{\, \mathrm{pr}_\lambda^{-1}(O_\lambda) \mid \lambda \in \Lambda, \ O_\lambda \in \mathcal{O}_\lambda \,\}$$

によって生成される X の位相 $\mathcal{O}$ を $(\mathcal{O}_\lambda)_{\lambda \in \Lambda}$ の**直積位相**という．X と $\mathcal{O}$ の組 $(X, \mathcal{O})$ を $((X_\lambda, \mathcal{O}_\lambda))_{\lambda \in \Lambda}$ の**直積位相空間**（または**直積空間**）という．

問題 **4.67**　n を 2 以上の整数とし，$(X_1, \mathcal{O}_1), \ldots, (X_n, \mathcal{O}_n)$ を位相空間とする．$\Lambda = \{1, \ldots, n\}$ とし，$((X_\lambda, \mathcal{O}_\lambda))_{\lambda \in \Lambda}$ を Λ で添字づけられた位相空間の族とする．このとき，$((X_\lambda, \mathcal{O}_\lambda))_{\lambda \in \Lambda}$ の直積空間 $(X, \mathcal{O})$ と $(X_1, \mathcal{O}_1), \ldots, (X_n, \mathcal{O}_n)$ の直積空間 $(X', \mathcal{O}')$ が同相であることを示せ．

定理 **4.68**　$((X_\lambda, \mathcal{O}_\lambda))_{\lambda \in \Lambda}$ を Λ で添字づけられた位相空間の族とし，$(X, \mathcal{O})$ を $((X_\lambda, \mathcal{O}_\lambda))_{\lambda \in \Lambda}$ の直積空間とする．Λ の任意の元 μ に対し，μ 成分への射影 $\mathrm{pr}_\mu \colon X \to X_\mu$ は $(X, \mathcal{O})$ から $(X_\mu, \mathcal{O}_\mu)$ への連続写像であり，かつ開写像である．

証明　直積位相の定義より $\mathcal{S} = \{\mathrm{pr}_\lambda^{-1}(O_\lambda) \mid \lambda \in \Lambda, \ O_\lambda \in \mathcal{O}_\lambda\}$ は $\mathcal{O}$ の準基底であり，定理 4.60 の証明より $\mathcal{B} = \{X\} \cup \{\bigcap \mathcal{S}' \mid \mathcal{S}' \subset \mathcal{S}, \ \#\mathcal{S}' < \aleph_0, \ \mathcal{S}' \neq \varnothing\}$ は $\mathcal{O}$ の基底である．

Λ の元 μ を任意にとる．$\mathcal{O}_\mu$ の元 O_μ を任意にとる．$\mathcal{O}$ の定義より $\mathrm{pr}_\mu^{-1}(O_\mu) \in \mathcal{S} \subset \mathcal{O}$ であるので，pr_μ は連続である．

Λ の元 μ を任意にとる．$\mathcal{B}$ の元 U を任意にとる．$U = \varnothing$ ならば $\mathrm{pr}_\mu(U) = \mathrm{pr}_\mu(\varnothing) = \varnothing$ であるので，(O1) より $\mathrm{pr}_\mu(U) \in \mathcal{O}_\mu$ である．$U \neq \varnothing$ であるとする．$U = X \ (\neq \varnothing)$ ならば，問題 2.64 と同様の議論により pr_μ は全射であるので，$\mathrm{pr}_\mu(U) = \mathrm{pr}_\mu(X) = X_\mu$ である．よって，(O1) より $\mathrm{pr}_\mu(U) \in \mathcal{O}_\mu$ である．$U \neq X$ ならば，Λ の有限個の元 $\lambda_1, \ldots, \lambda_n$ と，$\{1, \ldots, n\}$ の任意の元 i に対し $\mathcal{O}_{\lambda_i}$ の元 $O_i \ (\neq \varnothing)$ が存在して

$$U = \mathrm{pr}_{\lambda_1}^{-1}(O_1) \cap \cdots \cap \mathrm{pr}_{\lambda_n}^{-1}(O_n)$$

が成り立つ．$U = \{(x_\lambda)_{\lambda \in \Lambda} \in X \mid \forall i \in \{1, \ldots, n\}(x_{\lambda_i} \in O_i)\}$ であるので，$U = \prod_{\lambda \in \Lambda} A_\lambda$ と表される．ただし，$\mu = \lambda_j$ をみたす $\{1, \ldots, n\}$ の元 j が存在するとき $A_\mu = O_j$ であり，$\mu \in \Lambda - \{\lambda_1, \ldots, \lambda_n\}$ であるとき $A_\mu = X_\mu$ である．$\mathrm{pr}_\mu(U) = A_\mu$ であるので，いずれの場合も $\mathrm{pr}_\mu(U) \in \mathcal{O}_\mu$ である．以上より，pr_μ は開写像である．□

例 4.69 $\mathcal{O}$ を $\mathbb{R}$ の通常の位相とし，$(\mathbb{R}, \mathcal{O})$ と $(\mathbb{R}, \mathcal{O})$ の直積空間を $(\mathbb{R}^2, \mathcal{O}^2)$ とする．第 1 成分への射影を $\mathrm{pr}_1 \colon \mathbb{R}^2 \to \mathbb{R}$ とする．$\mathbb{R}^2$ の部分集合

$$A = \left\{ \left(x, \frac{1}{x} \right) \,\middle|\, x \in \mathbb{R} - \{0\} \right\}$$

は $(\mathbb{R}^2, \mathcal{O}^2)$ の閉集合である．一方，$\mathrm{pr}_1(A) = \mathbb{R} - \{0\}$ は $(\mathbb{R}, \mathcal{O})$ の閉集合でない．ゆえに，pr_1 は閉写像でない．

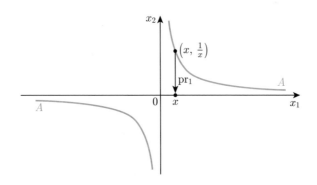

問題 4.70 $((X_\lambda, \mathcal{O}_\lambda))_{\lambda \in \Lambda}$ を Λ で添字づけられた位相空間の族とし，$(X, \mathcal{O})$ を $((X_\lambda, \mathcal{O}_\lambda))_{\lambda \in \Lambda}$ の直積空間とする．また，$\mathcal{O}'$ を X の位相とする．Λ の任意の元 μ に対し，$\mathrm{pr}_\mu \colon X \to X_\mu$ が $(X, \mathcal{O}')$ から $(X_\mu, \mathcal{O}_\mu)$ への連続写像ならば，$\mathcal{O}'$ は $\mathcal{O}$ より大きいことを示せ．

問題 4.71 $((X_\lambda, \mathcal{O}_\lambda))_{\lambda \in \Lambda}$ を Λ で添字づけられた位相空間の族とし，$(X, \mathcal{O})$ を $((X_\lambda, \mathcal{O}_\lambda))_{\lambda \in \Lambda}$ の直積空間とする．$(x_\lambda)_{\lambda \in \Lambda}$ を X の点とする．Λ の元 λ に対し，$\mathcal{B}_\lambda(x_\lambda)$ を $(X_\lambda, \mathcal{O}_\lambda)$ における x_λ の基本近傍系とする．このとき，

$$\mathcal{B}((x_\lambda)_{\lambda \in \Lambda}) = \left\{ \bigcap_{\lambda \in \Lambda'} \mathrm{pr}_\lambda^{-1}(U_\lambda) \,\middle|\, \begin{array}{l} \Lambda' \subset \Lambda,\ \#\Lambda' < \aleph_0,\ \Lambda' \neq \varnothing, \\ \forall \lambda \in \Lambda'(U_\lambda \in \mathcal{B}_\lambda(x_\lambda)) \end{array} \right\}$$

が $(X, \mathcal{O})$ における $(x_\lambda)_{\lambda \in \Lambda}$ の基本近傍系であることを示せ．

問題 4.72 $((X_\lambda, \mathcal{O}_\lambda))_{\lambda \in \Lambda}$ を Λ で添字づけられた位相空間の族とし，$(X, \mathcal{O})$ を $((X_\lambda, \mathcal{O}_\lambda))_{\lambda \in \Lambda}$ の直積空間とする．Λ の元 λ に対し A_λ を X_λ の空でない部分集合とする．このとき，$\left(\prod_{\lambda \in \Lambda} A_\lambda \right)^a = \prod_{\lambda \in \Lambda} A_\lambda^a$ が成り立つことを示せ．

定理 4.73 $((X_\lambda, \mathcal{O}_\lambda))_{\lambda \in \Lambda}$ を Λ で添字づけられた位相空間の族とし，$(X, \mathcal{O}_X)$ を $((X_\lambda, \mathcal{O}_\lambda))_{\lambda \in \Lambda}$ の直積空間とする．$(Y, \mathcal{O}_Y)$ を位相空間とし，$f \colon Y \to X$

を写像とする．このとき，f が $(Y, \mathcal{O}_Y)$ から $(X, \mathcal{O}_X)$ への連続写像であるための必要十分条件は，Λ の任意の元 μ に対し $\mathrm{pr}_\mu \circ f$ が $(Y, \mathcal{O}_Y)$ から $(X_\mu, \mathcal{O}_\mu)$ への連続写像であることである．

証明 必要であること：Λ の元 μ を任意にとる．f が連続であり，定理 4.68 より pr_μ も連続であるので，問題 4.37 より $\mathrm{pr}_\mu \circ f$ も連続である．

十分であること：$\mathcal{P}(X)$ の部分集合 $\mathcal{S} = \{\mathrm{pr}_\lambda^{-1}(O_\lambda) \mid \lambda \in \Lambda,\ O_\lambda \in \mathcal{O}_\lambda\}$ は $\mathcal{O}_X$ の準基底である．Λ の元 μ と $\mathcal{O}_\mu$ の元 O_μ を任意にとる．$\mathrm{pr}_\mu \circ f$ が連続であるので，$f^{-1}(\mathrm{pr}_\mu^{-1}(O_\mu)) = (\mathrm{pr} \circ f)^{-1}(O_\mu) \in \mathcal{O}_Y$ である．よって，問題 4.61 より f は連続である．$\square$

例題 4.74 $\mathbb{R}, \mathbb{R}^2$ の通常の位相をそれぞれ $\mathcal{O}, \mathcal{O}^2$ とする．実数 x に対し $f(x) = x^2$ と定めることにより，写像 $f\colon \mathbb{R} \to \mathbb{R}$ を定義する．$\mathbb{R}^2$ の部分集合

$$\Gamma = \left\{ (x, y) \in \mathbb{R}^2 \mid y = f(x) \right\}$$

に対し，$\mathcal{O}^2$ から定まる Γ の相対位相を $\mathcal{O}_\Gamma^2$ とする．このとき，$(\mathbb{R}, \mathcal{O})$ と $(\Gamma, \mathcal{O}_\Gamma^2)$ が同相であることを示せ．

[解答] 例 3.9 と問題 4.66 より $\mathcal{O}^2$ は $\mathcal{O}$ と $\mathcal{O}$ の直積位相に等しい．

微分積分学より，2 つの実数の組 (x, y) に対しそれらの積 xy を与える写像 $\alpha\colon \mathbb{R}^2 \to \mathbb{R}$ は，$(\mathbb{R}^2, d^{(2)})$ から $(\mathbb{R}, d^{(1)})$ への連続写像である．よって，問題 4.39 より，α は $(\mathbb{R}^2, \mathcal{O}^2)$ から $(\mathbb{R}, \mathcal{O})$ への連続写像である．問題 4.65 より対角写像 $\delta_\mathbb{R}\colon \mathbb{R} \to \mathbb{R}^2$ は $(\mathbb{R}, \mathcal{O})$ から $(\mathbb{R}^2, \mathcal{O}^2)$ への連続写像であるので，問題 4.37 より $f = \alpha \circ \delta_\mathbb{R}$ は $(\mathbb{R}, \mathcal{O})$ から $(\mathbb{R}, \mathcal{O})$ への連続写像である．

実数 x に対し $g(x) = (x, f(x))$ と定めることにより，写像 $g\colon \mathbb{R} \to \Gamma$ を定義する．また，Γ の点 (x, y) に対し $h(x, y) = x$ と定めることにより，写像 $h\colon \Gamma \to \mathbb{R}$ を定義する．実数 x に対し $(h \circ g)(x) = h(g(x)) = h(x, f(x)) = x$ であり，Γ の点 (x, y) に対し $(g \circ h)(x, y) = g(h(x, y)) = g(x) = (x, f(x)) = (x, y)$ であるので，h は g の逆写像である．

$i\colon \Gamma \to \mathbb{R}^2$ を包含写像とし，$\mathrm{pr}_1, \mathrm{pr}_2\colon \mathbb{R}^2 \to \mathbb{R}$ をそれぞれ第 1，第 2 成分への射影とする．$\mathrm{pr}_1 \circ i \circ g = 1_\mathbb{R}$，$\mathrm{pr}_2 \circ i \circ g = f$ であるので，定理 4.73 より $i \circ g$ は $(\mathbb{R}, \mathcal{O})$ から $(\mathbb{R}^2, \mathcal{O}^2)$ への連続写像である．ゆえに，問題 4.45 より，g は $(\mathbb{R}, \mathcal{O})$ から $(\Gamma, \mathcal{O}_\Gamma^2)$ への連続写像である．問題 4.43 より i は $(\Gamma, \mathcal{O}_\Gamma^2)$ から $(\mathbb{R}^2, \mathcal{O}^2)$ への連続写像であり，定理 4.68 より pr_1 は $(\mathbb{R}^2, \mathcal{O}^2)$ から $(\mathbb{R}, \mathcal{O})$ への連続写像である．よって，問題 4.37 より，$h = \mathrm{pr}_1 \circ i$ は $(\Gamma, \mathcal{O}_\Gamma^2)$ から $(\mathbb{R}, \mathcal{O})$ への連続写像である．

以上より，g は $(\mathbb{R}, \mathcal{O})$ から $(\Gamma, \mathcal{O}_\Gamma^2)$ への同相写像である．特に，$(\mathbb{R}, \mathcal{O})$ と $(\Gamma, \mathcal{O}_\Gamma^2)$ は同相である．$\square$

定理 4.75 $((X_\lambda, \mathcal{O}_X^\lambda))_{\lambda \in \Lambda}, ((Y_\lambda, \mathcal{O}_Y^\lambda))_{\lambda \in \Lambda}$ を Λ で添字づけられた位相空間の族とし，$(X, \mathcal{O}_X), (Y, \mathcal{O}_Y)$ をそれぞれ $((X_\lambda, \mathcal{O}_X^\lambda))_{\lambda \in \Lambda}, ((Y_\lambda, \mathcal{O}_Y^\lambda))_{\lambda \in \Lambda}$ の直積空間とする．Λ の任意の元 λ に対し，$(X_\lambda, \mathcal{O}_X^\lambda)$ から $(Y_\lambda, \mathcal{O}_Y^\lambda)$ への連続写像 $f_\lambda \colon X_\lambda \to Y_\lambda$ が与えられているとする．このとき，$(f_\lambda)_{\lambda \in \Lambda}$ の直積 $f = \prod_{\lambda \in \Lambda} f_\lambda \colon \prod_{\lambda \in \Lambda} X_\lambda \to \prod_{\lambda \in \Lambda} Y_\lambda$ は $(X, \mathcal{O}_X)$ から $(Y, \mathcal{O}_Y)$ への連続写像である．

証明 Λ の元 λ に対し，$\mathrm{pr}_X^\lambda \colon X \to X_\lambda, \mathrm{pr}_Y^\lambda \colon Y \to Y_\lambda$ を λ 成分への射影とする．Λ の元 μ を任意にとる．X の点 $(x_\lambda)_{\lambda \in \Lambda}$ を任意にとる．このとき，

$$(\mathrm{pr}_Y^\mu \circ f)((x_\lambda)_{\lambda \in \Lambda}) = \mathrm{pr}_Y^\mu(f((x_\lambda)_{\lambda \in \Lambda})) = \mathrm{pr}_Y^\mu((f_\lambda(x_\lambda))_{\lambda \in \Lambda}) = f_\mu(x_\mu)$$
$$(f_\mu \circ \mathrm{pr}_X^\mu)((x_\lambda)_{\lambda \in \Lambda}) = f_\mu(\mathrm{pr}_X^\mu((x_\lambda)_{\lambda \in \Lambda})) = f_\mu(x_\mu)$$

であるので，$\mathrm{pr}_Y^\mu \circ f = f_\mu \circ \mathrm{pr}_X^\mu$ である．f_μ が連続であり，定理 4.68 より pr_X^μ も連続であるので，問題 4.37 より $f_\mu \circ \mathrm{pr}_X^\mu$ も連続である．よって，$\mathrm{pr}_Y^\mu \circ f$ も連続である．ゆえに，定理 4.73 より f も連続である．$\square$

【位相の誘導】 X を集合とし，$((X_\lambda, \mathcal{O}_\lambda))_{\lambda \in \Lambda}$ を Λ で添字づけられた位相空間の族とする．Λ の任意の元 λ に対し写像 $f_\lambda \colon X \to X_\lambda$ が与えられているとする．このとき，

$$\bigcup_{\lambda \in \Lambda} f_\lambda^* \mathcal{O}_\lambda = \{ f_\lambda^{-1}(O) \mid \lambda \in \Lambda, \, O \in \mathcal{O}_\lambda \}$$

によって生成される X の位相 $\mathcal{O}$ を，$(f_\lambda)_{\lambda \in \Lambda}$ によって $(\mathcal{O}_\lambda)_{\lambda \in \Lambda}$ から**誘導される位相**という．

問題 4.76 X を集合とし，$((X_\lambda, \mathcal{O}_\lambda))_{\lambda \in \Lambda}$ を Λ で添字づけられた位相空間の族とする．Λ の任意の元 λ に対し写像 $f_\lambda \colon X \to X_\lambda$ が与えられているとする．$(f_\lambda)_{\lambda \in \Lambda}$ によって $(\mathcal{O}_\lambda)_{\lambda \in \Lambda}$ から誘導される X の位相を $\mathcal{O}$ とする．次の (1), (2) が成り立つことを示せ．
  (1) Λ の任意の元 μ に対し，f_μ は $(X, \mathcal{O})$ から $(X_\mu, \mathcal{O}_\mu)$ への連続写像である．
  (2) $\mathcal{O}'$ を X の位相とする．Λ の任意の元 μ に対し f_μ が $(X, \mathcal{O}')$ から $(X_\mu, \mathcal{O}_\mu)$ への連続写像ならば，$\mathcal{O}'$ は $\mathcal{O}$ より大きい．

注意 4.77 $((X_\lambda, \mathcal{O}_\lambda))_{\lambda \in \Lambda}$ を Λ で添字づけられた位相空間の族とし，$X = \prod_{\lambda \in \Lambda} X_\lambda$ を $(X_\lambda)_{\lambda \in \Lambda}$ の直積とする．このとき，$(\mathrm{pr}_\lambda)_{\lambda \in \Lambda}$ によって $(\mathcal{O}_\lambda)_{\lambda \in \Lambda}$ から誘導される位相 $\mathcal{O}$ は，$(\mathcal{O}_\lambda)_{\lambda \in \Lambda}$ の直積位相に等しい．

4.7　商 空 間

【商位相】　$(X, \mathcal{O}_X)$ を位相空間，Y を集合とし，$f: X \to Y$ を全射とする．
$\mathcal{P}(Y)$ の部分集合

$$\mathcal{O}_Y = \left\{ O \in \mathcal{P}(Y) \mid f^{-1}(O) \in \mathcal{O}_X \right\}$$

を f による $\mathcal{O}_X$ の**商位相**という．このとき，Y と $\mathcal{O}_Y$ の組 $(Y, \mathcal{O}_Y)$ を f による $(X, \mathcal{O}_X)$ の**商位相空間**（または**商空間**）という．

問題 4.78　$(X, \mathcal{O}_X)$ を位相空間，Y を集合とし，$f: X \to Y$ を全射とする．次の (1)～(3) が成り立つことを示せ．
(1) f による $\mathcal{O}_X$ の商位相 $\mathcal{O}_Y$ は Y の位相である．
(2) f は $(X, \mathcal{O}_X)$ から $(Y, \mathcal{O}_Y)$ への連続写像である．
(3) Y の位相 $\mathcal{O}$ に対し，f が $(X, \mathcal{O}_X)$ から $(Y, \mathcal{O})$ への連続写像ならば，$\mathcal{O}$ は $\mathcal{O}_Y$ より小さい．

例 4.79　$(X, \mathcal{O})$ を位相空間とし，R を X 上の同値関係とする．X/R を X の R による商集合とし，$\pi: X \to X/R$ を自然な全射とする．このとき，π による $(X, \mathcal{O})$ の商空間 $(X/R, \mathcal{O}_{X/R})$ を，R による $(X, \mathcal{O})$ の**等化空間**ともいう．

定理 4.80　$(X, \mathcal{O}_X), (Y, \mathcal{O}_Y)$ を位相空間とし，$f: X \to Y$ を全射とする．f が $(X, \mathcal{O}_X)$ から $(Y, \mathcal{O}_Y)$ への連続写像であり，かつ開写像であるならば，$\mathcal{O}_Y$ は f による $\mathcal{O}_X$ の商位相に等しい．

証明　f による $\mathcal{O}_X$ の商位相を $\mathcal{O}$ とする．
　$\mathcal{O}_Y \subset \mathcal{O}$ であること：$\mathcal{O}_Y$ の元 O を任意にとる．f が連続であるので，$f^{-1}(O) \in \mathcal{O}_X$ である．よって，商位相の定義より $O \in \mathcal{O}$ である．
　$\mathcal{O} \subset \mathcal{O}_Y$ であること：$\mathcal{O}$ の元 O を任意にとる．商位相の定義より，$f^{-1}(O) \in \mathcal{O}_X$ である．f が開写像であるので，$f(f^{-1}(O)) \in \mathcal{O}_Y$ である．f が全射であるので，問題 1.79 より $O = f(f^{-1}(O))$ である．よって，$O \in \mathcal{O}_Y$ である．
　以上より，$\mathcal{O}_Y = \mathcal{O}$ である．□

定理 4.81　$(X, \mathcal{O}_X)$ を位相空間とし，Y を集合とする．$f: X \to Y$ を全射とし，$\mathcal{O}_Y$ を f による $\mathcal{O}_X$ の商位相とする．$(Z, \mathcal{O}_Z)$ を位相空間とし，$g: Y \to Z$ を写像とする．このとき，g が $(Y, \mathcal{O}_Y)$ から $(Z, \mathcal{O}_Z)$ への連続写像であるための必要十分条件は，$g \circ f$ が $(X, \mathcal{O}_X)$ から $(Z, \mathcal{O}_Z)$ への連続写像であることである．

証明 必要であること：g が $(Y, \mathcal{O}_Y)$ から $(Z, \mathcal{O}_Z)$ への連続写像であるとする．問題 4.78 (2) より，f は $(X, \mathcal{O}_X)$ から $(Y, \mathcal{O}_Y)$ への連続写像である．よって，問題 4.37 より，$g \circ f$ は $(X, \mathcal{O}_X)$ から $(Z, \mathcal{O}_Z)$ への連続写像である．

十分であること：$g \circ f$ が $(X, \mathcal{O}_X)$ から $(Z, \mathcal{O}_Z)$ への連続写像であるとする．$\mathcal{O}_Z$ の元 O を任意にとる．$f^{-1}(g^{-1}(O)) = (g \circ f)^{-1}(O) \in \mathcal{O}_X$ である．よって，商位相の定義より $g^{-1}(O) \in \mathcal{O}_Y$ である．ゆえに，g は $(Y, \mathcal{O}_Y)$ から $(Z, \mathcal{O}_Z)$ への連続写像である．□

例題 4.82 $\mathbb{R}$, $\mathbb{R}^2$ の通常の位相をそれぞれ $\mathcal{O}$, $\mathcal{O}^2$ とする．$\mathbb{R}^2$ の部分集合

$$S^1 = \left\{ (x_1, x_2) \in \mathbb{R}^2 \mid x_1^2 + x_2^2 = 1 \right\}$$

に対し，$\mathcal{O}^2$ から定まる S^1 の相対位相を $\mathcal{O}^2_{S^1}$ とする．実数 t に対し

$$\widetilde{f}(t) = (\cos 2\pi t,\ \sin 2\pi t)$$

と定めることにより，写像 $\widetilde{f} \colon \mathbb{R} \to S^1$ を定義する．また，$\mathbb{R}$ 上の同値関係

$$R = \left\{ (s, t) \in \mathbb{R} \times \mathbb{R} \mid t - s \in \mathbb{Z} \right\}$$

を考える．R による $(\mathbb{R}, \mathcal{O})$ の等化空間を $(\mathbb{R}/\mathbb{Z}, \mathcal{O}_{\mathbb{R}/\mathbb{Z}})$ とし，$\pi \colon \mathbb{R} \to \mathbb{R}/\mathbb{Z}$ を自然な全射とする．

(1) $\widetilde{f}$ が $(\mathbb{R}, \mathcal{O})$ から $(S^1, \mathcal{O}^2_{S^1})$ への連続写像であることを示せ．

(2) $f \circ \pi = \widetilde{f}$ をみたす写像 $f \colon \mathbb{R}/\mathbb{Z} \to S^1$ がただひとつ存在することを示せ．

(3) f が $(\mathbb{R}/\mathbb{Z}, \mathcal{O}_{\mathbb{R}/\mathbb{Z}})$ から $(S^1, \mathcal{O}^2_{S^1})$ への連続写像であることを示せ．

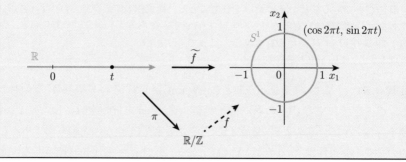

[解答]　$i\colon S^1 \to \mathbb{R}^2$ を包含写像とする.

(1) 微分積分学より, 正弦関数 $\sin\colon \mathbb{R} \to \mathbb{R}$, 余弦関数 $\cos\colon \mathbb{R} \to \mathbb{R}$ は $(\mathbb{R}, d^{(1)})$ から $(\mathbb{R}, d^{(1)})$ への連続写像である. よって, 問題 4.39 より, 両者は $(\mathbb{R}, \mathcal{O})$ から $(\mathbb{R}, \mathcal{O})$ への連続写像である. $\mathrm{pr}_1, \mathrm{pr}_2\colon \mathbb{R}^2 \to \mathbb{R}$ をそれぞれ第 1, 第 2 成分への射影とする. $\cos = \mathrm{pr}_1 \circ i \circ \widetilde{f}$, $\sin = \mathrm{pr}_2 \circ i \circ \widetilde{f}$ であり, 問題 3.9 と問題 4.66 より $\mathcal{O}^2$ は $\mathcal{O}$ と $\mathcal{O}$ の直積位相に等しいので, 定理 4.73 より $i \circ \widetilde{f}$ は $(\mathbb{R}, \mathcal{O})$ から $(\mathbb{R}^2, \mathcal{O}^2)$ への連続写像である. ゆえに, 問題 4.45 より, $\widetilde{f}$ は $(\mathbb{R}, \mathcal{O})$ から $(S^1, \mathcal{O}_{S^1}^2)$ への連続写像である.

(2) $\mathbb{R}/\mathbb{Z}$ の元 τ を任意にとる. $[t]_R = \tau$ をみたす実数 t が存在するので, $f(\tau) = \widetilde{f}(t)$ と定める. 実数 s も $[s]_R = \tau$ をみたすとすると, $[s]_R = [t]_R$ であり, $(s, t) \in R$ であるので, $s - t = k$ をみたす整数 k が存在する. よって,

$$\widetilde{f}(s) = \widetilde{f}(t + k) = (\cos 2\pi(t + k), \sin 2\pi(t + k)) = (\cos 2\pi t, \sin 2\pi t) = \widetilde{f}(t)$$

であるので, 写像 $f\colon \mathbb{R}/\mathbb{Z} \to S^1$ は矛盾なく定義されている. 実数 t を任意にとる. f の定義より $(f \circ \pi)(t) = f(\pi(t)) = f([t]_R) = \widetilde{f}(t)$ である. よって, $f \circ \pi = \widetilde{f}$ である. $g \circ \pi = \widetilde{f}$ をみたす写像 $g\colon \mathbb{R}/\mathbb{Z} \to S^1$ を任意にとる. $\mathbb{R}/\mathbb{Z}$ の元 τ を任意にとる. $[t]_R = \tau$ をみたす実数 t が存在するので,

$$g(\tau) = g([t]_R) = g(\pi(t)) = (g \circ \pi)(t) = (f \circ \pi)(t) = f(\pi(t)) = f([t]_R) = f(\tau)$$

である. よって, $g = f$ である.

(3) (1) より, $\widetilde{f} = f \circ \pi$ は $(\mathbb{R}, \mathcal{O})$ から $(S^1, \mathcal{O}_{S^1}^2)$ への連続写像である. よって, 定理 4.81 より, f は $(\mathbb{R}/\mathbb{Z}, \mathcal{O}_{\mathbb{R}/\mathbb{Z}})$ から $(S^1, \mathcal{O}_{S^1}^2)$ への連続写像である. □

【像位相】　$((X_\lambda, \mathcal{O}_\lambda))_{\lambda \in \Lambda}$ を Λ で添字づけられた位相空間の族とし, Y を集合とする. Λ の任意の元 λ に対し写像 $f_\lambda\colon X_\lambda \to Y$ が与えられているとする. このとき, $\mathcal{P}(Y)$ の部分集合

$$\mathcal{O} = \bigcap_{\lambda \in \Lambda} \{A \in \mathcal{P}(Y) \mid f_\lambda^{-1}(A) \in \mathcal{O}_\lambda\}$$

を, $(f_\lambda)_{\lambda \in \Lambda}$ による $(\mathcal{O}_\lambda)_{\lambda \in \Lambda}$ の**像位相**という.

問題 4.83　$((X_\lambda, \mathcal{O}_\lambda))_{\lambda \in \Lambda}$ を Λ で添字づけられた位相空間の族とし, Y を集合とする. Λ の任意の元 λ に対し写像 $f_\lambda\colon X_\lambda \to Y$ が与えられているとする. 次の (1)～(3) が成り立つことを示せ.

(1) $(f_\lambda)_{\lambda \in \Lambda}$ による $(\mathcal{O}_\lambda)_{\lambda \in \Lambda}$ の像位相 $\mathcal{O}$ は Y の位相である.

(2) Λ の任意の元 λ に対し, f_λ は $(X_\lambda, \mathcal{O}_\lambda)$ から $(Y, \mathcal{O})$ への連続写像である.

(3) $\mathcal{O}'$ を Y の位相とする. Λ の任意の元 λ に対し f_λ が $(X_\lambda, \mathcal{O}_\lambda)$ から $(Y, \mathcal{O}')$ への連続写像ならば, $\mathcal{O}'$ は $\mathcal{O}$ より小さい.

注意 4.84　$(X, \mathcal{O}_X)$ を位相空間, Y を集合とし, $f\colon X \to Y$ を全射とする. f による $\mathcal{O}_X$ の商位相 $\mathcal{O}_Y$ は, f による $\mathcal{O}_X$ の像位相に等しい.

第 5 章

位相空間の性質

開集合の個数や種類に関する条件を課すことにより，位相空間に様々な性質を付与することができる．これらの性質やその相互関係を調べることは，具体的な位相空間を扱う際に有用である．

本章では，可算公理・分離公理・コンパクト性・連結性といった位相空間の性質について解説する．

5.1 可算公理

【第 1 可算公理】 $(X, \mathcal{O})$ を位相空間とする．X の任意の点 x に対し，$\#\mathcal{B}(x) \leqq \aleph_0$ をみたす x の基本近傍系 $\mathcal{B}(x)$ が存在するとき，$(X, \mathcal{O})$ は**第 1 可算公理**をみたすという．

例 5.1 (X, d) を距離空間とし，$\mathcal{O}$ を d から定まる X の距離位相とする．X の点 a に対し，

$$\mathcal{B}(a) = \left\{ U(a; \varepsilon) \mid \varepsilon \in (0, \infty) \cap \mathbb{Q} \right\}$$

は，$(X, \mathcal{O})$ における a の基本近傍系である．$\#\mathcal{B}(a) \leqq \aleph_0$ であるので，$(X, \mathcal{O})$ は第 1 可算公理をみたす．

【第 2 可算公理】 $(X, \mathcal{O})$ を位相空間とする．$\#\mathcal{B} \leqq \aleph_0$ をみたす $\mathcal{O}$ の基底 $\mathcal{B}$ が存在するとき，$(X, \mathcal{O})$ は**第 2 可算公理**をみたすという．

例 5.2 $\mathcal{O}$ を $\mathbb{R}^n$ の通常の位相とする．

$$\mathcal{B} = \left\{ U(a; \varepsilon) \mid a \in \mathbb{Q}^n, \ \varepsilon \in (0, \infty) \cap \mathbb{Q} \right\}$$

は $\mathcal{O}$ の基底である．$\#\mathcal{B} \leqq \aleph_0$ であるので，$(\mathbb{R}^n, \mathcal{O})$ は第 2 可算公理をみたす．

問題 5.3 $(X, \mathcal{O})$ を位相空間とする．A を X の部分集合とし，$\mathcal{O}_A$ を $\mathcal{O}$ から定まる A の相対位相とする．次の (1), (2) が成り立つことを示せ．

(1) $(X, \mathcal{O})$ が第 1 可算公理をみたすならば，$(A, \mathcal{O}_A)$ も第 1 可算公理をみたす．

(2) $(X,\mathcal{O})$ が第 2 可算公理をみたすならば，$(A,\mathcal{O}_A)$ も第 2 可算公理をみたす.

定理 5.4　$(X,\mathcal{O})$ を位相空間とする. $(X,\mathcal{O})$ が第 2 可算公理をみたすならば，$(X,\mathcal{O})$ は第 1 可算公理をみたす.

証明　$(X,\mathcal{O})$ が第 2 可算公理をみたすので，$\#\mathcal{B} \leqq \aleph_0$ をみたす $\mathcal{O}$ の基底 $\mathcal{B}$ が存在する. X の点 x を任意にとる. $\mathcal{B}(x) = \{V \in \mathcal{B} \mid x \in V\}$ とする. 問題 4.53 より，$\mathcal{B}(x)$ は $(X,\mathcal{O})$ における x の基本近傍系である. $\mathcal{B}(x)$ から $\mathcal{B}$ への包含写像は単射であるので，$\#\mathcal{B}(x) \leqq \#\mathcal{B}$ である. よって，問題 2.18 (3) より，$\#\mathcal{B}(x) \leqq \aleph_0$ が成り立つ. ゆえに，$(X,\mathcal{O})$ は第 1 可算公理をみたす. $\square$

【稠密・可分】　$(X,\mathcal{O})$ を位相空間とし，A を X の部分集合とする. $A^a = X$ であるとき，A は $(X,\mathcal{O})$ において **稠密**（ちゅうみつ）であるという. $(X,\mathcal{O})$ において稠密であり，かつ $\#A \leqq \aleph_0$ をみたす X の部分集合 A が存在するとき，$(X,\mathcal{O})$ は **可分**であるという.

問題 5.5　$(X,\mathcal{O})$ を位相空間とし，A を X の部分集合とする. A が $(X,\mathcal{O})$ において稠密であるための必要十分条件は，$\mathcal{O}$ の空でない任意の元 O に対し $A \cap O \neq \varnothing$ が成り立つことである. これを示せ.

問題 5.6　$((X_\lambda,\mathcal{O}_\lambda))_{\lambda \in \Lambda}$ を Λ で添字づけられた位相空間の族とし，$(X,\mathcal{O})$ を $((X_\lambda,\mathcal{O}_\lambda))_{\lambda \in \Lambda}$ の直積空間とする. 次の (1)～(3) が成り立つことを示せ.
  (1) $\#\Lambda \leqq \aleph_0$ であり，かつ，Λ の任意の元 λ に対し $(X_\lambda,\mathcal{O}_\lambda)$ が第 1 可算公理をみたすならば，$(X,\mathcal{O})$ も第 1 可算公理をみたす.
  (2) $\#\Lambda \leqq \aleph_0$ であり，かつ，Λ の任意の元 λ に対し $(X_\lambda,\mathcal{O}_\lambda)$ が第 2 可算公理をみたすならば，$(X,\mathcal{O})$ も第 2 可算公理をみたす.
  (3) $\#\Lambda < \aleph_0$ であり，かつ，Λ の任意の元 λ に対し $(X_\lambda,\mathcal{O}_\lambda)$ が可分ならば，$(X,\mathcal{O})$ も可分である.

定理 5.7　$(X,\mathcal{O})$ を位相空間とする. $(X,\mathcal{O})$ が第 2 可算公理をみたすならば，$(X,\mathcal{O})$ は可分である.

証明　$(X,\mathcal{O})$ が第 2 可算公理をみたすので，$\#\mathcal{B} \leqq \aleph_0$ をみたす $\mathcal{O}$ の基底 $\mathcal{B}$ が存在する. $\mathcal{B}_0 = \mathcal{B} - \{\varnothing\}$ とすると，$\mathcal{B}_0$ も $\mathcal{O}$ の基底である. また，$\mathcal{B}_0 \subset \mathcal{B}$ であるので，問題 2.18 (3) より $\#\mathcal{B}_0 \leqq \#\mathcal{B} \leqq \aleph_0$ である. $\mathcal{B}_0$ 上の恒等写像を $\mathcal{B}_0$ で添字づけられた集合族 $(U)_{U \in \mathcal{B}_0}$ と考える. 選択公理より $\prod_{U \in \mathcal{B}_0} U \neq \varnothing$ であるので，写像 $f: \mathcal{B}_0 \to \bigcup_{U \in \mathcal{B}_0} U = X$ であって，$\mathcal{B}_0$ の任意の元 U に対し $f(U) \in U$ をみたすものが存在する. このとき，$A = \{f(U) \mid U \in \mathcal{B}_0\}$ とする. f の終域を A に変えた写像 $f_A: \mathcal{B}_0 \to A$ は全射であるので，問題 2.66 と問題 2.18 (3) より $\#A \leqq \#\mathcal{B}_0 \leqq \aleph_0$ である. $\mathcal{O}$ の空でない元 O を任意にとる. O の点 x が存在する. $x \in U$ かつ $U \subset O$ をみたす $\mathcal{B}_0$

の元 U が存在する．$f(U) \in U$ であるので，$f(U) \in O$ である．また，A の定義より $f(U) \in A$ である．よって，$f(U) \in A \cap O$ であるので，$A \cap O \neq \varnothing$ である．従って，問題 5.5 より，A は $(X, \mathcal{O})$ において稠密である．以上より，$(X, \mathcal{O})$ は可分である．□

例題 **5.8** $(\mathbb{R}, \mathcal{O}_l)$ をゾルゲンフライ直線とする．次の (1)〜(3) を示せ．

(1) $(\mathbb{R}, \mathcal{O}_l)$ は第 1 可算公理をみたす．

(2) $(\mathbb{R}, \mathcal{O}_l)$ は可分である．

(3) $(\mathbb{R}, \mathcal{O}_l)$ は第 2 可算公理をみたさない．

[**解答**] 例題 4.56 より，$\mathcal{O}_l$ は $\mathcal{B}_l = \{[a, b) \mid a, b \in \mathbb{R},\ a < b\}$ を基底とする $\mathbb{R}$ の位相である．

(1) 実数 x を任意にとる．$\mathcal{B}(x) = \{[x, x + \frac{1}{n}) \mid n \in \mathbb{N}\}$ とする．$\mathcal{N}(x)$ の元 U を任意にとる．$x \in U^i$ かつ $U^i \in \mathcal{O}_l$ であるので，$x \in V$ かつ $V \subset U$ をみたす $\mathcal{B}_l$ の元 V が存在する．$\mathcal{B}_l$ の定義より，$V = [a, b)$ をみたす実数 $a, b\ (a < b)$ が存在する．$x < b$ であるので，$N > \frac{1}{b-x}$ をみたす自然数 N が存在する．このとき，

$$a \leqq x < x + \frac{1}{N} < x + (b - x) = b$$

であるので，$[x, x + \frac{1}{N}) \subset [a, b)$ である．よって，$[x, x + \frac{1}{N}) \subset U$ である．従って，$\mathcal{B}(x)$ は $(\mathbb{R}, \mathcal{O}_l)$ における x の基本近傍系である．$\#\mathcal{B}(x) = \aleph_0$ であるので，$(\mathbb{R}, \mathcal{O}_l)$ は第 1 可算公理をみたす．

(2) $\mathcal{O}_l$ の空でない元 O を任意にとる．O の点 x が存在する．$x \in V$ かつ $V \subset O$ をみたす $\mathcal{B}_l$ の元 V が存在する．$\mathcal{B}_l$ の定義より，$V = [a, b)$ をみたす実数 $a, b\ (a < b)$ が存在する．$a < r < b$ をみたす有理数 r が存在する．このとき，$r \in \mathbb{Q} \cap [a, b) \subset \mathbb{Q} \cap O$ であるので，$\mathbb{Q} \cap O \neq \varnothing$ である．よって，問題 5.5 より，$\mathbb{Q}$ は $(\mathbb{R}, \mathcal{O}_l)$ において稠密である．問題 2.17 (2) より $\#\mathbb{Q} = \aleph_0$ であるので，$(\mathbb{R}, \mathcal{O}_l)$ は可分である．

(3) 背理法により証明する．$(\mathbb{R}, \mathcal{O}_l)$ が第 2 可算公理をみたすと仮定する．$\#\mathcal{B} \leqq \aleph_0$ をみたす $\mathcal{O}_l$ の基底 $\mathcal{B}$ が存在する．実数 x に対し，

$$\mathcal{B}_x = \{U \in \mathcal{B} \mid x \in U,\ U \subset [x, x + 1)\}$$

とする．$[x, x + 1) \in \mathcal{O}_l$ であり，$\mathcal{B}$ が $\mathcal{O}_l$ の基底であるので，$\mathcal{B}_x \neq \varnothing$ である．選択公理より $\prod_{x \in \mathbb{R}} \mathcal{B}_x \neq \varnothing$ であるので，写像 $f \colon \mathbb{R} \to \bigcup_{x \in \mathbb{R}} \mathcal{B}_x$ であって，任意の実数 x に対し $f(x) \in \mathcal{B}_x$ をみたすものが存在する．実数 x, y を任意にとる．$x \neq y$ であるとする．$x < y$ としても一般性を失わない．$f(x) \in \mathcal{B}_x$ かつ $f(y) \in \mathcal{B}_y$ であるので，$x \in f(x)$ であり，$f(y) \subset [y, y + 1)$ である．よって，$x \in f(x)$ かつ $x \notin f(y)$ であるので，$f(x) \neq f(y)$ である．従って，f は単射である．$\bigcup_{x \in \mathbb{R}} \mathcal{B}_x \subset \mathcal{B}$ であるので，問題 2.18 (3) より $\aleph = \#\mathbb{R} \leqq \#\bigcup_{x \in \mathbb{R}} \mathcal{B}_x \leqq \#\mathcal{B} \leqq \aleph_0$ である．これは定理 2.22 と問題 2.18 (2) に矛盾する．ゆえに，$(\mathbb{R}, \mathcal{O}_l)$ は第 2 可算公理をみたさない．□

問題 5.9 (X, d) を距離空間とし，$\mathcal{O}$ を d から定まる X の距離位相とする．$(X, \mathcal{O})$ が可分ならば，$(X, \mathcal{O})$ は第 2 可算公理をみたすことを示せ．

5.2 分離公理

【分離公理】 $(X, \mathcal{O})$ を位相空間とし，$\mathcal{A}$ を $(X, \mathcal{O})$ の閉集合全体の集合とする．$(X, \mathcal{O})$ に関する以下の条件 T_0, T_1, T_2, T_3, T_4 を**分離公理**という．

> **T_0（コルモゴロフの公理）**：X の任意の異なる 2 点 x, y に対し，$x \in U$ かつ $y \notin U$ をみたす $\mathcal{O}$ の元 U，または，$x \notin V$ かつ $y \in V$ をみたす $\mathcal{O}$ の元 V のいずれかが存在する．
>
> **T_1（フレシェの公理）**：X の任意の異なる 2 点 x, y に対し，$x \in U$ かつ $y \notin U$ をみたす $\mathcal{O}$ の元 U が存在する．

図 5.1 **T_0**（左）と **T_1**（右）

> **T_2（ハウスドルフの公理）**：X の任意の異なる 2 点 x, y に対し，$x \in U$, $y \in V$, $U \cap V = \varnothing$ をみたす $\mathcal{O}$ の元 U, V が存在する．
>
> **T_3（ヴィートリスの公理）**：$x \notin A$ をみたす X の任意の点 x と $\mathcal{A}$ の任意の元 A に対し，$x \in U$, $A \subset V$, $U \cap V = \varnothing$ をみたす $\mathcal{O}$ の元 U, V が存在する．
>
> **T_4（ティーツェの公理）**：$A \cap B = \varnothing$ をみたす $\mathcal{A}$ の任意の元 A, B に対し，$A \subset U$, $B \subset V$, $U \cap V = \varnothing$ をみたす $\mathcal{O}$ の元 U, V が存在する．

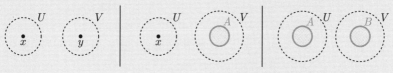

図 5.2 **T_2**（左）と **T_3**（中央）と **T_4**（右）

例 5.10 $X = \{1, 2\}$ とし, $\mathcal{O}_1 = \{\varnothing, X\}$, $\mathcal{O}_2 = \{\varnothing, \{1\}, X\}$ とする. $\mathcal{O}_1$, $\mathcal{O}_2$ はいずれも X の位相である. $(X, \mathcal{O}_1)$ は T_0 をみたさない. $(X, \mathcal{O}_2)$ は T_0 をみたすが, T_1 をみたさない.

例題 5.11 n を 2 以上の整数とし, $X = \{1, 2, \ldots, n\}$ とする. $\mathcal{O}$ を X の位相とする. $(X, \mathcal{O})$ が T_1 をみたすならば, $\mathcal{O}$ は離散位相であることを示せ.

[解答] X の元 i を任意にとる. $X - \{i\}$ の元 j を任意にとる. $(X, \mathcal{O})$ が T_1 をみたすので, $i \in U_j$ かつ $j \notin U_j$ をみたす $\mathcal{O}$ の元 U_j が存在する. ここで, $U = \bigcap_{j \in X - \{i\}} U_j$ とすると, $(\mathrm{O2})'$ より $U \in \mathcal{O}$ である. $X - \{i\}$ の任意の元 j に対し $i \in U_j$ であるので, $i \in U$ である. $X - \{i\}$ の任意の元 j に対し, $j \notin U_j$ であるので $j \notin U$ である. よって, $U = \{i\}$ である. 従って, $\{i\} \in \mathcal{O}$ である. $\mathcal{P}(X)$ の任意の元 A に対し, $A = \bigcup_{i \in A} \{i\}$ であるので, $(\mathrm{O3})$ より $A \in \mathcal{O}$ である. ゆえに, $\mathcal{O} = \mathcal{P}(X)$ である. $\square$

問題 5.12 $(X, \mathcal{O})$ を位相空間とし, $\mathcal{A}$ を $(X, \mathcal{O})$ の閉集合全体の集合とする. 次の (1)～(3) が同値であることを示せ.
 (1) $(X, \mathcal{O})$ は T_1 をみたす.
 (2) X の任意の点 x に対し, $\bigcap \mathcal{N}(x) = \{x\}$ が成り立つ.
 (3) X の任意の点 x に対し, $\{x\} \in \mathcal{A}$ である.

【ハウスドルフ空間・正則空間・正規空間】 $(X, \mathcal{O})$ を位相空間とする. $(X, \mathcal{O})$ が T_2 をみたすとき, $(X, \mathcal{O})$ を**ハウスドルフ空間**という. $(X, \mathcal{O})$ が T_1 および T_3 をみたすとき, $(X, \mathcal{O})$ を**正則空間**という. $(X, \mathcal{O})$ が T_1 および T_4 をみたすとき, $(X, \mathcal{O})$ を**正規空間**という.

問題 5.13 $(X, \mathcal{O})$ を位相空間とする. 次の (1)～(4) が成り立つことを示せ.
 (1) $(X, \mathcal{O})$ が T_1 をみたすならば, $(X, \mathcal{O})$ は T_0 をみたす.
 (2) $(X, \mathcal{O})$ がハウスドルフ空間ならば, $(X, \mathcal{O})$ は T_1 をみたす.
 (3) $(X, \mathcal{O})$ が正則空間ならば, $(X, \mathcal{O})$ はハウスドルフ空間である.
 (4) $(X, \mathcal{O})$ が正規空間ならば, $(X, \mathcal{O})$ は正則空間である.

注意 5.14 例 5.10 と例題 5.15 より, 問題 5.13 (1), (2) の逆は成り立たない. 問題 5.13 (3), (4) の逆も成り立たないことが知られている.

例題 5.15 X を無限集合とし, $\mathcal{O} = \{\varnothing\} \cup \{X - A \mid A \in \mathcal{P}(X), \#A <$

$\aleph_0\}$ とする. 次の (1)〜(3) が成り立つことを示せ.

(1) $\mathcal{O}$ は X の位相である.

(2) $(X,\mathcal{O})$ は T_1 をみたす.

(3) $(X,\mathcal{O})$ はハウスドルフ空間でない.

[解答]　$\mathcal{A}=\{X\}\cup\{A\in\mathcal{P}(X)\mid \#A<\aleph_0\}$ とする.

(1) $\mathcal{A}$ の定義より $X\in\mathcal{A}$ である. $\varnothing\subset X$ かつ $\#\varnothing<\aleph_0$ であるので, $\varnothing\in\mathcal{A}$ である. よって, $\mathcal{A}$ は (A1) をみたす. $\mathcal{A}$ の元 A_1, A_2 を任意にとる. $A_1\subset X$ かつ $A_2\subset X$ であるので, $A_1\cup A_2\subset X$ である. $\#A_1<\aleph_0$ かつ $\#A_2<\aleph_0$ であるので, 問題 2.20 (2) と問題 2.3 (2) より $\#(A_1\cup A_2)<\aleph_0$ である. よって, $\mathcal{A}$ は (A2) をみたす. $(A_\lambda)_{\lambda\in\Lambda}$ を X の部分集合族とし, Λ の任意の元 λ に対し $A_\lambda\in\mathcal{A}$ であるとする. このとき, $\bigcap_{\lambda\in\Lambda}A_\lambda\subset X$ である. Λ の任意の元 μ に対し $\bigcap_{\lambda\in\Lambda}A_\lambda\subset A_\mu$ であるので, 問題 2.20 (2) と問題 2.3 (1) より $\#(\bigcap_{\lambda\in\Lambda}A_\lambda)<\aleph_0$ である. よって, $\mathcal{A}$ は (A3) をみたす. ゆえに, 問題 4.9 より $\mathcal{O}=\{A^c\mid A\in\mathcal{A}\}$ は X の位相である.

(2) X の点 x を任意にとる. $\#\{x\}=1<\aleph_0$ より $\{x\}\in\mathcal{A}$ である. よって, 問題 5.12 より, $(X,\mathcal{O})$ は T_1 をみたす.

(3) $\mathcal{O}$ の空でない元 U, V を任意にとる. $U=A^c, V=B^c$ をみたす $\mathcal{A}-\{X\}$ の元 A, B が存在する. 問題 2.20 (2) と問題 2.3 (2) より $\#(A\cup B)<\aleph_0$ であるので
$$U\cap V=A^c\cap B^c=(A\cup B)^c=X-(A\cup B)\neq\varnothing$$
である. よって, $(X,\mathcal{O})$ はハウスドルフ空間でない. $\square$

定理 5.16　$(X,\mathcal{O})$ を位相空間とする. 次の (1)〜(3) は同値である.

(1) $(X,\mathcal{O})$ はハウスドルフ空間である.

(2) X の任意の点 x に対し, $\bigcap_{W\in\mathcal{N}(x)}W^a=\{x\}$ が成り立つ.

(3) $X\times X$ の**対角集合** $\Delta_X=\{(x,y)\in X\times X\mid x=y\}$ は, $(X,\mathcal{O})$ と $(X,\mathcal{O})$ の直積空間 $(X\times X,\mathcal{O}^2)$ の閉集合である.

証明　$\mathcal{A}$ を $(X,\mathcal{O})$ の閉集合全体の集合とする.

(1) $\Rightarrow$ (2)：X の点 x を任意にとる. $\mathcal{N}(x)$ の元 U を任意にとる. (N1) より $x\in U$ であり, 定理 4.15 (1) より $U\subset U^a$ であるので, $x\in U^a$ である. よって, $x\in\bigcap_{W\in\mathcal{N}(x)}W^a$ であり, $\{x\}\subset\bigcap_{W\in\mathcal{N}(x)}W^a$ である. $X-\{x\}$ の点 y を任意にとる. $x\neq y$ であるので, $x\in U, y\in V, U\cap V=\varnothing$ をみたす $\mathcal{O}$ の元 U, V が存在する. 問題 4.12 より $U=U^i$ であるので, $x\in U^i$ であり, $U\in\mathcal{N}(x)$ である. $U\cap V=\varnothing$ より $U\subset X-V$ である. $V\in\mathcal{O}$ より $X-V\in\mathcal{A}$ であるので, 問題 4.18 より $(X-V)^a=X-V$ である. よって,
$$\bigcap_{W\in\mathcal{N}(x)}W^a\subset U^a\subset(X-V)^a=X-V$$

であるので, $(\bigcap_{W\in\mathcal{N}(x)} W^a)\cap V=\varnothing$ である. $y\in V$ であるので, $y\notin\bigcap_{W\in\mathcal{N}(x)} W^a$ である. 従って, $X-\{x\}\subset X-(\bigcap_{W\in\mathcal{N}(x)} W^a)$ であるので, $\bigcap_{W\in\mathcal{N}(x)} W^a\subset \{x\}$ である. ゆえに, $\{x\}=\bigcap_{W\in\mathcal{N}(x)} W^a$ である.

(2) $\Rightarrow$ (1)：X の異なる 2 点 x,y を任意にとる. 仮定より $\bigcap_{W\in\mathcal{N}(x)} W^a=\{x\}$ である. よって,

$$y\in X-\{x\}=X-\left(\bigcap_{W\in\mathcal{N}(x)} W^a\right)=\bigcup_{W\in\mathcal{N}(x)}(X-W^a)$$

である. 従って, $y\notin N^a$ をみたす $\mathcal{N}(x)$ の元 N が存在する. $U=N^i$, $V=X-N^a$ とする. $N\in\mathcal{N}(x)$ より $x\in N^i=U$ であり, $y\notin N^a$ より $y\in X-N^a=V$ である. また, $U,V\in\mathcal{O}$ であり, 定理 4.11 (1) と定理 4.15 (1) より $U=N^i\subset N\subset N^a=X-V$ であるので, $U\cap V=\varnothing$ である. ゆえに, $(X,\mathcal{O})$ はハウスドルフ空間である.

(1) $\Rightarrow$ (3)：$\Delta_X^c=X\times X-\Delta_X$ が $(X\times X,\mathcal{O}^2)$ の開集合であることを示す. Δ_X^c の点 (x,y) を任意にとる. Δ_X の定義より $x\neq y$ であるので, 仮定より $x\in U$, $y\in V$, $U\cap V=\varnothing$ をみたす $\mathcal{O}$ の元 U,V が存在する. $\mathcal{O}^2$ の定義より, $U\times V\in\mathcal{O}^2$ である. また, $(x,y)\in U\times V$ である. $U\cap V=\varnothing$ より $\Delta_X\cap(U\times V)=\varnothing$ であるので, $U\times V\subset\Delta_X^c$ である. よって, 問題 4.10 より $(x,y)\in(\Delta_X^c)^i$ である. 従って, $\Delta_X^c\subset(\Delta_X^c)^i$ である. 定理 4.11 (1) より $(\Delta_X^c)^i\subset\Delta_X^c$ であるので, $(\Delta_X^c)^i=\Delta_X^c$ である. ゆえに, 問題 4.12 より $\Delta_X^c\in\mathcal{O}^2$ である.

(3) $\Rightarrow$ (1)：X の異なる 2 点 x,y を任意にとる. $(x,y)\in\Delta_X^c$ であり, 仮定より $\Delta_X^c\in\mathcal{O}^2$ である. $\mathcal{O}^2$ の定義より, $(x,y)\in U\times V$ かつ $U\times V\subset\Delta_X^c$ をみたす $\mathcal{O}$ の元 U,V が存在する. このとき, $x\in U$, $y\in V$, $U\cap V=\varnothing$ である. ゆえに, $(X,\mathcal{O})$ はハウスドルフ空間である. $\square$

問題 5.17 $(Y,\mathcal{O}_Y)$ を位相空間とする. 次の (1)〜(3) が同値であることを示せ.

(1) $(Y,\mathcal{O}_Y)$ はハウスドルフ空間である.

(2) 任意の位相空間 $(X,\mathcal{O}_X)$ と, $(X,\mathcal{O}_X)$ から $(Y,\mathcal{O}_Y)$ への任意の連続写像 $f,g\colon X\to Y$ に対し, $\{x\in X\mid f(x)=g(x)\}$ は $(X,\mathcal{O}_X)$ の閉集合である.

(3) 任意の位相空間 $(X,\mathcal{O}_X)$ と, $(X,\mathcal{O}_X)$ から $(Y,\mathcal{O}_Y)$ への任意の連続写像 $f\colon X\to Y$ に対し, $\{(x,y)\in X\times Y\mid y=f(x)\}$ は $(X,\mathcal{O}_X)$ と $(Y,\mathcal{O}_Y)$ の直積空間の閉集合である.

定理 5.18 $(X,\mathcal{O})$ を位相空間とし, $\mathcal{A}$ を $(X,\mathcal{O})$ の閉集合全体の集合とする. 次の (1)〜(3) は同値である.

(1) $(X,\mathcal{O})$ は T_3 をみたす.

(2) $\mathcal{O}$ の任意の元 O と, O の任意の点 x に対し, $x\in U$ かつ $U^a\subset O$ をみたす $\mathcal{O}$ の元 U が存在する.

(3) X の任意の点 x に対し, $\mathcal{B}(x) = \{A \in \mathcal{A} \mid x \in A^i\}$ は $(X, \mathcal{O})$ における
x の基本近傍系である.

証明　(1) $\Rightarrow$ (2)：$\mathcal{O}$ の元 O と, O の点 x を任意にとる. $O^c = X - O \in \mathcal{A}$ であり,
$x \notin O^c$ であるので, 仮定より $x \in U$, $O^c \subset V$, $U \cap V = \varnothing$ をみたす $\mathcal{O}$ の元 U, V
が存在する. $U \subset V^c$ であり, $V^c \in \mathcal{A}$ であるので, $U^a \subset V^c \subset O$ である.

　(2) $\Rightarrow$ (1)：$x \notin A$ をみたす X の点 x と $\mathcal{A}$ の元 A を任意にとる. $x \in A^c$ かつ
$A^c \in \mathcal{O}$ であるので, 仮定より $x \in U$ かつ $U^a \subset A^c$ をみたす $\mathcal{O}$ の元 U が存在する.
$V = (U^a)^c$ とすると, $V \in \mathcal{O}$ かつ $A \subset V$ であり, 問題 4.15 (1) より $U \cap V \subset U^a \cap$
$(U^a)^c = \varnothing$ である. よって, $(X, \mathcal{O})$ は T_3 をみたす.

　(2) $\Rightarrow$ (3)：X の点 x を任意にとる. $\mathcal{N}(x)$ の元 W を任意にとる. $x \in W^i$ であ
り, $W^i \in \mathcal{O}$ であるので, 仮定より $x \in U$ かつ $U^a \subset W^i$ をみたす $\mathcal{O}$ の元 U が存在
する. 問題 4.12 より $U = U^i$ であるので, $x \in U^i$ である. 定理 4.15 (1) より $U \subset$
U^a であるので, $U^i \subset (U^a)^i$ である. よって, $x \in (U^a)^i$ であり, $U^a \in \mathcal{N}(x)$ であ
る. $U^a \in \mathcal{A}$ であるので, $U^a \in \mathcal{B}(x)$ である. また, 定理 4.11 (1) より $U^a \subset W^i \subset$
W である. ゆえに, $\mathcal{B}(x)$ は $(X, \mathcal{O})$ における x の基本近傍系である.

　(3) $\Rightarrow$ (2)：$\mathcal{O}$ の元 O と, O の点 x を任意にとる. 問題 4.12 より $O = O^i$ である
ので, $x \in O^i$ であり, $O \in \mathcal{N}(x)$ である. 仮定より $A \subset O$ をみたす $\mathcal{B}(x)$ の元 A が
存在する. $U = A^i$ とする. $U \in \mathcal{O}$ である. $\mathcal{B}(x) \subset \mathcal{N}(x)$ より $A \in \mathcal{N}(x)$ であるの
で, $x \in A^i = U$ である. 定理 4.11 (1), 定理 4.15 (1) と問題 4.18 より

$$U \subset U^a = (A^i)^a \subset A^a = A \subset O$$

である. $\square$

問題 5.19　$(X, \mathcal{O})$ を位相空間とし, $\mathcal{A}$ を $(X, \mathcal{O})$ の閉集合全体の集合とする. 次の
(1), (2) が同値であることを示せ.
(1) $(X, \mathcal{O})$ は T_4 をみたす.
(2) $A \subset O$ をみたす $\mathcal{A}$ の任意の元 A と $\mathcal{O}$ の任意の元 O に対し, $A \subset U$ かつ $U^a \subset$
O をみたす $\mathcal{O}$ の元 U が存在する.

問題 5.20　(X, d) を距離空間とし, $\mathcal{O}_X$ を d から定まる X の距離位相とする. この
とき, $(X, \mathcal{O}_X)$ が正規空間であることを示せ.

問題 5.21　$(X, \mathcal{O})$ を位相空間とし, $\mathcal{A}$ を $(X, \mathcal{O})$ の閉集合全体の集合とする. A を
X の部分集合とし, $\mathcal{O}_A$ を $\mathcal{O}$ から定まる A の相対位相とする. 次の (1)~(5) が成り
立つことを示せ.
(1) $(X, \mathcal{O})$ が T_0 をみたすならば, $(A, \mathcal{O}_A)$ も T_0 をみたす.
(2) $(X, \mathcal{O})$ が T_1 をみたすならば, $(A, \mathcal{O}_A)$ も T_1 をみたす.
(3) $(X, \mathcal{O})$ が T_2 をみたすならば, $(A, \mathcal{O}_A)$ も T_2 をみたす.
(4) $(X, \mathcal{O})$ が T_3 をみたすならば, $(A, \mathcal{O}_A)$ も T_3 をみたす.
(5) $(X, \mathcal{O})$ が T_4 をみたし, かつ $A \in \mathcal{A}$ ならば, $(A, \mathcal{O}_A)$ も T_4 をみたす.

注意 5.22　問題 5.21 (5) において「$A \in \mathcal{A}$」という仮定を外した命題は成り立たない.

問題 5.23　$((X_\lambda, \mathcal{O}_\lambda))_{\lambda \in \Lambda}$ を Λ で添字づけられた位相空間の族とし, $(X, \mathcal{O})$ を $((X_\lambda, \mathcal{O}_\lambda))_{\lambda \in \Lambda}$ の直積空間とする. 次の (1)〜(4) が成り立つことを示せ.

(1) Λ の任意の元 λ に対し $(X_\lambda, \mathcal{O}_\lambda)$ が T_0 をみたすならば, $(X, \mathcal{O})$ も T_0 をみたす.

(2) Λ の任意の元 λ に対し $(X_\lambda, \mathcal{O}_\lambda)$ が T_1 をみたすならば, $(X, \mathcal{O})$ も T_1 をみたす.

(3) Λ の任意の元 λ に対し $(X_\lambda, \mathcal{O}_\lambda)$ が T_2 をみたすならば, $(X, \mathcal{O})$ も T_2 をみたす.

(4) Λ の任意の元 λ に対し $(X_\lambda, \mathcal{O}_\lambda)$ が T_3 をみたすならば, $(X, \mathcal{O})$ も T_3 をみたす.

注意 5.24　T_4 に関しては, 問題 5.23 (1)〜(4) と同様の命題は成り立たない.

5.3　実連続関数と位相

【実連続関数】　$(X, \mathcal{O}_X)$ を位相空間とし, $\mathcal{O}$ を $\mathbb{R}$ の通常の位相とする. $(X, \mathcal{O}_X)$ から $(\mathbb{R}, \mathcal{O})$ への連続写像を, $(X, \mathcal{O}_X)$ 上の**実連続関数**という.

定理 5.25　(ウリゾーンの補題)　$(X, \mathcal{O}_X)$ を T_4 をみたす位相空間とする. A, B を $(X, \mathcal{O}_X)$ の閉集合とし, $A \cap B = \varnothing$ であるとする. このとき, 次の (1)〜(3) をみたす $(X, \mathcal{O}_X)$ 上の実連続関数 $f\colon X \to \mathbb{R}$ が存在する.

(1) $f(X) \subset [0, 1]$

(2) A の任意の点 x に対し $f(x) = 0$ である.

(3) B の任意の点 x に対し $f(x) = 1$ である.

証明　$(X, \mathcal{O}_X)$ の閉集合全体の集合を $\mathcal{A}_X$ とする.

第 1 段「X の部分集合族 $(O(r))_{r \in R}$ の構成」: $\Lambda = \{(C, W) \in \mathcal{A}_X \times \mathcal{O}_X \mid C \subset W\}$ とする. Λ の元 (C, W) に対し,

$$\mathcal{O}(C, W) = \{O \in \mathcal{O}_X \mid C \subset O,\ O^a \subset W\}$$

と定める. $(X, \mathcal{O}_X)$ が T_4 をみたすので, 問題 5.19 より, Λ の任意の元 (C, W) に対し $\mathcal{O}(C, W) \neq \varnothing$ である. 選択公理より $\prod_{(C,W) \in \Lambda} \mathcal{O}(C, W) \neq \varnothing$ であるので, 写像 $g\colon \Lambda \to \bigcup_{(C,W) \in \Lambda} \mathcal{O}(C, W)$ であって, Λ の任意の元 (C, W) に対し $g(C, W) \in \mathcal{O}(C, W)$ をみたすものが存在する. ここで,

$$R = \left\{ \frac{m}{2^n} \;\middle|\; n \in \{0\} \cup \mathbb{N},\ m \in \{0, 1, \ldots, 2^n\} \right\}$$

とする. まず, $O(0) = g(A, B^c)$, $O(1) = B^c$ と定める. 次に, $\{0\} \cup \mathbb{N}$ の元 n と $\{0, 1, \ldots, 2^n - 1\}$ の元 m に対し

$$O\left(\frac{2m+1}{2^{n+1}}\right) = g\left(O\left(\frac{m}{2^n}\right)^a, O\left(\frac{m+1}{2^n}\right)\right)$$

と定めることにより, R で添字づけられた X の部分集合族 $(O(r))_{r \in R}$ を帰納的に定義する.

第2段「R の元 r, s に対し, $r < s$ ならば $O(r)^a \subset O(s)$ であること」: $\{0\} \cup \mathbb{N}$ の元 n に対し, $R_n = \{\frac{m}{2^n} \mid m \in \{0, 1, \ldots, 2^n\}\}$ とする. $R = \bigcup_{n \in \{0\} \cup \mathbb{N}} R_n$ である. R の元 r に対し, $n(r) = \min\{n \mid r \in R_n\}$ とする.

　R の元 r, s を任意にとる. $r < s$ であるとする. $n = \max\{n(r), n(s)\}$ とし, $O(r)^a \subset O(s)$ であることを, n に関する帰納法により証明する. $n = 0$ のとき, $n(r) = n(s) = 0$ であるので, $r < s$ より $r = 0$, $s = 1$ である. $O(0) = g(A, B^c) \in \mathcal{O}(A, B^c)$ であるので, $O(0)^a \subset B^c = O(1)$ である. $n \geqq 1$ であるとし, R の元 r', s' に対し, $r' < s'$ かつ $\max\{n(r'), n(s')\} \leqq n - 1$ ならば $O(r')^a \subset O(s')$ であると仮定する.

(i) $n(r) = n(s) = n$ のとき: r, s はそれぞれ

$$r = \frac{2i+1}{2^n}, \; s = \frac{2j+1}{2^n} \quad (i, j \in \{0, \ldots, 2^{n-1} - 1\})$$

と表される. $r < s$ であるので, $i < j$ であり, $i + 1 \leqq j$ である. $i + 1 = j$ ならば, 定理 4.15 (1) より $O(\frac{i+1}{2^{n-1}}) = O(\frac{j}{2^{n-1}}) \subset O(\frac{j}{2^{n-1}})^a$ である. $i + 1 < j$ ならば, 帰納法の仮定と定理 4.15 (1) より $O(\frac{i+1}{2^{n-1}}) \subset O(\frac{i+1}{2^{n-1}})^a \subset O(\frac{j}{2^{n-1}}) \subset O(\frac{j}{2^{n-1}})^a$ である. よって, $O(r)$, $O(s)$ の構成より, いずれの場合も

$$O(r)^a \subset O\left(\frac{i+1}{2^{n-1}}\right) \subset O\left(\frac{j}{2^{n-1}}\right)^a \subset O(s)$$

である.

(ii) $n(r) = n$ かつ $n(s) < n$ のとき: r, s はそれぞれ

$$r = \frac{2i+1}{2^n}, \; s = \frac{2j}{2^n} \quad (i \in \{0, \ldots, 2^{n-1} - 1\}, \; j \in \{0, \ldots, 2^{n-1}\})$$

と表される. $r < s$ であるので, $2i + 1 < 2j$ であり, $i + 1 \leqq j$ である. $i + 1 = j$ ならば, $O(\frac{i+1}{2^{n-1}}) = O(\frac{j}{2^{n-1}})$ である. $i + 1 < j$ ならば, 帰納法の仮定と定理 4.15 (1) より $O(\frac{i+1}{2^{n-1}}) \subset O(\frac{i+1}{2^{n-1}})^a \subset O(\frac{j}{2^{n-1}})$ である. よって, $O(r)$, $O(s)$ の構成より, いずれの場合も

$$O(r)^a \subset O\left(\frac{i+1}{2^{n-1}}\right) \subset O\left(\frac{j}{2^{n-1}}\right) = O(s)$$

である.

(iii) $n(r) < n$ かつ $n(s) = n$ のとき: r, s はそれぞれ

$$r = \frac{2i}{2^n}, \; s = \frac{2j+1}{2^n} \quad (i \in \{0, \ldots, 2^{n-1}\}, \; j \in \{0, \ldots, 2^{n-1} - 1\})$$

と表される. $r < s$ であるので, $2i < 2j + 1$ であり, $i \leqq j$ である. $i = j$ ならば, $O(\frac{i}{2^{n-1}})^a = O(\frac{j}{2^{n-1}})^a$ である. $i < j$ ならば, 帰納法の仮定と定理 4.15 (1) より $O(\frac{i}{2^{n-1}})^a \subset O(\frac{j}{2^{n-1}}) \subset O(\frac{j}{2^{n-1}})^a$ である. よって, $O(r), O(s)$ の構成より, いずれの場合も

$$O(r)^a = O\left(\frac{i}{2^{n-1}}\right)^a \subset O\left(\frac{j}{2^{n-1}}\right)^a \subset O(s)$$

である.

以上より, $O(r)^a \subset O(s)$ である.

第 3 段「写像 $f\colon X \to \mathbb{R}$ の構成と性質」: $B^c = X - B$ の元 x を任意にとる. $R(x) = \{r \in R \mid x \in O(r)\}$ と定める. $x \in O(1) = B^c$ であるので, $1 \in R(x)$ であり, $R(x) \neq \varnothing$ である. また, $R(x) \subset R \subset [0,1]$ であるので, $R(x)$ は有界である. よって, 実数の連続性より $R(x)$ の下限が存在する. そこで,

$$f(x) = \begin{cases} 1 & (x \in B) \\ \inf R(x) & (x \in B^c) \end{cases}$$

と定めることにより, 写像 $f\colon X \to \mathbb{R}$ を定義する. f の定義より $f(X) \subset [0,1]$ であるので (1) が成り立つ. 定理 4.15 (1) より $A \subset A^a \subset O(0)$ であるので, A の任意の点 x に対し $x \in O(0)$ であり, $f(x) = 0$ である. よって, (2) が成り立つ. f の定義より $f(B) = \{1\}$ であるので (3) が成り立つ.

第 4 段「f と $(O(r))_{r \in R}$ の関係」: X の点 x と R の元 r に対し, 次の ❶ ~ ❹ が成り立つ.

    ❶ $f(x) < r$ ならば $x \in O(r)$ である.
    ❷ $x \in O(r)$ ならば $f(x) \leqq r$ である.
    ❸ $f(x) > r$ ならば $x \notin O(r)^a$ である.
    ❹ $x \notin O(r)^a$ ならば $f(x) \geqq r$ である.

❶ の証明: $f(x) < r \leqq 1$ であるので, $x \in B^c$ であり, $f(x) = \inf R(x)$ である. $\inf R(x) < r$ であるので, $s < r$ をみたす $R(x)$ の元 s が存在する. $R(x)$ の定義より, $x \in O(s)$ である. 定理 4.15 (1) と第 2 段より, $O(s) \subset O(s)^a \subset O(r)$ である. よって, $x \in O(r)$ である.

❷ の証明: $r = 1$ ならば, $x \in O(1) = B^c$ であり, (1) より $f(x) \leqq 1 = r$ である. $r < 1$ とする. 定理 4.15 (1) と第 2 段より, $O(r) \subset O(r)^a \subset O(1) = B^c$ である. $x \in O(r)$ であるので, $x \in B^c$ であり, $f(x) = \inf R(x)$ である. $x \in O(r)$ より $r \in R(x)$ であるので, $\inf R(x) \leqq r$ である. よって, $f(x) \leqq r$ である.

❸ の証明: $x \in B$ ならば $f(x) = 1$ であるので, $f(x) > r$ より $r < 1$ である. このとき, $x \notin B^c = O(1)$ であるので, 第 2 段より $x \notin O(r)^a$ である. $x \in B^c$ とする. $f(x) > r$ であるので, $f(x) > s > r$ をみたす R の元 s が存在する. ❷ の対偶より $x \notin O(s)$ であるので, 第 2 段より $x \notin O(r)^a$ である.

❹ の証明: 対偶を示す. $f(x) < r$ ならば, ❶ より $x \in O(r)$ である. よって, 定理 4.15 (1) より $x \in O(r)^a$ である.

第5段「f が $(X, \mathcal{O}_X)$ 上の実連続関数であること」：X の点 x_0 と正の実数 ε を任意にとる.

(i) $0 < f(x_0) < 1$ のとき：次をみたす R の元 r, s が存在する.

$$f(x_0) - \varepsilon < r < f(x_0) < s < f(x_0) + \varepsilon$$

第2段より $O(r)^a \subset O(s)$ である. $U(x_0) = O(s) - O(r)^a$ と定める. $O(s) \in \mathcal{O}_X$ であり，$O(r)^a \in \mathcal{A}_X$ であるので，(O2) より $U(x_0) = O(s) \cap (O(r)^a)^c \in \mathcal{O}_X$ である. $f(x_0) < s$ であるので，❶ より $x_0 \in O(s)$ であり，$f(x_0) > r$ であるので，❸ より $x_0 \notin O(r)^a$ である. よって，$x_0 \in U(x_0)$ である. 問題 4.12 より $U(x_0) = U(x_0)^i$ であるので，$x_0 \in U(x_0)^i$ である. 従って，$U(x_0) \in \mathcal{N}(x_0)$ である. $U(x_0)$ の点 x を任意にとる. $x \in O(s)$ であるので，❷ より $f(x) \leqq s$ であり，$x \notin O(r)^a$ であるので，❹ より $f(x) \geqq r$ である. よって，$f(x) \in [r, s] \subset (f(x_0) - \varepsilon, f(x_0) + \varepsilon)$ である. 従って，$f(U(x_0)) \subset (f(x_0) - \varepsilon, f(x_0) + \varepsilon)$ である. このとき，

$$U(x_0) \subset f^{-1}(f(U(x_0))) \subset f^{-1}((f(x_0) - \varepsilon, f(x_0) + \varepsilon))$$

であるので，(N3) より $f^{-1}((f(x_0) - \varepsilon, f(x_0) + \varepsilon)) \in \mathcal{N}(x_0)$ である.

(ii) $f(x_0) = 1$ のとき：$1 - \varepsilon < r < 1$ をみたす R の元 r が存在する. $U(x_0) = X - O(r)^a$ と定める. $O(r)^a \in \mathcal{A}_X$ であるので，$U(x_0) = (O(r)^a)^c \in \mathcal{O}_X$ である. $f(x_0) > r$ であるので，❸ より $x_0 \notin O(r)^a$ である. よって，$x_0 \in U(x_0)$ である. 問題 4.12 より $U(x_0) = U(x_0)^i$ であるので，$x_0 \in U(x_0)^i$ である. 従って，$U(x_0) \in \mathcal{N}(x_0)$ である. $U(x_0)$ の点 x を任意にとる. $x \notin O(r)^a$ であるので，❹ より $f(x) \geqq r$ である. よって，$f(x) \in [r, 1] \subset (f(x_0) - \varepsilon, f(x_0) + \varepsilon)$ である. 従って，(i) と同様に $f^{-1}((f(x_0) - \varepsilon, f(x_0) + \varepsilon)) \in \mathcal{N}(x_0)$ である.

(ii) $f(x_0) = 0$ のとき：$0 < s < \varepsilon$ をみたす R の元 s が存在する. $U(x_0) = O(s)$ と定める. $O(s) \in \mathcal{O}_X$ であるので，$U(x_0) \in \mathcal{O}_X$ である. $f(x_0) < s$ であるので，❶ より $x_0 \in O(s)$ である. よって，$x_0 \in U(x_0)$ である. 問題 4.12 より $U(x_0) = U(x_0)^i$ であるので，$x_0 \in U(x_0)^i$ である. 従って，$U(x_0) \in \mathcal{N}(x_0)$ である. $U(x_0)$ の点 x を任意にとる. $x \in O(s)$ であるので，❷ より $f(x) \leqq s$ である. よって，$f(x) \in [0, s] \subset (f(x_0) - \varepsilon, f(x_0) + \varepsilon)$ である. 従って，(i) と同様に $f^{-1}((f(x_0) - \varepsilon, f(x_0) + \varepsilon)) \in \mathcal{N}(x_0)$ である.

例 4.28 より $\{(f(x_0) - \varepsilon, f(x_0) + \varepsilon) \mid \varepsilon \in (0, \infty)\}$ は $(\mathbb{R}, \mathcal{O})$ における $f(x_0)$ の基本近傍系である. ゆえに問題 4.61 より，f は $(X, \mathcal{O}_X)$ 上の実連続関数である. □

【完全正則空間】 $(X, \mathcal{O})$ を位相空間とし，$\mathcal{A}$ を $(X, \mathcal{O})$ の閉集合全体の集合とする. $(X, \mathcal{O})$ に関する次の条件 $\mathrm{T}_{3\frac{1}{2}}$ も分離公理のひとつである.

$\mathrm{T}_{3\frac{1}{2}}$（チコノフの公理）：$x \notin A$ をみたす X の任意の点 x と $\mathcal{A}$ の任意の元 A に対し，次の (1)〜(3) をみたす $(X, \mathcal{O})$ 上の実連続関数 $f\colon X \to \mathbb{R}$ が存在する.

(1) $f(X) \subset [0, 1]$

(2) $f(x) = 0$

(3) A の任意の点 a に対し $f(a) = 1$ である.

$(X, \mathcal{O})$ が T_1 および $\mathrm{T}_{3\frac{1}{2}}$ をみたすとき,$(X, \mathcal{O})$ を**完全正則空間**という.

問題 5.26　$(X, \mathcal{O}_X)$ を位相空間とする.次の (1), (2) が成り立つことを示せ.

(1) $(X, \mathcal{O}_X)$ が正規空間ならば,$(X, \mathcal{O}_X)$ は完全正則空間である.

(2) $(X, \mathcal{O}_X)$ が完全正則空間ならば,$(X, \mathcal{O}_X)$ は正則空間である.

5.4 距離づけ定理

【**距離づけ可能**】　$(X, \mathcal{O})$ を位相空間とする.$\mathcal{O}$ が X 上のある距離関数から定まる距離位相に等しいとき,$(X, \mathcal{O})$ は**距離づけ可能**であるという.

問題 5.27　$(X, \mathcal{O}_X), (Y, \mathcal{O}_Y)$ を位相空間とし,$(X, \mathcal{O}_X)$ と $(Y, \mathcal{O}_Y)$ は同相であるとする.A を X の部分集合とし,$\mathcal{O}_A$ を $\mathcal{O}_X$ から定まる A の相対位相とする.次の (1), (2) が成り立つことを示せ.

(1) $(X, \mathcal{O}_X)$ が距離づけ可能ならば,$(Y, \mathcal{O}_Y)$ も距離づけ可能である.

(2) $(X, \mathcal{O}_X)$ が距離づけ可能ならば,$(A, \mathcal{O}_A)$ も距離づけ可能である.

補題 5.28　$((X_\lambda, \mathcal{O}_\lambda))_{\lambda \in \Lambda}$ を Λ で添字づけられた位相空間の族とし,$\#\Lambda = \aleph_0$ とする.Λ の任意の元 λ に対し,$\mathcal{O}_\lambda$ が X_λ 上の距離関数 d_λ から定まる距離位相ならば,$((X_\lambda, \mathcal{O}_\lambda))_{\lambda \in \Lambda}$ の直積空間 $(X, \mathcal{O})$ は距離づけ可能である.

証明　Λ の元 λ を任意にとる.問題 4.33 より,次の (1)〜(3) をみたす写像 $d'_\lambda \colon X_\lambda \times X_\lambda \to \mathbb{R}$ を d_λ から構成することができる.

(1) d'_λ は X_λ 上の距離関数である.

(2) d'_λ に関する X_λ の直径は 1 以下である.

(3) d'_λ から定まる X_λ の距離位相は $\mathcal{O}_\lambda$ に等しい.

$\#\Lambda = \aleph_0$ であるので,$\mathbb{N}$ から Λ への全単射 $\varphi \colon \mathbb{N} \to \Lambda$ が存在する.$X = \prod_{\lambda \in \Lambda} X_\lambda$ の点 $(x_\lambda)_{\lambda \in \Lambda}, (y_\lambda)_{\lambda \in \Lambda}$ に対し

$$d((x_\lambda)_{\lambda \in \Lambda}, (y_\lambda)_{\lambda \in \Lambda}) = \sum_{n=1}^\infty \frac{1}{2^n} d'_{\varphi(n)}(x_{\varphi(n)}, y_{\varphi(n)})$$

と定めることにより,写像 $d \colon X \times X \to \mathbb{R}$ を定義する.

第1段「d が X 上の距離関数であること」:X の点 $(x_\lambda)_{\lambda \in \Lambda}, (y_\lambda)_{\lambda \in \Lambda}, (z_\lambda)_{\lambda \in \Lambda}$ を任意にとる.Λ の任意の元 λ に対し $d'_\lambda(x_\lambda, y_\lambda) \leqq 1$ であるので,

$$d((x_\lambda)_{\lambda \in \Lambda}, (y_\lambda)_{\lambda \in \Lambda}) = \sum_{n=1}^\infty \frac{1}{2^n} d'_{\varphi(n)}(x_{\varphi(n)}, y_{\varphi(n)}) \leqq \sum_{n=1}^\infty \frac{1}{2^n} = 1$$

である．よって，右辺の級数は収束するので，実数 $d((x_\lambda)_{\lambda \in \Lambda}, (y_\lambda)_{\lambda \in \Lambda})$ は矛盾なく定義されている．d が距離関数の性質 (D1)〜(D4) をみたすことを示す．

(D1) をみたすこと：d の定義より $d((x_\lambda)_{\lambda \in \Lambda}, (y_\lambda)_{\lambda \in \Lambda}) \geqq 0$ である．

(D2) をみたすこと：$(x_\lambda)_{\lambda \in \Lambda} = (y_\lambda)_{\lambda \in \Lambda}$ ならば，Λ の任意の元 λ に対し $x_\lambda = y_\lambda$ であるので，d の定義より $d((x_\lambda)_{\lambda \in \Lambda}, (y_\lambda)_{\lambda \in \Lambda}) = 0$ である．$d((x_\lambda)_{\lambda \in \Lambda}, (y_\lambda)_{\lambda \in \Lambda}) = 0$ ならば，$\sum_{n=1}^{\infty} \frac{d'_{\varphi(n)}(x_{\varphi(n)}, y_{\varphi(n)})}{2^n} = 0$ であるので，任意の自然数 n に対し $x_{\varphi(n)} = y_{\varphi(n)}$ である．φ が全射であるので，Λ の任意の元 λ に対し $x_\lambda = y_\lambda$ である．よって，$(x_\lambda)_{\lambda \in \Lambda} = (y_\lambda)_{\lambda \in \Lambda}$ である．

(D3) をみたすこと：Λ の任意の元 λ に対し $d'_\lambda(x_\lambda, y_\lambda) = d'_\lambda(y_\lambda, x_\lambda)$ であるので，d の定義より $d((x_\lambda)_{\lambda \in \Lambda}, (y_\lambda)_{\lambda \in \Lambda}) = d((y_\lambda)_{\lambda \in \Lambda}, (x_\lambda)_{\lambda \in \Lambda})$ である．

(D4) をみたすこと：自然数 N を任意にとる．Λ の任意の元 λ に対し $d'_\lambda(x_\lambda, z_\lambda) \leqq d'_\lambda(x_\lambda, y_\lambda) + d'_\lambda(y_\lambda, z_\lambda)$ であるので，

$$
\sum_{n=1}^{N} \frac{1}{2^n} d'_{\varphi(n)}(x_{\varphi(n)}, z_{\varphi(n)})
$$
$$
\leqq \sum_{n=1}^{N} \frac{1}{2^n} d'_{\varphi(n)}(x_{\varphi(n)}, y_{\varphi(n)}) + \sum_{n=1}^{N} \frac{1}{2^n} d'_{\varphi(n)}(y_{\varphi(n)}, z_{\varphi(n)})
$$
$$
\leqq \sum_{n=1}^{\infty} \frac{1}{2^n} d'_{\varphi(n)}(x_{\varphi(n)}, y_{\varphi(n)}) + \sum_{n=1}^{\infty} \frac{1}{2^n} d'_{\varphi(n)}(y_{\varphi(n)}, z_{\varphi(n)})
$$
$$
= d((x_\lambda)_{\lambda \in \Lambda}, (y_\lambda)_{\lambda \in \Lambda}) + d((y_\lambda)_{\lambda \in \Lambda}, (z_\lambda)_{\lambda \in \Lambda})
$$

である．よって，

$$
d((x_\lambda)_{\lambda \in \Lambda}, (z_\lambda)_{\lambda \in \Lambda}) \leqq d((x_\lambda)_{\lambda \in \Lambda}, (y_\lambda)_{\lambda \in \Lambda}) + d((y_\lambda)_{\lambda \in \Lambda}, (z_\lambda)_{\lambda \in \Lambda})
$$

である．

第2段「d から定まる X の距離位相が $\mathcal{O}$ に等しいこと」：d から定まる X の距離位相を $\mathcal{O}'$ とする．$\mathcal{O}' = \mathcal{O}$ であることを示す．

$\mathcal{O} \subset \mathcal{O}'$ であること：Λ の元 μ を任意にとる．$m = \varphi^{-1}(\mu)$ とする．X の点 $(a_\lambda)_{\lambda \in \Lambda}$ を任意にとる．正の実数 ε を任意にとる．$\delta = \frac{\varepsilon}{2^m}$ と定める．φ が全単射であるので，$d((x_\lambda)_{\lambda \in \Lambda}, (a_\lambda)_{\lambda \in \Lambda}) < \delta$ をみたす X の点 $(x_\lambda)_{\lambda \in \Lambda}$ に対し

$$
d_\mu(x_\mu, a_\mu) = 2^m \cdot \frac{1}{2^m} d_\mu(x_\mu, a_\mu) \leqq 2^m \cdot \sum_{n=1}^{\infty} \frac{1}{2^n} d_{\varphi(n)}(x_{\varphi(n)}, a_{\varphi(n)})
$$
$$
= 2^m \cdot d((x_\lambda)_{\lambda \in \Lambda}, (a_\lambda)_{\lambda \in \Lambda}) < 2^m \cdot \delta = \varepsilon
$$

が成り立つ．よって，μ 成分への射影 $\mathrm{pr}_\mu \colon X \to X_\mu$ は (X, d) から (X_μ, d_μ) への連続写像である．問題 4.39 より，pr_μ は $(X, \mathcal{O}')$ から $(X_\mu, \mathcal{O}_\mu)$ への連続写像である．$\mathrm{pr}_\mu = \mathrm{pr}_\mu \circ 1_X$ であるので，定理 4.73 より，1_X は $(X, \mathcal{O}')$ から $(X, \mathcal{O})$ への連続写像である．ゆえに，$\mathcal{O} \subset \mathcal{O}'$ である．

$\mathcal{O}' \subset \mathcal{O}$ であること：X の元 $(a_\lambda)_{\lambda \in \Lambda}$ を任意にとる．正の実数 ε に対し，$(X, \mathcal{O}')$

における $(a_\lambda)_{\lambda \in \Lambda}$ の ε 近傍を $U'((a_\lambda)_{\lambda \in \Lambda}; \varepsilon)$ とする. 例 4.28 より

$$\mathcal{B}'((a_\lambda)_{\lambda \in \Lambda}) = \left\{ U'((a_\lambda)_{\lambda \in \Lambda}; \varepsilon) \mid \varepsilon \in (0, \infty) \right\}$$

は $(X, \mathcal{O}')$ における $(a_\lambda)_{\lambda \in \Lambda}$ の基本近傍系である. Λ の元 λ と正の実数 ε に対し, $(X_\lambda, \mathcal{O}_\lambda)$ における a_λ の ε 近傍を $U_\lambda(a_\lambda; \varepsilon)$ とする. 例 4.28 より, $\mathcal{B}_\lambda(a_\lambda) = \{U_\lambda(a_\lambda; \varepsilon) \mid \varepsilon \in (0, \infty)\}$ は $(X_\lambda, \mathcal{O}_\lambda)$ における a_λ の基本近傍系である. よって, 問題 4.71 より,

$$\mathcal{B}((a_\lambda)_{\lambda \in \Lambda}) = \left\{ \bigcap_{\lambda \in \Lambda'} \mathrm{pr}_\lambda^{-1}(U_\lambda) \;\middle|\; \begin{array}{l} \Lambda' \subset \Lambda, \ \#\Lambda' < \aleph_0, \ \Lambda' \neq \varnothing, \\ \forall \lambda \in \Lambda'(U_\lambda \in \mathcal{B}_\lambda(a_\lambda)) \end{array} \right\}$$

は $(X, \mathcal{O})$ における $(a_\lambda)_{\lambda \in \Lambda}$ の基本近傍系である. $\mathcal{B}'((a_\lambda)_{\lambda \in \Lambda})$ の元 U' を任意にとる. $U' = U'((a_\lambda)_{\lambda \in \Lambda}; \varepsilon)$ をみたす正の実数 ε が存在する. $2^{-N} < \frac{\varepsilon}{2}$ をみたす自然数 N が存在する. このとき,

$$U = \bigcap_{n=1}^{N} \mathrm{pr}_{\varphi(n)}^{-1}\left(U_{\varphi(n)}\left(a_{\varphi(n)}; \frac{\varepsilon}{2} \right) \right) \in \mathcal{B}((a_\lambda)_{\lambda \in \Lambda})$$

である. U の任意の点 $(x_\lambda)_{\lambda \in \Lambda}$ に対し

$$d\big((x_\lambda)_{\lambda \in \Lambda}, (a_\lambda)_{\lambda \in \Lambda}\big) = \sum_{n=1}^{\infty} \frac{1}{2^n} d'_{\varphi(n)}(x_{\varphi(n)}, a_{\varphi(n)})$$

$$= \sum_{n=1}^{N} \frac{1}{2^n} d'_{\varphi(n)}(x_{\varphi(n)}, a_{\varphi(n)}) + \sum_{n=N+1}^{\infty} \frac{1}{2^n} d'_{\varphi(n)}(x_{\varphi(n)}, a_{\varphi(n)})$$

$$\leq \sum_{n=1}^{N} \frac{1}{2^n} \cdot \frac{\varepsilon}{2} + \sum_{n=N+1}^{\infty} \frac{1}{2^n} = \left(1 - \frac{1}{2^N} \right) \frac{\varepsilon}{2} + \frac{1}{2^N} < \frac{\varepsilon}{2} + \frac{\varepsilon}{2} = \varepsilon$$

であるので, $(x_\lambda)_{\lambda \in \Lambda} \in U'$ である. よって, $U \subset U'$ である. ゆえに, 問題 4.32 より $\mathcal{O}' \subset \mathcal{O}$ である.

以上より, $\mathcal{O}' = \mathcal{O}$ である. $\square$

例 5.29 $\mathcal{O}$ を $\mathbb{R}$ の通常の位相とし, $\mathcal{O}$ から定まる $I = [0, 1]$ の相対位相を $\mathcal{O}_I$ とする. Λ を集合とし, $\#\Lambda \leq \aleph_0$ とする. Λ の任意の元 λ に対し $(X_\lambda, \mathcal{O}_\lambda) = (I, \mathcal{O}_I)$ と定めることにより, Λ で添字づけられた位相空間の族 $((X_\lambda, \mathcal{O}_\lambda))_{\lambda \in \Lambda}$ を定義する. 問題 3.8, 問題 4.66, 問題 4.67, 補題 5.28 より, $((X_\lambda, \mathcal{O}_\lambda))_{\lambda \in \Lambda}$ の直積空間 $(I^\Lambda, \mathcal{O}_\Lambda)$ は距離づけ可能である. $\#\Lambda = \aleph_0$ であるとき, $(I^\Lambda, \mathcal{O}_\Lambda)$ を**ヒルベルト立方体**という.

定理 5.30 (**ウリゾーンの距離づけ定理**) $(X, \mathcal{O}_X)$ を第 2 可算公理をみたす正規空間とする. このとき, $(X, \mathcal{O}_X)$ は距離づけ可能である.

証明 $(X, \mathcal{O}_X)$ の閉集合全体の集合を $\mathcal{A}_X$ とする.

第 1 段「距離づけ可能な位相空間 $(I^\Lambda, \mathcal{O}_\Lambda)$ の構成」: $(X, \mathcal{O}_X)$ が第 2 可算公理をみたすので, $\#\mathcal{B}_X \leqq \aleph_0$ をみたす $\mathcal{O}_X$ の基底 $\mathcal{B}_X$ が存在する. このとき,

$$\Lambda = \left\{ (U, V) \in \mathcal{B}_X \times \mathcal{B}_X \mid U^a \subset V \right\}$$

とする. $\#\mathcal{B}_X \leqq \aleph_0$ であるので, 問題 2.19 より $\#(\mathcal{B}_X \times \mathcal{B}_X) \leqq \aleph_0$ である. Λ から $\mathcal{B}_X \times \mathcal{B}_X$ への包含写像は単射であるので, $\#\Lambda \leqq \#(\mathcal{B}_X \times \mathcal{B}_X)$ である. よって, 問題 2.18 (3) より $\#\Lambda \leqq \aleph_0$ である. 従って, この Λ に対する例 5.29 の位相空間 $(I^\Lambda, \mathcal{O}_\Lambda)$ は距離づけ可能である.

第 2 段「写像 $\varphi\colon X \to I^\Lambda$ および $\varphi_0\colon X \to \varphi(X)$ の構成」: Λ の元 (U, V) に対し, 次の (1), (2) をみたす $(X, \mathcal{O}_X)$ から $(I, \mathcal{O}_I)$ への連続写像 $f\colon X \to I$ 全体の集合を $\mathcal{C}(U, V)$ とする.

   (1) U^a の任意の点 x に対し $f(x) = 0$ である.

   (2) V^c の任意の点 x に対し $f(x) = 1$ である.

ここで, $U^a \in \mathcal{A}_X$ であり, $\mathcal{B}_X \subset \mathcal{O}_X$ より $V^c \in \mathcal{A}_X$ である. $(X, \mathcal{O}_X)$ が T_4 をみたすので, 定理 5.25 (ウリゾーンの補題) と問題 4.45 より, Λ の任意の元 (U, V) に対し $\mathcal{C}(U, V) \neq \varnothing$ である. 選択公理より $\prod_{(U, V) \in \Lambda} \mathcal{C}(U, V) \neq \varnothing$ であるので, 写像 $g\colon \Lambda \to \bigcup_{(U, V) \in \Lambda} \mathcal{C}(U, V)$ であって, Λ の任意の元 (U, V) に対し $g(U, V) \in \mathcal{C}(U, V)$ をみたすものが存在する. $g(U, V)$ を $f_{U, V}$ で表す. X の点 x と Λ の元 (U, V) に対し $\varphi(x)(U, V) = f_{U, V}(x)$ と定めることにより, 写像 $\varphi\colon X \to I^\Lambda$ を定義する. φ の終域を $\varphi(X)$ に変えた写像を $\varphi_0\colon X \to \varphi(X)$ とし, $\mathcal{O}_\Lambda$ から定まる $\varphi(X)$ の相対位相を $\mathcal{O}_0$ とする.

第 3 段「$\varphi_0\colon X \to \varphi(X)$ の連続性」: Λ の元 (U, V) を任意にとる. (U, V) 成分への射影を $\mathrm{pr}_{U, V}\colon I^\Lambda \to I$ とする. X の任意の点 x に対し

$$(\mathrm{pr}_{U, V} \circ \varphi)(x) = \mathrm{pr}_{U, V}(\varphi(x)) = \varphi(x)(U, V) = f_{U, V}(x)$$

であるので, $\mathrm{pr}_{U, V} \circ \varphi = f_{U, V}$ である. $f_{U, V}$ が $(X, \mathcal{O}_X)$ から $(I, \mathcal{O}_I)$ への連続写像であるので, 定理 4.73 より φ は $(X, \mathcal{O}_X)$ から $(I^\Lambda, \mathcal{O}_\Lambda)$ への連続写像である. よって, 問題 4.45 より φ_0 は $(X, \mathcal{O}_X)$ から $(\varphi(X), \mathcal{O}_0)$ への連続写像である.

第 4 段「$\varphi_0\colon X \to \varphi(X)$ が全単射であること」: X の異なる 2 点 x, y を任意にとる. $(X, \mathcal{O}_X)$ が T_1 をみたすので, $x \in O$ かつ $y \notin O$ をみたす $\mathcal{O}_X$ の元 O が存在する. $\mathcal{B}_X$ が $\mathcal{O}_X$ の基底であるので, $x \in V_0$ かつ $V_0 \subset O$ をみたす $\mathcal{B}_X$ の元 V_0 が存在する. $(X, \mathcal{O}_X)$ が正規空間であるので, 問題 5.13 (4) より $(X, \mathcal{O}_X)$ は正則空間であり, T_3 をみたす. よって, 定理 5.18 より, $x \in W$ かつ $W^a \subset V_0$ をみたす $\mathcal{O}_X$ の元 W が存在する. $\mathcal{B}_X$ が $\mathcal{O}_X$ の基底であるので, $x \in U_0$ かつ $U_0 \subset W$ をみたす $\mathcal{B}_X$ の元 U_0 が存在する. このとき, $U_0^a \subset W^a \subset V_0$ であるので, $(U_0, V_0) \in \Lambda$ である. $x \in U_0$ であり, 定理 4.15 (1) より $U_0 \subset U_0^a$ であるので, $x \in U_0^a$ である. よって, $f_{U_0, V_0}(x) = 0$ である. $y \in O^c$ であり, $V_0 \subset O$ であるので, $y \in V_0^c$ である.

よって，$f_{U_0,V_0}(y) = 1$ である．従って，$\varphi(x)(U_0,V_0) \neq \varphi(y)(U_0,V_0)$ であるので，$\varphi(x) \neq \varphi(y)$ である．ゆえに，φ は単射であり，φ_0 は全単射である．

第 5 段「$\varphi_0 \colon X \to \varphi(X)$ が開写像であること」：$\mathcal{O}_X$ の元 O を任意にとる．$O = X$ ならば $\varphi_0(O) = \varphi(X) \in \mathcal{O}_0$ である．$O \neq X$ とする．O^c の任意の点 y と Λ の任意の元 (U,V) に対し，$\varphi(y)(U,V) = f_{U,V}(y) \in f_{U,V}(O^c)$ であるので，$\varphi(O^c) \subset \prod_{(U,V)\in\Lambda} f_{U,V}(O^c)$ である．$O^c \neq \varnothing$ であるので，問題 4.72 より

$$\varphi(O^c)^a \subset \left(\prod_{(U,V)\in\Lambda} f_{U,V}(O^c) \right)^a = \prod_{(U,V)\in\Lambda} f_{U,V}(O^c)^a$$

である．O の点 x を任意にとる．第 4 段と同様に，$x \in U_0$ かつ $V_0 \subset O$ をみたす Λ の元 (U_0, V_0) が存在する．$x \in U_0^a$ であるので $f_{U_0,V_0}(x) = 0$ である．また，$O^c \subset V_0^c$ であるので，O^c の任意の点 y に対し $f_{U_0,V_0}(y) = 1$ である．$O^c \neq \varnothing$ であるので，$f_{U_0,V_0}(O^c) = \{1\}$ である．$\mathcal{O}$ を $\mathbb{R}$ の通常の位相とする．定理 3.2 と問題 5.20 より $(\mathbb{R}, \mathcal{O})$ は正規空間であるので，問題 5.13 (2), (3), (4) より $(\mathbb{R}, \mathcal{O})$ は T_1 をみたす．問題 5.21 (2) より $(I, \mathcal{O}_I)$ も T_1 をみたすので，問題 5.12 より $\{1\}$ は $(I, \mathcal{O}_I)$ の閉集合である．従って，問題 4.18 より $\varphi(x)(U_0,V_0) = f_{U_0,V_0}(x) = 0 \notin \{1\} = f_{U_0,V_0}(O^c) = f_{U_0,V_0}(O^c)^a$ である．よって，$\varphi(x) \notin \prod_{(U,V)\in\Lambda} f_{U,V}(O^c)^a$ であるので，上の包含関係より $\varphi(x) \notin \varphi(O^c)^a$ であり，$\varphi(x) \in I^\Lambda - \varphi(O^c)^a$ である．ここで，$\varphi(x) \in \varphi(X)$ であるので，$\varphi(x) \in \varphi(X) - \varphi(O^c)^a$ である．以上より，$\varphi(O) \subset \varphi(X) - \varphi(O^c)^a$ である．φ が単射であるので，問題 1.78 より $\varphi(O) = \varphi(X - O^c) = \varphi(X) - \varphi(O^c)$ である．これらと定理 4.15 (1) より

$$\varphi(O) \subset \varphi(X) - \varphi(O^c)^a \subset \varphi(X) - \varphi(O^c) = \varphi(O)$$

であるので，$\varphi(O) = \varphi(X) - \varphi(O^c)^a = \varphi(X) \cap (I^\Lambda - \varphi(O^c)^a)$ である．$\varphi(O^c)^a$ が $(I^\Lambda, \mathcal{O}_\Lambda)$ の閉集合であるので，$I^\Lambda - \varphi(O^c)^a \in \mathcal{O}_\Lambda$ であり，$\varphi_0(O) = \varphi(O) = \varphi(X) \cap (I^\Lambda - \varphi(O^c)^a) \in \mathcal{O}_0$ である．ゆえに，φ_0 は $(X, \mathcal{O}_X)$ から $(\varphi(X), \mathcal{O}_0)$ への開写像である．

第 6 段「$(X, \mathcal{O}_X)$ が距離づけ可能であること」：第 3, 4, 5 段より，φ_0 は全単射であり，$(X, \mathcal{O}_X)$ から $(\varphi(X), \mathcal{O}_0)$ への連続写像かつ開写像であるので，問題 4.41 より，φ_0 は $(X, \mathcal{O}_X)$ から $(\varphi(X), \mathcal{O}_0)$ への同相写像である．第 1 段より $(I^\Lambda, \mathcal{O}_\Lambda)$ が距離づけ可能であるので，問題 5.27 (2) より $(\varphi(X), \mathcal{O}_0)$ も距離づけ可能である．ゆえに，問題 5.27 (1) より $(X, \mathcal{O}_X)$ も距離づけ可能である．□

問題 5.31 $(X, \mathcal{O})$ を位相空間とする．$(X, \mathcal{O})$ が第 2 可算公理と T_3 をみたすならば，$(X, \mathcal{O})$ は T_4 をみたすことを示せ．

定理 5.32 $(X, \mathcal{O})$ を位相空間とする．次の (1), (2) は同値である．

(1) $(X, \mathcal{O})$ は第 2 可算公理をみたす正規空間である．

(2) $(X, \mathcal{O})$ は可分かつ距離づけ可能である.

証明 (1) $\Rightarrow$ (2)：$(X, \mathcal{O})$ が第 2 可算公理をみたす正規空間であるとする. 定理 5.30（ウリゾーンの距離づけ定理）より $(X, \mathcal{O})$ は距離づけ可能であり, 定理 5.7 より $(X, \mathcal{O})$ は可分である.

(2) $\Rightarrow$ (1)：$(X, \mathcal{O})$ が可分かつ距離づけ可能であるとする. 問題 5.9 より $(X, \mathcal{O})$ は第 2 可算公理をみたし, 問題 5.20 より $(X, \mathcal{O})$ は正規空間である. $\square$

5.5 コンパクト性

【被覆】 X を集合, A を X の部分集合とし, $\mathcal{U}$ を $\mathcal{P}(X)$ の部分集合とする. $A \subset \bigcup \mathcal{U}$ であるとき, $\mathcal{U}$ を X における A の**被覆**という. X における X の被覆を, 単に X の被覆という. $A \subset \bigcup \mathcal{U}$ かつ $\#\mathcal{U} < \aleph_0$ であるとき, $\mathcal{U}$ を X における A の**有限被覆**という.

【コンパクト】 $(X, \mathcal{O})$ を位相空間, A を X の部分集合とし, $\mathcal{O}_A$ を $\mathcal{O}$ から定まる A の相対位相とする. X における A の被覆 $\mathcal{U}$ が $\mathcal{U} \subset \mathcal{O}$ をみたすとき, $\mathcal{U}$ を $(X, \mathcal{O})$ における A の**開被覆**という. $(X, \mathcal{O})$ における X の開被覆を, $(X, \mathcal{O})$ の開被覆という. $(X, \mathcal{O})$ の任意の開被覆 $\mathcal{U}$ に対し, $\mathcal{V} \subset \mathcal{U}$ をみたす X の有限被覆 $\mathcal{V}$ が存在するとき, $(X, \mathcal{O})$ は**コンパクト**であるという. $(A, \mathcal{O}_A)$ がコンパクトであるとき, A を $(X, \mathcal{O})$ の**コンパクト集合**という.

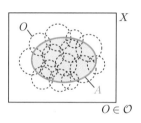

図 5.3 $(X, \mathcal{O})$ における A の開被覆

例 5.33 $\mathcal{O}$ を $\mathbb{R}$ の通常の位相とする.

$$\mathcal{U} = \{(n-1, n+1) \mid n \in \mathbb{Z}\}$$

は $(\mathbb{R}, \mathcal{O})$ の開被覆である. $\#\mathcal{U} = \aleph_0$ であるので, $\mathcal{V} \subset \mathcal{U}$ かつ $\#\mathcal{V} < \aleph_0$ をみたす $\mathcal{P}(X)$ の部分集合 $\mathcal{V}$ に対し, $\mathcal{V} \neq \mathcal{U}$ が成り立つ. $\mathcal{U} - \mathcal{V} \neq \varnothing$ であるので, $(N-1, N+1) \in \mathcal{U} - \mathcal{V}$ をみたす整数 N が存在する. このとき, $\mathcal{V}$ の任意の元 O に対し $N \notin O$ であるので, $\bigcup \mathcal{V} \neq \mathbb{R}$ である. ゆえに, $(\mathbb{R}, \mathcal{O})$ はコンパクトでない.

問題 5.34　$(X, \mathcal{O})$ を位相空間とし，A を X の部分集合とする．A が $(X, \mathcal{O})$ のコンパクト集合であるための必要十分条件は，$(X, \mathcal{O})$ における A の任意の開被覆 $\mathcal{U}$ に対し，$\mathcal{V} \subset \mathcal{U}$ をみたす X における A の有限被覆 $\mathcal{V}$ が存在することである．これを示せ．

問題 5.35　$(X, \mathcal{O})$ を位相空間とする．次の (1)〜(3) が成り立つことを示せ．
(1) $\mathcal{O}$ が X の密着位相ならば，$(X, \mathcal{O})$ はコンパクトである．
(2) $\#X < \aleph_0$ ならば，$(X, \mathcal{O})$ はコンパクトである．
(3) $\mathcal{O}$ が X の離散位相であり，$(X, \mathcal{O})$ がコンパクトならば，$\#X < \aleph_0$ である．

問題 5.36　$(X, \mathcal{O})$ を位相空間とする．n を 2 以上の整数とし，$A_1, \ldots, A_n$ を $(X, \mathcal{O})$ のコンパクト集合とする．このとき，$A_1 \cup \cdots \cup A_n$ も $(X, \mathcal{O})$ のコンパクト集合であることを示せ．

定理 5.37　$(X, \mathcal{O})$ をコンパクトな位相空間とし，A を $(X, \mathcal{O})$ の閉集合とする．このとき，A は $(X, \mathcal{O})$ のコンパクト集合である．

証明　$(X, \mathcal{O})$ における A の開被覆 $\mathcal{U}$ を任意にとる．$\mathcal{U}^* = \mathcal{U} \cup \{A^c\}$ とする．A が $(X, \mathcal{O})$ の閉集合であるので，$A^c \in \mathcal{O}$ である．よって，$\mathcal{U}^* \subset \mathcal{O}$ である．$A \subset \bigcup \mathcal{U}$ であるので，$X = A \cup A^c \subset (\bigcup \mathcal{U}) \cup A^c = \bigcup \mathcal{U}^*$ である．従って，$\mathcal{U}^*$ は $(X, \mathcal{O})$ の開被覆である．$(X, \mathcal{O})$ がコンパクトであるので，$\mathcal{V}^* \subset \mathcal{U}^*$ をみたす X の有限被覆 $\mathcal{V}^*$ が存在する．$\mathcal{V} = \mathcal{V}^* - \{A^c\}$ とする．$\mathcal{V} \subset \mathcal{V}^* \subset \mathcal{U}^* \subset \mathcal{O}$ であり，$\#\mathcal{V} \leqq \#\mathcal{V}^* < \aleph_0$ である．また，$\bigcup \mathcal{V}^* = (\bigcup \mathcal{V}) \cup A^c$ であるので，

$$A = X \cap A = \left(\bigcup \mathcal{V}^*\right) \cap A = \left(\left(\bigcup \mathcal{V}\right) \cup A^c\right) \cap A = \left(\bigcup \mathcal{V}\right) \cap A \subset \bigcup \mathcal{V}$$

である．ゆえに，問題 5.34 より，A は $(X, \mathcal{O})$ のコンパクト集合である．□

定理 5.38　$(X, \mathcal{O}_X), (Y, \mathcal{O}_Y)$ を位相空間とし，$f \colon X \to Y$ を $(X, \mathcal{O}_X)$ から $(Y, \mathcal{O}_Y)$ への連続写像とする．A が $(X, \mathcal{O}_X)$ のコンパクト集合ならば，$f(A)$ は $(Y, \mathcal{O}_Y)$ のコンパクト集合である．

証明　$(Y, \mathcal{O}_Y)$ における $f(A)$ の開被覆 $\mathcal{U}_Y$ を任意にとる．$\mathcal{U}_X = \{f^{-1}(O) \mid O \in \mathcal{U}_Y\}$ とする．f が連続であるので，$\mathcal{U}_X \subset \mathcal{O}_X$ である．$f(A) \subset \bigcup \mathcal{U}_Y$ であるので，定理 1.40 (5)，問題 1.68 (3) より

$$A \subset f^{-1}(f(A)) \subset f^{-1}\left(\bigcup \mathcal{U}_Y\right) = f^{-1}\left(\bigcup_{O \in \mathcal{U}_Y} O\right) = \bigcup_{O \in \mathcal{U}_Y} f^{-1}(O) = \bigcup \mathcal{U}_X$$

である．よって，$\mathcal{U}_X$ は $(X, \mathcal{O}_X)$ における A の開被覆である．A が $(X, \mathcal{O}_X)$ のコンパクト集合であるので，問題 5.34 より，$\mathcal{V}_X \subset \mathcal{U}_X$ をみたす X における A の有限被覆 $\mathcal{V}_X$ が存在する．$\mathcal{U}_X$ の定義より，$\mathcal{V}_X = \{f^{-1}(O) \mid O \in \mathcal{V}_Y\}$ かつ $\#\mathcal{V}_Y < \aleph_0$ をみたす $\mathcal{U}_Y$ の部分集合 $\mathcal{V}_Y$ が存在する．$A \subset \bigcup \mathcal{V}_X$ であるので，問題 1.68 (1)，定

理 1.40 (6) より

$$f(A) \subset f\left(\bigcup \mathcal{V}_X\right) = f\left(\bigcup_{O \in \mathcal{V}_Y} f^{-1}(O)\right) = \bigcup_{O \in \mathcal{V}_Y} f(f^{-1}(O)) \subset \bigcup_{O \in \mathcal{V}_Y} O = \bigcup \mathcal{V}_Y$$

である. ゆえに, 問題 5.34 より, $f(A)$ は $(Y, \mathcal{O}_Y)$ のコンパクト集合である. $\square$

問題 5.39 $(X_1, \mathcal{O}_1), (X_2, \mathcal{O}_2)$ を位相空間とし, $\mathcal{O}$ を $\mathcal{O}_1, \mathcal{O}_2$ の直積位相とする. A_1, A_2 をそれぞれ $(X_1, \mathcal{O}_1), (X_2, \mathcal{O}_2)$ のコンパクト集合とし, O を $A_1 \times A_2 \subset O$ をみたす $\mathcal{O}$ の元とする. このとき, $A_1 \times A_2 \subset O_1 \times O_2 \subset O$ をみたす $\mathcal{O}_1, \mathcal{O}_2$ の元 O_1, O_2 が存在することを示せ.

【有限交叉性】 X を集合とし, $\mathcal{U}$ を $\mathcal{P}(X)$ の部分集合とする. $\#\mathcal{V} < \aleph_0$ をみたす $\mathcal{U}$ の任意の空でない部分集合 $\mathcal{V}$ に対し $\bigcap \mathcal{V} \neq \varnothing$ が成り立つとき, $\mathcal{U}$ は**有限交叉性**をもつという.

定理 5.40 $(X, \mathcal{O})$ を位相空間とし, $\mathcal{A}$ を $(X, \mathcal{O})$ の閉集合全体の集合とする. 次の (1)〜(3) は同値である.

(1) $(X, \mathcal{O})$ がコンパクトである.

(2) $\mathcal{A}$ の任意の有限交叉性をもつ空でない部分集合 $\mathcal{U}$ に対し, $\bigcap \mathcal{U} \neq \varnothing$ が成り立つ.

(3) $\mathcal{P}(X)$ の任意の有限交叉性をもつ空でない部分集合 $\mathcal{U}$ に対し, $\bigcap \mathcal{U}^a \neq \varnothing$ が成り立つ. ただし, $\mathcal{U}^a = \{A^a \mid A \in \mathcal{U}\}$ である.

証明 (1) $\Rightarrow$ (2):背理法により証明する. 有限交叉性をもつ $\mathcal{A}$ の空でない部分集合 $\mathcal{U}$ を任意にとる. $\bigcap \mathcal{U} = \varnothing$ が成り立つと仮定する. $\mathcal{U}^c = \{A^c \mid A \in \mathcal{U}\}$ とすると, $\mathcal{U}^c \subset \mathcal{O}$ である. 定理 1.66 (1) より $\bigcup \mathcal{U}^c = (\bigcap \mathcal{U})^c = \varnothing^c = X$ である. よって, $\mathcal{U}^c$ は $(X, \mathcal{O})$ の開被覆である. $(X, \mathcal{O})$ がコンパクトであるので, $\mathcal{V} \subset \mathcal{U}^c$ をみたす X の有限被覆 $\mathcal{V}$ が存在する. $\mathcal{V}^c = \{O^c \mid O \in \mathcal{V}\}$ とすると, $\#\mathcal{V}^c < \aleph_0$ かつ $\mathcal{V}^c \subset \mathcal{U}$ である. $\bigcup \mathcal{V} = X$ であるので, 定理 1.66 (2) より $\bigcap \mathcal{V}^c = (\bigcup \mathcal{V})^c = X^c = \varnothing$ である. これは $\mathcal{U}$ が有限交叉性をもつことに矛盾する. ゆえに, $\bigcap \mathcal{U} \neq \varnothing$ が成り立つ.

(2) $\Rightarrow$ (1):$(X, \mathcal{O})$ の開被覆 $\mathcal{U}$ を任意にとる. $\mathcal{U}^c = \{O^c \mid O \in \mathcal{U}\}$ とすると, $\mathcal{U}^c \subset \mathcal{A}$ である. $\bigcup \mathcal{U} = X$ であるので, 定理 1.66 (2) より $\bigcap \mathcal{U}^c = (\bigcup \mathcal{U})^c = X^c = \varnothing$ である. (2) の対偶より, $\mathcal{U}^c$ は有限交叉性をもたない. すなわち, $\#\mathcal{V} < \aleph_0$ をみたす $\mathcal{U}^c$ の空でない部分集合 $\mathcal{V}$ であって, $\bigcap \mathcal{V} = \varnothing$ をみたすものが存在する. $\mathcal{V}^c = \{A^c \mid A \in \mathcal{V}\}$ とすると, $\#\mathcal{V}^c < \aleph_0$ かつ $\mathcal{V}^c \subset \mathcal{U}$ である. $\bigcap \mathcal{V} = \varnothing$ であるので, 定理 1.66 (1) より $\bigcup \mathcal{V}^c = (\bigcap \mathcal{V})^c = \varnothing^c = X$ である. ゆえに, $(X, \mathcal{O})$ はコンパクトである.

(2) $\Rightarrow$ (3):$\mathcal{P}(X)$ の有限交叉性をもつ空でない部分集合 $\mathcal{U}$ を任意にとる. $\#\mathcal{W} < \aleph_0$ をみたす $\mathcal{U}^a$ の空でない部分集合 $\mathcal{W}$ を任意にとる. $\mathcal{W} \subset \mathcal{U}^a$ であるので, $\#\mathcal{V} <$

$\aleph_0$ をみたす $\mathcal{U}$ の空でない部分集合 $\mathcal{V}$ が存在し, $\mathcal{W} = \mathcal{V}^a$ が成り立つ. $\mathcal{U}$ が有限交叉性をもつので, $\bigcap \mathcal{V} \neq \varnothing$ である. よって, 定理 4.15 (1) より $\bigcap \mathcal{W} = \bigcap \mathcal{V}^a \supset \bigcap \mathcal{V} \neq \varnothing$ である. 従って, $\mathcal{U}^a$ も有限交叉性をもつ. $\mathcal{U}^a \subset \mathcal{A}$ かつ $\mathcal{U}^a \neq \varnothing$ であるので, 仮定より $\bigcap \mathcal{U}^a \neq \varnothing$ である.

(3) $\Rightarrow$ (2)：$\mathcal{A}$ の有限交叉性をもつ空でない部分集合 $\mathcal{U}$ を任意にとる. 仮定より $\bigcap \mathcal{U}^a \neq \varnothing$ である. $\mathcal{U} \subset \mathcal{A}$ であるので, 問題 4.18 より $\mathcal{U}^a = \mathcal{U}$ である. よって, $\bigcap \mathcal{U} \neq \varnothing$ である. $\square$

定理 5.41（チコノフの定理） $((X_\lambda, \mathcal{O}_\lambda))_{\lambda \in \Lambda}$ を Λ で添字づけられた位相空間の族とし, $(X, \mathcal{O})$ を $((X_\lambda, \mathcal{O}_\lambda))_{\lambda \in \Lambda}$ の直積空間とする. Λ の任意の元 λ に対し $(X_\lambda, \mathcal{O}_\lambda)$ がコンパクトならば, $(X, \mathcal{O})$ もコンパクトである.

証明 $X = \varnothing$ ならば, 問題 5.35 (2) より $(X, \mathcal{O})$ はコンパクトである. $X \neq \varnothing$ とする. $\mathcal{P}(X)$ の有限交叉性をもつ空でない部分集合全体の集合を $\mathcal{I}(X)$ とする. $X \neq \varnothing$ より $\{X\} \in \mathcal{I}(X)$ であるので, $\mathcal{I}(X) \neq \varnothing$ である. $\mathcal{I}(X)$ の任意の元 $\mathcal{U}$ に対し $\bigcap \mathcal{U}^a \neq \varnothing$ であることがわかれば, 定理 5.40 (3)$\Rightarrow$(1) より定理が従う.

$\mathcal{P}(\mathcal{P}(X))$ 上の順序 $R = \{(\mathcal{U}, \mathcal{V}) \in \mathcal{P}(\mathcal{P}(X)) \times \mathcal{P}(\mathcal{P}(X)) \mid \mathcal{U} \subset \mathcal{V}\}$ を考える. $\mathcal{I}(X) \subset \mathcal{P}(\mathcal{P}(X))$ であるので, $\mathcal{I}(X)$ も順序集合である.

第 1 段「$\mathcal{I}(X)$ が帰納的順序集合であること」：$\mathcal{I}(X)$ の全順序部分集合 $\mathcal{J}$ を任意にとる. $\mathcal{J} = \varnothing$ ならば, $\mathcal{I}(X)$ $(\neq \varnothing)$ の任意の元が $\mathcal{I}(X)$ における $\mathcal{J}$ の上界である. $\mathcal{J} \neq \varnothing$ とする. このとき, $\bigcup \mathcal{J}$ が $\mathcal{I}(X)$ における $\mathcal{J}$ の上界であることを示す.

$\mathcal{J} \neq \varnothing$ であるので, $\mathcal{J}$ の元 $\mathcal{U}_0$ が存在する. $\mathcal{J} \subset \mathcal{I}(X)$ より $\mathcal{U}_0 \in \mathcal{I}(X)$ であるので, $\bigcup \mathcal{J} \supset \mathcal{U}_0 \neq \varnothing$ である. $\#\mathcal{U} < \aleph_0$ をみたす $\bigcup \mathcal{J}$ の空でない部分集合 $\mathcal{U}$ を任意にとる. $\mathcal{U}$ の任意の元 U に対し, $U \in \mathcal{V}_U$ をみたす $\mathcal{J}$ の元 $\mathcal{V}_U$ が存在する. $\#\mathcal{U} < \aleph_0$ であり, $\mathcal{J}$ が全順序集合であるので, $\mathcal{V}_0 = \max\{\mathcal{V}_U \mid U \in \mathcal{U}\}$ が存在する. $\mathcal{U}$ の元 U を任意にとる. $U \in \mathcal{V}_U$ かつ $\mathcal{V}_U \subset \mathcal{V}_0$ であるので, $U \in \mathcal{V}_0$ である. よって, $\mathcal{U} \subset \mathcal{V}_0$ である. $\mathcal{V}_0 \in \mathcal{J}$ かつ $\mathcal{J} \subset \mathcal{I}(X)$ であるので, $\mathcal{V}_0$ は $\mathcal{P}(X)$ の有限交叉性をもつ空でない部分集合である. $\mathcal{U} \subset \mathcal{V}_0$ かつ $\#\mathcal{U} < \aleph_0$ であるので, $\bigcap \mathcal{U} \neq \varnothing$ である. 以上より, $\bigcup \mathcal{J}$ も $\mathcal{P}(X)$ の有限交叉性をもつ空でない部分集合である. つまり, $\bigcup \mathcal{J} \in \mathcal{I}(X)$ である. $\mathcal{J}$ の任意の元 $\mathcal{U}$ に対し $\mathcal{U} \subset \bigcup \mathcal{J}$ であるので, $\bigcup \mathcal{J}$ は $\mathcal{I}(X)$ における $\mathcal{J}$ の上界である. ゆえに, $\mathcal{I}(X)$ は帰納的順序集合である.

第 2 段「$\mathcal{I}(X)$ の極大元に議論が帰着できること」：$\mathcal{I}(X)$ の元 $\mathcal{U}$ を任意にとる. $\mathcal{I}(\mathcal{U}) = \{\mathcal{V} \in \mathcal{I}(X) \mid \mathcal{U} \subset \mathcal{V}\}$ とする. $\mathcal{U} \in \mathcal{I}(\mathcal{U})$ より, $\mathcal{I}(\mathcal{U}) \neq \varnothing$ である. $\mathcal{I}(\mathcal{U})$ の全順序部分集合 $\mathcal{J}$ を任意にとる. $\mathcal{J} = \varnothing$ ならば, $\mathcal{U}$ は $\mathcal{I}(\mathcal{U})$ における $\mathcal{J}$ の上界である. $\mathcal{J} \neq \varnothing$ とする. $\mathcal{I}(\mathcal{U}) \subset \mathcal{I}(X)$ であるので, $\mathcal{J}$ は $\mathcal{I}(X)$ の全順序部分集合でもある. 第 1 段より $\mathcal{I}(X)$ が帰納的であるので, $\mathcal{I}(X)$ における $\mathcal{J}$ の上界 $\mathcal{W}$ が存在する. $\mathcal{J}$ の元 $\mathcal{V}$ が存在する. $\mathcal{J} \subset \mathcal{I}(\mathcal{U})$ であるので, $\mathcal{U} \subset \mathcal{V}$ である. 上界の定義より $\mathcal{V} \subset \mathcal{W}$ であるので, $\mathcal{U} \subset \mathcal{W}$ である. よって, $\mathcal{W} \in \mathcal{I}(\mathcal{U})$ である. すなわち $\mathcal{W}$ は $\mathcal{I}(\mathcal{U})$ における $\mathcal{J}$ の上界である. ゆえに, $\mathcal{I}(\mathcal{U})$ も帰納的である.

定理 2.76（ツォルンの補題）より, $\mathcal{I}(\mathcal{U})$ の極大元 $\mathcal{U}_0$ が存在する. $\mathcal{U}_0 \subset \mathcal{U}'$ をみた
す $\mathcal{I}(X)$ の元 $\mathcal{U}'$ は $\mathcal{I}(\mathcal{U})$ の元である. よって, $\mathcal{U}_0$ は $\mathcal{I}(X)$ の極大元でもある. $\mathcal{U} \subset$
$\mathcal{U}_0$ であるので, $\bigcap \mathcal{U}^a \supset \bigcap \mathcal{U}_0^a$ である. 従って, もし $\bigcap \mathcal{U}_0^a \neq \varnothing$ ならば $\bigcap \mathcal{U}^a \neq \varnothing$
である. 以上より, $\mathcal{I}(X)$ の任意の極大元 $\mathcal{U}_0$ に対し $\bigcap \mathcal{U}_0^a \neq \varnothing$ であることがわかれ
ば定理が従う.

第3段「$\mathcal{I}(X)$ の極大元の2つの性質」：$\mathcal{U}_0$ を $\mathcal{I}(X)$ の極大元とする. 次の (1), (2)
が成り立つことを示す.
　(1) $\mathcal{U}_0$ の有限個の任意の元 $A_1, \ldots, A_n$ に対し, $A_1 \cap \cdots \cap A_n \in \mathcal{U}_0$ である.
　(2) A を X の部分集合とする. $\mathcal{U}_0$ の任意の元 B に対し $A \cap B \neq \varnothing$ ならば, $A \in$
$\mathcal{U}_0$ である.
(1) の証明：$\mathcal{U}_0$ の有限個の元 $A_1, \ldots, A_n$ を任意にとる. $A = A_1 \cap \cdots \cap A_n$ とする.
$\mathcal{U}_0$ の有限個の元 $B_1, \ldots, B_m$ を任意にとる. $\mathcal{U}_0 \in \mathcal{I}(X)$ であるので,
$$A \cap (B_1 \cap \cdots \cap B_m) = (A_1 \cap \cdots \cap A_n) \cap (B_1 \cap \cdots \cap B_m) \neq \varnothing$$
である. よって, $\mathcal{U}_0 \cup \{A\} \in \mathcal{I}(X)$ である. もし $\mathcal{U}_0 \subsetneq \mathcal{U}_0 \cup \{A\}$ であるとすると,
$\mathcal{U}_0$ が $\mathcal{I}(X)$ の極大元であることに矛盾する. よって, $\mathcal{U}_0 = \mathcal{U}_0 \cup \{A\}$ であり, $A \in$
$\mathcal{U}_0$ である.
(2) の証明：A を X の部分集合とする. $\mathcal{U}_0$ の任意の元 B に対し $A \cap B \neq \varnothing$ である
とする. $\mathcal{U}_0$ の有限個の元 $B_1, \ldots, B_m$ を任意にとる. (1) より $B_1 \cap \cdots \cap B_m \in \mathcal{U}_0$
であるので, $A \cap (B_1 \cap \cdots \cap B_m) \neq \varnothing$ である. よって, $\mathcal{U}_0 \cup \{A\} \in \mathcal{I}(X)$ である.
もし $\mathcal{U}_0 \subsetneq \mathcal{U}_0 \cup \{A\}$ であるとすると, $\mathcal{U}_0$ が $\mathcal{I}(X)$ の極大元であることに矛盾する.
よって, $\mathcal{U}_0 = \mathcal{U}_0 \cup \{A\}$ であり, $A \in \mathcal{U}_0$ である.

第4段「$\mathcal{I}(X)$ の任意の極大元 $\mathcal{U}_0$ に対し $\bigcap \mathcal{U}_0^a \neq \varnothing$ であること」：$\mathcal{I}(X)$ の極大元
$\mathcal{U}_0$ を任意にとる. Λ の元 λ に対し, $\mathrm{pr}_\lambda \colon X \to X_\lambda$ を λ 成分への射影とする. ま
た, $\mathcal{P}(X)$ の部分集合 $\mathcal{A}$ に対し $\mathrm{pr}_\lambda(\mathcal{A}) = \{\mathrm{pr}_\lambda(A) \mid A \in \mathcal{A}\}$ と定める. Λ の元 μ
を任意にとる. $\#\mathcal{V}_\mu < \aleph_0$ をみたす $\mathrm{pr}_\mu(\mathcal{U}_0)$ の空でない部分集合 $\mathcal{V}_\mu$ を任意にとる.
$\mathrm{pr}_\mu(\mathcal{V}_0) = \mathcal{V}_\mu$ かつ $\#\mathcal{V}_0 < \aleph_0$ をみたす $\mathcal{U}_0$ の空でない部分集合 $\mathcal{V}_0$ が存在する. $\mathcal{U}_0$
が有限交叉性をもつので, $\bigcap \mathcal{V}_0 \neq \varnothing$ である. 問題 1.68 (2) より
$$\bigcap \mathcal{V}_\mu = \bigcap \mathrm{pr}_\mu(\mathcal{V}_0) \supset \mathrm{pr}_\mu \left(\bigcap \mathcal{V}_0 \right) \neq \varnothing$$
が成り立つ. 従って, $\mathrm{pr}_\mu(\mathcal{U}_0)$ は有限交叉性をもつ. また, $\mathcal{U}_0 \neq \varnothing$ より $\mathrm{pr}_\mu(\mathcal{U}_0) \neq \varnothing$
である. $(X_\mu, \mathcal{O}_\mu)$ がコンパクトであるので, 定理 5.40 (1) $\Rightarrow$ (3) より $\bigcap \mathrm{pr}_\mu(\mathcal{U}_0)^a \neq$
$\varnothing$ である. 選択公理より $\prod_{\lambda \in \Lambda}(\bigcap \mathrm{pr}_\lambda(\mathcal{U}_0)^a) \neq \varnothing$ であるので, 写像 $g \colon \Lambda \to$
$\bigcup_{\lambda \in \Lambda}(\bigcap \mathrm{pr}_\lambda(\mathcal{U}_0)^a)$ であって, Λ の任意の元 μ に対し $g(\mu) \in \bigcap \mathrm{pr}_\mu(\mathcal{U}_0)^a$ をみた
すものが存在する. このとき, $g \in \bigcap \mathcal{U}_0^a$ であることを示す.
　$\mathcal{U}_0$ の元 A を任意にとる. $g \in O$ をみたす $\mathcal{O}$ の元 O を任意にとる. 定理 4.12 よ
り $O = O^i$ であるので, $g \in O^i$ であり, O は $(X, \mathcal{O})$ における g の近傍である. 問
題 4.71 より, $\#\Lambda' < \aleph_0$ をみたす Λ の空でない部分集合 Λ' と, Λ' の元 λ に対し
$(X_\lambda, \mathcal{O}_\lambda)$ における $g(\lambda)$ の近傍 V_λ が存在し, $g \in \bigcap_{\lambda \in \Lambda'} \mathrm{pr}_\lambda^{-1}(V_\lambda) \subset O$ が成り立

つ. このとき, 次の $(*)$ が成り立つ.

$(*)$ Λ' の任意の元 μ に対し, $\mathrm{pr}_\mu^{-1}(V_\mu) \in \mathcal{U}_0$ である.

第 3 段 (1) と $(*)$ より $\bigcap_{\lambda \in \Lambda'} \mathrm{pr}_\lambda^{-1}(V_\lambda) \in \mathcal{U}_0$ である. $\mathcal{U}_0$ が有限交叉性をもつので,

$$A \cap O \supset A \cap \left(\bigcap_{\lambda \in \Lambda'} \mathrm{pr}_\lambda^{-1}(V_\lambda) \right) \neq \varnothing$$

である. 従って, 問題 4.17 より $g \in A^a$ である. ゆえに, $g \in \bigcap \mathcal{U}_0^a$ であり, 特に, $\bigcap \mathcal{U}_0^a \neq \varnothing$ である.

$(*)$ の証明：Λ' の元 μ を任意にとる. $\mathcal{U}_0$ の元 B を任意にとる. $g(\mu) \in \bigcap \mathrm{pr}_\mu(\mathcal{U}_0)^a$ であるので, $g(\mu) \in \mathrm{pr}_\mu(B)^a$ であり, 定理 4.11 (1) と問題 4.17 より $V_\mu \cap \mathrm{pr}_\mu(B) \supset V_\mu^i \cap \mathrm{pr}_\mu(B) \neq \varnothing$ である. よって, $V_\mu \cap \mathrm{pr}_\mu(B)$ の点 x_μ が存在する. $x_\mu \in \mathrm{pr}_\mu(B)$ であるので, $\mathrm{pr}_\mu(x) = x_\mu$ をみたす B の点 x が存在する. $x_\mu \in V_\mu$ であるので $x \in \mathrm{pr}_\mu^{-1}(V_\mu)$ である. 従って, $x \in \mathrm{pr}_\mu^{-1}(V_\mu) \cap B$ であり, $\mathrm{pr}_\mu^{-1}(V_\mu) \cap B \neq \varnothing$ である. ゆえに, 第 3 段 (2) より $\mathrm{pr}_\mu^{-1}(V_\mu) \in \mathcal{U}_0$ である. □

定理 5.42（ハイネ–ボレルの被覆定理）　$\mathcal{O}$ を $\mathbb{R}$ の通常の位相とする. $[0,1]$ は $(\mathbb{R}, \mathcal{O})$ のコンパクト集合である.

証明　$(\mathbb{R}, \mathcal{O})$ における $[0,1]$ の開被覆 $\mathcal{U}$ を任意にとる. このとき,

$$A = \{ t \in [0,1] \mid \mathcal{V} \subset \mathcal{U} \text{ をみたす } [0,t] \text{ の有限被覆 } \mathcal{V} \text{ が存在する} \}$$

とする. 問題 5.34 より, $1 \in A$ であることを示せばよい.

$[0,1] \subset \bigcup \mathcal{U}$ であるので, $0 \in U_0$ をみたす $\mathcal{U}$ の元 U_0 が存在する. $\mathcal{V} = \{U_0\}$ とすると, $\mathcal{V} \subset \mathcal{U}$ であり, $[0,0] = \{0\} \subset U_0 = \bigcup \mathcal{V}$ であるので, $0 \in A$ である. よって, $A \neq \varnothing$ である. 1 は A の上界であるので, A は上に有界である. 従って, 実数の連続性より $a = \sup A$ が存在する. $a \leqq 1$ である. さて, $U_0 \in \mathcal{O}$ であるので, 例 4.51 より $0 \in (b, c) \subset U_0$ をみたす実数 b, c が存在する. $d = \frac{\min\{1, c\}}{2}$ とすると, $[0, d] \subset [0,1] \cap (b, c) \subset U_0$ である. $\mathcal{V} = \{U_0\}$ とすると, $\mathcal{V} \subset \mathcal{U}$ であり, $[0, d] \subset U_0 = \bigcup \mathcal{V}$ であるので, $d \in A$ である. よって, $a \geqq d > 0$ である.

$a < 1$ と仮定する. $a \in (0, 1)$ かつ $[0,1] \subset \bigcup \mathcal{U}$ であるので, $a \in U_a$ をみたす $\mathcal{U}$ の元 U_a が存在する. $U_a \in \mathcal{O}$ かつ $a \in (0, 1)$ であるので, 例 4.51 より $(a - \varepsilon, a + \varepsilon) \subset U_a \cap (0, 1)$ をみたす正の実数 ε が存在する. a が A の上限であるので, $a - \frac{\varepsilon}{2} < t \leqq a$ をみたす A の元 t が存在する. よって, $\mathcal{W} \subset \mathcal{U}$ をみたす $[0, t]$ の有限被覆 $\mathcal{W}$ が存在する. $\mathcal{V} = \mathcal{W} \cup \{U_0\}$ とすると, $\mathcal{V} \subset \mathcal{U}$ であり,

$$\left[0, a + \frac{\varepsilon}{2} \right] = [0, t] \cup \left[a - \frac{\varepsilon}{2}, a + \frac{\varepsilon}{2} \right] \subset \left(\bigcup \mathcal{W} \right) \cup U_a = \bigcup \mathcal{V}$$

であるので, $a + \frac{\varepsilon}{2} \in A$ である. これは a が A の上限であることに矛盾する. 従って, $a = 1$ でなければならない.

$[0,1] \subset \bigcup \mathcal{U}$ であるので，$1 \in U_1$ をみたす $\mathcal{U}$ の元 U_1 が存在する．$U_1 \in \mathcal{O}$ であるので，例 4.51 より $(1-\delta, 1+\delta) \subset U_1$ をみたす正の実数 δ が存在する．$\sup A = 1$ であるので，$1 - \frac{\delta}{2} < s \leqq 1$ をみたす A の元 s が存在する．よって，$\mathcal{W} \subset \mathcal{U}$ をみたす $[0,s]$ の有限被覆 $\mathcal{W}$ が存在する．$\mathcal{V} = \mathcal{W} \cup \{U_1\}$ とすると，$\mathcal{V} \subset \mathcal{U}$ であり，

$$[0,1] = [0,s] \cup \left[1-\frac{\delta}{2}, 1\right] \subset \left(\bigcup \mathcal{W}\right) \cup U_1 = \bigcup \mathcal{V}$$

であるので，$1 \in A$ である．

　以上より，$[0,1]$ は $(\mathbb{R}, \mathcal{O})$ のコンパクト集合である．□

問題 5.43 n を自然数とし，$\mathcal{O}^n$ を $\mathbb{R}^n$ の通常の位相とする．$a_1 < b_1, \ldots, a_n < b_n$ をみたす $2n$ 個の実数 $a_1, \ldots, a_n, b_1, \ldots, b_n$ を考える．$\mathbb{R}^n$ の部分集合 $[a_1, b_1] \times \cdots \times [a_n, b_n]$ が $(\mathbb{R}^n, \mathcal{O}^n)$ のコンパクト集合であることを示せ．

定理 5.44 n を自然数とする．$(\mathbb{R}^n, d^{(n)})$ を n 次元ユークリッド空間とし，$\mathcal{O}$ を $\mathbb{R}^n$ の通常の位相とする．$(\mathbb{R}^n, \mathcal{O})$ の閉集合 A が $d^{(n)}$ に関して有界ならば，A は $(\mathbb{R}^n, \mathcal{O})$ のコンパクト集合である．

証明 A が $d^{(n)}$ に関して有界であるので，次の $(*)$ をみたす正の実数 R が存在する：$(*)$ A の任意の点 x, y に対し $d^{(n)}(x,y) < R$ が成り立つ．A の点 a を任意にとる．$(*)$ より，A の任意の点 x に対し $d^{(n)}(x,a) < R$ である．よって，$A \subset U(a;R)$ である．$a = (a_1, \ldots, a_n)$ とし，

$$J = [a_1 - R, a_1 + R] \times \cdots \times [a_n - R, a_n + R]$$

とする．$U(a;R) \subset J$ であるので，$A \subset J$ である．問題 5.43 より，J は $(\mathbb{R}^n, \mathcal{O})$ のコンパクト集合である．すなわち，$\mathcal{O}$ から定まる J の相対位相を $\mathcal{O}_J$ とするとき，$(J, \mathcal{O}_J)$ はコンパクトである．A が $(\mathbb{R}^n, \mathcal{O})$ の閉集合であるので，$\mathbb{R} - A \in \mathcal{O}$ である．$A \subset J$ であり，$J - A = (\mathbb{R} - A) \cap J \in \mathcal{O}_J$ であるので，A は $(J, \mathcal{O}_J)$ の閉集合である．よって，定理 5.37 より A は $(J, \mathcal{O}_J)$ のコンパクト集合である．$\mathcal{O}_J$ から定まる A の相対位相は，$\mathcal{O}$ から定まる A の相対位相に等しい．従って，A は $(\mathbb{R}^n, \mathcal{O})$ のコンパクト集合である．□

例題 5.45 次の (1)～(4) の位相空間の中で，コンパクトであるものをすべてあげよ．ただし，$\mathbb{R}^n$ の通常の位相を $\mathcal{O}^n$ とし，$\mathcal{O}^n$ から定まる $\mathbb{R}^n$ の部分集合 A の相対位相を $\mathcal{O}_A^n$ とする．

(1) $(A, \mathcal{O}_A^1)$，ただし $A = \{\frac{1}{n} \mid n \in \mathbb{N}\} \cup \{0\}$

(2) $(B, \mathcal{O}_B^2)$，ただし $B = \{(x_1, x_2) \in \mathbb{R}^2 \mid 0 < x_1^2 + x_2^2 \leqq 1\}$

(3) 位相空間の族 $\{([-t,t], \mathcal{O}_{[-t,t]}^1)\}_{t \in (0,\infty)}$ の直積空間

[解答] 以下の理由により，(1) と (3) の位相空間がコンパクトである.

(1) 任意の自然数 n に対し $0 < \frac{1}{n} \leqq 1$ であるので，$A \subset (-2, 2) = U(0; 2)$ である．よって，問題 3.33 (3) より，A は $(\mathbb{R}^1, d^{(1)})$ において有界である．A の定義より，$A^c = (-\infty, 0) \cup (\bigcup_{n=1}^{\infty} (\frac{1}{n+1}, \frac{1}{n})) \cup (1, \infty)$ である．問題 3.19 (1) より，$(-\infty, 0)$，$(1, \infty)$ は $(\mathbb{R}^1, d^{(1)})$ の開集合であり，任意の自然数 n に対し $(\frac{1}{n+1}, \frac{1}{n})$ も $(\mathbb{R}^1, d^{(1)})$ の開集合である．よって，定理 3.21 (3) より A^c も $(\mathbb{R}^1, d^{(1)})$ の開集合である．従って，$A^c \in \mathcal{O}^1$ であり，A は $(\mathbb{R}^1, \mathcal{O}^1)$ の閉集合である．ゆえに，定理 5.44 より A は $(\mathbb{R}^1, \mathcal{O}^1)$ のコンパクト集合である．すなわち，$(A, \mathcal{O}_A^1)$ はコンパクトである.

(2) 自然数 n に対し $U_n = \{(x_1, x_2) \in \mathbb{R}^2 \mid x_1^2 + x_2^2 > \frac{1}{n}\}$ と定める．任意の自然数 n に対し，U_n は $(\mathbb{R}^2, d^{(2)})$ の開集合であるので，$U_n \in \mathcal{O}^2$ である．B の任意の点 (x_1, x_2) に対し，$n > \frac{1}{x_1^2 + x_2^2}$ をみたす自然数 n が存在するので，$(x_1, x_2) \in U_n$ が成り立つ．よって，$\mathcal{U} = \{U_n \mid n \in \mathbb{N}\}$ は $(\mathbb{R}^2, \mathcal{O}^2)$ における B の開被覆である．$\#\mathcal{V} < \aleph_0$ をみたす $\mathcal{U}$ の部分集合 $\mathcal{V}$ を任意にとる．もし $\mathcal{V} = \varnothing$ ならば，$\mathcal{V}$ は X における B の被覆でない．そこで，$\mathcal{V} \neq \varnothing$ とし，$N = \max\{n \in \mathbb{N} \mid U_n \in \mathcal{V}\}$ とする．このとき，$(\frac{1}{\sqrt{N+1}}, 0) \in B$ かつ $(\frac{1}{\sqrt{N+1}}, 0) \notin U_N = \bigcup \mathcal{V}$ であるので，$\mathcal{V}$ は X における B の被覆でない．よって，問題 5.34 より，$\mathcal{V}$ は $(\mathbb{R}^2, \mathcal{O}^2)$ のコンパクト集合でない．すなわち，$(B, \mathcal{O}_B^2)$ はコンパクトでない.

(3) 正の実数 t を任意にとる．$[-t, t] \subset (-t-1, t+1) = U(0; t+1)$ であるので，問題 3.33 (3) より $[-t, t]$ は $(\mathbb{R}^1, d^{(1)})$ において有界である．$[-t, t]^c = (-\infty, -t) \cup (t, \infty)$ であり，$(-\infty, -t)$，(t, ∞) は $(\mathbb{R}^1, d^{(1)})$ の開集合であるので，定理 3.21 (3) より $[-t, t]^c$ も $(\mathbb{R}^1, d^{(1)})$ の開集合である．よって，$[-t, t]^c \in \mathcal{O}^1$ であり，$[-t, t]$ は $(\mathbb{R}^1, \mathcal{O}^1)$ の閉集合である．ゆえに，定理 5.44 より $[-t, t]$ は $(\mathbb{R}^1, \mathcal{O}^1)$ のコンパクト集合である．すなわち，$([-t, t], \mathcal{O}_{[-t,t]}^1)$ はコンパクトである．ゆえに，定理 5.41 (チコノフの定理) より，$\{([-t, t], \mathcal{O}_{[-t,t]}^1)\}_{t \in (0, \infty)}$ の直積空間もコンパクトである．$\square$

5.6 コンパクト性と分離公理

補題 5.46 $(X, \mathcal{O})$ をハウスドルフ空間とする．A を $(X, \mathcal{O})$ のコンパクト集合とし，x を $X - A$ の点とする．このとき，$x \in U$，$A \subset V$，$U \cap V = \varnothing$ をみたす $\mathcal{O}$ の元 U，V が存在する.

証明 $\mathcal{U} = \{O \in \mathcal{O} \mid x \notin O^a\}$ とする．A の点 a を任意にとる．$x \notin A$ であり，$(X, \mathcal{O})$ がハウスドルフ空間であるので，$a \in O_1$，$x \in O_2$，$O_1 \cap O_2 = \varnothing$ をみたす $\mathcal{O}$ の元 O_1，O_2 が存在する．$O_1 \cap O_2 = \varnothing$ より $O_2 \subset O_1^c$ であるので，$O_2^i \subset (O_1^c)^i$ である．問題 4.12 より $O_2^i = O_2$ であり，定理 4.21 (1) より $(O_1^c)^i = (O_1^a)^c$ であるので，$O_2 \subset (O_1^a)^c$ である．よって，$x \notin O_1^a$ であり，$O_1 \in \mathcal{U}$ である．ゆえに，$\mathcal{U}$ は $(X, \mathcal{O})$ にお

ける A の開被覆である.

A が $(X, \mathcal{O})$ のコンパクト集合であるので, 問題 5.34 より, $\mathcal{V} \subset \mathcal{U}$ をみたす X における A の有限被覆 $\mathcal{V}$ が存在する. ここで, $V = \bigcup \mathcal{V}, U = X - V^a$ とする. $\mathcal{V} \subset \mathcal{U} \subset \mathcal{O}$ であるので, (O3) より $V \in \mathcal{O}$ である. V^a は $(X, \mathcal{O})$ の閉集合であるので, $U = (V^a)^c \in \mathcal{O}$ である. $\mathcal{V}$ が X における A の被覆であるので, $A \subset \bigcup \mathcal{V} = V$ である. $\mathcal{V} \subset \mathcal{U}$ であるので, $\mathcal{V}$ の任意の元 O に対し $x \notin O^a$ であり, $x \in (O^a)^c$ である. よって, 定理 1.66 (2) と定理 4.15 (3) より

$$x \in \bigcap_{O \in \mathcal{V}} (O^a)^c = \left(\bigcup_{O \in \mathcal{V}} O^a \right)^c = \left(\left(\bigcup \mathcal{V} \right)^a \right)^c = (V^a)^c = U$$

が成り立つ. 定理 4.15 (1) より $V \subset V^a$ であるので, $U = (V^a)^c \subset V^c$ である. よって, $U \cap V = \varnothing$ である. $\square$

問題 5.47 $(X, \mathcal{O})$ をハウスドルフ空間とし, A を $(X, \mathcal{O})$ のコンパクト集合とする. A が $(X, \mathcal{O})$ の閉集合であることを示せ.

問題 5.48 $(X, \mathcal{O}_X)$ をコンパクトな位相空間, $(Y, \mathcal{O}_Y)$ をハウスドルフ空間とし, $f : X \to Y$ を写像とする. f が $(X, \mathcal{O}_X)$ から $(Y, \mathcal{O}_Y)$ への連続写像ならば, f は $(X, \mathcal{O}_X)$ から $(Y, \mathcal{O}_Y)$ への閉写像であることを示せ.

例題 5.49 例題 4.82 において, 写像 $f : \mathbb{R}/\mathbb{Z} \to S^1$ が $(\mathbb{R}/\mathbb{Z}, \mathcal{O}_{\mathbb{R}/\mathbb{Z}})$ から $(S^1, \mathcal{O}_{S^1}^2)$ への同相写像であることを示せ.

[解答] $I = [0, 1] \subset (-2, 2) = U(0; 2)$ であるので, 問題 3.33 (3) より I は $(\mathbb{R}, d^{(1)})$ において有界である. $I^c = (-\infty, 0) \cup (1, \infty)$ であり, 問題 3.19 (1) より $(-\infty, 0)$, $(1, \infty)$ は $(\mathbb{R}, d^{(1)})$ の開集合であるので, 定理 3.21 (3) より I^c も $(\mathbb{R}, d^{(1)})$ の開集合である. よって, $I^c \in \mathcal{O}$ であり, I は $(\mathbb{R}, \mathcal{O})$ の閉集合である. 定理 5.44 より, I は $(\mathbb{R}, \mathcal{O})$ のコンパクト集合である. すなわち, $\mathcal{O}$ から定まる I の相対位相を $\mathcal{O}_I$ とするとき, $(I, \mathcal{O}_I)$ はコンパクトである.

定理 3.2, 問題 5.20, 問題 5.13 (3), (4) より, $(\mathbb{R}^2, \mathcal{O}^2)$ はハウスドルフ空間である. よって, 問題 5.21 (3) より $(S^1, \mathcal{O}_{S^1}^2)$ もハウスドルフ空間である.

微分積分学より $\tilde{f}$ は全射であるので, $f \circ \pi = \tilde{f}$ より f も全射である. $\mathbb{R}/\mathbb{N}$ の元 τ, σ に対し, $f(\tau) = f(\sigma)$ であるとする. $[t]_R = \tau, [s]_R = \sigma$ をみたす実数 t, s が存在する. f の定義より $(\cos 2\pi t, \sin 2\pi t) = (\cos 2\pi s, \sin 2\pi s)$ であるので, $t - s \in \mathbb{Z}$ である. よって, $\tau = [t]_R = [s]_R = \sigma$ である. 従って, f は単射である. 以上より, f は全単射である.

例題 4.82 (3) より f が $(\mathbb{R}/\mathbb{Z}, \mathcal{O}_{\mathbb{R}/\mathbb{Z}})$ から $(S^1, \mathcal{O}_{S^1}^2)$ への連続写像であるので, 問題 5.48 より f は閉写像である. よって, 問題 4.41 より f は $(\mathbb{R}/\mathbb{Z}, \mathcal{O}_{\mathbb{R}/\mathbb{Z}})$ から $(S^1, \mathcal{O}_{S^1}^2)$ への同相写像である. $\square$

$\boxed{\text{定理 5.50}}$ $(X, \mathcal{O})$ をハウスドルフ空間とする.A, B を $(X, \mathcal{O})$ のコンパクト集合とし,$A \cap B = \varnothing$ であるとする.このとき,$A \subset U$, $B \subset V$, $U \cap V = \varnothing$ をみたす $\mathcal{O}$ の元 U, V が存在する.

証明　$\mathcal{U} = \{O \in \mathcal{O} \mid O^a \cap A = \varnothing\}$ とする.B の点 b を任意にとる.$A \cap B = \varnothing$ より $b \in B \subset A^c$ である.A が $(X, \mathcal{O})$ のコンパクト集合であるので,補題 5.46 より,$b \in O_1$, $A \subset O_2$, $O_1 \cap O_2 = \varnothing$ をみたす $\mathcal{O}$ の元 O_1, O_2 が存在する.$O_1 \cap O_2 = \varnothing$ より $O_1 \subset O_2^c$ であるので,$O_1^i \subset (O_2^c)^i$ である.問題 4.12 より $O_1^i = O_1$ であり,定理 4.21 (1) より $(O_2^c)^i = (O_2^a)^c$ であるので,$O_1 \subset (O_2^a)^c$ である.定理 4.15 (1) より $A \subset O_2 \subset O_2^a$ であるので,$O_1 \subset (O_2^a)^c \subset A^c$ である.よって,$O_1 \cap A = \varnothing$ であるので,問題 4.16 より $O_1^a \cap A = \varnothing$ である.従って,$O_1 \in \mathcal{U}$ である.ゆえに,$\mathcal{U}$ は $(X, \mathcal{O})$ における B の開被覆である.

B が $(X, \mathcal{O})$ のコンパクト集合であるので,問題 5.34 より,$\mathcal{V} \subset \mathcal{U}$ をみたす X における B の有限被覆 $\mathcal{V}$ が存在する.ここで,$V = \bigcup \mathcal{V}$, $U = X - V^a$ とする.$\mathcal{V} \subset \mathcal{U} \subset \mathcal{O}$ であるので,(O3) より $V \in \mathcal{O}$ である.V^a は $(X, \mathcal{O})$ の閉集合であるので,$U = (V^a)^c \in \mathcal{O}$ である.$\mathcal{V}$ が X における B の被覆であるので,$B \subset \bigcup \mathcal{V} = V$ である.$\mathcal{V} \subset \mathcal{U}$ であるので,$\mathcal{V}$ の任意の元 O に対し $O^a \cap A = \varnothing$ であり,$A \subset (O^a)^c$ である.よって,定理 1.66 (2) と定理 4.15 (3) より

$$A \subset \bigcap_{O \in \mathcal{V}} (O^a)^c = \left(\bigcup_{O \in \mathcal{V}} O^a \right)^c = \left(\left(\bigcup \mathcal{V} \right)^a \right)^c = (V^a)^c = U$$

が成り立つ.定理 4.15 (1) より $V \subset V^a$ であるので,$U = (V^a)^c \subset V^c$ である.よって,$U \cap V = \varnothing$ である.$\square$

問題 5.51　$(X, \mathcal{O})$ がコンパクトハウスドルフ空間ならば,$(X, \mathcal{O})$ は正規空間であることを示せ.

【局所コンパクト】　$(X, \mathcal{O})$ を位相空間とする.X の任意の点 x に対し,$(X, \mathcal{O})$ のコンパクト集合であるような x の近傍が存在するとき,$(X, \mathcal{O})$ は**局所コンパクト**であるという.

$\boxed{\text{例 5.52}}$　$\mathcal{O}$ を $\mathbb{R}^n$ の通常の位相とする.$\mathbb{R}^n$ の点 a を任意にとる.このとき,
$$U(a; 1)^a = \{x \in \mathbb{R} \mid d^{(n)}(x, a) \leqq 1\}$$
は $(\mathbb{R}^n, \mathcal{O})$ の閉集合であり,a の近傍である.$U(a; 1)^a$ の任意の点 x, y に対し,三角不等式より $d^{(n)}(x, y) \leqq d^{(n)}(x, a) + d^{(n)}(a, y) \leqq 2$ であるので,$U(a; 1)^a$ は $d^{(n)}$ に関して有界である.よって,定理 5.44 より $U(a; 1)^a$ は $(\mathbb{R}^n, \mathcal{O})$ のコンパクト集合である.ゆえに,$(\mathbb{R}^n, \mathcal{O})$ は局所コンパクトである.

問題 5.53 $(X, \mathcal{O})$ を位相空間とする. 次の (1), (2) が成り立つことを示せ.

(1) $(X, \mathcal{O})$ がコンパクトならば, $(X, \mathcal{O})$ は局所コンパクトである.

(2) $\mathcal{O}$ が X の離散位相ならば, $(X, \mathcal{O})$ は局所コンパクトである.

【相対コンパクト】 $(X, \mathcal{O})$ を位相空間とし, A を X の部分集合とする. A の閉包 A^a が $(X, \mathcal{O})$ のコンパクト集合であるとき, A は $(X, \mathcal{O})$ において**相対コンパクト**であるという.

補題 5.54 $(X, \mathcal{O})$ をハウスドルフ空間とし, x を X の点とする. 次の (1), (2) は同値である.

(1) $(X, \mathcal{O})$ のコンパクト集合であるような x の近傍が存在する.

(2) $(X, \mathcal{O})$ において相対コンパクトな x の開近傍が存在する.

証明 $\mathcal{A}$ を $(X, \mathcal{O})$ の閉集合全体の集合とする.

(1) $\Rightarrow$ (2): 仮定より, $(X, \mathcal{O})$ のコンパクト集合であるような $\mathcal{N}(x)$ の元 U が存在する. $(X, \mathcal{O})$ がハウスドルフ空間であるので, 問題 5.47 より $U \in \mathcal{A}$ である. よって, 問題 4.18 より $U^a = U$ である. 定理 4.11 (1) より $U^i \subset U$ であるので, $(U^i)^a \subset U^a = U$ である. $\mathcal{O}$ から定まる U の相対位相を $\mathcal{O}_U$ とするとき, $(U, \mathcal{O}_U)$ はコンパクトである. $(U^i)^a \in \mathcal{A}$ かつ $(U^i)^a \subset U$ であるので, 問題 4.44 (1) より $(U^i)^a$ は $(U, \mathcal{O}_U)$ の閉集合である. よって, 定理 5.37 より, $(U^i)^a$ は $(U, \mathcal{O}_U)$ のコンパクト集合である. $\mathcal{O}_U$ から定まる $(U^i)^a$ の相対位相と, $\mathcal{O}$ から定まる $(U^i)^a$ の相対位相は等しいので, $(U^i)^a$ は $(X, \mathcal{O})$ のコンパクト集合である. 従って, U^i は $(X, \mathcal{O})$ において相対コンパクトである. 定理 4.11 (4) より $(U^i)^i = U^i$ であり, $U \in \mathcal{N}(x)$ より $x \in U^i$ であるので, $x \in (U^i)^i$ である. よって, U^i は x の開近傍である.

(2) $\Rightarrow$ (1): 仮定より, $(X, \mathcal{O})$ において相対コンパクトな x の開近傍 U が存在する. U^a は $(X, \mathcal{O})$ のコンパクト集合である. 定理 4.15 (1) より $U \subset U^a$ であるので, $U^i \subset (U^a)^i$ である. $x \in U^i$ であるので, $x \in (U^a)^i$ である. よって, $U^a \in \mathcal{N}(x)$ である. $\square$

定理 5.55 $(X, \mathcal{O})$ を局所コンパクトハウスドルフ空間とし, x を X の点とする. このとき, $(X, \mathcal{O})$ のコンパクト集合であるような x の近傍全体の集合 $\mathcal{B}(x)$ は, $(X, \mathcal{O})$ における x の基本近傍系である.

証明 $\mathcal{N}(x)$ の元 U を任意にとる. $(X, \mathcal{O})$ が局所コンパクトハウスドルフ空間であるので, 補題 5.54 より, $(X, \mathcal{O})$ において相対コンパクトな x の開近傍 W が存在する. よって, $\mathcal{O}$ から定まる W^a の相対位相を $\mathcal{O}_{W^a}$ とするとき, $(W^a, \mathcal{O}_{W^a})$ はコンパクトである. また, $(X, \mathcal{O})$ がハウスドルフ空間であるので, 問題 5.21 (3) より $(W^a, \mathcal{O}_{W^a})$ もハウスドルフ空間である. 問題 5.13 (2) と問題 5.12 より, $\{x\}$ は

$(X, \mathcal{O})$ の閉集合である. 定理 4.11 (1) と定理 4.15 (1) より $x \in W^i \subset W \subset W^a$ であるので, 問題 4.44 (1) より $\{x\}$ は $(W^a, \mathcal{O}_{W^a})$ の閉集合である. $X - U^i$ が $(X, \mathcal{O})$ の閉集合であるので, $W^a - U^i = W^a \cap (X - U^i)$ は $(W^a, \mathcal{O}_{W^a})$ の閉集合である. $x \in U^i$ であるので, $\{x\} \cap (W^a - U^i) = \varnothing$ である. 問題 5.51 より $(W^a, \mathcal{O}_{W^a})$ は正規空間であるので, $\{x\} \subset U_0$, $W^a - U^i \subset V_0$, $U_0 \cap V_0 = \varnothing$ をみたす $\mathcal{O}_{W^a}$ の元 U_0, V_0 が存在する. $U_0 = U_1 \cap W^a$, $V_0 = V_1 \cap W^a$ をみたす $\mathcal{O}$ の元 U_1, V_1 が存在する. このとき, $V = U_1 \cap W$ とする.

$U_1 \in \mathcal{O}$ かつ $W \in \mathcal{O}$ であるので, (O2) より $V \in \mathcal{O}$ である. $x \in U_0 \subset U_1$ であり, 問題 4.12 より $x \in W^i = W$ であるので, $x \in V$ である. 定理 4.15 (1) より $V \subset V^a$ であるので, $V^i \subset (V^a)^i$ である. 問題 4.12 より $x \in V = V^i$ であるので, $x \in (V^a)^i$ である. 従って, $V^a \in \mathcal{N}(x)$ である. $V \subset W$ より $V^a \subset W^a$ であるので, $V^a = V^a \cap W^a$ は $(W^a, \mathcal{O}_{W^a})$ の閉集合である. $(W^a, \mathcal{O}_{W^a})$ がコンパクトであるので, 定理 5.37 より, V^a は $(W^a, \mathcal{O}_{W^a})$ のコンパクト集合である. $\mathcal{O}_{W^a}$ から定まる V^a の相対位相と, $\mathcal{O}$ から定まる V^a の相対位相は等しいので, V^a は $(X, \mathcal{O})$ のコンパクト集合である. ゆえに, $V^a \in \mathcal{B}(x)$ である.

$W \subset W^a$ より $V = U_1 \cap W \subset U_1 \cap W^a = U_0$ である. $U_0 \subset W^a$, $V_0 \subset W^a$, $U_0 \cap V_0 = \varnothing$ より, $U_0 \subset W^a - V_0$ である. $W^a - V_0$ は $(W^a, \mathcal{O}_{W^a})$ の閉集合であるが, W^a が $(X, \mathcal{O})$ の閉集合であるので, $W^a - V_0$ は $(X, \mathcal{O})$ の閉集合でもある. よって, $U_0^a \subset W^a - V_0$ である. また, $W^a - U^i \subset V_0$ より $X - V_0 \subset X - (W^a - U^i)$ である. 以上を合わせると

$$V^a \subset U_0^a \subset W^a - V_0 \subset X - V_0 \subset X - (W^a - U^i) = (X - W^a) \cup U^i$$

が成り立つ. 一方, $V^a \subset W^a$ であるので, $V^a \cap (X - W^a) = \varnothing$ である. よって, $V^a \subset U^i$ である. 定理 4.11 (1) より $U^i \subset U$ であるので, $V^a \subset U$ である. $\square$

定理 5.56 $(X, \mathcal{O})$ が局所コンパクトハウスドルフ空間ならば, $(X, \mathcal{O})$ は正則空間である.

証明 $\mathcal{A}$ を $(X, \mathcal{O})$ の閉集合全体の集合とする.

$x \notin A$ をみたす X の点 x と $\mathcal{A}$ の元 A を任意にとる. $A^c \in \mathcal{O}$ であるので, 問題 4.12 より $A^c = (A^c)^i$ である. $x \in A^c$ であるので, $x \in (A^c)^i$ である. よって, A^c は $(X, \mathcal{O})$ における x の近傍である. $(X, \mathcal{O})$ が局所コンパクトハウスドルフ空間であるので, 定理 5.55 より, $W \subset A^c$ をみたす $\mathcal{N}(x)$ の元 W であって, $(X, \mathcal{O})$ のコンパクト集合であるものが存在する. $(X, \mathcal{O})$ がハウスドルフ空間であるので, 問題 5.47 より $W \in \mathcal{A}$ である. ここで, $U = W^i$, $V = W^c$ とすると, $x \in U$ かつ $A \subset V$ である. $U \in \mathcal{O}$ かつ $V \in \mathcal{O}$ であり, 定理 4.11 (1) より $U \cap V = W^i \cap W^c \subset W \cap W^c = \varnothing$ である. よって, $(X, \mathcal{O})$ は T_3 をみたす. $(X, \mathcal{O})$ はハウスドルフ空間であるので, 問題 5.13 (2) より T_1 をみたす. ゆえに, $(X, \mathcal{O})$ は正則空間である. $\square$

問題 5.57 $(X, \mathcal{O})$ を局所コンパクトハウスドルフ空間とする. $A \subset O$ をみたす $(X, \mathcal{O})$ のコンパクト集合 A と $\mathcal{O}$ の元 O に対し, $A \subset U$ かつ $U^a \subset O$ をみたす $\mathcal{O}$

の元 U であって，U^a が $(X, \mathcal{O})$ のコンパクト集合であるものが存在することを示せ.

問題 5.58 $(X, \mathcal{O})$ が局所コンパクトハウスドルフ空間ならば，$(X, \mathcal{O})$ は完全正則空間であることを示せ.

定理 5.59 $(X, \mathcal{O})$ を位相空間とし，x_∞ を X に含まれない点とする. $\mathcal{A}_0$ を $(X, \mathcal{O})$ のコンパクト閉集合全体の集合とし，$\mathcal{O}_\infty = \{O \cup \{x_\infty\} \mid X - O \in \mathcal{A}_0\}$ とする. このとき，次の (1), (2) が成り立つ.

(1) $X^* = X \cup \{x_\infty\}$, $\mathcal{O}^* = \mathcal{O} \cup \mathcal{O}_\infty$ とするとき，$\mathcal{O}^*$ は X^* の位相である.

(2) $\mathcal{O}^*$ から定まる X の相対位相は $\mathcal{O}$ に等しい.

(3) $(X^*, \mathcal{O}^*)$ はコンパクトである.

$(X^*, \mathcal{O}^*)$ を $(X, \mathcal{O})$ の**一点コンパクト化**（または**アレキサンドロフのコンパクト化**）という.

証明 $\mathcal{A}$ を $(X, \mathcal{O})$ の閉集合全体の集合とする.

(1) $\mathcal{A}$ が (A1) をみたすので $X - X = \varnothing \in \mathcal{A}_0$ であり，$X^* = X \cup \{x_\infty\} \in \mathcal{O}_\infty$ である. $\mathcal{O}$ が (O1) をみたすので，$\varnothing \in \mathcal{O}$ である. よって，$X^*, \varnothing \in \mathcal{O}^*$ である. ゆえに，$\mathcal{O}^*$ は (O1) をみたす.

$\mathcal{O}^*$ の元 O_1^*, O_2^* を任意にとる. $O_1^* \in \mathcal{O}$ かつ $O_2^* \in \mathcal{O}$ であるとき，$\mathcal{O}$ が (O2) をみたすので，$O_1^* \cap O_2^* \in \mathcal{O}$ である. $O_1^* \in \mathcal{O}_\infty$ かつ $O_2^* \in \mathcal{O}$ であるとき，$O_1^* = O_1 \cup \{x_\infty\}$ かつ $X - O_1 \in \mathcal{A}_0$ をみたす X の部分集合 O_1 が存在する. $O_1 \in \mathcal{O}$ であり，$\mathcal{O}$ が (O2) をみたすので，$O_1^* \cap O_2^* = O_1 \cap O_2^* \in \mathcal{O}$ である. $O_1^* \in \mathcal{O}$ かつ $O_2^* \in \mathcal{O}_\infty$ であるとき，同様に $O_1^* \cap O_2^* \in \mathcal{O}$ である. $O_1^* \in \mathcal{O}_\infty$ かつ $O_2^* \in \mathcal{O}_\infty$ であるとき，$O_1^* = O_1 \cup \{x_\infty\}$ かつ $X - O_1 \in \mathcal{A}_0$ をみたす X の部分集合 O_1 と，$O_2^* = O_2 \cup \{x_\infty\}$ かつ $X - O_2 \in \mathcal{A}_0$ をみたす X の部分集合 O_2 が存在する. このとき，

$$O_1^* \cap O_2^* = (O_1 \cup \{x_\infty\}) \cap (O_2 \cup \{x_\infty\}) = (O_1 \cap O_2) \cup \{x_\infty\}$$
$$X - (O_1 \cap O_2) = (X - O_1) \cup (X - O_2)$$

である. $\mathcal{A}$ が (A2) をみたすので，$(X - O_1) \cup (X - O_2) \in \mathcal{A}$ である. また，問題 5.36 より $(X - O_1) \cup (X - O_2)$ は $(X, \mathcal{O})$ のコンパクト集合である. よって，$X - (O_1 \cap O_2) \in \mathcal{A}_0$ である. 従って，$O_1^* \cap O_2^* \in \mathcal{O}_\infty$ である. いずれの場合も $O_1^* \cap O_2^* \in \mathcal{O}^*$ である. ゆえに，$\mathcal{O}^*$ は (O2) をみたす.

$(O_\lambda^*)_{\lambda \in \Lambda}$ を X^* の部分集合族とし，Λ の任意の元 λ に対し $O_\lambda^* \in \mathcal{O}^*$ であるとする. Λ の元 λ に対し，$O_\lambda = O_\lambda^* - \{x_\infty\}$ とし，$A_\lambda = X - O_\lambda$ とする. Λ の任意の元 λ に対し $O_\lambda^* \in \mathcal{O}$ であるとき，$\mathcal{O}$ が (O3) をみたすので $\bigcup_{\lambda \in \Lambda} O_\lambda^* \in \mathcal{O}$ である. $O_\mu^* \in \mathcal{O}_\infty$ をみたす Λ の元 μ が存在するとき，$O_\mu^* = O_\mu \cup \{x_\infty\}$ かつ $A_\mu \in \mathcal{A}_0$ である. $\bigcup_{\lambda \in \Lambda} O_\lambda^* = \left(\bigcup_{\lambda \in \Lambda} O_\lambda\right) \cup \{x_\infty\}$ であり，定理 1.66 (2) より

$$X - \left(\bigcup_{\lambda \in \Lambda} O_\lambda\right) = \bigcap_{\lambda \in \Lambda}(X - O_\lambda) = \bigcap_{\lambda \in \Lambda} A_\lambda$$

である. $\mathcal{O}$ から定まる A_μ の相対位相を $\mathcal{O}_{A_\mu}$ とするとき, $(A_\mu, \mathcal{O}_{A_\mu})$ はコンパクトである. $\varLambda$ の任意の元 λ に対し, $O_\lambda \in \mathcal{O}$ であるので, $A_\lambda \in \mathcal{A}$ である. $\mathcal{A}$ が (A3) をみたすので, $\bigcap_{\lambda \in \varLambda} A_\lambda \in \mathcal{A}$ である. $\bigcap_{\lambda \in \varLambda} A_\lambda \subset A_\mu$ であるので, 問題 4.44 (1) より $\bigcap_{\lambda \in \varLambda} A_\lambda$ は $(A_\mu, \mathcal{O}_{A_\mu})$ の閉集合である. よって, 定理 5.37 より, $\bigcap_{\lambda \in \varLambda} A_\lambda$ は $(A_\mu, \mathcal{O}_{A_\mu})$ のコンパクト集合である. $\mathcal{O}_{A_\mu}$ から定まる $\bigcap_{\lambda \in \varLambda} A_\lambda$ の相対位相と, $\mathcal{O}$ から定まる $\bigcap_{\lambda \in \varLambda} A_\lambda$ の相対位相は等しいので, $\bigcap_{\lambda \in \varLambda} A_\lambda$ は $(X, \mathcal{O})$ のコンパクト集合である. 従って, $\bigcap_{\lambda \in \varLambda} A_\lambda \in \mathcal{A}_0$ であり, $X - (\bigcup_{\lambda \in \varLambda} O_\lambda) \in \mathcal{A}_0$ である. すなわち, $\bigcup_{\lambda \in \varLambda} O_\lambda^* \in \mathcal{O}_\infty$ である. いずれの場合も $\bigcup_{\lambda \in \varLambda} O_\lambda^* \in \mathcal{O}^*$ である. ゆえに, $\mathcal{O}^*$ は (O3) をみたす.

以上より, $\mathcal{O}^*$ は X^* の位相である.

(2) $\mathcal{O}^*$ から定まる X の相対位相を $\mathcal{O}_X^*$ とする. $\mathcal{O}$ の元 O を任意にとる. $\mathcal{O} \subset \mathcal{O}^*$ であり, $O = O \cap X$ であるので, $O \in \mathcal{O}_X^*$ である. よって, $\mathcal{O} \subset \mathcal{O}_X^*$ である. $\mathcal{O}_X^*$ の元 O_X^* を任意にとる. $O_X^* = \mathcal{O}^* \cap X$ をみたす $\mathcal{O}^*$ の元 O^* が存在する. $O^* \in \mathcal{O}$ ならば, $O_X^* = O^* \in \mathcal{O}$ である. $O^* \in \mathcal{O}_\infty$ ならば, $O^* = O \cup \{x_\infty\}$ かつ $X - O \in \mathcal{A}_0$ をみたす X の部分集合 O が存在する. このとき, $O_X^* = O^* \cap X = (O \cup \{x_\infty\}) \cap X = O \in \mathcal{O}$ である. よって, $\mathcal{O}_X^* \subset \mathcal{O}$ である. ゆえに, $\mathcal{O}_X^* = \mathcal{O}$ である.

(3) $(X^*, \mathcal{O}^*)$ の開被覆 $\mathcal{U}^*$ を任意にとる. $\mathcal{U} = \{U^* - \{x_\infty\} \mid U^* \in \mathcal{U}^*\}$ とする. $\mathcal{O}^*$ の任意の元 O^* に対し, $O^* - \{x_\infty\} \subset X$ かつ $O^* - \{x_\infty\} \in \mathcal{O}$ である. $\mathcal{U}^* \subset \mathcal{O}^*$ であるので, $\mathcal{U} \subset \mathcal{O}$ である. X の点 x を任意にとる. $X \subset X^*$ であり, $\mathcal{U}^*$ が X^* の被覆であるので, $x \in U^*$ をみたす $\mathcal{U}^*$ の元 U^* が存在する. $x_\infty \notin X$ より $x \neq x_\infty$ であるので, $x \in U^* - \{x_\infty\}$ である. よって, $\mathcal{U}$ は X の被覆である. ゆえに, $\mathcal{U}$ は $(X, \mathcal{O})$ の開被覆である.

$\mathcal{U}^*$ が X^* の被覆であるので, $x_\infty \in U_\infty^*$ をみたす $\mathcal{U}^*$ の元 U_∞^* が存在する. $\mathcal{U}^* \subset \mathcal{O}^* = \mathcal{O} \cup \mathcal{O}_\infty$ であり, $x_\infty \in U_\infty^*$ より $U_\infty^* \notin \mathcal{O}$ であるので, $U_\infty^* \in \mathcal{O}_\infty$ である. よって, $U_\infty^* = U_\infty \cup \{x_\infty\}$ かつ $X - U_\infty \in \mathcal{A}_0$ をみたす X の部分集合 U_∞ が存在する. $\mathcal{U}$ は $(X, \mathcal{O})$ における $X - U_\infty$ の開被覆でもある. $X - U_\infty$ が $(X, \mathcal{O})$ のコンパクト集合であるので, 問題 5.34 より, $\mathcal{V} \subset \mathcal{U}$ をみたす X における $X - U_\infty$ の有限被覆 $\mathcal{V}$ が存在する. ここで, $\mathcal{V}^* = \{U^* \in \mathcal{U}^* \mid U^* - \{x_\infty\} \in \mathcal{V}\}$ と定める. $\mathcal{V}^* \subset \mathcal{U}^*$ かつ $U_\infty^* \in \mathcal{U}^*$ であるので, $\mathcal{V}^* \cup \{U_\infty^*\} \subset \mathcal{U}^*$ である. $\#\mathcal{V} < \aleph_0$ より $\#\mathcal{V}^* < \aleph_0$ であるので, 問題 2.20 (2) と問題 2.3 (2) より $\#(\mathcal{V}^* \cup \{U_\infty^*\}) < \aleph_0$ である. さらに,

$$X^* = (X - U_\infty) \cup U_\infty \cup \{x_\infty\} \subset \left(\bigcup \mathcal{V}\right) \cup U_\infty^* \subset \left(\bigcup \mathcal{V}^*\right) \cup U_\infty^*$$

であるので, $\mathcal{V}^* \cup \{U_\infty^*\}$ は X^* の被覆である. よって, $(X^*, \mathcal{O}^*)$ はコンパクトである. $\square$

定理 5.60 $(X, \mathcal{O})$ を位相空間とし, $(X^*, \mathcal{O}^*)$ を $(X, \mathcal{O})$ の一点コンパクト化とする. $(X^*, \mathcal{O}^*)$ がハウスドルフ空間であるための必要十分条件は, $(X, \mathcal{O})$ が局所コンパクトハウスドルフ空間であることである.

証明　必要であること：$(X^*, \mathcal{O}^*)$ がハウスドルフ空間であるとする．$\mathcal{O}^*$ から定まる X の相対位相を $\mathcal{O}_X^*$ とする．問題 5.21 (3) より $(X, \mathcal{O}_X^*)$ はハウスドルフ空間であるので，定理 5.59 (2) より $(X, \mathcal{O})$ もハウスドルフ空間である．X の点 x を任意にとる．$x \neq x_\infty$ であり，$(X^*, \mathcal{O}^*)$ がハウスドルフ空間であるので，$x \in U^*$, $x_\infty \in V^*$, $U^* \cap V^* = \varnothing$ をみたす $\mathcal{O}^*$ の元 U^*, V^* が存在する．$(X^*, \mathcal{O}^*)$ における U^* の閉包を U^{**} とする．$U^* \cap V^* = \varnothing$ より $U^* \subset X^* - V^*$ であり，$X^* - V^*$ が $(X^*, \mathcal{O}^*)$ の閉集合であるので，$U^{**} \subset X^* - V^*$ である．$\{x_\infty\} \subset V^*$ より $X^* - V^* \subset X^* - \{x_\infty\} = X$ であるので，$U^{**} \subset X$ である．定理 4.15 (1) より $U^* \subset U^{**}$ であるので，$U^* \subset X$ である．$U^* \in \mathcal{O}^*$ より $U^* = U^* \cap X \in \mathcal{O}_X^*$ であるので，定理 5.59 (2) より $U^* \in \mathcal{O}$ である．よって，問題 4.10 より，x は $(X, \mathcal{O})$ における U^{**} の内点である．すなわち，U^{**} は $(X, \mathcal{O})$ における x の近傍である．定理 5.59 (3) より $(X^*, \mathcal{O}^*)$ がコンパクトであり，U^{**} が $(X^*, \mathcal{O}^*)$ の閉集合であるので，定理 5.37 より U^{**} は $(X^*, \mathcal{O}^*)$ のコンパクト集合である．$U^{**} \subset X$ であり，$\mathcal{O}_X^*$ から定まる U^{**} の相対位相は $\mathcal{O}^*$ から定まる U^{**} の相対位相に等しい．よって，U^{**} は $(X, \mathcal{O}_X^*)$ のコンパクト集合であり，定理 5.59 (2) より $(X, \mathcal{O})$ のコンパクト集合である．ゆえに，U^{**} は $(X, \mathcal{O})$ のコンパクト集合であるような x の近傍である．以上より，$(X, \mathcal{O})$ は局所コンパクトである．

　十分であること：$(X, \mathcal{O})$ が局所コンパクトハウスドルフ空間であるとする．X^* の異なる 2 点 x, y を任意にとる．$x \in X$ かつ $y \in X$ ならば，$(X, \mathcal{O})$ がハウスドルフ空間であるので，$x \in U$, $y \in V$, $U \cap V = \varnothing$ をみたす $\mathcal{O}$ の元 U, V が存在する．定理 5.59 (2) より $U \in \mathcal{O}_X^*$ かつ $V \in \mathcal{O}_X^*$ であり，$U \subset X$ かつ $V \subset X$ より $U \in \mathcal{O}^*$ かつ $V \in \mathcal{O}^*$ である．$x \in X$ かつ $y = x_\infty$ であるとする．$(X, \mathcal{O})$ が局所コンパクトであるので，補題 5.54 より，$(X, \mathcal{O})$ において相対コンパクトな x の開近傍 U が存在する．$U \in \mathcal{O}$ であるので，定理 5.59 (2) より $U \in \mathcal{O}_X^*$ である．$U \subset X$ であるので，$U \in \mathcal{O}^*$ である．$(X, \mathcal{O})$ における U の閉包を U^a とし，$V = X^* - U^a$ とする．$U^a \subset X$ より $y = x_\infty \in V$ である．U^a は $(X, \mathcal{O})$ のコンパクト閉集合であるので，

$$V = X^* - U^a = (X - U^a) \cup \{x_\infty\} \in \mathcal{O}_\infty \subset \mathcal{O}^*$$

である．定理 4.15 (1) より $U \subset U^a$ であるので，$V = X^* - U^a \subset X^* - U$ である．よって，$U \cap V = \varnothing$ である．$x = x_\infty$ かつ $y \in X$ である場合も同様に，$x \in U$, $y \in V$, $U \cap V = \varnothing$ をみたす $\mathcal{O}^*$ の元 U, V が存在する．ゆえに，$(X^*, \mathcal{O}^*)$ はハウスドルフ空間である．□

問題 5.61　$(X, \mathcal{O})$ を位相空間とし，$(X^*, \mathcal{O}^*)$ を $(X, \mathcal{O})$ の一点コンパクト化とする．X が $(X^*, \mathcal{O}^*)$ において稠密であるための必要十分条件は，$(X, \mathcal{O})$ がコンパクトでないことである．これを示せ．

5.7　連 結 性

【連結】　$(X, \mathcal{O})$ を位相空間とする．$X = U \cup V$, $U \cap V = \varnothing$, $U \neq \varnothing$, $V \neq \varnothing$ をみたす $\mathcal{O}$ の元 U, V が存在しないとき，$(X, \mathcal{O})$ は**連結**であるという．A

を X の部分集合とし，$\mathcal{O}_A$ を $\mathcal{O}$ から定まる A の相対位相とする．$(A, \mathcal{O}_A)$ が連結であるとき，A は $(X, \mathcal{O})$ の**連結集合**であるという．

問題 5.62　$(X, \mathcal{O})$ を位相空間とし，A を $(X, \mathcal{O})$ の閉集合全体の集合とする．$(X, \mathcal{O})$ が連結であるための必要十分条件は，$\mathcal{O} \cap A = \{X, \varnothing\}$ が成り立つことである．これを示せ．

問題 5.63　$(X, \mathcal{O})$ を位相空間とし，A を X の部分集合とする．A が $(X, \mathcal{O})$ の連結集合であるための必要十分条件は，$A \subset U \cup V$, $U \cap V \cap A = \varnothing$, $U \cap A \neq \varnothing$, $V \cap A \neq \varnothing$ をみたす $\mathcal{O}$ の元 U, V が存在しないことである．これを示せ．

例 5.64　$\mathcal{O}$ を $\mathbb{R}$ の通常の位相とし，$A = \mathbb{R} - \{0\}$ とする．$U = (-\infty, 0)$, $V = (0, \infty)$ とすると，

$$A \subset U \cup V, \quad U \cap V \cap A = \varnothing, \quad U \cap A = U \neq \varnothing, \quad V \cap A = V \neq \varnothing$$

が成り立つ．ゆえに，A は $(\mathbb{R}, \mathcal{O})$ の連結集合でない．

問題 5.65　$(X, \mathcal{O})$ を位相空間とする．$\#X \geqq 2$ であり，$\mathcal{O}$ が X の離散位相ならば，$(X, \mathcal{O})$ は連結でないことを示せ．

問題 5.66　$\mathcal{O}$ を $\mathbb{R}$ の通常の位相とする．$\mathbb{Q}$ が $(\mathbb{R}, \mathcal{O})$ の連結集合でないことを示せ．

定理 5.67　$(X, \mathcal{O})$ を位相空間とし，A, B を X の部分集合とする．$A \subset B \subset A^a$ であり，A が $(X, \mathcal{O})$ の連結集合ならば，B も $(X, \mathcal{O})$ の連結集合である．

証明　背理法により証明する．B が $(X, \mathcal{O})$ の連結集合でないと仮定する．問題 5.63 より，

$$B \subset U \cup V, \quad U \cap V \cap B = \varnothing, \quad U \cap B \neq \varnothing, \quad V \cap B \neq \varnothing$$

をみたす $\mathcal{O}$ の元 U, V が存在する．$A \subset B$ であるので，$A \subset U \cup V$ かつ $U \cap V \cap A = \varnothing$ である．もし $U \cap A = \varnothing$ ならば，$A \subset U^c$ であり，U^c が $(X, \mathcal{O})$ の閉集合であるので，$A^a \subset U^c$ である．よって，$B \subset A^a$ より $B \subset U^c$ であり，$U \cap B = \varnothing$ である．これは $U \cap B \neq \varnothing$ であることに矛盾するので，$U \cap A \neq \varnothing$ でなければならない．同様の議論により，$V \cap A \neq \varnothing$ である．従って，問題 5.63 より，A は $(X, \mathcal{O})$ の連結集合でない．これは矛盾である．ゆえに，B は $(X, \mathcal{O})$ の連結集合でなければならない．$\square$

定理 5.68　$(X, \mathcal{O})$ を位相空間とし，A, B を X の部分集合とする．$A \cap B \neq \varnothing$ であり，A, B が $(X, \mathcal{O})$ の連結集合ならば，$A \cup B$ も $(X, \mathcal{O})$ の連結集合である．

証明　背理法により証明する．$A \cup B$ が $(X, \mathcal{O})$ の連結集合でないと仮定する．問

題 5.63 より

❶ $A \cup B \subset U \cup V$　　❷ $U \cap V \cap (A \cup B) = \varnothing$

❸ $U \cap (A \cup B) \neq \varnothing$　　❹ $V \cap (A \cup B) \neq \varnothing$

をみたす $\mathcal{O}$ の元 U, V が存在する. $A \subset A \cup B$ かつ $B \subset A \cup B$ であるので, ❶,
❷ より

❺ $A \subset U \cup V$　　❻ $U \cap V \cap A = \varnothing$

❼ $B \subset U \cup V$　　❽ $U \cap V \cap B = \varnothing$

が成り立つ.

　(i) $U \cap A \neq \varnothing$ かつ $V \cap A \neq \varnothing$ であるとき：❺, ❻と問題 5.63 より, A は $(X, \mathcal{O})$
の連結集合でない. これは仮定に矛盾する.

　(ii) $U \cap A = \varnothing$ であるとき：$U \cap A = \varnothing$ と❸より $U \cap B \neq \varnothing$ である. また, $U \cap A = \varnothing$ と❺より $A \subset V$ であるので, $A \cap B \subset A \subset V$ である. よって, $V \cap B \supset V \cap (A \cap B) = A \cap B \neq \varnothing$ である. 従って, ❼, ❽と問題 5.63 より, B は $(X, \mathcal{O})$
の連結集合でない. これは仮定に矛盾する.

　(iii) $V \cap A = \varnothing$ であるとき：$V \cap A = \varnothing$ と❹より $V \cap B \neq \varnothing$ である. また, $V \cap A = \varnothing$ と❺より $A \subset U$ であるので, $A \cap B \subset A \subset U$ である. よって, $U \cap B \supset U \cap (A \cap B) = A \cap B \neq \varnothing$ である. 従って, ❼, ❽と問題 5.63 より, B は $(X, \mathcal{O})$
の連結集合でない. これは仮定に矛盾する.

　(i), (ii), (iii) より, $A \cup B$ は $(X, \mathcal{O})$ の連結集合でなければならない. □

問題 5.69　$(X, \mathcal{O})$ を位相空間とし, $(A_\lambda)_{\lambda \in \Lambda}$ を X の部分集合族とする. Λ の任意の元 λ に対し, A_λ は $(X, \mathcal{O})$ の連結集合であるとする. Λ の任意の元 λ, μ に対し, 自然数 n と Λ の $n+1$ 個の元 $\lambda_0, \ldots, \lambda_n$ が存在し,

$$A_{\lambda_{i-1}} \cap A_{\lambda_i} \neq \varnothing \ (i = 1, \ldots, n), \quad \lambda_0 = \lambda, \quad \lambda_n = \mu$$

が成り立つとする. このとき, $\bigcup_{\lambda \in \Lambda} A_\lambda$ が $(X, \mathcal{O})$ の連結集合であることを示せ.

定理 5.70　$(X, \mathcal{O}_X), (Y, \mathcal{O}_Y)$ を位相空間, A を X の部分集合とし, $f \colon X \to Y$ を $(X, \mathcal{O}_X)$ から $(Y, \mathcal{O}_Y)$ への連続写像とする. A が $(X, \mathcal{O}_X)$ の連結集合ならば, $f(A)$ は $(Y, \mathcal{O}_Y)$ の連結集合である.

証明　対偶を示す. $f(A)$ が $(Y, \mathcal{O}_Y)$ の連結集合でないとする. 問題 5.63 より,

$$f(A) \subset U \cup V, \quad U \cap V \cap f(A) = \varnothing, \quad U \cap f(A) \neq \varnothing, \quad V \cap f(A) \neq \varnothing$$

をみたす $\mathcal{O}_Y$ の元 U, V が存在する. f が連続であるので, $f^{-1}(U), f^{-1}(V) \in \mathcal{O}_X$ である. $f(A) \subset U \cup V$ と定理 1.40 (3), (5) より

$$A \subset f^{-1}(f(A)) \subset f^{-1}(U \cup V) = f^{-1}(U) \cup f^{-1}(V)$$

が成り立つ. $A \subset f^{-1}(f(A))$ と定理 1.40 (4) より

$$f^{-1}(U) \cap f^{-1}(V) \cap A = f^{-1}(U \cap V) \cap A$$
$$\subset f^{-1}(U \cap V) \cap f^{-1}(f(A)) = f^{-1}(U \cap V \cap f(A)) = \varnothing$$

が成り立つ. また, 定理 1.40 (2), (6) より

$$f(f^{-1}(U) \cap A) \subset f(f^{-1}(U)) \cap f(A) \subset U \cap f(A) \neq \varnothing$$
$$f(f^{-1}(V) \cap A) \subset f(f^{-1}(V)) \cap f(A) \subset V \cap f(A) \neq \varnothing$$

が成り立つ. よって, $f^{-1}(U) \cap A \neq \varnothing$ かつ $f^{-1}(V) \cap A \neq \varnothing$ である. ゆえに, 問題 5.63 より A は $(X, \mathcal{O}_X)$ の連結集合でない. □

問題 5.71 $(X, \mathcal{O})$ を位相空間とし, $\mathcal{O}^\delta$ を $\{0, 1\}$ の離散位相とする. $(X, \mathcal{O})$ が連結であるための必要十分条件は, $(X, \mathcal{O})$ から $(\{0, 1\}, \mathcal{O}^\delta)$ への任意の連続写像が全射でないことである. これを示せ.

【連結成分・完全不連結】 $(X, \mathcal{O})$ を位相空間とし, x を X の点とする. $(X, \mathcal{O})$ の連結集合全体の集合を $\mathcal{C}$ とする.

$$C(x) = \bigcup \{A \in \mathcal{C} \mid x \in A\}$$

を, x を含む $(X, \mathcal{O})$ の**連結成分**という. X の任意の点 x に対し $C(x) = \{x\}$ であるとき, $(X, \mathcal{O})$ は**完全不連結**であるという.

問題 5.72 $(X, \mathcal{O})$ を位相空間とし, $(X, \mathcal{O})$ の連結集合全体の集合を $\mathcal{C}$ とする. X の点 x に対し, x を含む $(X, \mathcal{O})$ の連結成分を $C(x)$ とする. また,

$$R = \{(x, y) \in X \times X \mid x \in A \text{ かつ } y \in A \text{ をみたす } \mathcal{C} \text{ の元 } A \text{ が存在する}\}$$

とする. 次の (1)～(5) が成り立つことを示せ.
(1) $x \in C(x)$
(2) $C(x)$ は $(X, \mathcal{O})$ の連結集合である.
(3) $C(x)$ は $(X, \mathcal{O})$ の閉集合である.
(4) X の元 x, y に対し, $C(x) \cap C(y) \neq \varnothing$ ならば $C(x) = C(y)$ である.
(5) R は X 上の同値関係であり, R に関する x の同値類 $[x]_R$ は $C(x)$ に等しい.

例 5.73 $\mathcal{O}$ を $\mathbb{R}$ の通常の位相とし, $\mathcal{O}$ から定まる $\mathbb{Q}$ の相対位相を $\mathcal{O}_{\mathbb{Q}}$ とする. 有理数 x を任意にとる. $y \neq x$ をみたす有理数 y を任意にとる. $x \in A$ かつ $y \in A$ をみたす $(\mathbb{Q}, \mathcal{O}_{\mathbb{Q}})$ の連結集合 A が存在すると仮定する. $x < y$ とする. 無理数の稠密性より, $x < z < y$ をみたす無理数 z が存在する. $U = (-\infty, z) \cap \mathbb{Q}, V = (z, \infty) \cap \mathbb{Q}$ とすると, $x \in U, y \in V$ であるので $U \cap A \neq \varnothing, V \cap A \neq \varnothing$ である. また, $z \in \mathbb{R} - \mathbb{Q}$ より,

$$A \subset \mathbb{Q} = U \cup V, \quad U \cap V \cap A \subset U \cap V = \varnothing$$

である. 問題 5.63 より, A は $(\mathbb{Q}, \mathcal{O}_{\mathbb{Q}})$ の連結集合でない. これは仮定に矛盾する. よって, $C(x) = \{x\}$ である. ゆえに, $(\mathbb{Q}, \mathcal{O}_{\mathbb{Q}})$ は完全不連結である.

問題 5.74 $(X, \mathcal{O})$ を位相空間とする. $\mathcal{O}$ が X の離散位相ならば, $(X, \mathcal{O})$ が完全不連結であることを示せ.

定理 5.75 $((X_\lambda, \mathcal{O}_\lambda))_{\lambda \in \Lambda}$ を Λ で添字づけられた位相空間の族とし, $(X, \mathcal{O})$ を $((X_\lambda, \mathcal{O}_\lambda))_{\lambda \in \Lambda}$ の直積空間とする. Λ の任意の元 λ に対し $(X_\lambda, \mathcal{O}_\lambda)$ が連結ならば, $(X, \mathcal{O})$ も連結である.

証明 X の点 $a = (a_\lambda)_{\lambda \in \Lambda}$ に対し
$$X(a) = \left\{ (x_\lambda)_{\lambda \in \Lambda} \in X \mid \#\{\lambda \in \Lambda \mid x_\lambda \neq a_\lambda\} < \aleph_0 \right\}$$
と定める. また, $\mathcal{L} = \{\Lambda_0 \in \mathcal{P}(\Lambda) \mid \#\Lambda_0 < \aleph_0\}$ とする.

第 1 段「$\#\Lambda < \aleph_0$ のとき $(X, \mathcal{O})$ が連結であること」: $\#\Lambda = 1$ ならば, Λ のただひとつの元 λ に対し $X_\lambda = X$ である. $\mathcal{O}$ は $\mathcal{O}_\lambda$ によって生成される位相であるので, $\mathcal{O}_\lambda$ に等しい. よって, $(X_\lambda, \mathcal{O}_\lambda)$ が連結であるので, $(X, \mathcal{O})$ も連結である. n を 2 以上の整数とする. $\Lambda = \{1, \ldots, n\}$ としても一般性を失わない. $(X', \mathcal{O}')$ を $(X_1, \mathcal{O}_1), \ldots, (X_n, \mathcal{O}_n)$ の直積位相空間とする. X' の点 $a = (a_1, \ldots, a_n)$, $b = (b_1, \ldots, b_n)$ を任意にとる. $\{0\} \cup \Lambda$ の元 i と Λ の元 j に対し
$$c_j^{(i)} = \begin{cases} a_j & (j > i) \\ b_j & (j \leqq i) \end{cases}$$
とし, $c^{(i)} = (c_1^{(i)}, \ldots, c_n^{(i)})$ と定める. $c^{(i)} \in X'$ であり, $c^{(0)} = a$, $c^{(n)} = b$ である. Λ の元 i を任意にとる. X_i の点 x_i に対し
$$f_i(x_i) = (c_1^{(i)}, \ldots, c_{i-1}^{(i)}, x_i, c_{i+1}^{(i)}, \ldots, c_n^{(i)})$$
と定めることにより写像 $f_i \colon X_i \to X'$ を定義する. $\mathrm{pr}_i \colon X' \to X_i$ を第 i 成分への射影とする. Λ の元 j に対し, $j = i$ ならば $\mathrm{pr}_j \circ f_i = 1_{X_i}$ であり, $j \neq i$ ならば $(\mathrm{pr}_j \circ f_i)(X_i) = \{c_j^{(i)}\}$ である. 例 4.35 より $\mathrm{pr}_j \circ f_i$ は $(X_i, \mathcal{O}_i)$ から $(X_i, \mathcal{O}_i)$ への連続写像である. 従って, 問題 4.67 と定理 4.73 より, f_i は $(X_i, \mathcal{O}_i)$ から $(X', \mathcal{O}')$ への連続写像である. $(X_i, \mathcal{O}_i)$ が連結であるので, 定理 5.70 より $f_i(X_i)$ は $(X', \mathcal{O}')$ の連結集合である. $\Lambda - \{n\}$ の元 i を任意にとる.
$$c^{(i-1)} = (c_1^{(i-1)}, \ldots, c_n^{(i-1)}) = (b_1, \ldots, b_{i-1}, a_i, a_{i+1}, \ldots, a_n)$$
$$c^{(i)} = (c_1^{(i)}, \ldots, c_n^{(i)}) = (b_1, \ldots, b_{i-1}, b_i, a_{i+1}, \ldots, a_n)$$
$$f_i(X_i) = \left\{ (b_1, \ldots, b_{i-1}, x_i, a_{i+1}, \ldots, a_n) \in X \mid x_i \in X_i \right\}$$
であるので, $c^{(i-1)} \in f_i(X_i)$ かつ $c^{(i)} \in f_i(X_i)$ である. よって, $f_i(X_i) \subset C(c^{(i-1)})$ かつ $f_i(X_i) \subset C(c^{(i)})$ である. $C(c^{(i-1)}) \cap C(c^{(i)}) \supset f_i(X_i) \neq \varnothing$ であるので, 問題 5.72 (4) より $C(c^{(i-1)}) = C(c^{(i)})$ である. 以上より
$$C(a) = C(c^{(0)}) = C(c^{(1)}) = \cdots = C(c^{(n)}) = C(b)$$
である. 問題 5.72 (1) より $b \in C(b) = C(a)$ であるので, $X' = C(a)$ である. よって, 問題 5.72 (2) より $(X', \mathcal{O}')$ は連結である. ゆえに, 問題 4.67 より $(X, \mathcal{O})$ も連

結である.

第 2 段「$\#\Lambda \geqq \aleph_0$ のとき $X(a)$ が $(X, \mathcal{O})$ の連結集合であること」: X の点 $a = (a_\lambda)_{\lambda \in \Lambda}$ を任意にとる. $\mathcal{L}$ の元 Λ_0 を任意にとる. このとき,

$$X(a; \Lambda_0) = \{(x_\lambda)_{\lambda \in \Lambda} \in X \mid x_\lambda = a_\lambda \ (\forall \lambda \in \Lambda - \Lambda_0)\}$$

と定める. また, $((X_\lambda, \mathcal{O}_\lambda))_{\lambda \in \Lambda_0}$ の直積空間を $(X_0, \mathcal{O}_0)$ とする. X_0 の点 $(x_\lambda)_{\lambda \in \Lambda_0}$ に対し

$$f_0((x_\lambda)_{\lambda \in \Lambda_0}) = (\widetilde{x}_\lambda)_{\lambda \in \Lambda}, \quad \widetilde{x}_\lambda = \begin{cases} x_\lambda & (\lambda \in \Lambda_0) \\ a_\lambda & (\lambda \in \Lambda - \Lambda_0) \end{cases}$$

と定めることにより写像 $f_0 \colon X_0 \to X$ を定義する. Λ の元 μ を任意にとる. $\mathrm{pr}_\mu \colon X \to X_\mu$ を μ 成分への射影とする. また, $\mu \in \Lambda_0$ のとき, $\mathrm{pr}_\mu^0 \colon X_0 \to X_\mu$ を μ 成分への射影とする. $\mu \in \Lambda_0$ ならば $\mathrm{pr}_\mu \circ f_0 = \mathrm{pr}_\mu^0$ であり, $\mu \in \Lambda - \Lambda_0$ ならば $(\mathrm{pr}_\mu \circ f_0)(X_0) = \{a_\mu\}$ である. よって, 定理 4.68 と例 4.35 より $\mathrm{pr}_\mu \circ f_0$ は $(X_0, \mathcal{O}_0)$ から $(X_\mu, \mathcal{O}_\mu)$ への連続写像である. 従って, 定理 4.73 より, f_0 は $(X_0, \mathcal{O}_0)$ から $(X, \mathcal{O})$ への連続写像である. 第 1 段より $(X_0, \mathcal{O}_0)$ は連結であるので, 定理 5.70 より $f_0(X_0) = X(a; \Lambda_0)$ は $(X, \mathcal{O})$ の連結集合である. $X(a) = \bigcup_{\Lambda_0 \in \mathcal{L}} X(a; \Lambda_0)$ であり, $\mathcal{L}$ の任意の元 Λ_0, Λ_1 に対し $X(a; \Lambda_0) \cap X(a; \Lambda_1) \supset \{a\} \neq \varnothing$ であるので, 問題 5.69 より $X(a)$ は $(X, \mathcal{O})$ の連結集合である.

第 3 段「$\#\Lambda \geqq \aleph_0$ のとき $X(a)$ が $(X, \mathcal{O})$ において稠密であること」: X の点 $a = (a_\lambda)_{\lambda \in \Lambda}$ を任意にとる. $\mathcal{O}$ の空でない元 O を任意にとる. O の点 $x = (x_\lambda)_{\lambda \in \Lambda}$ を任意にとる. $\mathcal{O}$ の定義より, $\mathcal{S} = \{\mathrm{pr}_\lambda^{-1}(O_\lambda) \mid \lambda \in \Lambda, O_\lambda \in \mathcal{O}_\lambda\}$ は $\mathcal{O}$ の準基底である. よって,

$$x \in \bigcap_{\lambda \in \Lambda_0} \mathrm{pr}_\lambda^{-1}(O_\lambda) \subset O$$

をみたす $\mathcal{L}$ の元 Λ_0 と, Λ_0 の任意の元 λ に対し $\mathcal{O}_\lambda$ の元 O_λ が存在する. このとき, 第 2 段と全く同様に $\widetilde{x} = (\widetilde{x}_\lambda)_{\lambda \in \Lambda}$ を定義すると, $\widetilde{x} \in X(a; \Lambda_0) \subset X(a)$ である. Λ_0 の元 μ を任意にとる. $x \in \mathrm{pr}_\mu^{-1}(O_\mu)$ であるので, $x_\mu = \mathrm{pr}_\mu(x) \in O_\mu$ である. 一方, $\mathrm{pr}_\mu(\widetilde{x}) = \widetilde{x}_\mu = x_\mu$ である. よって, $\mathrm{pr}_\mu(\widetilde{x}) \in O_\mu$ であり, $\widetilde{x} \in \mathrm{pr}_\mu^{-1}(O_\mu)$ である. 従って, $\widetilde{x} \in \bigcap_{\lambda \in \Lambda_0} \mathrm{pr}_\lambda^{-1}(O_\lambda) \subset O$ である. $X(a) \cap O \supset \{\widetilde{x}\} \neq \varnothing$ であるので, 問題 5.5 より, $X(a)$ は $(X, \mathcal{O})$ において稠密である.

$\#\Lambda < \aleph_0$ ならば, 第 1 段より $(X, \mathcal{O})$ は連結である. $\#\Lambda \geqq \aleph_0$ ならば, 第 2 段, 第 3 段と定理 5.67 より $(X, \mathcal{O})$ は連結である. $\square$

【局所連結】 $(X, \mathcal{O})$ を位相空間とする. X の任意の点 x と, $\mathcal{N}(x)$ の任意の元 U に対し, $V \subset U$ かつ $V \in \mathcal{N}(x)$ をみたす $(X, \mathcal{O})$ の連結集合 V が存在するとき, $(X, \mathcal{O})$ は **局所連結** であるという.

定理 5.76 $(X, \mathcal{O})$ を位相空間とする. $(X, \mathcal{O})$ が局所連結であるための必要十分条件は, $\mathcal{O}$ の任意の元 U と U の任意の点 x に対し, x を含む $(U, \mathcal{O}_U)$ の連結成分が $\mathcal{O}$ の元であることである. ここで, $\mathcal{O}_U$ は $\mathcal{O}$ から定まる U の相対位相である.

証明 U の点 x に対し, x を含む $(U, \mathcal{O}_U)$ の連結成分を $C_U(x)$ とする.

必要であること：$(X, \mathcal{O})$ が局所連結であるとする. $\mathcal{O}$ の元 U と U の点 x を任意にとる. $C_U(x)$ の点 y を任意にとる. $C_U(x) \subset U$ であり, 問題 4.12 より $U = U^i$ であるので, $y \in U^i$ である. よって, $U \in \mathcal{N}(y)$ である. $(X, \mathcal{O})$ が局所連結であるので, $V \subset U$ かつ $V \in \mathcal{N}(y)$ をみたす $(X, \mathcal{O})$ の連結集合 V が存在する. $\mathcal{O}$ から定まる V の相対位相を $\mathcal{O}_V$ とするとき, $(V, \mathcal{O}_V)$ は連結である. $V \subset U$ であり, $\mathcal{O}_U$ から定まる V の相対位相は $\mathcal{O}_V$ に等しいので, V は $(U, \mathcal{O}_U)$ の連結集合でもある. $y \in V^i$ であり, 定理 4.11 (1) より $V^i \subset V$ であるので, $y \in V$ であり, $V \subset C_U(y)$ である.

$$C_U(x) \cap C_U(y) \supset \{y\} \neq \varnothing$$

であるので, 問題 5.72 (4) より $C_U(x) = C_U(y)$ である. よって, $V \subset C_U(x)$ である. $y \in V^i$ かつ $V^i \subset V \subset C_U(x)$ であり, $V^i \in \mathcal{O}$ であるので, 問題 4.10 より $y \in C_U(x)^i$ である. 従って, $C_U(x) \supset C_U(x)^i$ である. 定理 4.11 (1) より $C_U(x)^i \subset C_U(x)$ であるので, $C_U(x)^i = C_U(x)$ である. ゆえに, 問題 4.12 より $C_U(x) \in \mathcal{O}$ である.

十分であること：X の点 x と $\mathcal{N}(x)$ の元 W を任意にとる. $U = W^i$ とすると, $x \in U$ であり, $U \in \mathcal{O}$ である. 仮定より $C_U(x) \in \mathcal{O}$ である. $V = C_U(x)$ とすると, 問題 5.72 (2) より V は $(U, \mathcal{O}_U)$ の連結集合である. 問題 4.43 (2) より, 包含写像 $i: U \to X$ は $(U, \mathcal{O}_U)$ から $(X, \mathcal{O}_X)$ への連続写像であるので, 定理 5.70 より, $i(V) = V$ は $(X, \mathcal{O}_X)$ の連結集合である. $V \in \mathcal{O}$ であるので, 問題 4.12 より $V = V^i$ である. よって, $x \in V^i$ であり, $V \in \mathcal{N}(x)$ である. 定理 4.11 (1) より

$$V = C_U(x) \subset U = W^i \subset W$$

である. 以上より, $(X, \mathcal{O})$ は局所連結である. $\square$

5.8 実数と連結性

定理 5.77 $\mathcal{O}$ を $\mathbb{R}$ の通常の位相とする. このとき, $(\mathbb{R}, \mathcal{O})$ は連結である.

証明 背理法により証明する. $(\mathbb{R}, \mathcal{O})$ が連結でないと仮定する. $\mathbb{R} = U \cup V$, $U \cap V = \varnothing$, $U \neq \varnothing$, $V \neq \varnothing$ をみたす $\mathcal{O}$ の元 U, V が存在する. $U \neq \varnothing$, $V \neq \varnothing$ より, U の点 a と V の点 b が存在する. $U \cap V = \varnothing$ より $a \neq b$ である.

$a < b$ と仮定する. $W = U \cap (-\infty, b)$ とする. $a \in U$ かつ $a \in (-\infty, b)$ より $a \in W$ であるので, $W \neq \varnothing$ である. b は W の上界であるので, 実数の連続性より $c = \sup W$ が存在する. 上限の定義より $c \leqq b$ である. $c \in O$ をみたす $\mathcal{O}$ の元 O を任意にとる. 問題 4.12 より $O = O^i$ であるので, $c \in O^i$ であり, $O \in \mathcal{N}(c)$ である. 例 4.58 より, $(c - \varepsilon, c + \varepsilon) \subset O$ をみたす正の実数 ε が存在する. 上限の定義より, $c - \varepsilon < x \leqq c$ をみたす W の点 x が存在する. よって,

$$U \cap O \supset U \cap (c - \varepsilon, c + \varepsilon) \supset W \cap (c - \varepsilon, c + \varepsilon) \supset \{x\} \neq \varnothing$$

である. 従って, 問題 4.17 より $c \in U^a$ である. $V \in \mathcal{O}$ であり, $U = \mathbb{R} - V$ であるので, U は $(\mathbb{R}, \mathcal{O})$ の閉集合である. 問題 4.18 より $U^a = U$ であるので, $c \in U$ である. $c \in U, b \in V, U \cap V = \varnothing$ より, $c \neq b$ であるので, $c < b$ である. $U \cap (c, b) \neq \varnothing$ であるとすると, $c < y < b$ をみたす U の点 y が存在する. $U \cap (c, b) \subset W$ より $y \in W$ であるので, $y \leqq c = \sup W < y$ となり矛盾が生じる. よって, $U \cap (c, b) = \varnothing$ であり, $(c, b) \subset \mathbb{R} - U = V$ である. $c \in O$ をみたす $\mathcal{O}$ の元 O を任意にとる. 問題 4.12 より $O = O^i$ であるので, $c \in O^i$ であり, $O \in \mathcal{N}(c)$ である. 例 4.58 より, $(c - \varepsilon, c + \varepsilon) \subset O$ をみたす正の実数 ε が存在する. このとき,

$$V \cap O \supset V \cap (c - \varepsilon, c + \varepsilon) \supset (c, b) \cap (c - \varepsilon, c + \varepsilon) \supset (c, \min\{c + \varepsilon, b\}) \neq \varnothing$$

である. 従って, 問題 4.17 より $c \in V^a$ である. $U \in \mathcal{O}$ であり, $V = \mathbb{R} - U$ であるので, V は $(\mathbb{R}, \mathcal{O})$ の閉集合である. 問題 4.18 より $V^a = V$ であるので, $c \in V$ である. ゆえに, $c \in U \cap V$ である. これは $U \cap V = \varnothing$ に矛盾する.

$b < a$ と仮定しても同様に矛盾が生じる.

以上より, $(\mathbb{R}, \mathcal{O})$ は連結である. $\square$

問題 5.78 $\mathcal{O}$ を $\mathbb{R}$ の通常の位相とする. このとき, $\mathbb{R}$ の開区間, 閉区間, 半開区間がすべて $(\mathbb{R}, \mathcal{O})$ の連結集合であることを示せ.

問題 5.79 n を 2 以上の整数とし, $\mathcal{O}^n$ を $\mathbb{R}^n$ の通常の位相とする. このとき, $(\mathbb{R}^n, \mathcal{O}^n)$ が連結であることを示せ.

補題 5.80 $\mathcal{O}$ を $\mathbb{R}$ の通常の位相とし, A を $(\mathbb{R}, \mathcal{O})$ の連結集合とする. $a < b$ をみたす実数 a, b がともに A の点ならば, $[a, b] \subset A$ である.

証明 背理法により証明する. $[a, b] \not\subset A$ と仮定する. $c \notin A$ をみたす $[a, b]$ の点 c が存在する. $a, b \in A$ であるので, $a < c < b$ である. $U = (-\infty, c), V = (c, \infty)$ と定めると, $A \subset U \cup V, U \cap V \cap A = \varnothing$ が成り立つ. また, $U \cap A \supset \{a\} \neq \varnothing, V \cap A \supset \{b\} \neq \varnothing$ である. よって, 問題 5.63 より A は $(\mathbb{R}, \mathcal{O})$ の連結集合でない. これは A が $(\mathbb{R}, \mathcal{O})$ の連結集合であることに矛盾する. ゆえに, $[a, b] \subset A$ である. $\square$

問題 5.81 $\mathcal{O}$ を $\mathbb{R}$ の通常の位相とし, A を $(\mathbb{R}, \mathcal{O})$ の空でない連結集合とする. このとき, A が $\mathbb{R}$ の開区間, 閉区間, 半開区間のいずれかであることを示せ.

定理 5.82 （**中間値の定理**） $(X, \mathcal{O}_X)$ を連結な位相空間とし，$f\colon X \to \mathbb{R}$ を $(X, \mathcal{O}_X)$ 上の実連続関数とする．X の2点 x, y に対し $f(x) < f(y)$ であるとする．このとき，$(f(x), f(y))$ の任意の点 c に対し，$f(z) = c$ をみたす X の点 z が存在する．

証明 $\mathcal{O}$ を $\mathbb{R}$ の通常の位相とする．$(X, \mathcal{O}_X)$ が連結であり，f が $(X, \mathcal{O}_X)$ から $(\mathbb{R}, \mathcal{O})$ への連続写像であるので，定理 5.70 より $f(X)$ は $(\mathbb{R}, \mathcal{O})$ の連結集合である．よって，補題 5.80 より $[f(x), f(y)] \subset f(X)$ である．$(f(x), f(y))$ の点 c を任意にとる．$c \in f(X)$ であるので，$f(z) = c$ をみたす X の点 z が存在する．□

【弧状連結】 $\mathcal{O}$ を $\mathbb{R}$ の通常の位相とし，$\mathcal{O}$ から定まる $I = [0, 1]$ の相対位相を $\mathcal{O}_I$ とする．$(X, \mathcal{O}_X)$ を位相空間とし，x, y を X の点とする．$f(0) = x, f(1) = y$ をみたす $(I, \mathcal{O}_I)$ から $(X, \mathcal{O}_X)$ への連続写像 $f\colon I \to X$ を，x と y を結ぶ**弧**（または x から y への**道**）という．X の任意の2点 x, y に対し x と y を結ぶ弧が存在するとき，$(X, \mathcal{O}_X)$ は**弧状連結**であるという．A を X の部分集合とし，$\mathcal{O}_A$ を $\mathcal{O}_X$ から定まる A の相対位相とする．$(A, \mathcal{O}_A)$ が弧状連結であるとき，A は $(X, \mathcal{O}_X)$ の**弧状連結集合**であるという．

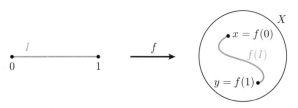

図 5.4　x と y を結ぶ弧 $f\colon I \to X$

例 5.83 n を自然数とし，$\mathcal{O}$ を $\mathbb{R}^n$ の通常の位相とする．$x = (x_1, \ldots, x_n)$, $y = (y_1, \ldots, y_n)$ を X の点とする．$I = [0, 1]$ の点 t に対し

$$f(t) = ((1-t)x_1 + ty_1, \ldots, (1-t)x_n + ty_n)$$

と定めることにより，写像 $f\colon I \to X$ を定義する．f は $(I, \mathcal{O}_I)$ から $(X, \mathcal{O}_X)$ への連続写像であり，

$$f(0) = x, \quad f(1) = y$$

をみたす．すなわち，f は x と y を結ぶ弧である．よって，$(\mathbb{R}^n, \mathcal{O})$ は弧状連結である．

定理 5.84　$(X, \mathcal{O})$ を位相空間とする．$(X, \mathcal{O})$ が弧状連結ならば，$(X, \mathcal{O})$ は連結である．

証明　X の点 x, y を任意にとる．$(X, \mathcal{O})$ が弧状連結であるので，x と y を結ぶ弧 $f: I \to X$ が存在する．問題 5.78 と定理 5.70 より $f(I)$ は $(X, \mathcal{O})$ の連結集合であり，$x \in f(I)$ であるので，$f(I) \subset C(x)$ である．$y \in f(I)$ であるので，$y \in C(x)$ である．よって，$C(x) = X$ である．問題 5.72 (2) より $C(x)$ は $(X, \mathcal{O})$ の連結集合であるので，X も $(X, \mathcal{O})$ の連結集合である．ゆえに，$(X, \mathcal{O})$ は連結である．□

定理 5.85　$(X, \mathcal{O}_X), (Y, \mathcal{O}_Y)$ を位相空間，A を X の部分集合とし，$f: X \to Y$ を $(X, \mathcal{O}_X)$ から $(Y, \mathcal{O}_Y)$ への連続写像とする．A が $(X, \mathcal{O}_X)$ の弧状連結集合ならば，$f(A)$ は $(Y, \mathcal{O}_Y)$ の弧状連結集合である．

証明　$f(A)$ の点 y_0, y_1 を任意にとる．$f(x_0) = y_0$，$f(x_1) = y_1$ をみたす A の点 x_0, x_1 が存在する．A が $(X, \mathcal{O}_X)$ の弧状連結集合であるので，$g(0) = x_0, g(1) = x_1$ をみたす $(I, \mathcal{O}_I)$ から $(A, \mathcal{O}_A)$ への連続写像 $g: I \to A$ が存在する．問題 4.43 (2) より，包含写像 $i: A \to X$ は $(A, \mathcal{O}_A)$ から $(X, \mathcal{O}_X)$ への連続写像であるので，問題 4.37 より，$f \circ i \circ g: I \to Y$ は $(I, \mathcal{O}_I)$ から $(Y, \mathcal{O}_Y)$ への連続写像である．$(f \circ i \circ g)(0) = y_0, (f \circ i \circ g)(1) = y_1$ であるので，$f \circ i \circ g$ は y_0 と y_1 を結ぶ弧である．ゆえに，$f(A)$ は $(Y, \mathcal{O}_Y)$ の弧状連結集合である．□

例題 5.86　$\mathbb{R}^2$ の通常の位相を $\mathcal{O}^2$ とする．$\mathbb{R}^2$ の部分集合

$$A = \{(0, 1)\}, \quad B = \{(x_1, x_2) \in \mathbb{R}^2 \mid 0 \leqq x_1 \leqq 1, \ x_2 = 0\}$$

$$C = \bigcup_{n \in \mathbb{N}} \left\{ (x_1, x_2) \in \mathbb{R}^2 \ \middle| \ x_1 = \frac{1}{n}, \ 0 \leqq x_2 \leqq 1 \right\}$$

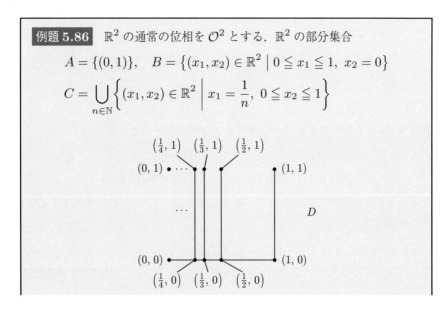

に対し, $D = A \cup B \cup C$ と定め, $\mathcal{O}^2$ から定まる D の相対位相を $\mathcal{O}_D^2$ とする. 次の (1)〜(3) を示せ.

(1) $(D, \mathcal{O}_D^2)$ は連結である.

(2) $(D, \mathcal{O}_D^2)$ は局所連結でない.

(3) $(D, \mathcal{O}_D^2)$ は弧状連結でない.

[解答] $\mathcal{O}$ を $\mathbb{R}$ の通常の位相とし, $\mathcal{O}$ から定まる $I = [0,1]$ の相対位相を $\mathcal{O}_I$ とする. $\mathrm{pr}_1, \mathrm{pr}_2 \colon \mathbb{R}^2 \to \mathbb{R}$ をそれぞれ第1, 第2成分への射影とする. 自然数 n に対し $C_n = \{(x_1, x_2) \in \mathbb{R}^2 \mid x_1 = \frac{1}{n}, \ 0 \leqq x_2 \leqq 1\}$ とする. $a = (0,1)$, $b = (0,0)$ とする.

(1) 自然数 n を任意にとる. I の点 t に対し $f(t) = (t, 0)$, $f_n(t) = (\frac{1}{n}, t)$ と定めることにより, 写像 $f, f_n \colon I \to \mathbb{R}^2$ を定義する. $\mathrm{pr}_1 \circ f$, $\mathrm{pr}_2 \circ f_n$ はいずれも包含写像 $i \colon I \to \mathbb{R}$ に等しいので, 問題4.43 (2) より $(I, \mathcal{O}_I)$ から $(\mathbb{R}, \mathcal{O})$ への連続写像である.

$$(\mathrm{pr}_2 \circ f)(I) = \{0\}, \quad (\mathrm{pr}_1 \circ f_n)(I) = \left\{\frac{1}{n}\right\}$$

であるので, 例4.35 より $\mathrm{pr}_2 \circ f$, $\mathrm{pr}_1 \circ f_n$ も $(I, \mathcal{O}_I)$ から $(\mathbb{R}, \mathcal{O})$ への連続写像である. 問題3.9 と問題4.66 より $\mathcal{O}^2$ は $\mathcal{O}$ と $\mathcal{O}$ の直積位相に等しいので, 問題4.67 と定理4.73 より f, f_n は $(I, \mathcal{O}_I)$ から $(\mathbb{R}^2, \mathcal{O}^2)$ への連続写像である. よって, 問題5.78 と定理5.70 より, $B = f(I)$, $C_n = f_n(I)$ は $(\mathbb{R}^2, \mathcal{O}^2)$ の連結集合である. $B \cap C_n = \{(\frac{1}{n}, 0)\} \neq \varnothing$ であるので, 問題5.69 より $B \cup C = B \cup (\bigcup_{n \in \mathbb{N}} C_n)$ も $(\mathbb{R}^2, \mathcal{O}^2)$ の連結集合である.

自然数 n に対し $a_n = (\frac{1}{n}, 1)$ と定めるとき, $(a_n)_{n \in \mathbb{N}}$ は $B \cup C$ の点列である. $d^{(2)}(a_n, a) = \frac{1}{n} \to 0 \ (n \to \infty)$ であるので, $(a_n)_{n \in \mathbb{N}}$ は $(\mathbb{R}^2, d^{(2)})$ において a に収束する. 定理3.43 より, a は $(\mathbb{R}^2, d^{(2)})$ における $B \cup C$ の触点である. よって, 問題4.19 より, a は $(\mathbb{R}^2, \mathcal{O}^2)$ における $B \cup C$ の触点である. $B \cup C \subset A \cup B \cup C = D \subset (B \cup C)^a$ であるので, 定理5.67 より D は $(\mathbb{R}^2, \mathcal{O}^2)$ の連結集合である. すなわち, $(D, \mathcal{O}_D^2)$ は連結である.

(2) $U = U(a; \frac{1}{2}) \cap D = \{x \in D \mid d^{(2)}(x, a) < \frac{1}{2}\}$ とする. 問題3.19 (1) より $U(a; \frac{1}{2})$ は $(\mathbb{R}^2, d^{(2)})$ の開集合であるので, $U(a; \frac{1}{2}) \in \mathcal{O}^2$ である. よって, $U \in \mathcal{O}_D^2$ である. $a \in V^i$ をみたす U の部分集合 V を任意にとる (ここで, V^i は $(D, \mathcal{O}_D^2)$ における V の内部である). $V^i \in \mathcal{O}_D^2$ であるので, $V^i = O \cap D$ をみたす $\mathcal{O}^2$ の元 O が存在する. 例4.28 より, $U(a; \varepsilon) \subset O$ をみたす正の実数 ε が存在する. $N > \frac{1}{\varepsilon}$ をみたす自然数 N に対し, $d^{(2)}(a_N, a) = \frac{1}{N} < \varepsilon$ であるので, $a_N \in U(a; \varepsilon) \cap C \subset O \cap D = V^i$ である. さて,

$$H^+ = \left\{(x_1, x_2) \in \mathbb{R}^2 \ \middle| \ x_1 > \frac{1}{N + \frac{1}{2}}\right\}$$

$$H^- = \left\{ (x_1, x_2) \in \mathbb{R}^2 \;\middle|\; x_1 < \frac{1}{N + \frac{1}{2}} \right\}$$

はいずれも $\mathcal{O}^2$ の元であるので，(O2) より $H^\pm \cap U(a; \frac{1}{2}) \in \mathcal{O}^2$ である．よって，$U^\pm = (H^\pm \cap U(a; \frac{1}{2})) \cap D \in \mathcal{O}_D^2$ である．

$$V \subset U = U^+ \cup U^-, \quad U^+ \cap U^- \cap V = \varnothing,$$
$$U^+ \cap V \supset \{a_N\} \neq \varnothing, \quad U^- \cap V \supset \{a\} \neq \varnothing$$

であるので，問題 5.63 より V は $(D, \mathcal{O}_D^2)$ の連結集合でない．ゆえに，$(D, \mathcal{O}_D^2)$ は局所連結でない．

(3) $g(0) = a$ をみたす $(I, \mathcal{O}_I)$ から $(D, \mathcal{O}_D^2)$ への連続写像 $g \colon I \to D$ を任意にとる．$g^{-1}(a)$ の点 t を任意にとる．(2) の U に対し $U \in \mathcal{O}_D^2$ であるので，g の連続性より $g^{-1}(U) \in \mathcal{O}_I$ である．よって，$g^{-1}(U) = O \cap I$ をみたす $\mathcal{O}$ の元 O が存在する．また，$a \in U$ より $t \in g^{-1}(U)$ であるので，$t \in O$ である．例 4.28 より $(t - \delta, t + \delta) \subset O$ をみたす正の実数 δ が存在する．$J = (t - \delta, t + \delta) \cap I$ とすると，問題 5.78 より J は $(\mathbb{R}, \mathcal{O})$ の連結集合である．$\mathcal{O}_I$ から定まる J の相対位相は $\mathcal{O}$ から定まる J の相対位相に等しいので，J は $(I, \mathcal{O}_I)$ の連結集合でもある．よって，定理 5.70 より $g(J)$ は $(D, \mathcal{O}_D^2)$ の連結集合である．また，

$$g(J) = g\big((t - \delta, t + \delta) \cap I\big) \subset g(O \cap I) = g(g^{-1}(U)) \subset U$$

である．$g(J)$ の点 x を任意にとる．$x \neq a$ と仮定する．$x \in U$ かつ $x \notin A$ であるので，$x \in C$ である．よって，$x = (\frac{1}{N}, s)$ をみたす自然数 N と I の点 s が存在する．(2) のように $H^\pm$, $U^\pm$ を定めるとき，$U^\pm \in \mathcal{O}_D^2$ であり，$g(J) \subset U = U^+ \cup U^-$, $U^+ \cap U^- \cap g(J) = \varnothing$, $U^+ \cap g(J) \supset \{x\} \neq \varnothing$, $U^- \cap g(J) \supset \{a\} \neq \varnothing$ である．問題 5.63 より，これは $g(J)$ が $(D, \mathcal{O}_D^2)$ の連結集合であることに矛盾する．よって，$x = a$ である．従って，$g(J) = \{a\}$ であり，$J \subset g^{-1}(a)$ である．以上より，$J \in \mathcal{O}_I$ かつ $t \in J \subset g^{-1}(a)$ であるので，問題 4.10 より $t \in g^{-1}(a)^i$ である．よって，$g^{-1}(a) \subset g^{-1}(a)^i$ である．定理 4.11 (1) より $g^{-1}(a)^i \subset g^{-1}(a)$ であるので，問題 4.12 より $g^{-1}(a) \in \mathcal{O}_I$ である．さて，定理 3.2，問題 5.20，問題 5.13 (2)〜(4) より $(\mathbb{R}^2, \mathcal{O}^2)$ は T_1 をみたすので，問題 5.21 (2) より $(D, \mathcal{O}_D^2)$ も T_1 をみたす．よって，問題 5.12 より $\{a\}$ は $(D, \mathcal{O}_D^2)$ の閉集合である．g の連続性と定理 4.38 より，$g^{-1}(a)$ は $(I, \mathcal{O}_I)$ の閉集合である．$g^{-1}(a) \supset \{0\} \neq \varnothing$ であり，問題 5.78 より $(I, \mathcal{O}_I)$ は連結であるので，問題 5.62 より $g^{-1}(a) = I$ である．すなわち，$g(I) = \{a\}$ である．特に，a と $B \cup C$ の点を結ぶ弧は存在しない．ゆえに，$(D, \mathcal{O}_D^2)$ は弧状連結でない．□

【弧状連結成分】　$(X, \mathcal{O})$ を位相空間とし，x を X の点とする．$(X, \mathcal{O})$ の弧状連結集合全体の集合を $\overline{\mathcal{C}}$ とする．$\overline{C}(x) = \bigcup \{ A \in \overline{\mathcal{C}} \mid x \in A \}$ を，x を含む $(X, \mathcal{O})$ の**弧状連結成分**という．

問題 5.87 $(X, \mathcal{O}_X)$ を位相空間とし, $(X, \mathcal{O}_X)$ の弧状連結集合全体の集合を $\overline{\mathcal{C}}$ とする. X の点 x に対し, x を含む $(X, \mathcal{O}_X)$ の弧状連結成分を $\overline{C}(x)$ とする. また,
$$R = \{(x, y) \in X \times X \mid x \text{ と } y \text{ を結ぶ弧が存在する}\}$$
とする. 次の (1)~(3) が成り立つことを示せ.
 (1) R は X 上の同値関係であり, R に関する x の同値類 $[x]_R$ は $\overline{C}(x)$ に等しい.
 (2) $\overline{C}(x)$ は $(X, \mathcal{O}_X)$ の弧状連結集合である.
 (3) X の元 x, y に対し, $\overline{C}(x) \cap \overline{C}(y) \neq \varnothing$ ならば $\overline{C}(x) = \overline{C}(y)$ である.

【局所弧状連結】 $(X, \mathcal{O})$ を位相空間とする. X の任意の点 x と, $\mathcal{N}(x)$ の任意の元 U に対し, $V \subset U$ かつ $V \in \mathcal{N}(x)$ をみたす $(X, \mathcal{O})$ の弧状連結集合 V が存在するとき, $(X, \mathcal{O})$ は**局所弧状連結**であるという.

問題 5.88 $(X, \mathcal{O})$ を位相空間とする. $(X, \mathcal{O})$ が局所弧状連結ならば, $(X, \mathcal{O})$ は局所連結であることを示せ.

問題 5.89 $(X, \mathcal{O})$ を位相空間とする. $\mathcal{O}$ が X の離散位相ならば, $(X, \mathcal{O})$ は局所弧状連結であることを示せ.

問題 5.90 $(X, \mathcal{O})$ を位相空間とする. $(X, \mathcal{O})$ が局所弧状連結であるための必要十分条件は, $\mathcal{O}$ の任意の元 U と U の任意の点 x に対し, x を含む $(U, \mathcal{O}_U)$ の弧状連結成分が $\mathcal{O}$ の元であることである. これを示せ. ただし, $\mathcal{O}_U$ は $\mathcal{O}$ から定まる U の相対位相である.

定理 5.91 $(X, \mathcal{O})$ を局所弧状連結な位相空間とする. このとき, $(X, \mathcal{O})$ が連結ならば, $(X, \mathcal{O})$ は弧状連結である.

証明 X の点 x に対し, x を含む $(X, \mathcal{O})$ の弧状連結成分を $\overline{C}(x)$ とする. R を問題 5.87 における X 上の二項関係とする.
 対偶を示す. $(X, \mathcal{O})$ が弧状連結でないとする. x と y を結ぶ弧が存在しないような X の点 x, y が存在する. 問題 2.32 と問題 5.87 (1) より $x \in [x]_R = \overline{C}(x)$ であるので, $\overline{C}(x) \neq \varnothing$ である. $y \notin [x]_R = \overline{C}(x)$ より $y \in X - \overline{C}(x)$ であるので, $X - \overline{C}(x) \neq \varnothing$ である. 問題 5.90 より $\overline{C}(x) \in \mathcal{O}$ である. 問題 5.87, 問題 5.90 と (O3) より
$$X - \overline{C}(x) = \bigcup_{z \in X - \overline{C}(x)} \overline{C}(z) \in \mathcal{O}$$
である. また, $X = \overline{C}(x) \cup (X - \overline{C}(x))$ であり, $\overline{C}(x) \cup (X - \overline{C}(x)) = \varnothing$ である. ゆえに, $(X, \mathcal{O})$ は連結でない. $\square$

問題 5.92 n を自然数とし, $\mathcal{O}^n$ を $\mathbb{R}^n$ の通常の位相とする. O を $\mathcal{O}^n$ の元とする. O が $(\mathbb{R}^n, \mathcal{O}^n)$ の連結集合ならば, O は $(\mathbb{R}^n, \mathcal{O}^n)$ の弧状連結集合であることを示せ.

第 6 章

距離空間の性質

　点列の収束に関係する性質など，距離空間の重要な性質のいくつかは，一般に連続写像によって保存されない．完備性はそのような性質のひとつであり，実数の連続性の一般化にあたる概念である．

　本章では，完備性・全有界性・点列コンパクト性などの距離空間に関する性質について解説する．

6.1　距離空間とコンパクト性

定理 6.1　(X, d) を距離空間とし，$\mathcal{O}$ を d から定まる X の距離位相とする．$(X, \mathcal{O})$ がコンパクトならば，(X, d) は有界である．

証明　X の点 a を任意にとる．$\mathcal{U} = \{U(a; \varepsilon) \mid \varepsilon \in (0, \infty)\}$ とする．X の任意の点 x に対し，$\varepsilon' = 2d(x, a)$ とすると $x \in U(a; \varepsilon')$ であるので，$x \in \bigcup \mathcal{U}$ である．よって，$X \subset \bigcup \mathcal{U}$ である．任意の正の実数 ε に対し，問題 3.19 (1) より $U(a; \varepsilon) \in \mathcal{O}$ である．よって，$\mathcal{U}$ は $(X, \mathcal{O})$ の開被覆である．仮定より，$\mathcal{V} \subset \mathcal{U}$ をみたす X の有限被覆 $\mathcal{V}$ が存在する．$\#\mathcal{V} = n$ とするとき，正の実数 $\varepsilon_1, \ldots, \varepsilon_n$ が存在して $\mathcal{V} = \{U(a; \varepsilon_1), \ldots, U(a; \varepsilon_n)\}$ と表される．$r = \max\{\varepsilon_1, \ldots, \varepsilon_n\}$ とすると，$X \subset \bigcup \mathcal{V} = U(a; r)$ である．ゆえに，問題 3.33 (3) より (X, d) は有界である．□

問題 6.2　(X, d) を距離空間とし，$\mathcal{O}$ を d から定まる X の距離位相とする．A を X の部分集合とする．A が $(X, \mathcal{O})$ のコンパクト集合ならば，A は (X, d) の有界な閉集合であることを示せ．

定理 6.3　$\mathcal{O}$ を $\mathbb{R}^n$ の通常の位相とし，A を $\mathbb{R}^n$ の部分集合とする．A が $(\mathbb{R}^n, \mathcal{O})$ のコンパクト集合であるための必要十分条件は，A が $(\mathbb{R}^n, d^{(n)})$ の有界な閉集合であることである．

証明　必要であること：定理 3.2 と問題 6.2 より従う．

　十分であること：A が $(\mathbb{R}^n, d^{(n)})$ の有界な閉集合であるとする．A が有界であるので，$\delta(A) = r_1$ をみたす正の実数 r_1 が存在する．A の点 a をひとつ選び，$r_2 =$

$d^{(n)}(a,0)$ とする. $r = r_1 + r_2$ とする. A の点 x を任意にとる. 三角不等式より

$$d^{(n)}(x,0) \leqq d^{(n)}(x,a) + d^{(n)}(a,0) \leqq r_1 + r_2 = r$$

であるので, $x \in U(0;r)$ である. よって, $A \subset U(0;r)$ である. $U(0;r)$ の任意の点 $x = (x_1, \ldots, x_n)$ と $\{1, \ldots, n\}$ の任意の元 i に対し,

$$x_i^2 \leqq x_1^2 + \cdots + x_n^2 = d^{(n)}(x,0)^2 \leqq r^2$$

であるので $|x_i| \leqq r$ である. よって, $x \in [-r,r]^n = K$ である. 従って, $U(0;r) \subset K$ であり, $A \subset K$ である. 問題 5.43 より K は $(\mathbb{R}^n, \mathcal{O})$ のコンパクト集合である. つまり, $\mathcal{O}$ から定まる K の相対位相を $\mathcal{O}_K$ とするとき, $(K, \mathcal{O}_K)$ はコンパクトである. A が $(\mathbb{R}^n, d^{(n)})$ の閉集合であるので, 問題 4.18 と問題 4.19 より A は $(\mathbb{R}^n, \mathcal{O})$ の閉集合である. よって, 問題 4.44 (1) より $A = A \cap K$ は $(K, \mathcal{O}_K)$ の閉集合である. ゆえに, 定理 5.37 より A は $(K, \mathcal{O}_K)$ のコンパクト集合である. $\mathcal{O}_K$ から定まる A の相対位相は $\mathcal{O}$ から定まる A の相対位相に等しいので, A は $(\mathbb{R}^n, \mathcal{O})$ のコンパクト集合である. □

定理 6.4 (**最大値・最小値の定理**) $(X, \mathcal{O}_X)$ を位相空間とし, $\mathcal{O}$ を $\mathbb{R}$ の通常の位相とする. $f: X \to \mathbb{R}$ を $(X, \mathcal{O}_X)$ から $(\mathbb{R}, \mathcal{O})$ への連続写像とし, A を $(X, \mathcal{O}_X)$ の空でないコンパクト集合とする. このとき, $f(A)$ の最大元および最小元が存在する.

証明 A が $(X, \mathcal{O}_X)$ のコンパクト集合であり, f が $(X, \mathcal{O}_X)$ から $(\mathbb{R}, \mathcal{O})$ への連続写像であるので, 定理 5.38 より $f(A)$ は $(\mathbb{R}, \mathcal{O})$ のコンパクト集合である. よって, 問題 6.2 より $f(A)$ は $(\mathbb{R}, d^{(1)})$ の有界な閉集合である. $A \neq \varnothing$ より $f(A) \neq \varnothing$ であるので, 実数の連続性より $a = \inf f(A)$, $b = \sup f(A)$ が存在する. 任意の正の実数 ε に対し, 下限の定義より $a \leqq x < a + \varepsilon$ をみたす $f(A)$ の点 x が存在する. よって, $U(a;\varepsilon) \cap f(A) \neq \varnothing$ である. 従って, a は $(\mathbb{R}, d^{(1)})$ における $f(A)$ の触点である. $f(A)$ が $(\mathbb{R}, d^{(1)})$ の閉集合であるので, $a \in f(A)$ である. 同様の議論により $b \in f(A)$ である. よって, a, b はそれぞれ $f(A)$ の最大元, 最小元である. □

定理 6.5 (X, d) を距離空間, $\mathcal{O}$ を d から定まる距離位相とし, $\mathcal{U}$ を $(X, \mathcal{O})$ の開被覆とする. $(X, \mathcal{O})$ がコンパクトならば, 次のような正の実数 ρ が存在する: $\delta(A) < \rho$ をみたす X の任意の部分集合 A に対し, $A \subset U$ をみたす $\mathcal{U}$ の元 U が存在する. (ρ を $\mathcal{U}$ の**ルベーグ数**という.)

証明 $\mathcal{P}(X)$ の部分集合
$$\mathcal{U}' = \{U(x;\varepsilon) \mid x \in X, \varepsilon \in (0,\infty), U(x;2\varepsilon) \subset U \text{ をみたす } \mathcal{U} \text{ の元 } U \text{ が存在する}\}$$
を考える. X の点 x を任意にとる. $\mathcal{U}$ が X の被覆であるので, $x \in U$ をみたす $\mathcal{U}$ の元 U が存在する. $\mathcal{U} \subset \mathcal{O}$ であるので, $U \in \mathcal{O}$ である. U は (X, d) の開集合である

ので, $U(x; \varepsilon') \subset U$ をみたす正の実数 ε' が存在する. $\varepsilon = \frac{\varepsilon'}{2}$ とすると, $U(x; 2\varepsilon) \subset U$ であるので, $U(x; \varepsilon) \in \mathcal{U}'$ である. また, $d(x,x) = 0 < \varepsilon$ より $x \in U(x; \varepsilon)$ である. よって, $x \in \bigcup \mathcal{U}'$ である. 従って, $\mathcal{U}'$ は X の被覆である. X の任意の点 x と任意の正の実数 ε に対し, 問題 3.19 (1) より $U(x; \varepsilon) \in \mathcal{O}$ である. よって, $\mathcal{U}' \subset \mathcal{O}$ であり, $\mathcal{U}'$ は $(X, \mathcal{O})$ の開被覆である.

$(X, \mathcal{O})$ がコンパクトであるので, $\mathcal{V}' \subset \mathcal{U}'$ をみたす X の有限被覆 $\mathcal{V}'$ が存在する. $\#\mathcal{V}' = n$ とするとき, X の点 $x_1, \dots, x_n$ と正の実数 $\varepsilon_1, \dots, \varepsilon_n$ が存在して $\mathcal{V}' = \{U(x_1; \varepsilon_1), \dots, U(x_n; \varepsilon_n)\}$ と表される. $\rho = \min\{\varepsilon_1, \dots, \varepsilon_n\}$ とする. $\delta(A) < \rho$ をみたす X の空でない部分集合 A を任意にとる. A の点 a をひとつ選ぶ. $\mathcal{V}'$ が X の被覆であるので, $a \in U(x_i; \varepsilon_i)$ をみたす $\{1, \dots, n\}$ の元 i が存在する. このとき, A の任意の点 x に対し, 三角不等式より

$$d(x, x_i) \leqq d(x, a) + d(a, x_i) < \rho + \varepsilon_i \leqq \varepsilon_i + \varepsilon_i = 2\varepsilon_i$$

であるので, $x \in U(x_i; 2\varepsilon_i)$ である. よって, $A \subset U(x_i; 2\varepsilon_i)$ である. $U(x_i; \varepsilon_i)$ が $\mathcal{U}'$ の元であるので, $U(x_i; 2\varepsilon_i) \subset U$ をみたす $\mathcal{U}$ の元 U が存在する. このとき, $A \subset U$ である. □

6.2 点列コンパクト性

【コーシー列】 (X, d) を距離空間とし, $(a_n)_{n \in \mathbb{N}}$ を X の点列とする. 任意の正の実数 ε に対し, ある自然数 N が存在し, 任意の自然数 m, n に対し「$m, n > N$ ならば $d(a_m, a_n) < \varepsilon$ である」とき, $(a_n)_{n \in \mathbb{N}}$ は (X, d) の**コーシー列** (または**基本列**) であるという.

問題 6.6 (X, d) を距離空間とし, $(a_n)_{n \in \mathbb{N}}$ を X の点列とする. $(a_n)_{n \in \mathbb{N}}$ が X のある点 a に収束するならば, $(a_n)_{n \in \mathbb{N}}$ は (X, d) のコーシー列であることを示せ.

問題 6.7 (X, d) を距離空間とし, $(a_n)_{n \in \mathbb{N}}$ を (X, d) のコーシー列とする. このとき, $\{a_n \mid n \in \mathbb{N}\}$ が有界であることを示せ.

例 6.8 $J = (0, 1]$ とし, $(\mathbb{R}, d^{(1)})$ の部分距離空間 $(J, d^{(1)}|_{J \times J})$ を考える. 自然数 n に対し $a_n = \frac{1}{n}$ と定めるとき, $(a_n)_{n \in \mathbb{N}}$ は J の点列である. 任意の正の実数 ε に対し, $N\varepsilon > 1$ をみたす自然数 N が存在する. $m, n > N$ をみたす任意の自然数 m, n に対し,

$$d^{(1)}(a_m, a_n) = \left| \frac{1}{m} - \frac{1}{n} \right| = \frac{|m - n|}{mn} < \frac{1}{\min\{m, n\}} < \frac{1}{N} < \varepsilon$$

が成り立つ. 従って, $(a_n)_{n \in \mathbb{N}}$ は $(J, d^{(1)}|_{J \times J})$ のコーシー列である. 一方, $(a_n)_{n \in \mathbb{N}}$ は J のいかなる点にも収束しない.

【完備】 (X, d) を距離空間とする. (X, d) の任意のコーシー列が X の点に収束するとき, (X, d) は**完備**であるという.

例 6.9 例 6.8 の距離空間 $(J, d^{(1)}|_{J \times J})$ は完備でない. また, $(\mathbb{Q}, d^{(1)}|_{\mathbb{Q} \times \mathbb{Q}})$ も完備でない.

問題 6.10 (X, d) を完備距離空間とし, A を X の部分集合とする. $(A, d|_{A \times A})$ が完備であるための必要十分条件は, A が (X, d) の閉集合であることである. これを示せ.

問題 6.11 k を 2 以上の整数とし, $(X_1, d_1), \ldots, (X_k, d_k)$ を距離空間とする. (X, d) を $(X_1, d_1), \ldots, (X_k, d_k)$ の直積距離空間とする. $\{1, \ldots, k\}$ の任意の元 i に対し (X_i, d_i) が完備ならば, (X, d) も完備であることを示せ.

【全有界】 (X, d) を距離空間とする. 任意の正の実数 ε に対し, X の有限被覆 $\mathcal{U}$ が存在し, $\mathcal{U}$ の任意の元 U に対し $\delta(U) < \varepsilon$ が成り立つとき, (X, d) は**全有界**であるという.

問題 6.12 (X, d) を距離空間とし, A を X の部分集合とする. (X, d) が全有界ならば, $(A, d|_{A \times A})$ も全有界であることを示せ.

問題 6.13 (X, d) を距離空間とする. (X, d) が全有界ならば, (X, d) は有界であることを示せ.

例 6.14 $(J, d^{(1)}|_{J \times J})$ を例 6.8 の距離空間とする. 任意の正の実数 ε に対し, $N > \frac{2}{\varepsilon}$ をみたす自然数 N が存在する. $\mathcal{U} = \{U(\frac{i}{N}; \frac{\varepsilon}{4}) \mid i \in \{0, \ldots, N\}\}$ とするとき, $\delta(U(\frac{i}{N}; \frac{\varepsilon}{4})) = \frac{\varepsilon}{2} < \varepsilon$ であり,

$$J = (0, 1] \subset \bigcup_{i=0}^{N} \left(\left(\frac{i}{N} - \frac{\varepsilon}{4}, \frac{i}{N} + \frac{\varepsilon}{4} \right) \cap (0, 1] \right) = \bigcup_{i=0}^{N} U\left(\frac{i}{N}; \frac{\varepsilon}{4} \right) = \bigcup \mathcal{U}$$

が成り立つ. よって, $(J, d^{(1)}|_{J \times J})$ は全有界である. 一方, $(\mathbb{R}, d^{(1)})$ は有界でないので, 問題 6.13 より $(\mathbb{R}, d^{(1)})$ は全有界でない.

問題 6.15 (X, d) を距離空間とし, $\mathcal{O}$ を d から定まる X の距離位相とする. (X, d) が全有界ならば, $(X, \mathcal{O})$ は可分であることを示せ.

> 例題 **6.16**　　(X, d) を離散距離空間とし，$\#X = \aleph_0$ とする．(X, d) が有界であり，かつ全有界でないことを示せ．

［解答］　有界であること：d の定義より $\{d(x, y) \mid x, y \in X\} = \{0, 1\}$ であるので，2 は $\{d(x, y) \mid x, y \in X\}$ の上界である．すなわち，(X, d) は有界である．

　全有界でないこと：背理法により証明する．(X, d) が全有界であると仮定する．X の有限被覆 $\mathcal{U}$ が存在し，$\mathcal{U}$ の任意の元 U に対し $\delta(U) < \frac{1}{2}$ が成り立つ．$\mathcal{U}_0 = \mathcal{U} - \{\varnothing\}$ とすると，$\mathcal{U}_0$ も X の被覆である．また，$\mathcal{U}_0 \subset \mathcal{U}$ であるので，問題 2.18 (3) より $\#\mathcal{U}_0 \leqq \#\mathcal{U} < \aleph_0$ である．$\mathcal{U}_0$ の任意の元 U に対し，$a \in U$ をみたす X の点 a が存在する．X の点 b に対し $b \in U$ であるとすると，$d(a, b) \leqq \delta(U) < \frac{1}{2}$ であるので，d の定義より $d(a, b) = 0$ である．よって，(D2) より $a = b$ である．$\mathcal{U}_0$ の元 U に対し $f(U) = a$ と定めることにより，写像 $f : \mathcal{U}_0 \to X$ を定義する．$\mathcal{U}_0$ が X の被覆であるので，f は全射である．よって，問題 2.66 より $\aleph_0 = \#X \leqq \#\mathcal{U}_0 < \aleph_0$ である．これは矛盾である．よって，(X, d) は全有界でない．□

【部分列】　(X, d) を距離空間とし，$(a_n)_{n \in \mathbb{N}}$ を X の点列とする．$(a_n)_{n \in \mathbb{N}}$ を写像 $f : \mathbb{N} \to X$ と考える．すなわち，自然数 n に対し $a_n = f(n)$ である．通常の大小関係から定まる $\mathbb{N}$ 上の順序に対し，$k : \mathbb{N} \to \mathbb{N}$ を順序を保つ単射とする．合成写像 $f \circ k : \mathbb{N} \to X$ を点列 f の**部分列**という．$f \circ k$ をしばしば $(a_{k(i)})_{i \in \mathbb{N}}$ と表す．

問題 6.17　(X, d) を距離空間，$(a_n)_{n \in \mathbb{N}}$ を X の点列とし，$(a_{k(i)})_{i \in \mathbb{N}}$ を $(a_n)_{n \in \mathbb{N}}$ の部分列とする．$(a_n)_{n \in \mathbb{N}}$ が X の点 a に収束するならば，$(a_{k(i)})_{i \in \mathbb{N}}$ も a に収束することを示せ．

定理 **6.18**　(X, d) を距離空間とする．(X, d) が全有界であるための必要十分条件は，(X, d) の任意の点列がコーシー列を部分列として含むことである．

証明　必要であること：(X, d) が全有界であるとする．X の点列全体の集合を S とする．$S \times \mathbb{N}$ の元 (γ, m) に対し，$\gamma = (c_n)_{n \in \mathbb{N}}$ の部分列 $(c_{k(i)})_{i \in \mathbb{N}}$ であって，任意の自然数 i, j に対し $d(c_{k(i)}, c_{k(j)}) < \frac{1}{m}$ となるもの全体の集合を $S(\gamma, m)$ とする．S の元 $\gamma = (c_n)_{n \in \mathbb{N}}$ を任意にとる．自然数 m を任意にとる．仮定より，X の有限被覆 $\mathcal{U}_m$ が存在し，$\mathcal{U}_m$ の任意の元 U に対し $\delta(U) < \frac{1}{m}$ が成り立つ．$X = \bigcup \mathcal{U}_m$ かつ $\#\mathcal{U}_m < \aleph_0$ であるので，$\#\{n \in \mathbb{N} \mid c_n \in U_m\} = \aleph_0$ をみたす $\mathcal{U}_m$ の元 U_m が存在する．$k(1) = \min\{n \in \mathbb{N} \mid c_n \in U_m\}$ とする．自然数 i に対し

$$k(i+1) = \min(\{n \in \mathbb{N} \mid c_n \in U_m\} - \{k(1), \ldots, k(i)\})$$

と定めることにより，写像 $k : \mathbb{N} \to \mathbb{N}$ を帰納的に定義する．k は順序を保つ単射であ

り，任意の自然数 i に対し $c_{k(i)} \in U_m$ が成り立つ．$\delta(U_m) < \frac{1}{m}$ であるので，任意の自然数 i, j に対し $d(c_{k(i)}, c_{k(j)}) < \frac{1}{m}$ が成り立つ．従って，$(c_{k(i)})_{i \in \mathbb{N}} \in S(\gamma, m)$ であり，$S(\gamma, m) \neq \varnothing$ である．選択公理より

$$\prod_{(\gamma, m) \in S \times \mathbb{N}} S(\gamma, m) \neq \varnothing$$

であるので，写像

$$\varphi \colon S \times \mathbb{N} \to \bigcup_{(\gamma, m) \in S \times \mathbb{N}} S(\gamma, m)$$

であって，$S \times \mathbb{N}$ の任意の元 (γ, m) に対し $\varphi(\gamma, m) \in S(\gamma, m)$ をみたすものが存在する．

　X の点列 $\alpha = (a_n)_{n \in \mathbb{N}}$ を任意にとる．自然数 m に対し，α の部分列 $\alpha^{(m)} = (a_n^{(m)})_{n \in \mathbb{N}}$ を以下のように帰納的に定める．

(i) $\alpha^{(1)} = \varphi(\alpha, 1)$ とする．

(ii) 自然数 k に対し $\alpha^{(k)}$ が定まっているとき，$\alpha^{(k+1)} = \varphi(\alpha^{(k)}, \frac{1}{k+1})$ とする．

　このとき，自然数 n に対し $b_n = a_n^{(n)}$ と定めることにより，X の点列 $(b_n)_{n \in \mathbb{N}}$ を定義する．$(b_n)_{n \in \mathbb{N}}$ は $(a_n)_{n \in \mathbb{N}}$ の部分列である．正の実数 ε を任意にとる．$N\varepsilon > 1$ をみたす自然数 N が存在する．$k, \ell > N$ をみたす自然数 k, ℓ を任意にとる．点列 $\alpha^{(k)}, \alpha^{(\ell)}$ はいずれも点列 $\alpha^{(N)}$ の部分列であるので，$b_k = a_k^{(k)}, b_\ell = a_\ell^{(\ell)}$ はいずれも点列 $\alpha^{(N)}$ の中に現れる．よって，$d(b_k, b_\ell) < \frac{1}{N} < \varepsilon$ となる．ゆえに，$(b_n)_{n \in \mathbb{N}}$ は (X, d) のコーシー列である．

　十分であること：対偶を示す．(X, d) が全有界でないとする．ある正の実数 ε が存在し，直径が ε 未満であるような X の部分集合からなる任意の有限集合 $\mathcal{U}$ に対し，$\bigcup \mathcal{U} \neq X$ が成り立つ．直径が ε 未満であるような X の部分集合からなる有限集合全体の集合を $\mathcal{X}$ とする．$\mathcal{X}$ の任意の元 $\mathcal{U}$ に対し，$C(\mathcal{U}) = X - \bigcup \mathcal{U} \neq \varnothing$ である．選択公理より $\prod_{\mathcal{U} \in \mathcal{X}} C(\mathcal{U}) \neq \varnothing$ であるので，写像 $\psi \colon \mathcal{X} \to \bigcup_{\mathcal{U} \in \mathcal{X}} C(\mathcal{U})$ であって，$\mathcal{X}$ の任意の元 $\mathcal{U}$ に対し $\psi(\mathcal{U}) \in C(\mathcal{U})$ をみたすものが存在する．

　X の点 a を任意にとる．X の点列 $(a_n)_{n \in \mathbb{N}}$ を以下のように帰納的に定める．

(i) $a_1 = a$ とする．

(ii) 自然数 k に対し $a_1, \ldots, a_k$ が定まっているとき，a_{k+1} を次式で定める．

$$a_{k+1} = \psi\left(\left\{ U\left(a_1; \frac{\varepsilon}{3}\right), \ldots, U\left(a_k; \frac{\varepsilon}{3}\right) \right\} \right)$$

自然数 m, n に対し $m < n$ であるとすると，

$$a_n = \psi\left(\left\{ U\left(a_1; \frac{\varepsilon}{3}\right), \ldots, U\left(a_{n-1}; \frac{\varepsilon}{3}\right) \right\} \right) \in X - \bigcup_{i=1}^{n-1} U\left(a_i; \frac{\varepsilon}{3}\right)$$

であり，$a_m \in \{a_1, \ldots, a_{n-1}\}$ であるので，$d(a_m, a_n) \geqq \frac{\varepsilon}{3}$ である．従って，$(a_n)_{n \in \mathbb{N}}$ のいかなる部分列もコーシー列でない．$\square$

【点列コンパクト】 (X, d) を距離空間とする. (X, d) の任意の点列が X の点に収束する部分列を含むとき, (X, d) は**点列コンパクト**であるという.

定理 6.19 (X, d) を距離空間とする. (X, d) が点列コンパクトであるための必要十分条件は, (X, d) が全有界かつ完備であることである.

証明 必要であること：(X, d) が点列コンパクトであるとする. X の点列 $(a_n)_{n \in \mathbb{N}}$ を任意にとる. 仮定より, X の点に収束する $(a_n)_{n \in \mathbb{N}}$ の部分列 $(a_{k(i)})_{i \in \mathbb{N}}$ が存在する. 問題 6.6 より $(a_{k(i)})_{i \in \mathbb{N}}$ はコーシー列である. よって, 定理 6.18 より (X, d) は全有界である. (X, d) のコーシー列 $(a_n)_{n \in \mathbb{N}}$ を任意にとる. 仮定より, X の点 a に収束する $(a_n)_{n \in \mathbb{N}}$ の部分列 $(a_{k(i)})_{i \in \mathbb{N}}$ が存在する. 正の実数 ε を任意にとる. $(a_{k(i)})_{i \in \mathbb{N}}$ が a に収束するので, ある自然数 N_1 が存在し, $i > N_1$ をみたす任意の自然数 i に対し $d(a_{k(i)}, a) < \frac{\varepsilon}{2}$ が成り立つ. $(a_n)_{n \in \mathbb{N}}$ がコーシー列であるので, ある自然数 N_2 が存在し, $m, n > N_2$ をみたす任意の自然数 m, n に対し $d(a_m, a_n) < \frac{\varepsilon}{2}$ が成り立つ. $N = \max\{k(N_1), N_2\}$ とする. $n, k(i) > N$ をみたす自然数 n, i を任意にとる. このとき, 三角不等式より

$$d(a_n, a) \leqq d(a_n, a_{k(i)}) + d(a_{k(i)}, a) < \frac{\varepsilon}{2} + \frac{\varepsilon}{2} = \varepsilon$$

が成り立つ. よって, $(a_n)_{n \in \mathbb{N}}$ は a に収束する. ゆえに, (X, d) は完備である.

十分であること：X の点列 $(a_n)_{n \in \mathbb{N}}$ を任意にとる. (X, d) が全有界であるので, 定理 6.18 より $(a_n)_{n \in \mathbb{N}}$ はコーシー列 $(b_n)_{n \in \mathbb{N}}$ を部分列として含む. (X, d) が完備であるので, $(b_n)_{n \in \mathbb{N}}$ は X の点に収束する. よって, (X, d) は点列コンパクトである. $\square$

定理 6.20 (X, d) を距離空間とし, $\mathcal{O}$ を d から定まる距離位相とする. $(X, \mathcal{O})$ がコンパクトであるための必要十分条件は, (X, d) が点列コンパクトであることである.

証明 必要であること：$(X, \mathcal{O})$ がコンパクトであるとする. X の点列 $(a_n)_{n \in \mathbb{N}}$ を任意にとる.

$$\mathcal{U} = \left\{ U(x; \varepsilon) \mid x \in X, \ \varepsilon \in (0, \infty), \ \#\{n \in \mathbb{N} \mid a_n \in U(x; \varepsilon)\} < \aleph_0 \right\}$$

と定める. $X - \bigcup \mathcal{U} \neq \varnothing$ であることを背理法により証明する. $X \subset \bigcup \mathcal{U}$ であると仮定する. X の任意の点 x と任意の正の実数 ε に対し, 問題 3.19 (1) より $U(x; \varepsilon) \in \mathcal{O}$ である. よって, $\mathcal{U} \subset \mathcal{O}$ であり, $\mathcal{U}$ は $(X, \mathcal{O})$ の開被覆である. 仮定より, $\mathcal{V} \subset \mathcal{U}$ をみたす X の有限被覆 $\mathcal{V}$ が存在する. $\#\mathcal{V} = m$ とするとき, X の点 $x_1, \ldots, x_m$ と正の実数 $\varepsilon_1, \ldots, \varepsilon_m$ が存在して $\mathcal{V} = \{U(x_1; \varepsilon_1), \ldots, U(x_m; \varepsilon_m)\}$ と表される. $\{1, \ldots, m\}$ の任意の元 i に対し

$$\#\{n \in \mathbb{N} \mid a_n \in U(x_i; \varepsilon_i)\} < \aleph_0$$

であるので, 問題 2.20 (2) と問題 2.3 (2) より

$$\aleph_0 = \#\{n \in \mathbb{N} \mid a_n \in X\} = \#\left(\bigcup_{i \in \{1,\ldots,m\}} \{n \in \mathbb{N} \mid a_n \in U(x_i; \varepsilon_i)\} \right) < \aleph_0$$

となる．これは矛盾である．よって，$X - \bigcup \mathcal{U} \neq \varnothing$ である．$X - \bigcup \mathcal{U}$ の元 a を任意にとる．$\mathbb{N} \times (0, \infty)$ の任意の元 (k, ε) に対し，

$$I(k, \varepsilon) = \{n \in \mathbb{N} \mid n > k,\ a_n \in U(a; \varepsilon)\}$$

と定める．もし $I(k, \varepsilon) = \varnothing$ ならば，$\{n \in \mathbb{N} \mid a_n \in U(a; \varepsilon)\} \subset \{a_1, \ldots, a_k\}$ であるので，$\#\{n \in \mathbb{N} \mid a_n \in U(a; \varepsilon)\} \leqq k < \aleph_0$ である．よって，$U(a; \varepsilon) \in \mathcal{U}$ であり，$a \in \bigcup \mathcal{U}$ である．これは $a \in X - \bigcup \mathcal{U}$ に矛盾するので，$I(k, \varepsilon) \neq \varnothing$ である．選択公理より $\prod_{(k,\varepsilon) \in \mathbb{N} \times (0,\infty)} I(k, \varepsilon) \neq \varnothing$ であるので，写像 $f \colon \mathbb{N} \times (0, \infty) \to \prod_{(k,\varepsilon) \in \mathbb{N} \times (0,\infty)} I(k, \varepsilon)$ であって，$\mathbb{N} \times (0, \infty)$ の任意の元 (k, ε) に対し $f(k, \varepsilon) \in I(k, \varepsilon)$ をみたすものが存在する．$\mathbb{N}$ の点列 $(k(i))_{i \in \mathbb{N}}$ を以下のように帰納的に定める．

(i) $k(1) = f(1, 1)$ とする．

(ii) 自然数 i に対し $k(i)$ が定まっているとき，$k(i+1) = f(k(i), \frac{1}{i+1})$ と定める．任意の自然数 i に対し，$k(i+1) \in I(k(i), \frac{1}{i+1})$ であるので，$k(i) < k(i+1)$ であり，かつ $a_{k(i+1)} \in U(a; \frac{1}{i+1})$，すなわち

$$d(a_{k(i+1)}, a) < \frac{1}{i+1}$$

である．よって，$(a_n)_{n \in \mathbb{N}}$ の部分列 $(a_{k(i)})_{i \in \mathbb{N}}$ は a に収束する．

　十分であること：(X, d) が点列コンパクトであるとする．$(X, \mathcal{O})$ の開被覆 $\mathcal{U}$ を任意にとる．仮定と定理 6.19 より (X, d) は全有界であるので，問題 6.15 と問題 5.9 より $(X, \mathcal{O})$ は第 2 可算公理をみたす．すなわち，$\#\mathcal{B} \leqq \aleph_0$ をみたす $\mathcal{O}$ の基底 $\mathcal{B}$ が存在する．ここで，

$$\mathcal{B}(\mathcal{U}) = \{O \in \mathcal{B} \mid \exists U \in \mathcal{U}(O \subset U)\}$$

と定める．X の点 x を任意にとる．$\mathcal{U}$ が X の被覆であるので，$x \in U$ をみたす $\mathcal{U}$ の元 U が存在する．$U \in \mathcal{O}$ であり，$\mathcal{B}$ が $\mathcal{O}$ の基底であるので，$x \in O$ かつ $O \subset U$ をみたす $\mathcal{B}$ の元 O が存在する．$O \in \mathcal{B}(\mathcal{U})$ であるので，$x \in \bigcup \mathcal{B}(\mathcal{U})$ である．よって，$X = \bigcup \mathcal{B}(\mathcal{U})$ である．また，$\mathcal{B}(\mathcal{U}) \subset \mathcal{B} \subset \mathcal{O}$ である．従って，$\mathcal{B}(\mathcal{U})$ は $(X, \mathcal{O})$ の開被覆である．$\mathcal{B}(\mathcal{U}) \subset \mathcal{B}$ であるので，問題 2.18 (3) より $\#\mathcal{B}(\mathcal{U}) \leqq \#\mathcal{B} \leqq \aleph_0$ である．全単射 $f \colon \mathbb{N} \to \mathcal{B}(\mathcal{U})$ が存在するか，もしくは，ある自然数 k と全単射 $f' \colon \{1, \ldots, k\} \to \mathcal{B}(\mathcal{U})$ が存在する．後者の場合，自然数 i に対し，$i \in \{1, \ldots, k\}$ ならば $f(i) = f'(i)$，$i \in \mathbb{N} - \{1, \ldots, k\}$ ならば $f(i) = f'(k)$ と定めることにより，写像 $f \colon \mathbb{N} \to \mathcal{B}(\mathcal{U})$ を定義する．自然数 n に対し $O_n = f(n)$ と定める．$\mathcal{B}(\mathcal{U}) = \{O_n \mid n \in \mathbb{N}\}$ である．

　$X = O_1 \cup \cdots \cup O_n$ をみたす自然数 n が存在することを，背理法により証明する．そのような自然数が存在しないと仮定する．任意の自然数 n に対し $A_n = X - (O_1 \cup \cdots \cup O_n) \neq \varnothing$ である．選択公理より $\prod_{n \in \mathbb{N}} A_n \neq \varnothing$ であるので，写像 $\varphi \colon \mathbb{N} \to$

$\bigcup_{n\in\mathbb{N}} A_n$ であって，任意の自然数 n に対し $\varphi(n) \in A_n$ をみたすものが存在する．自然数 n に対し $a_n = \varphi(n)$ と定める．仮定より，X の点列 $(a_n)_{n\in\mathbb{N}}$ は，X の点に収束する部分列 $(a_{k(i)})_{i\in\mathbb{N}}$ を含む．$(a_{k(i)})_{i\in\mathbb{N}}$ の極限を a とする．$\mathcal{B}(\mathcal{U})$ が X の被覆であるので，$a \in O_m$ をみたす自然数 m が存在する．$O_m \in \mathcal{O}$ であるので，$U(a;\varepsilon) \subset O_m$ をみたす正の実数 ε が存在する．$a = \lim_{i\to\infty} a_{k(i)}$ より，ある自然数 ℓ が存在し，任意の自然数 i に対し「$i > \ell$ ならば $d(a_{k(i)}, a) < \varepsilon$ である」が成り立つ．$i > \ell$ かつ $k(i) > m$ をみたす自然数 i をひとつ選ぶ．$d(a_{k(i)}, a) < \varepsilon$ より $a_{k(i)} \in U(a;\varepsilon) \subset O_m$ である．一方，$a_{k(i)} \in A_{k(i)} \subset A_m$ であるので，$a_{k(i)} \notin O_m$ である．これは矛盾である．よって，$X = O_1 \cup \cdots \cup O_n$ をみたす自然数 n が存在する．$\mathcal{B}(\mathcal{U})$ の定義より，$\{1, \ldots, n\}$ の元 j に対し $O_j \subset U_j$ をみたす $\mathcal{U}$ の元 U_j が存在する．このとき，$\{U_1, \ldots, U_n\} \subset \mathcal{U}$ であり，$X = U_1 \cup \cdots \cup U_n$ である．ゆえに，$(X, \mathcal{O})$ はコンパクトである．□

問題 6.21　n を自然数とし，A を $\mathbb{R}^n$ の空でない部分集合とする．$(A, d^{(n)}|_{A\times A})$ が有界ならば，$(A, d^{(n)}|_{A\times A})$ は全有界であることを示せ．

6.3　完備距離空間

> **例題 6.22**　$(\mathbb{R}, d^{(1)})$ が完備であることを示せ．

[解答]　$(\mathbb{R}, d^{(1)})$ のコーシー列 $(a_n)_{n\in\mathbb{N}}$ を任意にとる．問題 6.7 より $A = \{a_n \mid n \in \mathbb{N}\}$ が有界であるので，$r = \delta(A)$ とするとき，

$$A \subset U(a_1; r) \subset [a_1 - r, a_1 + r] = J$$

である．すなわち，$(a_n)_{n\in\mathbb{N}}$ は $(J, d^{(1)}|_{J\times J})$ のコーシー列である．$\mathbb{R}$ の通常の位相を $\mathcal{O}$ とし，$\mathcal{O}$ から定まる J の相対位相を $\mathcal{O}_J$ とするとき，問題 5.43 より $(J, \mathcal{O}_J)$ はコンパクトである．問題 4.46 より，$d^{(1)}|_{J\times J}$ から定まる J の距離位相は $\mathcal{O}_J$ に等しいので，定理 6.20 と定理 6.19 より $(J, d^{(1)}|_{J\times J})$ は完備である．よって，$(a_n)_{n\in\mathbb{N}}$ は J の点 a に収束する．$d^{(1)}|_{J\times J}$ は $d^{(1)}$ の制限であるので，$(a_n)_{n\in\mathbb{N}}$ は $(\mathbb{R}, d^{(1)})$ において実数 a に収束する．□

問題 6.23　n を 2 以上の整数とする．$(\mathbb{R}^n, d^{(n)})$ が完備であることを示せ．

【縮小写像】　(X, d) を距離空間とし，$f\colon X \to X$ を写像とする．$0 < c < 1$ をみたす実数 c が存在し，X の任意の元 x, y に対し $d(f(x), f(y)) \leqq c \cdot d(x, y)$ が成り立つとき，f は (X, d) の **縮小写像** であるという．

問題 6.24　(X, d) を距離空間とし，$f\colon X \to X$ を (X, d) の縮小写像とする．このとき，f が (X, d) から (X, d) への連続写像であることを示せ．

定理 6.25（**縮小写像の原理・バナッハの不動点定理**）　(X, d) を完備距離空間とし，$f\colon X \to X$ を (X, d) の縮小写像とする．$X \neq \varnothing$ ならば，

$$f(a_\infty) = a_\infty$$

をみたす X の点 a_∞ がただひとつ存在する．（a_∞ を f の**不動点**という．）

証明　2 以上の整数 n に対し，n 個の f の合成 $f \circ \cdots \circ f$ を f^n で表す．また，$f^1 = f$ と定める．f が (X, d) の縮小写像であるので，$0 < c < 1$ をみたす実数 c が存在し，X の任意の元 x, y に対し $d(f(x), f(y)) \leqq c \cdot d(x, y)$ が成り立つ．

f の不動点が存在すること：$X \neq \varnothing$ より，X の点 a が存在する．$f(a) = a$ ならば，a が f の不動点である．$f(a) \neq a$ とする．$a_1 = a$ と定める．自然数 n に対し $a_{n+1} = f(a_n)$ と定めることにより，X の点列 $(a_n)_{n \in \mathbb{N}}$ を帰納的に定義する．2 以上の任意の整数 n に対し

$$d(a_n, a_{n+1}) = d\big(f^{n-1}(a_1), f^{n-1}(a_2)\big) \leqq c^{n-1} \cdot d(a_1, a_2)$$

である．正の実数 ε を任意にとる．$a_2 = f(a_1) \neq a_1$ より $d(a_1, a_2) > 0$ であるので，$c^{N-1} < \frac{(1-c)\varepsilon}{d(a_1, a_2)}$ をみたす自然数 N が存在する．$m > n > N$ をみたす任意の整数 m, n に対し，三角不等式より

$$
\begin{aligned}
d(a_n, a_m) &\leqq d(a_n, a_{n+1}) + d(a_{n+1}, a_{n+2}) + \cdots + d(a_{m-1}, a_m) \\
&\leqq (c^{n-1} + c^n + \cdots + c^{m-2}) d(a_1, a_2) \\
&= \frac{c^{n-1} - c^{m-1}}{1 - c} d(a_1, a_2) < \frac{c^{n-1}}{1 - c} d(a_1, a_2) < \frac{c^{N-1}}{1 - c} d(a_1, a_2) \\
&< \varepsilon
\end{aligned}
$$

が成り立つ．よって，$(a_n)_{n \in \mathbb{N}}$ は (X, d) のコーシー列である．(X, d) が完備であるので，$(a_n)_{n \in \mathbb{N}}$ は X のある点 a_∞ に収束する．問題 6.24 より f が (X, d) から (X, d) への連続写像であるので，定理 3.44 より $(f(a_n))_{n \in \mathbb{N}}$ は $f(a_\infty)$ に収束する．一方，自然数 n に対し $a_{n+1} = f(a_n)$ であるので，$(f(a_n))_{n \in \mathbb{N}} = (a_{n+1})_{n \in \mathbb{N}}$ は a_∞ に収束する．従って，問題 3.38 より $f(a_\infty) = a_\infty$ である．

f の不動点がただひとつであること：X の点 a_∞, b_∞ がいずれも f の不動点であるとする．すなわち，$f(a_\infty) = a_\infty$ かつ $f(b_\infty) = b_\infty$ である．

$$d(a_\infty, b_\infty) = d(f(a_\infty), f(b_\infty)) \leqq c \cdot d(a_\infty, b_\infty)$$

であるので，$(1 - c) \cdot d(a_\infty, b_\infty) \leqq 0$ である．$1 - c > 0$ より $d(a_\infty, b_\infty) \leqq 0$ である．よって，(D1) より $d(a_\infty, b_\infty) = 0$ であり，(D2) より $a_\infty = b_\infty$ である．□

定理 6.26（**ベールのカテゴリー定理**）　(X, d) を完備距離空間とし，d から定まる X の距離位相を $\mathcal{O}$ とする．$(G_n)_{n \in \mathbb{N}}$ を X の部分集合族とし，任意の自然数 n に対し G_n が $(X, \mathcal{O})$ の稠密な開集合であるとする．このとき，$\bigcap_{n \in \mathbb{N}} G_n$ は $(X, \mathcal{O})$ において稠密である．

証明　$X = \varnothing$ ならば $\bigcap_{n \in \mathbb{N}} G_n = \varnothing$ であり，定理 4.15 (2) より $(\bigcap_{n \in \mathbb{N}} G_n)^a = X$ である．以下，$X \neq \varnothing$ とする．また，$(X, \mathcal{O})$ の稠密な開集合全体の集合を $\mathcal{G}$ とする．$X \times (0, \infty) \times \mathcal{G}$ の元 (a, ε, G) に対し，

$$B(a, \varepsilon, G) = \left\{ (x, r) \in X \times (0, \infty) \;\middle|\; U(x; r)^a \subset U(a; \varepsilon) \cap G, \; r \leqq \frac{\varepsilon}{2} \right\}$$

と定める．$G \in \mathcal{O}$ であり，問題 3.19 (1) より $U(a; \varepsilon) \in \mathcal{O}$ であるので，(O2) より $U(a; \varepsilon) \cap G \in \mathcal{O}$ である．G が $(X, \mathcal{O})$ において稠密であるので，問題 5.5 より $U(a; \varepsilon) \cap G \neq \varnothing$ である．よって，$U(x; \delta) \subset U(a; \varepsilon) \cap G$ をみたす X の点 x と正の実数 δ が存在する．$r = \min\{\frac{\varepsilon}{2}, \frac{\delta}{2}\}$ とすると，$r \leqq \frac{\varepsilon}{2}$ である．また，$r \leqq \frac{\delta}{2}$ であるので，問題 3.19 (2) より

$$U(x; r)^a \subset \{ y \in X \mid d(y, x) \leqq r \} \subset U(x; \delta)$$

である．従って，$(x, r) \in B(a, \varepsilon, G)$ である．ゆえに，$B(a, \varepsilon, G) \neq \varnothing$ である．

選択公理より $\prod_{(a, \varepsilon, G) \in X \times (0, \infty) \times \mathcal{G}} B(a, \varepsilon, G) \neq \varnothing$ であるので，写像 $\varphi \colon X \times (0, \infty) \times \mathcal{G} \to \bigcup_{(a, \varepsilon, G) \in X \times (0, \infty) \times \mathcal{G}} B(a, \varepsilon, G)$ であって，$X \times (0, \infty) \times \mathcal{G}$ の任意の元 (a, ε, G) に対し $\varphi(a, \varepsilon, G) \in B(a, \varepsilon, G)$ をみたすものが存在する．$\mathcal{O} - \{\varnothing\}$ の元 O と O の点 a を任意にとる．例 4.51 より，$U(a; \varepsilon) \subset O$ をみたす正の実数 ε が存在する．$X \times (0, \infty)$ の点列 $((a_n, \varepsilon_n))_{n \in \{0\} \cup \mathbb{N}}$ を以下のように帰納的に定める．

(i) $a_0 = a$, $\varepsilon_0 = \varepsilon$, $G_0 = X$ とする．

(ii) 0 以上の整数 k に対し (a_k, ε_k) が定まっているとき，$(a_{k+1}, \varepsilon_{k+1}) = \varphi(a_k, \varepsilon_k, G_k)$ と定める．

このとき，0 以上の任意の整数 n に対し，$U(a_{n+1}; \varepsilon_{n+1})^a \subset U(a_n; \varepsilon_n) \cap G_n$ かつ $\varepsilon_{n+1} \leqq \frac{\varepsilon_n}{2}$ である．

正の実数 ε' を任意にとる．$2^{N-1} > \frac{\varepsilon}{\varepsilon'}$ をみたす自然数 N が存在する．$m, n > N$ をみたす自然数 m, n を任意にとる．$a_m \in U(a_m; \varepsilon_m)^a \subset U(a_N; \varepsilon_N)$ かつ $a_n \in U(a_n; \varepsilon_n)^a \subset U(a_N; \varepsilon_N)$ であるので，三角不等式より

$$d(a_m, a_n) \leqq d(a_m, a_N) + d(a_N, a_n) < 2\varepsilon_N \leqq 2 \cdot \frac{\varepsilon}{2^N} < \varepsilon'$$

が成り立つ．よって，$(a_n)_{n \in \mathbb{N}}$ は (X, d) のコーシー列である．(X, d) が完備であるので，$(a_n)_{n \in \mathbb{N}}$ は X のある点 a_∞ に収束する．任意の自然数 n に対し $a_n \in U(a_n; \varepsilon_n)^a \subset U(a_1; \varepsilon_1)$ であるので，$(a_n)_{n \in \mathbb{N}}$ は $U(a_1; \varepsilon_1)$ の点列である．よって，定理 3.43 より $a_\infty \in U(a_1; \varepsilon_1)^a \subset U(a; \varepsilon)$ である．自然数 m を任意にとる．任意の自然数 n に対し

$$a_{n+m} \in U(a_{n+m}; \varepsilon_{n+m})^a \subset U(a_m; \varepsilon_m)$$

であるので，$(a_{n+m})_{n \in \mathbb{N}}$ は $U(a_m; \varepsilon_m)$ の点列である．よって，定理 3.43 より $a_\infty \in U(a_m; \varepsilon_m)^a \subset G_{m-1}$ である．以上より，$a_\infty \in U(a; \varepsilon) \cap (\bigcap_{n \in \mathbb{N}} G_n)$ であるので，

$$O \cap \left(\bigcap_{n \in \mathbb{N}} G_n \right) \supset U(a; \varepsilon) \cap \left(\bigcap_{n \in \mathbb{N}} G_n \right) \neq \varnothing$$

である. ゆえに, 問題 5.5 より $\bigcap_{n \in \mathbb{N}} G_n$ は $(X, \mathcal{O})$ において稠密である. $\square$

問題 6.27 (X, d) を完備距離空間とし, $(F_n)_{n \in \mathbb{N}}$ を (X, d) の閉集合からなる X の部分集合族とする. $\left(\bigcup_{n \in \mathbb{N}} F_n \right)^i \neq \varnothing$ ならば, $F_m^i \neq \varnothing$ をみたす自然数 m が存在することを示せ.

6.4 距離空間の完備化

【完備化】 $(X, d), (X^*, d^*)$ を距離空間とし, $i \colon X \to X^*$ を写像とする. 次の条件 (1)〜(3) をみたす組 $((X^*, d^*), i)$ を (X, d) の**完備化**という.

> (1) (X^*, d^*) は完備である.
> (2) i は (X, d) から (X^*, d^*) への等長写像である.
> (3) $i(X)$ は $(X^*, \mathcal{O}^*)$ において稠密である. ここで, $\mathcal{O}^*$ は d^* から定まる X^* の距離位相である.

定理 6.28 任意の距離空間 (X, d) に対し, (X, d) の完備化が存在する.

証明 X の点列 $(a_n)_{n \in \mathbb{N}}$ をしばしば a_* とも表す. (X, d) のコーシー列全体の集合を $C(X, d)$ とする.

第 1 段「$C(X, d)$ の 2 つの元からひとつの実数が定まること」: $C(X, d)$ の元 a_*, b_* を任意にとる. 正の実数 ε を任意にとる. ある自然数 N_1, N_2 が存在し, $m, n > N_1$ をみたす任意の自然数 m, n に対し $d(a_m, a_n) < \frac{\varepsilon}{2}$ であり, $m, n > N_2$ をみたす任意の自然数 m, n に対し $d(b_m, b_n) < \frac{\varepsilon}{2}$ である. $m, n > \max\{N_1, N_2\}$ をみたす任意の自然数 m, n に対し, 三角不等式より

$$d(a_m, b_m) \leqq d(a_m, a_n) + d(a_n, b_n) + d(b_n, b_m)$$
$$d(a_n, b_n) \leqq d(a_n, a_m) + d(a_m, b_m) + d(b_m, b_n)$$

であるので,

$$\left| d(a_m, b_m) - d(a_n, b_n) \right| \leqq d(a_m, a_n) + d(b_m, b_n) < \frac{\varepsilon}{2} + \frac{\varepsilon}{2} = \varepsilon$$

である. すなわち, $d^{(1)}(d(a_m, b_m), d(a_n, b_n)) < \varepsilon$ である. よって, $(d(a_n, b_n))_{n \in \mathbb{N}}$ は $(\mathbb{R}, d^{(1)})$ のコーシー列である. 従って, 例題 6.22 より $(d(a_n, b_n))_{n \in \mathbb{N}}$ はある実数に収束する.

第 2 段「$C(X, d)$ 上の同値関係 R の定義」: $C(X, d)$ 上の二項関係

$$R = \left\{ (a_*, b_*) \in C(X, d) \times C(X, d) \;\middle|\; \lim_{n \to \infty} d(a_n, b_n) = 0 \right\}$$

を考える．$C(X,d)$ の元 a_* を任意にとる．任意の自然数 n に対し，(D2) より $d(a_n,a_n)$
$=0$ であるので，$\lim_{n\to\infty} d(a_n,a_n)=0$ である．よって，$a_* \sim_R a_*$ である．ゆえに，
R に対し反射律が成り立つ．$C(X,d)$ の元 a_*, b_* を任意にとる．$a_* \sim_R b_*$ であると
する．$\lim_{n\to\infty} d(a_n,b_n)=0$ であり，任意の自然数 n に対し (D3) より $d(a_n,b_n)=$
$d(b_n,a_n)$ であるので，$\lim_{n\to\infty} d(b_n,a_n)=0$ である．よって，$b_* \sim_R a_*$ である．
ゆえに，R に対し対称律が成り立つ．$C(X,d)$ の元 a_*, b_*, c_* を任意にとる．$a_* \sim_R$
b_* かつ $b_* \sim_R c_*$ であるとする．正の実数 ε を任意にとる．

$$\lim_{n\to\infty} d(a_n,b_n)=0 \ \text{かつ} \ \lim_{n\to\infty} d(b_n,c_n)=0$$

であるので，ある自然数 N_1, N_2 が存在し，$n>N_1$ をみたす任意の自然数 n に対し
$d(a_n,b_n)=d^{(1)}(d(a_n,b_n),0)<\frac{\varepsilon}{2}$ であり，$n>N_2$ をみたす任意の自然数 n に対し
$d(b_n,c_n)=d^{(1)}(d(b_n,c_n),0)<\frac{\varepsilon}{2}$ である．$N=\max\{N_1,N_2\}$ とするとき，$n>N$
をみたす任意の自然数 n に対し，三角不等式より

$$d^{(1)}\big(d(a_n,c_n),0\big) = d(a_n,c_n) \leqq d(a_n,b_n)+d(b_n,c_n) < \frac{\varepsilon}{2}+\frac{\varepsilon}{2}=\varepsilon$$

が成り立つ．よって，$\lim_{n\to\infty} d(a_n,c_n)=0$ であり，$a_* \sim_R c_*$ である．ゆえに，R
に対し推移律が成り立つ．以上より，R は $C(X,d)$ 上の同値関係である．

第 3 段「$C(X,d)/R$ 上の距離関数の定義」：$X^*=C(X,d)/R$ とする．X^* の元 $[a_*]_R$,
$[b_*]_R$ に対し

$$d^*([a_*]_R,[b_*]_R) = \lim_{n\to\infty} d(a_n,b_n)$$

と定めることにより，写像 $d^*\colon X^* \times X^* \to \mathbb{R}$ を定義する．$a_* \sim_R a_*'$, $b_* \sim_R b_*'$ を
みたす $C(X,d)$ の元 a_*, a_*', b_*, b_*' を任意にとる．

$$\lim_{n\to\infty} d(a_n,a_n')=0 \ \text{かつ} \ \lim_{n\to\infty} d(b_n,b_n')=0$$

である．第 1 段より $(d(a_n,b_n))_{n\in\mathbb{N}}$ は X の点に収束するので，$c=\lim_{n\to\infty} d(a_n,b_n)$
とする．正の実数 ε を任意にとる．ある自然数 N_0, N_1, N_2 が存在し，$n>N_0$ を
みたす任意の自然数 n に対し $|d(a_n,b_n)-c|=d^{(1)}(d(a_n,b_n),c)<\frac{\varepsilon}{3}$ であり，$n>$
N_1 をみたす任意の自然数 n に対し $d(a_n',a_n)=d^{(1)}(d(a_n',a_n),0)<\frac{\varepsilon}{3}$ であり，$n>$
N_2 をみたす任意の自然数 n に対し $d(b_n,b_n')=d^{(1)}(d(b_n,b_n'),0)<\frac{\varepsilon}{3}$ である．$N=$
$\max\{N_0,N_1,N_2\}$ とするとき，$n>N$ をみたす任意の自然数 n に対し，三角不等式
より

$$d(a_n',b_n') \leqq d(a_n',a_n)+d(a_n,b_n)+d(b_n,b_n') < \frac{\varepsilon}{3}+\left(c+\frac{\varepsilon}{3}\right)+\frac{\varepsilon}{3}=c+\varepsilon$$

$$d(a_n',b_n') \geqq d(a_n,b_n)-d(a_n,a_n')-d(b_n',b_n) > \left(c-\frac{\varepsilon}{3}\right)-\frac{\varepsilon}{3}-\frac{\varepsilon}{3}=c-\varepsilon$$

が成り立つ．よって，

$$d^{(1)}\big(d(a_n',b_n'),c\big) = |d(a_n',b_n')-c| < \varepsilon$$

である．従って，$(d(a_n', b_n'))_{n\in\mathbb{N}}$ も c に収束する．ゆえに，d^* は矛盾なく定義されている．

第4段「d^* が X^* 上の距離関数であること」：d^* が (D1)〜(D4) をみたすことを証明する．

(D1) をみたすこと：X^* の元 $[a_*]_R$, $[b_*]_R$ を任意にとる．任意の自然数 n に対し，d が (D1) をみたすので $d(a_n, b_n) \geqq 0$，すなわち，$d(a_n, b_n) \in [0, \infty)$ である．よって，定理 3.43 より

$$d^*\big([a_*]_R, [b_*]_R\big) = \lim_{n\to\infty} d(a_n, b_n) \in [0, \infty)^a = [0, \infty)$$

である．従って，$d^*\big([a_*]_R, [b_*]_R\big) \geqq 0$ である．

(D2) をみたすこと：X^* の任意の元 $[a_*]_R$, $[b_*]_R$ に対し，次が成り立つ．

$$d^*\big([a_*]_R, [b_*]_R\big) = 0 \Leftrightarrow \lim_{n\to\infty} d(a_n, b_n) = 0 \Leftrightarrow a_* \sim_R b_* \Leftrightarrow [a_*]_R = [b_*]_R$$

(D3) をみたすこと：X^* の元 $[a_*]_R$, $[b_*]_R$ を任意にとる．任意の自然数 n に対し，d が (D3) をみたすので $d(a_n, b_n) = d(b_n, a_n)$ である．よって，

$$d^*\big([a_*]_R, [b_*]_R\big) = \lim_{n\to\infty} d(a_n, b_n) = \lim_{n\to\infty} d(b_n, a_n) = d^*\big([b_*]_R, [a_*]_R\big)$$

である．

(D4) をみたすこと：X^* の元 $[a_*]_R$, $[b_*]_R$, $[c_*]_R$ を任意にとる．任意の自然数 n に対し，d が (D4) をみたすので $d(a_n, c_n) \leqq d(a_n, b_n) + d(b_n, c_n)$，すなわち，$d(a_n, b_n) + d(b_n, c_n) - d(a_n, c_n) \in [0, \infty)$ である．よって，定理 3.43 より

$$\lim_{n\to\infty} \big(d(a_n, b_n) + d(b_n, c_n) - d(a_n, c_n)\big) \in [0, \infty)^a = [0, \infty)$$

である．従って，微分積分学より

$$d^*\big([a_*]_R, [b_*]_R\big) + d^*\big([b_*]_R, [c_*]_R\big) - d^*\big([a_*]_R, [c_*]_R\big)$$
$$= \lim_{n\to\infty} d(a_n, b_n) + \lim_{n\to\infty} d(b_n, c_n) - \lim_{n\to\infty} d(a_n, c_n)$$
$$= \lim_{n\to\infty} \big(d(a_n, b_n) + d(b_n, c_n) - d(a_n, c_n)\big) \geqq 0$$

である．ゆえに，

$$d^*\big([a_*]_R, [c_*]_R\big) \leqq d^*\big([a_*]_R, [b_*]_R\big) + d^*\big([b_*]_R, [c_*]_R\big)$$

である．

以上より，(X^*, d^*) は距離空間である．

第5段「写像 $i\colon X \to X^*$ の定義」：a を X の点とする．自然数 n に対し $a_n = a$ と定めることにより，X の点列 $a_* = (a_n)_{n\in\mathbb{N}}$ を定義する．任意の正の実数 ε と，$n > 1$ をみたす任意の自然数 n に対し，$d(a_n, a) = d(a, a) = 0 < \varepsilon$ が成り立つ．よって，a_* は (X, d) において a に収束するので，問題 6.6 より $a_* \in C(X, d)$ である．X の点 a に対し $i(a) = [a_*]_R$ と定めることにより，写像 $i\colon X \to X^*$ を定義する．

第6段「i が等長写像であること」：X の点 a, b を任意にとる．$i(a) = [a_*]_R$, $i(b) = [b_*]_R$ とする．すなわち，任意の自然数 n に対し $a_n = a$, $b_n = b$ である．このとき，

$$d^*\bigl(i(a),i(b)\bigr) = d^*\bigl([a_*]_R,[b_*]_R\bigr) = \lim_{n\to\infty} d(a_n,b_n) = \lim_{n\to\infty} d(a,b) = d(a,b)$$

である．よって，i は (X,d) から (X^*,d^*) への等長写像である．

第 7 段「$i(X)$ の稠密性」：X^* の点 $[a_*]_R$ を任意にとる．$a_* \in C(X,d)$ であるので，次が成り立つ．

❶ 任意の正の実数 ε に対し，ある自然数 N_0 が存在し，$m,n > N_0$ をみたす任意の自然数 m, n に対し $d(a_m,a_n) < \frac{\varepsilon}{2}$ である．

さて，$(i(a_m))_{m\in\mathbb{N}}$ は X^* の点列である．自然数 m に対し $i(a_m) = [a_*^{(m)}]_R$ とする．すなわち，任意の自然数 n に対し $a_n^{(m)} = a_m$ である．$a_* \in C(X,d)$ であり，自然数 m に対し $a_*^{(m)} \in C(X,d)$ であるので，第 1 段より $(d(a_n^{(m)},a_n))_{n\in\mathbb{N}}$ はある実数 c_m に収束する．すなわち，次が成り立つ．

❷ 任意の自然数 m と任意の正の実数 ε に対し，ある自然数 N_m が存在し，$n > N_m$ をみたす任意の自然数 n に対し $d^{(1)}(d(a_n^{(m)},a_n),c_m) < \frac{\varepsilon}{2}$ である．

正の実数 ε を任意にとる．ε に対して❶ が成り立つような N_0 が存在する．$m > N_0$ をみたす自然数 m を任意にとる．ε, m に対して❷ が成り立つような N_m が存在する．$n > \max\{N_0,N_m\}$ をみたす自然数 n をひとつとるとき，三角不等式より

$$\begin{aligned}
d^*\bigl(i(a_m),[a_*]_R\bigr) &= \lim_{k\to\infty} d(a_k^{(m)},a_k) = c_m = d^{(1)}(c_m,0)\\
&= d^{(1)}\bigl(c_m,d(a_m,a_n)\bigr) + d^{(1)}\bigl(d(a_m,a_n),0\bigr)\\
&= d^{(1)}\bigl(d(a_n^{(m)},a_n),c_m\bigr) + d(a_m,a_n) < \frac{\varepsilon}{2} + \frac{\varepsilon}{2} = \varepsilon
\end{aligned}$$

である．よって，$(i(a_m))_{m\in\mathbb{N}}$ は (X^*,d^*) において $[a_*]_R$ に収束する．従って，定理 3.43 より $[a_*]_R \in i(X)^a$ である．ゆえに $X^* \subset i(X)^a$ であり，$i(X)^a \subset X^*$ であるので，$i(X)^a = X^*$ である．d^* から定まる X^* の距離位相を $\mathcal{O}^*$ とするとき，問題 4.19 より $i(X)$ は $(X^*,\mathcal{O}^*)$ において稠密である．

第 8 段「(X^*,d^*) の完備性」：(X^*,d^*) のコーシー列 $(a_n^*)_{n\in\mathbb{N}}$ を任意にとる．自然数 n を任意にとる．第 7 段より $i(X)$ は $(X^*,\mathcal{O}^*)$ において稠密であるので，問題 5.5 より $U_n = U(a_n^*;\frac{1}{n}) \cap i(X) \neq \varnothing$ である．選択公理より $\prod_{n\in\mathbb{N}} U_n \neq \varnothing$ であるので，写像 $f\colon \mathbb{N} \to \bigcup_{n\in\mathbb{N}} U_n$ であって，任意の自然数 n に対し $f(n) \in U_n$ をみたすものが存在する．$f(n) \in i(X)$ であるので，$i(b_n) = f(n)$ をみたす X の点 b_n が存在する．よって，$b_* = (b_n)_{n\in\mathbb{N}}$ は X の点列である．$(a_n^*)_{n\in\mathbb{N}}$ が (X^*,d^*) のコーシー列であるので，次が成り立つ．

❶ 任意の正の実数 ε に対し，ある自然数 N_1 が存在し，$m,n > N_1$ をみたす任意の自然数 m, n に対し $d^*(a_m^*,a_n^*) < \frac{\varepsilon}{3}$ である．

任意の自然数 n に対し，$i(b_n) \in U(a_n^*;\frac{1}{n})$ であるので $d^*(i(b_n),a_n^*) < \frac{1}{n}$ である．よって，次が成り立つ．

❷ 任意の正の実数 ε に対し，$N_2 > \frac{3}{\varepsilon}$ をみたす自然数 N_2 をとるとき，$n > N_2$ をみたす任意の自然数 n に対し $d^*(i(b_n),a_n^*) < \frac{1}{n} < \frac{1}{N_2} < \frac{\varepsilon}{3}$ である．

正の実数 ε を任意にとる. $m, n > \max\{N_1, N_2\}$ をみたす自然数 m, n を任意にとる. 三角不等式と ❶, ❷ より

$$d^*\big(i(b_m), i(b_n)\big) \leqq d^*\big(i(b_m), a_m^*\big) + d^*\big(a_m^*, a_n^*\big) + d^*\big(a_n^*, i(b_n)\big)$$
$$< \frac{\varepsilon}{3} + \frac{\varepsilon}{3} + \frac{\varepsilon}{3} < \varepsilon$$

である. 一方, $i(b_m) = [b_*^{(m)}]_R,\ i(b_n) = [b_*^{(n)}]_R$ とするとき,

$$d^*\big(i(b_m), i(b_n)\big) = d^*\big([b_*^{(m)}]_R, [b_*^{(n)}]_R\big) = \lim_{k\to\infty} d(b_k^{(m)}, b_k^{(n)})$$
$$= \lim_{k\to\infty} d(b_m, b_n) = d(b_m, b_n)$$

である. よって, $d(b_m, b_n) < \varepsilon$ である. ゆえに, $b_* \in C(X, d)$ であり, $[b_*]_R$ は X^* の点である. 第7段より $(i(b_n))_{n\in\mathbb{N}}$ は (X^*, d^*) において $[b_*]_R$ に収束するので, 次が成り立つ.

❸ 任意の正の実数 ε に対し, ある自然数 N_3 が存在し, $n > N_3$ をみたす任意の自然数 n に対し $d^*(i(b_n), [b_*]_R) < \frac{2\varepsilon}{3}$ である.

正の実数 ε を任意にとる. $n > \max\{N_2, N_3\}$ をみたす自然数 n を任意にとる. 三角不等式と ❷, ❸ より

$$d^*\big(a_n^*, [b_*]_R\big) \leqq d^*\big(a_n^*, i(b_n)\big) + d^*\big(i(b_n), [b_*]_R\big) < \frac{\varepsilon}{3} + \frac{2\varepsilon}{3} < \varepsilon$$

である. よって, $(a_n^*)_{n\in\mathbb{N}}$ は (X^*, d^*) において $[b_*]_R$ に収束する. ゆえに, (X^*, d^*) は完備である. □

定理 6.29 (X, d) を距離空間 (X, d) とし, $((X^*, d^*), i)$, $((X^{**}, d^{**}), j)$ を (X, d) の完備化とする. このとき, 次の (1), (2) をみたす全射 $f\colon X^* \to X^{**}$ が存在する.

(1) $f \circ i = j$

(2) f は (X^*, d^*) から (X^{**}, d^{**}) への等長写像である.

証明 d^*, d^{**} から定まる X^*, X^{**} の距離位相をそれぞれ $\mathcal{O}^*, \mathcal{O}^{**}$ とする.

第1段「f の構成」: X^* の点 a^* を任意にとる. $i(X)$ が $(X^*, \mathcal{O}^*)$ において稠密であるので, 問題 4.19 と定理 3.43 より a^* に収束する $i(X)$ の点列 $(a_n^*)_{n\in\mathbb{N}}$ が存在する. i が (X, d) から (X^*, d^*) への等長写像であるので, 問題 3.29 (1) より i は単射である. よって, 任意の自然数 n に対し $i(a_n) = a_n^*$ をみたす X の点 a_n がただひとつ存在する. i, j がいずれも等長写像であるので, 任意の自然数 m, n に対し

$$d^{**}\big(j(a_m), j(a_n)\big) = d(a_m, a_n) = d^*\big(i(a_m), i(a_n)\big) = d^*\big(a_m^*, a_n^*\big)$$

が成り立つ. 問題 6.6 より $(a_n^*)_{n\in\mathbb{N}}$ が (X^*, d^*) のコーシー列であるので, $(j(a_n))_{n\in\mathbb{N}}$ は (X^{**}, d^{**}) のコーシー列である. (X^{**}, d^{**}) が完備であるので, $(j(a_n))_{n\in\mathbb{N}}$ は X^{**} のある点 a^{**} に収束する. X^* の点 a^* に対し $f(a^*) = a^{**}$ と定めることにより,

写像 $f\colon X^* \to X^{**}$ を定義する.

第 2 段「f が矛盾なく定義されていること，f が等長写像であること」：X^* の点 a^*, b^* を任意にとる．a^* に対し第 1 段のように $(a_n)_{n\in\mathbb{N}}$ と a^{**} を選ぶ．b^* に対しても同様に $(b_n)_{n\in\mathbb{N}}$ と b^{**} を選ぶ．このとき，問題 3.40 より

$$d^{**}(a^{**}, b^{**}) = d^{**}\big(\lim_{n\to\infty} j(a_n), \lim_{n\to\infty} j(b_n)\big) = \lim_{n\to\infty} d^{**}\big(j(a_m), j(a_n)\big)$$
$$= \lim_{n\to\infty} d(a_m, a_n) = \lim_{n\to\infty} d^*\big(i(a_m), i(a_n)\big)$$
$$= d^*\big(\lim_{n\to\infty} i(a_n), \lim_{n\to\infty} i(b_n)\big) = d^*(a^*, b^*)$$

である．$a^* = b^*$ ならば，(D2) より $d^*(a^*, b^*) = 0$ であるので，$d^{**}(a^{**}, b^{**}) = 0$ であり，(D2) より $a^{**} = b^{**}$ である．よって，f は矛盾なく定義されている．また，$d^{**}(f(a^*), f(b^*)) = d^{**}(a^{**}, b^{**}) = d^*(a^*, b^*)$ であるので，f は (X^*, d^*) から (X^{**}, d^{**}) への等長写像である.

第 3 段「$j = f \circ i$」：X の点 a を任意にとる．自然数 n に対し $a_n = a$ と定めることにより，X の点列 $(a_n)_{n\in\mathbb{N}}$ を定義する．(D2) より任意の自然数 n に対し $d(a_n, a) = d(a, a) = 0$ であるので，$(a_n)_{n\in\mathbb{N}}$ は (X, d) において a に収束する．i, j がいずれも等長写像であるので，任意の自然数 n に対し $d^*(i(a_n), i(a)) = d(a_n, a) = 0$ であり，$d^{**}(j(a_n), j(a)) = d(a_n, a) = 0$ である．よって，$(i(a_n))_{n\in\mathbb{N}}$, $(j(a_n))_{n\in\mathbb{N}}$ はそれぞれ (X^*, d^*), (X^{**}, d^{**}) において $i(a), j(a)$ に収束する．このとき，f の定義より $f(i(a)) = j(a)$ である．よって，$j = f \circ i$ である.

第 4 段「f が全射であること」：X^{**} の点 $a^{\dagger\dagger}$ を任意にとる．$j(X)$ が $(X^{**}, \mathcal{O}^{**})$ において稠密であるので，問題 4.19 と定理 3.43 より $a^{\dagger\dagger}$ に収束する $j(X)$ の点列 $(a_n^{\dagger\dagger})_{n\in\mathbb{N}}$ が存在する．j が (X, d) から (X^{**}, d^{**}) への等長写像であるので，問題 3.29 (1) より j は単射である．よって，任意の自然数 n に対し $j(a_n) = a_n^{\dagger\dagger}$ をみたす X の点 a_n がただひとつ存在する．i, j がいずれも等長写像であるので，任意の自然数 m, n に対し

$$d^*\big(i(a_m), i(a_n)\big) = d(a_m, a_n) = d^{**}\big(j(a_m), j(a_n)\big) = d^{**}(a_m^{\dagger\dagger}, a_n^{\dagger\dagger})$$

が成り立つ．問題 6.6 より $(a_n^{\dagger\dagger})_{n\in\mathbb{N}}$ が (X^{**}, d^{**}) のコーシー列であるので，$(i(a_n))_{n\in\mathbb{N}}$ は (X^*, d^*) のコーシー列である．(X^*, d^*) が完備であるので，$(i(a_n))_{n\in\mathbb{N}}$ は X^* のある点 $a^\dagger$ に収束する．このとき，f の定義より $f(a^\dagger) = a^{\dagger\dagger}$ である．よって，f は全射である．□

問題 6.30　(X, d) を完備距離空間とし，A を X の部分集合とする．(X, d) における A の閉包を A^* とし，$i\colon A \to A^*$ を包含写像とする．このとき，$((A^*, d|_{A^* \times A^*}), i)$ が $(A, d|_{A \times A})$ の完備化であることを示せ．

問題の解答

● 第1章

問題 1.6　$X \subset Y$ かつ $X \neq Y$ であることを示せばよい.

$X \subset Y$ であること：X の元 x を任意にとる. X の定義より $\sqrt{|x+7|} = -x-1$ であるので, $|x+7| = (-x-1)^2$ である. $x \geqq -7$ ならば $x^2 + x - 6 = 0$ であり, $x < -7$ ならば $x^2 + 3x + 8 = 0$ である. よって, $x = 2$ もしくは $x = -3$ が成り立つ. ゆえに, Y の定義より $x \in Y$ である.

$X \neq Y$ であること：Y の定義より $2 \in Y$ である. 一方, $\sqrt{|2+7|} = 3$, $-2-1 = -3$ であるので, X の定義より $2 \notin X$ である.

問題 1.9　$\mathcal{P}(X) = \{\varnothing, \{1\}, \{2\}, \{3\}, \{4\}, \{1,2\}, \{1,3\}, \{1,4\}, \{2,3\}, \{2,4\}, \{3,4\}, \{1,2,3\}, \{1,2,4\}, \{1,3,4\}, \{2,3,4\}, X\}$

問題 1.14　表 1.1 右の第 1 列, 第 2 列, 第 7 列より従う.

問題 1.16　(1)　表 A.1 より, $P \Rightarrow Q$ と $(\neg Q) \Rightarrow (\neg P)$ の真偽は常に一致する.

表 A.1　問題 1.16 (1) の真理表

P	Q	$P \Rightarrow Q$	$\neg Q$	$\neg P$	$(\neg Q) \Rightarrow (\neg P)$
1	1	1	0	0	1
1	0	0	1	0	0
0	1	1	0	1	1
0	0	1	1	1	1

(2)　表 A.2 より, $(P \Rightarrow R) \wedge (Q \Rightarrow R)$ と $(P \vee Q) \Rightarrow R$ の真偽は常に一致する.

表 A.2　問題 1.16 (2) の真理表

P	Q	R	$P \Rightarrow R$	$Q \Rightarrow R$	$(P \Rightarrow R) \wedge (Q \Rightarrow R)$	$P \vee Q$	$(P \vee Q) \Rightarrow R$
1	1	1	1	1	1	1	1
1	1	0	0	0	0	1	0
1	0	1	1	1	1	1	1
1	0	0	0	1	0	1	0
0	1	1	1	1	1	1	1
0	1	0	1	0	0	1	0
0	0	1	1	1	1	0	1
0	0	0	1	1	1	0	1

(3)　表 A.3 より，$(R \Rightarrow P) \wedge (R \Rightarrow Q)$ と $R \Rightarrow (P \wedge Q)$ の真偽は常に一致する．

表 A.3　問題 1.16 (3) の真理表

P	Q	R	$R \Rightarrow P$	$R \Rightarrow Q$	$(R \Rightarrow P) \wedge (R \Rightarrow Q)$	$P \wedge Q$	$R \Rightarrow (P \wedge Q)$
1	1	1	1	1	1	1	1
1	1	0	1	1	1	1	1
1	0	1	1	0	0	0	0
1	0	0	1	1	1	0	1
0	1	1	0	1	0	0	0
0	1	0	1	1	1	0	1
0	0	1	0	0	0	0	0
0	0	0	1	1	1	0	1

問題 1.17　(1)　表 1.1 右より，P の真偽に関係なく $P \Rightarrow P$ は常に真である．

(2)　表 A.4 より，P, Q の真偽に関係なく $(P \wedge (P \Rightarrow Q)) \Rightarrow Q$ は常に真である．

表 A.4　問題 1.17 (2) の真理表

P	Q	$P \Rightarrow Q$	$P \wedge (P \Rightarrow Q)$	$(P \wedge (P \Rightarrow Q)) \Rightarrow Q$
1	1	1	1	1
1	0	0	0	1
0	1	1	0	1
0	0	1	0	1

(3)　表 A.5 より，P, Q, R の真偽に関係なく $((P \Rightarrow Q) \wedge (Q \Rightarrow R)) \Rightarrow (P \Rightarrow R)$ は常に真である．

表 A.5　問題 1.17 (3) の真理表

P	Q	R	$P \Rightarrow Q$	$Q \Rightarrow R$	$(P \Rightarrow Q) \wedge (Q \Rightarrow R)$	$P \Rightarrow R$	与式
1	1	1	1	1	1	1	1
1	1	0	1	0	0	0	1
1	0	1	0	1	0	1	1
1	0	0	0	1	0	0	1
0	1	1	1	1	1	1	1
0	1	0	1	0	0	1	1
0	0	1	1	1	1	1	1
0	0	0	1	1	1	1	1

問題 1.21　「x は A の元である」という命題を P とし，「x は $\varnothing$ の元である」という命題を $\mathbf{0}$ とする．$\mathbf{0}$ は常に偽である．

(1)　定理 1.15 (2) より与式が従う.

(2)　表 A.6 より, $P \vee \mathbf{0}$ と P, $P \wedge \mathbf{0}$ と $\mathbf{0}$ の真偽は常に一致する. また, $\mathbf{0} \Rightarrow P$ は常に真である. よって, 与式が従う.

表 A.6　問題 1.21 (2) の真理表

P	$\mathbf{0}$	$P \vee \mathbf{0}$	$P \wedge \mathbf{0}$	$\mathbf{0} \Rightarrow P$
1	0	1	0	1
0	0	0	0	1

(3)　問題 1.17 (1) より与式が従う.

問題 1.26　(1)　補題 1.20 (2) より $(A \cup B) \cap A \subset A$ である. 補題 1.20 (1) より $A \subset A \cup B$ であり, 問題 1.21 (3) より $A \subset A$ であるので, 補題 1.22 (2) より $A \subset (A \cup B) \cap A$ である. よって, $(A \cup B) \cap A = A$ である.

(2)　補題 1.20 (1) より $A \subset (A \cap B) \cup A$ である. 補題 1.20 (2) より $A \cap B \subset A$ であり, 問題 1.21 (3) より $A \subset A$ であるので, 補題 1.22 (1) より $(A \cap B) \cup A \subset A$ である. よって, $(A \cap B) \cup A = A$ である.

問題 1.30　X の元 x に対し, 「x は A の元である」という命題を P とする. また, 「x は X の元である」という命題を $\mathbf{1}$ とし, 「x は $\varnothing$ の元である」という命題を $\mathbf{0}$ とする. $\mathbf{1}$ は常に真であり, $\mathbf{0}$ は常に偽である.

(1)　表 A.7 より, $P \vee (\neg P)$ と $\mathbf{1}$, $P \wedge (\neg P)$ と $\mathbf{0}$ の真偽は常に一致する. よって, 与式が従う.

(2)　表 A.7 より, $\neg(\neg P)$ と P の真偽は常に一致する. よって, 与式が従う.

(3)　表 A.7 より, $P \Leftrightarrow \mathbf{1}$ と $\neg P \Leftrightarrow \mathbf{0}$ の真偽は常に一致する. よって, 与式が従う.

表 A.7　問題 1.30 の真理表

P	$\neg P$	$\mathbf{1}$	$\mathbf{0}$	$P \vee (\neg P)$	$P \wedge (\neg P)$	$\neg(\neg P)$	$P \Leftrightarrow \mathbf{1}$	$\neg P \Leftrightarrow \mathbf{0}$
1	0	1	0	1	0	1	1	1
0	1	1	0	1	0	0	0	0

問題 1.32　$A = \{\{x\}, \{x, y\}\}$, $B = \{\{x'\}, \{x', y'\}\}$ とする.

必要であること：$A = B$ とする. $x = x'$ かつ $y = y'$ であることを背理法により証明する. $x \neq x'$ または $y \neq y'$ と仮定する. まず, $x \neq x'$ とする. $\{x\} \neq \{x'\}$ であるので, $A = B$ より $\{x\} = \{x', y'\}$ である. $x' = x$ であるので, $x \neq x'$ に矛盾する. 次に, $x = x'$ かつ $y \neq y'$ とする. $\{x, y\} \neq \{x'\}$ であるので, $A = B$ より $\{x, y\} = \{x'\}$ である. $x = x' = y$ であるので, $A = \{\{x'\}\}$ である. $A = B$ より $B = \{\{x'\}\}$ である. よって, $\{x', y'\} = \{x'\}$ であるので, $x' = y'$ である. 従って, $y = y'$ である. これは $y \neq y'$ に矛盾する.

十分であること：$x = x'$ かつ $y = y'$ であるとする. $A = \{\{x\}, \{x, y\}\} = B$ である.

問題 1.35 (1), (2)「x は A の元である」という命題を P,「y は B の元である」という命題を Q,「y は C の元である」という命題を R とする. $(x,y) \in A \times (B \cup C)$ は $P \wedge (Q \vee R)$ と同じである. 定理 1.15 (5) より, $P \vee (Q \wedge R) \Leftrightarrow (P \vee Q) \wedge (P \vee R)$ である. $(P \vee Q) \wedge (P \vee R)$ は $(x,y) \in (A \times B) \cup (A \times C)$ と同じである. よって,$A \times (B \cup C) = (A \times B) \cup (A \times C)$ である. $(x,y) \in A \times (B \cap C)$ は $P \wedge (Q \wedge R)$ と同じである. 定理 1.15 (2), (3), (4) より,

$$P \wedge (Q \wedge R) \Leftrightarrow (P \wedge P) \wedge (Q \wedge R) \Leftrightarrow P \wedge (P \wedge Q) \wedge R$$
$$\Leftrightarrow P \wedge (Q \wedge P) \wedge R \Leftrightarrow (P \wedge Q) \wedge (P \wedge R)$$

である. $(P \wedge Q) \wedge (P \wedge R)$ は $(x,y) \in (A \times B) \cap (A \times C)$ と同じである. よって,$A \times (B \cap C) = (A \times B) \cap (A \times C)$ である.

(3), (4)「x は A の元である」という命題を P,「x は B の元である」という命題を Q,「y は C の元である」という命題を R とする. $(x,y) \in (A \cup B) \times C$ は $(P \vee Q) \wedge R$ と同じである. 定理 1.15 (3), (5) より,

$$(P \vee Q) \wedge R \Leftrightarrow R \wedge (P \vee Q) \Leftrightarrow (R \wedge P) \vee (R \wedge Q) \Leftrightarrow (P \wedge R) \vee (Q \wedge R)$$

である. $(P \wedge R) \vee (Q \wedge R)$ は $(x,y) \in (A \times C) \cup (B \times C)$ と同じである. よって,$(A \cup B) \times C = (A \times C) \cup (B \times C)$ である. $(x,y) \in (A \cap B) \times C$ は $(P \wedge Q) \wedge R$ と同じである. 定理 1.15 (2), (3), (4) より,

$$(P \wedge Q) \wedge R \Leftrightarrow (P \wedge Q) \wedge (R \wedge R) \Leftrightarrow P \wedge (Q \wedge R) \wedge R$$
$$\Leftrightarrow P \wedge (R \wedge Q) \wedge R \Leftrightarrow (P \wedge R) \wedge (Q \wedge R)$$

である. $(P \wedge R) \wedge (Q \wedge R)$ は $(x,y) \in (A \times C) \cap (B \times C)$ と同じである. よって,$(A \cap B) \times C = (A \times C) \cap (B \times C)$ である.

問題 1.42 $X = Y = \mathbb{R}$ とする. 実数 x に対し $f(x) = x^2$ と定めることにより,写像 $f\colon X \to Y$ を定義する. $B = \mathbb{R}$ とするとき,$f(f^{-1}(B)) = f(\mathbb{R}) = [0, \infty)$ である. よって,$f(f^{-1}(B)) \subsetneqq B$ である.

問題 1.43 $X = Y = \mathbb{R}$ とする. 実数 x に対し $f(x) = x^2$ と定めることにより,写像 $f\colon X \to Y$ を定義する. $A_1 = \mathbb{R}$, $A_2 = (-\infty, 0)$ とするとき,$f(A_1) - f(A_2) = [0, \infty) - (0, \infty) = \{0\}$ であり,$f(A_1 - A_2) = f([0, \infty)) = [0, \infty)$ である. よって,$f(A_1) - f(A_2) \subsetneqq f(A_1 - A_2)$ である.

問題 1.54 定理 1.51 (1), 定理 1.15 (1), (6) を用いることにより,次のように証明される.

$$\neg(\forall x \in X(P(x) \Rightarrow Q(x))) \Leftrightarrow \neg(\forall x \in X(\neg P(x) \vee Q(x)))$$
$$\Leftrightarrow \exists x \in X(\neg(\neg P(x) \vee Q(x))) \Leftrightarrow \exists x \in X(\neg\neg P(x) \wedge \neg Q(x))$$
$$\Leftrightarrow \exists x \in X(P(x) \wedge \neg Q(x))$$

問題 1.55 問題 1.14 より,$\Leftrightarrow$ の両側の命題の真偽が一致することを証明すればよい.

(1) $\forall x \in X(P(x) \vee Q)$ が真であるとは,X の任意の元 x に対し $P(x) \vee Q$ が真であることである. これは,X の任意の元 x に対し,次の ❶, ❷, ❸ のいずれかが成り立つことと同値である.

❶ $P(x)$ が真であり，かつ，Q が真である．
❷ $P(x)$ が真であり，かつ，Q が偽である．
❸ $P(x)$ が偽であり，かつ，Q が真である．
これは，次の①，②のいずれかが成り立つことと同値である．

① Q が真である．
② Q が偽であり，かつ，X の任意の元 x に対し $P(x)$ が真である．

これは，$\forall x \in X(P(x))$ が真であるか，もしくは，Q が真であるかのいずれかが成り立つことと同値である．すなわち，$(\forall x \in X(P(x))) \lor Q$ が真であることと同値である．

(2)　$\forall x \in X(P(x) \land Q)$ が真であるとは，X の任意の元 x に対し $P(x) \land Q$ が真であることである．これは，X の任意の元 x に対し「$P(x)$ が真であり，かつ，Q が真である」ことと同値である．さらに，$\forall x \in X(P(x))$ が真であり，かつ，Q が真であることと同値である．すなわち，$(\forall x \in X(P(x))) \land Q$ が真であることと同値である．

(3)　(2) と定理 1.51 (1), (2)，定理 1.15 (1), (6) を用いることにより，次のように証明される．

$$
\begin{aligned}
\exists x \in X(P(x) \lor Q) \;&\Leftrightarrow\; \neg\neg(\exists x \in X(P(x) \lor Q)) \\
\Leftrightarrow\; \neg(\forall x \in X \neg(P(x) \lor Q)) \;&\Leftrightarrow\; \neg(\forall x \in X(\neg P(x) \land \neg Q)) \\
\Leftrightarrow\; \neg((\forall x \in X(\neg P(x))) \land \neg Q) \;&\Leftrightarrow\; \neg(\forall x \in X(\neg P(x))) \lor \neg\neg Q \\
\Leftrightarrow\; (\exists x \in X \neg(\neg P(x))) \lor Q \;&\Leftrightarrow\; (\exists x \in X(P(x))) \lor Q
\end{aligned}
$$

(4)　(1) と定理 1.51 (1), (2)，定理 1.15 (1), (6) を用いることにより，次のように証明される．

$$
\begin{aligned}
\exists x \in X(P(x) \land Q) \;&\Leftrightarrow\; \neg\neg(\exists x \in X(P(x) \land Q)) \\
\Leftrightarrow\; \neg(\forall x \in X \neg(P(x) \land Q)) \;&\Leftrightarrow\; \neg(\forall x \in X(\neg P(x) \lor \neg Q)) \\
\Leftrightarrow\; \neg((\forall x \in X(\neg P(x))) \lor \neg Q) \;&\Leftrightarrow\; \neg(\forall x \in X(\neg P(x))) \land \neg\neg Q \\
\Leftrightarrow\; (\exists x \in X \neg(\neg P(x))) \land Q \;&\Leftrightarrow\; (\exists x \in X(P(x))) \land Q
\end{aligned}
$$

問題 1.56　(1)　問題 1.55 (1)，定理 1.51 (2) を用いることにより，次のように証明される．

$$
\begin{aligned}
\forall x \in X(P(x) \Rightarrow Q) \;&\Leftrightarrow\; \forall x \in X(\neg P(x) \lor Q) \\
\Leftrightarrow\; (\forall x \in X(\neg P(x))) \lor Q \;&\Leftrightarrow\; \neg(\exists x \in X(P(x))) \lor Q \\
\Leftrightarrow\; (\exists x \in X(P(x))) \Rightarrow Q &
\end{aligned}
$$

(2)　問題 1.55 (1)，定理 1.15 (3) を用いることにより，次のように証明される．

$$
\begin{aligned}
\forall x \in X(Q \Rightarrow P(x)) \;&\Leftrightarrow\; \forall x \in X(\neg Q \lor P(x)) \\
\Leftrightarrow\; \forall x \in X(P(x) \lor \neg Q) \;&\Leftrightarrow\; (\forall x \in X(P(x))) \lor \neg Q \\
\Leftrightarrow\; \neg Q \lor (\forall x \in X(P(x))) \;&\Leftrightarrow\; Q \Rightarrow (\forall x \in X(P(x)))
\end{aligned}
$$

問題 1.63　Λ の元 λ に対し「x は A_λ の元である」という命題を $P(\lambda)$，「x は B の元である」という命題を Q とする．$P(\lambda)$ は，λ を自由変数，Λ を変域とする命題関数である．問題 1.55 (3), (4), (1), (2) より，それぞれ (1), (2), (3), (4) が従う．

問題 1.64 Λ の元 λ に対し「x は A_λ の元である」という命題を $P(\lambda)$,「x は B の元である」という命題を Q とする. $P(\lambda)$ は, λ を自由変数, Λ を変域とする命題関数である. 問題 1.56 (1), (2) より, それぞれ (1), (2) が従う.

問題 1.68 A, A' を X の部分集合とし, B, B' を Y の部分集合とする. 定理 1.40 の証明において, 次の (a), (b) を示した.

(a) $A \subset A'$ ならば $f(A) \subset f(A')$ である.

(b) $B \subset B'$ ならば $f^{-1}(B) \subset f^{-1}(B')$ である.

以下の証明において, (a), (b) を用いる.

(1) $f(\bigcup_{\lambda \in \Lambda} A_\lambda) \subset \bigcup_{\lambda \in \Lambda} f(A_\lambda)$ であること:$f(\bigcup_{\lambda \in \Lambda} A_\lambda)$ の元 y を任意にとる. $f(x) = y$ をみたす $\bigcup_{\lambda \in \Lambda} A_\lambda$ の元 x が存在する. $x \in A_\mu$ をみたす Λ の元 μ が存在する. $y = f(x) \in f(A_\mu)$ であり, 補題 1.62 (1) より $f(A_\mu) \subset \bigcup_{\lambda \in \Lambda} f(A_\lambda)$ であるので, $y \in \bigcup_{\lambda \in \Lambda} f(A_\lambda)$ である.

$f(\bigcup_{\lambda \in \Lambda} A_\lambda) \supset \bigcup_{\lambda \in \Lambda} f(A_\lambda)$ であること:Λ の元 μ を任意にとる. 補題 1.62 (1) より $A_\mu \subset \bigcup_{\lambda \in \Lambda} A_\lambda$ である. (a) より $f(A_\mu) \subset f(\bigcup_{\lambda \in \Lambda} A_\lambda)$ である. よって, 問題 1.64 (1) より $\bigcup_{\lambda \in \Lambda} f(A_\mu) \subset f(\bigcup_{\lambda \in \Lambda} A_\lambda)$ である.

(2) Λ の元 μ を任意にとる. 補題 1.62 (2) より $\bigcap_{\lambda \in \Lambda} A_\lambda \subset A_\mu$ である. (a) より $f(\bigcap_{\lambda \in \Lambda} A_\lambda) \subset f(A_\mu)$ である. よって, 問題 1.64 (2) より $f(\bigcap_{\lambda \in \Lambda} A_\lambda) \subset \bigcap_{\lambda \in \Lambda} f(A_\lambda)$ である.

(3) $f^{-1}(\bigcup_{\mu \in M} B_\mu) \subset \bigcup_{\mu \in M} f^{-1}(B_\mu)$ であること:$f^{-1}(\bigcup_{\mu \in M} B_\mu)$ の元 x を任意にとる. $f(x) \in \bigcup_{\mu \in M} B_\mu$ であるので, $f(x) \in B_\nu$ をみたす M の元 ν が存在する. $x \in f^{-1}(B_\nu)$ である. 補題 1.62 (1) より $f^{-1}(B_\nu) \subset \bigcup_{\mu \in M} f^{-1}(B_\mu)$ であるので, $x \in \bigcup_{\mu \in M} f^{-1}(B_\mu)$ である.

$f^{-1}(\bigcup_{\mu \in M} B_\mu) \supset \bigcup_{\mu \in M} f^{-1}(B_\mu)$ であること:M の元 ν を任意にとる. 補題 1.62 (1) より $B_\nu \subset \bigcup_{\mu \in M} B_\mu$ である. (b) より $f^{-1}(B_\nu) \subset f^{-1}(\bigcup_{\mu \in M} B_\mu)$ である. よって, 問題 1.64 (1) より $\bigcup_{\mu \in M} f^{-1}(B_\mu) \subset f^{-1}(\bigcup_{\mu \in M} B_\mu)$ である.

(4) $f^{-1}(\bigcap_{\mu \in M} B_\mu) \subset \bigcap_{\mu \in M} f^{-1}(B_\mu)$ であること:M の元 ν を任意にとる. 補題 1.62 (2) より $\bigcap_{\mu \in M} B_\mu \subset B_\nu$ である. (b) より $f^{-1}(\bigcap_{\mu \in M} B_\mu) \subset f^{-1}(B_\nu)$ である. よって, 問題 1.64 (2) より $f^{-1}(\bigcap_{\mu \in M} B_\mu) \subset \bigcap_{\mu \in M} f^{-1}(B_\mu)$ である.

$f^{-1}(\bigcap_{\mu \in M} B_\mu) \supset \bigcap_{\mu \in M} f^{-1}(B_\mu)$ であること:$\bigcap_{\mu \in M} f^{-1}(B_\mu)$ の元 x を任意にとる. M の任意の元 ν に対し $x \in f^{-1}(B_\nu)$ である. M の任意の元 ν に対し $f(x) \in B_\nu$ であるので, $f(x) \in \bigcap_{\mu \in M} B_\mu$ である. よって, $x \in f^{-1}(\bigcap_{\mu \in M} B_\mu)$ である.

問題 1.72 (1) Z の元 z を任意にとる. g が全射であるので, $g(y) = z$ をみたす Y の元 y が存在する. f が全射であるので, $f(x) = y$ をみたす X の元 x が存在する. $(g \circ f)(x) = g(f(x)) = g(y) = z$ であるので, $g \circ f$ は全射である.

(2) X の元 x_1, x_2 を任意にとる. $(g \circ f)(x_1) = (g \circ f)(x_2)$ であるとする. $g(f(x_1)) = g(f(x_2))$ であり, g が単射であるので, $f(x_1) = f(x_2)$ である. f が

単射であるので，$x_1 = x_2$ である．よって，$g \circ f$ は単射である．

　問題 1.78　(1) $\Rightarrow$ (2)：X の部分集合 A を任意にとる．定理 1.40 (5) より $A \subset f^{-1}(f(A))$ である．$f^{-1}(f(A))$ の元 x を任意にとる．$f(x) \in f(A)$ であるので，$f(x') = f(x)$ をみたす $x' \in A$ が存在する．f が単射であるので，$x = x'$ である．$x' \in A$ であるので，$x \in A$ である．よって，$A \supset f^{-1}(f(A))$ である．従って，$A = f^{-1}(f(A))$ である．

　(2) $\Rightarrow$ (1)：X の元 x_1, x_2 に対し，$f(x_1) = f(x_2)$ であるとする．$x_2 \in f^{-1}(\{f(x_1)\}) = f^{-1}(f(\{x_1\}))$ である．仮定より $\{x_1\} = f^{-1}(f(\{x_1\}))$ であるので，$x_2 \in \{x_1\}$ である．よって，$x_1 = x_2$ である．ゆえに，f は単射である．

　(1) $\Rightarrow$ (3)：X の部分集合 A_1, A_2 を任意にとる．定理 1.40 (7) より $f(A_1) - f(A_2) \subset f(A_1 - A_2)$ である．$f(A_1 - A_2)$ の元 y を任意にとる．$f(x) = y$ をみたす $x \in A_1 - A_2$ が存在する．$x \in A_1$ であるので，$y = f(x) \in f(A_1)$ である．もし $y \in f(A_2)$ ならば，$f(x') = y$ をみたす $x' \in A_2$ が存在する．$f(x') = f(x)$ であり，f が単射であるので，$x = x'$ である．これは $x \notin A_2$ かつ $x' \in A_2$ であることに矛盾する．よって，$y \notin f(A_2)$ であり，$y \in f(A_1) - f(A_2)$ である．従って，$f(A_1) - f(A_2) \supset f(A_1 - A_2)$ である．ゆえに，$f(A_1) - f(A_2) = f(A_1 - A_2)$ である．

　(3) $\Rightarrow$ (1)：X の元 x_1, x_2 に対し，$f(x_1) = f(x_2)$ であるとする．$f(\{x_1\}) = \{f(x_1)\} = \{f(x_2)\} = f(\{x_2\})$ であるので，仮定より $f(\{x_1\} - \{x_2\}) = f(\{x_1\}) - f(\{x_2\}) = \varnothing$ である．よって，$\{x_1\} - \{x_2\} = \varnothing$ であるので，$x_1 = x_2$ である．ゆえに，f は単射である．

　(1) $\Rightarrow$ (4)：X の部分集合族 $(A_\lambda)_{\lambda \in \Lambda}$ を任意にとる．$\bigcap_{\lambda \in \Lambda} f(A_\lambda)$ の元 y を任意にとる．Λ の任意の元 λ に対し $y \in f(A_\lambda)$ であるので，$f(x_\lambda) = y$ をみたす A_λ の元 x_λ が存在する．Λ の元 μ を任意にとる．Λ の任意の元 λ に対し $f(x_\lambda) = y = f(x_\mu)$ であり，f が単射であるので，$x_\mu = x_\lambda$ である．$x_\mu \in \bigcap_{\lambda \in \Lambda} A_\lambda$ であるので，$y = f(x_\mu) \in f(\bigcap_{\lambda \in \Lambda} A_\lambda)$ である．よって，$f(\bigcap_{\lambda \in \Lambda} A_\lambda) \supset \bigcap_{\lambda \in \Lambda} f(A_\lambda)$ である．問題 1.68 (2) より $f(\bigcap_{\lambda \in \Lambda} A_\lambda) \subset \bigcap_{\lambda \in \Lambda} f(A_\lambda)$ であるので，$f(\bigcap_{\lambda \in \Lambda} A_\lambda) = \bigcap_{\lambda \in \Lambda} f(A_\lambda)$ である．

　(4) $\Rightarrow$ (1)：X の元 x_1, x_2 に対し，$f(x_1) = f(x_2)$ であるとする．$y = f(x_1)$ とすると，$\{y\} = \{f(x_1)\} \cap \{f(x_2)\} = f(\{x_1\}) \cap f(\{x_2\})$ である．仮定より $f(\{x_1\}) \cap f(\{x_2\}) = f(\{x_1\} \cap \{x_2\})$ であるので，$f(\{x_1\} \cap \{x_2\}) = \{y\} \neq \varnothing$ である．もし $x_1 \neq x_2$ ならば $\{x_1\} \cap \{x_2\} = \varnothing$ であり，$f(\{x_1\} \cap \{x_2\}) = \varnothing$ であるので，$f(\{x_1\} \cap \{x_2\}) \neq \varnothing$ に矛盾する．よって，$x_1 = x_2$ である．ゆえに，f は単射である．

　問題 1.79　(1) $\Rightarrow$ (2)：Y の部分集合 B を任意にとる．定理 1.40 (6) より $f(f^{-1}(B)) \subset B$ である．B の元 y を任意にとる．f が全射であるので，$f(x) = y$ をみたす $x \in X$ が存在する．$y \in B$ であるので，$x \in f^{-1}(B)$ である．よって，$y = f(x) \in f(f^{-1}(B))$ である．従って，$f(f^{-1}(B)) \supset B$ である．ゆえに，$f(f^{-1}(B)) = B$ である．

　(2) $\Rightarrow$ (1)：Y の元 y を任意にとる．仮定より $f(f^{-1}(Y)) = Y$ であるので，$y \in f(f^{-1}(Y))$ である．$f^{-1}(Y) = X$ であるので，$y \in f(X)$ である．よって，$f(X) = Y$ である．ゆえに，f は全射である．

● **第 2 章**

問題 2.2　自然数 n に対し，$X_n = \{1, \ldots, n\}$ とする．

(1)　自然数 m, n に対し，$X_m \sim X_n$ であるとする．定理 2.1 (2) より，$m \leq n$ と仮定しても一般性を失わない．$m = n$ であることを，n に関する帰納法により証明する．$n = 1$ のとき，$m = 1$ であるので $m = n$ である．$n \geq 2$ であるとし，自然数 ℓ に対し $X_\ell \sim X_{n-1}$ かつ $\ell \leq n - 1$ ならば $\ell = n - 1$ であると仮定する．$X_m \sim X_n$ であるので，全単射 $f: X_m \to X_n$ が存在する．$f(m) = k$ をみたす X_n の元 k がただひとつ存在する．$\sigma(k) = n, \sigma(n) = k$ とし，$X_n - \{k, n\}$ の元 i に対し $\sigma(i) = i$ と定めることにより，写像 $\sigma: X_n \to X_n$ を定義する．$\sigma \circ \sigma = 1_{X_n}$ であるので，定理 1.71 より σ は全単射である．よって，定理 1.76 より $\sigma \circ f$ も全単射である．$(\sigma \circ f)(m) = \sigma(f(m)) = \sigma(k) = n$ であるので，$(\sigma \circ f)|_{X_{m-1}}: X_{m-1} \to X_{n-1}$ も全単射である．$X_{m-1} \sim X_{n-1}$ かつ $m - 1 \leq n - 1$ であるので，帰納法の仮定より $m - 1 = n - 1$ である．従って，$m = n$ である．

(2)　n に関する帰納法により証明する．$n = 1$ のとき，写像 $f: X_1 = \{1\} \to \mathbb{N}$ を任意にとる．$f(1) = k$ をみたす自然数 k がただひとつ存在する．$k + 1 \in \mathbb{N}$ であり，$k + 1 \neq k = f(1)$ であるので，f は全射でない．よって，X_1 と $\mathbb{N}$ は対等でない．$n \geq 2$ であるとし，X_{n-1} と $\mathbb{N}$ が対等でないと仮定する．このとき，X_n と $\mathbb{N}$ が対等でないことを背理法により証明する．全単射 $f: X_n \to \mathbb{N}$ が存在すると仮定する．$f(n) = k$ をみたす自然数 k がただひとつ存在する．$f|_{X_{n-1}}: X_{n-1} \to \mathbb{N} - \{k\}$ も全単射である．自然数 i に対し，$i < k$ ならば $\tau(i) = i$，$i > k$ ならば $\tau(i) = i - 1$ と定めることにより，写像 $\tau: \mathbb{N} - \{k\} \to \mathbb{N}$ を定義する．自然数 i に対し，$i < k$ ならば $\tau'(i) = i$，$i \geq k$ ならば $\tau'(i) = i + 1$ と定めることにより，写像 $\tau': \mathbb{N} \to \mathbb{N} - \{k\}$ を定義する．τ' は τ の逆写像であるので，定理 1.74 より τ は全単射である．よって，定理 1.76 より $\tau \circ f|_{X_{n-1}}: X_{n-1} \to \mathbb{N}$ も全単射である．従って，$X_{n-1} \sim \mathbb{N}$ である．これは帰納法の仮定に矛盾する．ゆえに，X_n と $\mathbb{N}$ は対等でない．

問題 2.3　自然数 n に対し，$X_n = \{1, \ldots, n\}$ とする．

(1)　$X = \varnothing$ のとき：$Y = \varnothing$ であるので，Y は有限集合である．

$X = X_n$ のとき：ある自然数 n に対し $X = X_n$ であるとする．X の任意の部分集合 Y が有限集合であることを，n に関する帰納法により証明する．$n = 1$ のとき，$Y = \varnothing$ または $Y = X_1$ であるので，Y は有限集合である．$n \geq 2$ であるとし，X_{n-1} の任意の部分集合が有限集合であると仮定する．$n \notin Y$ ならば，$Y \subset X_{n-1}$ であるので，帰納法の仮定より Y は有限集合である．$n \in Y$ とする．$Y = X$ ならば，$Y = X_n$ であるので，Y は有限集合である．$Y \neq X$ ならば，$k \notin Y$ をみたす X の元 k が存在する．$Z = (Y - \{n\}) \cup \{k\}$ とする．$\sigma(n) = k$ とし，$Y - \{n\}$ の元 i に対し $\sigma(i) = i$ と定めることにより，写像 $\sigma: Y \to Z$ を定義する．$\tau(k) = n$ とし，$Y - \{n\}$ の元 i に対し $\tau(i) = i$ と定めることにより，写像 $\tau: Z \to Y$ を定義する．$\tau \circ \sigma = 1_Y, \sigma \circ \tau = 1_Z$ であるので，定理 1.74 より σ は全単射である．よって，$Y \sim Z$ である．$Z \subset X_{n-1}$ であるので，帰納法の仮定より Z は有限集合である．ゆえに，定理 2.1 (3) より Y も有限集合である．

X が空でない有限集合のとき：ある自然数 n に対し $X \sim X_n$ であるので，全単射 $f\colon X \to X_n$ が存在する．$f(Y) \subset X_n$ であるので，上の議論より $f(Y)$ は有限集合である．Y の元 y に対し $g(y) = f(y)$ と定めることにより，写像 $g\colon Y \to f(Y)$ を定義する．g は全単射であるので，定理 2.1 (3) より Y も有限集合である．

(2) $X = \varnothing$ ならば $X \cup Y = Y$ は有限集合であり，$Y = \varnothing$ ならば $X \cup Y = X$ は有限集合である．以下では，$X \neq \varnothing$ かつ $Y \neq \varnothing$ とする．

$X \cap Y = \varnothing$ のとき：仮定より，自然数 m, n と全単射 $f\colon X \to X_m$, $g\colon Y \to X_n$ が存在する．$X \cup Y$ の元 x に対し

$$h(x) = \begin{cases} f(x) & (x \in X) \\ g(x) + m & (x \in Y) \end{cases}$$

と定めることにより，写像 $h\colon X \cup Y \to X_{m+n}$ を定義する．$X \cup Y$ の元 x, y に対し $h(x) = h(y)$ であるとする．$h(X) \subset \{1, \ldots, m\}$ であり，$h(Y) \subset \{m+1, \ldots, m+n\}$ であるので，$x \in X$ かつ $y \in X$，もしくは $x \in Y$ かつ $y \in Y$ である．$x \in X$ かつ $y \in X$ ならば $f(x) = f(y)$ であるので，f が単射であることより $x = y$ である．$x \in Y$ かつ $y \in Y$ ならば $g(x) = g(y)$ であるので，g が単射であることより $x = y$ である．よって，h は単射である．X_{m+n} の元 i を任意にとる．$i \leqq m$ ならば $x = f^{-1}(i)$ とし，$i \geqq m+1$ ならば $x = g^{-1}(i - m)$ とする．h の定義より $h(x) = i$ である．よって，h は全射である．従って，h は全単射であり，$X \cup Y \sim X_{m+n}$ である．ゆえに，$X \cup Y$ は有限集合である．

$X \cap Y \neq \varnothing$ のとき：$X - X \cap Y \subset X$ であり，X が有限集合であるので，(1) より $X - X \cap Y$ も有限集合である．$X \cup Y = (X - X \cap Y) \cup Y$ であり，$(X - X \cap Y) \cap Y = \varnothing$ であるので，上の議論より $X \cup Y$ は有限集合である．

問題 2.7 X, Y がいずれも可算集合であるので，全単射 $f\colon X \to \mathbb{N}$, $g\colon Y \to \mathbb{N}$ が存在する．定理 1.74 より，f, g の逆写像 $f^{-1}\colon \mathbb{N} \to X$, $g^{-1}\colon \mathbb{N} \to Y$ がそれぞれ存在する．このとき，f と g の直積 $f \times g\colon X \times Y \to \mathbb{N} \times \mathbb{N}$ は全単射である．実際，f^{-1} と g^{-1} の直積 $f^{-1} \times g^{-1}\colon \mathbb{N} \times \mathbb{N} \to X \times Y$ は以下のように $f \times g$ の逆写像である．

$$((f^{-1} \times g^{-1}) \circ (f \times g))(x, y) = ((f^{-1} \times g^{-1})(f(x), g(y))$$
$$= (f^{-1}(f(x)), g^{-1}(g(y))) = (x, y) \quad (x \in X, \ y \in Y)$$
$$((f \times g) \circ (f^{-1} \times g^{-1}))(m, n) = ((f \times g)(f^{-1}(m), g^{-1}(n))$$
$$= (f(f^{-1}(m)), g(g^{-1}(n))) = (m, n) \quad (m, n \in \mathbb{N})$$

よって，定理 1.74 より $f \times g$ は全単射である．従って，$X \times Y \sim \mathbb{N} \times \mathbb{N}$ である．例 2.6 より $\mathbb{N} \times \mathbb{N} \sim \mathbb{N}$ であるので，定理 2.1 (3) より $X \times Y \sim \mathbb{N}$ である．

問題 2.12 $\mathcal{F}(X, \{0,1\})$ の元 f に対し $\Phi'(f) = f^{-1}(1)$ と定めることにより，写像 $\Phi'\colon \mathcal{F}(X, \{0,1\}) \to \mathcal{P}(X)$ を定義する．$\mathcal{P}(X)$ の任意の元 A に対し $(\Phi' \circ \Phi)(A) = \Phi'(\chi_A) = \chi_A^{-1}(1) = A$ であり，$\mathcal{F}(X, \{0,1\})$ の元 f に対し $(\Phi \circ \Phi')(f) = \Phi(f^{-1}(1)) = \chi_{f^{-1}(1)} = f$ である．よって，Φ' は Φ の逆写像であるので，定理 1.74 より Φ は全単射である．

自然数 n に対し, $X_n = \{1, \ldots, n\}$ とする. $\#\mathcal{F}(X_n, \{0,1\}) = 2^n$ であることを, n に関する帰納法により証明する. $n = 1$ のとき, $X_1 = \{1\}$ から $\{0,1\}$ への写像はちょうど 2 つである. よって, $\#\mathcal{F}(X_1, \{0,1\}) = 2$ である. $n \geqq 2$ であるとし, $\#\mathcal{F}(X_{n-1}, \{0,1\}) = 2^{n-1}$ であると仮定する. 写像 $f\colon X_n \to \{0,1\}$ に対し $\Psi(f) = (f|_{X_{n-1}}, f|_{\{n\}})$ と定めることにより, 写像 $\Psi\colon \mathcal{F}(X_n, \{0,1\}) \to \mathcal{F}(X_{n-1}, \{0,1\}) \times \mathcal{F}(\{n\}, \{0,1\})$ を定義する. $\mathcal{F}(X_{n-1}, \{0,1\})$ の元 g と $\mathcal{F}(\{n\}, \{0,1\})$ の元 h を考える. X_n の元 k に対し, $k \in X_{n-1}$ ならば $f_{g,h}(k) = g(k)$, $k \in \{n\}$ ならば $f_{g,h}(k) = h(k)$ と定めることにより, 写像 $f_{g,h}\colon X_n \to \{0,1\}$ を定義する. g, h に対し $\Psi'(g, h) = f_{g,h}$ と定めることにより, 写像 $\Psi'\colon \mathcal{F}(X_{n-1}, \{0,1\}) \times \mathcal{F}(\{n\}, \{0,1\}) \to \mathcal{F}(X_n, \{0,1\})$ を定義する. 定義より Ψ' は Ψ の逆写像であるので, 定理 1.74 より Ψ は全単射である. また, $\#\mathcal{F}(\{n\}, \{0,1\}) = 2$ であるので, $\#\mathcal{F}(X_n, \{0,1\}) = \#\mathcal{F}(X_{n-1}, \{0,1\}) \cdot \#\mathcal{F}(\{n\}, \{0,1\}) = 2^{n-1} \cdot 2 = 2^n$ である. よって, $\#\mathcal{P}(X_n) = \#\mathcal{F}(X_n, \{0,1\}) = 2^n$ である.

問題 2.17 (1) 有理数 r, r' に対し $\varphi(r) = \varphi(r')$ であるとする. $r = \frac{m}{n}$, $r' = \frac{m'}{n'}$ をみたす $\mathbb{Z} \times \mathbb{N}$ の元 (m, n), (m', n') であって m と n, m' と n' が互いに素であるものをそれぞれ選ぶ. $(m, n) = (m', n')$ であるので, $m = m'$ かつ $n = n'$ である. よって, $r = \frac{m}{n} = \frac{m'}{n'} = r'$ である. ゆえに, φ は単射である.

(2) (1) より $\varphi\colon \mathbb{Q} \to \mathbb{Z} \times \mathbb{N}$ は単射である. 例 2.5 と問題 2.7 より $\mathbb{Z} \times \mathbb{N} \sim \mathbb{N}$ であるので, 全単射 $\psi\colon \mathbb{Z} \times \mathbb{N} \to \mathbb{N}$ が存在する. 問題 1.72 (2) より $\psi \circ \varphi\colon \mathbb{Q} \to \mathbb{N}$ は単射である. また, $\mathbb{N}$ から $\mathbb{Q}$ への包含写像 $i\colon \mathbb{N} \to \mathbb{Q}$ も単射である. よって, 定理 2.13 (ベルンシュタインの定理) より $\mathbb{Q} \sim \mathbb{N}$ である.

問題 2.18 (1) $1_X\colon X \to X$ は X から X への単射であるので, $\#X \leqq \#X$ である.

(2) $\#X \leqq \#Y$ かつ $\#Y \leqq \#X$ ならば, 単射 $f\colon X \to Y$, $g\colon Y \to X$ が存在する. 定理 2.13 (ベルンシュタインの定理) より全単射 $h\colon X \to Y$ が存在するので, $\#X = \#Y$ である.

(3) $\#X \leqq \#Y$ かつ $\#Y \leqq \#Z$ ならば, 単射 $f\colon X \to Y$, $g\colon Y \to Z$ が存在する. 問題 1.72 (2) より $g \circ f\colon X \to Z$ も単射であるので, $\#X \leqq \#Z$ である.

問題 2.19 $\{1, \ldots, n\}$ の任意の元 i に対し $\#X_i \leqq \aleph_0$ であるので, 単射 $f_i\colon X_i \to \mathbb{N}$ が存在する. $f_1, \ldots, f_n$ の直積を $f\colon X_1 \times \cdots \times X_n \to \mathbb{N}^n$ とする. $X_1 \times \cdots \times X_n$ の元 $(x_1, \ldots, x_n)$, $(y_1, \ldots, y_n)$ を任意にとる. $f(x_1, \ldots, x_n) = f(y_1, \ldots, y_n)$ であるとする. $(f_1(x_1), \ldots, f_n(x_n)) = (f_1(y_1), \ldots, f_n(y_n))$ であるので, $\{1, \ldots, n\}$ の任意の元 i に対し $f_i(x_i) = f_i(y_i)$ である. ここで, f_i が単射であるので, $x_i = y_i$ である. よって, $(x_1, \ldots, x_n) = (y_1, \ldots, y_n)$ である. 従って, f は単射であり, $\#(X_1 \times \cdots \times X_n) \leqq \mathbb{N}^n$ である.

$\#\mathbb{N}^n = \aleph_0$ であることを, n に関する帰納法により証明する. $n = 2$ のとき, 例 2.6 より $\#\mathbb{N}^n = \#(\mathbb{N} \times \mathbb{N}) = \aleph_0$ である. $n \geqq 3$ であるとし, $\#\mathbb{N}^{n-1} = \aleph_0$ であると仮定する. $\mathbb{N}^n = \mathbb{N}^{n-1} \times \mathbb{N}$ であるので, 問題 2.7 より $\#\mathbb{N}^n = \aleph_0$ である.

以上より, $\#(X_1 \times \cdots \times X_n) \leqq \aleph_0$ である.

問題 2.20 (1) 必要であること：$\#X \leqq \aleph_0$ であるとする．単射 $f\colon X \to \mathbb{N}$ が存在する．X が有限集合でないとする．f の終域を $f(X)$ に変えた写像が全単射であるので，$f(X)$ も有限集合でない．$a_1 = \min f(X)$ とする．自然数 n に対し $a_{n+1} = \min(f(X) - \{a_1, \ldots, a_n\})$ と定めることにより，$A = \{a_n \mid n \in \mathbb{N}\}$ を帰納的に定義する．$f(X)$ が無限集合であるので，任意の自然数 n に対し $f(X) - \{a_1, \ldots, a_n\} \neq \varnothing$ であり，A は矛盾なく定義されている．任意の自然数 n に対し $a_n \in f(X)$ であるので，$A \subset f(X)$ である．$f(X) - A \neq \varnothing$ であると仮定する．$k \in f(X) - A$ をみたす自然数 k が存在する．$\{a_1, \ldots, a_k\} \subset A$ より $k \in f(X) - \{a_1, \ldots, a_k\}$ であるので，$k \geqq \min(f(X) - \{a_1, \ldots, a_k\}) = a_{k+1}$ である．一方，任意の自然数 n に対し $a_n < a_{n+1}$ であるので，$n \leqq a_n$ である．特に，$k + 1 \leqq a_{k+1}$ である．よって，$k + 1 < k$ である．これは矛盾である．従って，$f(X) - A = \varnothing$ であり，$f(X) = A$ である．自然数 n に対し $g(n) = a_n$ と定めることにより，写像 $g\colon \mathbb{N} \to A$ を定義する．g が全単射であるので，問題 2.18 (3) より $\#X = \#f(X) = \#A = \aleph_0$ である．すなわち，X は可算集合である．以上より，X は有限集合または可算集合である．

十分であること：X が高々可算集合であるとする．$X = \varnothing$ ならば，写像 $\varnothing \to \mathbb{N}$ は単射であるので，$\#X \leqq \aleph_0$ である．ある自然数 n に対し $X \sim \{1, \ldots, n\}$ ならば，全単射 $f\colon X \to \{1, \ldots, n\}$ が存在する．包含写像 $i\colon \{1, \ldots, n\} \to \mathbb{N}$ は単射であるので，問題 1.72 (2) より $i \circ f\colon X \to \mathbb{N}$ も単射である．よって，$\#X \leqq \aleph_0$ である．X が可算集合ならば，X から $\mathbb{N}$ への全単射が存在するので，$\#X \leqq \aleph_0$ である．

(2) 必要であること：$\#X < \aleph_0$ であるとする．$\#X \leqq \aleph_0$ であるので，(1) より X は高々可算集合である．$\#X \neq \aleph_0$ であるので，X は可算集合でない．よって，X は有限集合である．

十分であること：X が有限集合であるとする．X は高々可算集合であるので，(1) より $\#X \leqq \aleph_0$ である．$X = \varnothing$ ならば，X から $\mathbb{N}$ への全射が存在しないので，$\#X \neq \aleph_0$ である．ある自然数 n に対し $X \sim \{1, \ldots, n\}$ ならば，問題 2.2 (2) より X と $\mathbb{N}$ は対等でない．よって，$\#X \neq \aleph_0$ である．以上より，$\#X < \aleph_0$ である．

問題 2.24 (1) $\mathcal{F}(\mathbb{N}, \{0, 1\})$ の元 f, g に対し $f \neq g$ であるとする．ある自然数 N が存在し，$f(N) \neq g(N)$ であり，$n < N$ をみたす任意の自然数 n に対し $f(n) = g(n)$ である．$f(N), g(N) \in \{0, 1\}$ であるので，$f(N) = 0$, $g(N) = 1$ と仮定しても一般性を失わない．$C = \sum_{n=1}^{N-1} \frac{2f(n)}{3^n} = \sum_{n=1}^{N-1} \frac{2g(n)}{3^n}$ とする．

$$\varphi(f) = \sum_{n=1}^{\infty} \frac{2f(n)}{3^n} = C + \frac{2f(N)}{3^N} + \sum_{n=N+1}^{\infty} \frac{2f(n)}{3^n} \leqq C + \sum_{n=N+1}^{\infty} \frac{2}{3^n} = C + \frac{1}{3^N}$$

$$\varphi(g) = \sum_{n=1}^{\infty} \frac{2g(n)}{3^n} = C + \frac{2g(N)}{3^N} + \sum_{n=N+1}^{\infty} \frac{2g(n)}{3^n} \geqq C + \frac{2}{3^N}$$

であるので，$\varphi(f) < \varphi(g)$ である（特に，$\varphi(f) \neq \varphi(g)$ である）．よって，φ は単射である．

(2) 実数 x, y に対し $x \neq y$ であるとする．$x < y$ と仮定しても一般性を失わない．有理数の稠密性より $x < a < y$ をみたす有理数 a が存在する．このとき，$a \in \psi(y)$

かつ $a \notin \psi(x)$ であるので，$\psi(x) \neq \psi(y)$ である．よって，ψ は単射である．

(3) 問題 2.12 より全単射 $\Phi: \mathcal{P}(\mathbb{N}) \to \mathcal{F}(\mathbb{N}, \{0,1\})$ が存在する．(1) より $\varphi: \mathcal{F}(\mathbb{N}, \{0,1\}) \to \mathbb{R}$ は単射であるので，問題 1.72 (2) より $\varphi \circ \Phi: \mathcal{P}(\mathbb{N}) \to \mathbb{R}$ は単射である．問題 2.17 (2) より $\mathbb{Q} \sim \mathbb{N}$ であるので，全単射 $\Psi_0: \mathbb{Q} \to \mathbb{N}$ が存在する．$\mathbb{Q}$ の部分集合 A に対し $\Psi(A) = \Psi_0(A)$ と定めることにより，写像 $\Psi: \mathcal{P}(\mathbb{Q}) \to \mathcal{P}(\mathbb{N})$ を定義する．Ψ は全単射であり，(2) より $\psi: \mathbb{R} \to \mathcal{P}(\mathbb{Q})$ は単射であるので，問題 1.72 (2) より $\Psi \circ \psi: \mathbb{R} \to \mathcal{P}(\mathbb{N})$ は単射である．よって，定理 2.13（ベルンシュタインの定理）より $\mathcal{P}(\mathbb{N}) \sim \mathbb{R}$ である．

問題 2.26 (1) $(0,1) \times (0,1)$ の元 (x, y), (x', y') に対し，x, y, x', y' の 10 進小数表示をそれぞれ

$$x = (0.a_1 a_2 \cdots)_{10}, \quad y = (0.b_1 b_2 \cdots)_{10} \quad (a_i, b_i \in \{0,1,2,3,4,5,6,7,8,9\})$$
$$x' = (0.a'_1 a'_2 \cdots)_{10}, \quad y' = (0.b'_1 b'_2 \cdots)_{10} \quad (a'_i, b'_i \in \{0,1,2,3,4,5,6,7,8,9\})$$

とする．ただし，x, y, x', y' が 2 通りの 10 進小数表示をもつ場合は (I) の表示を選ぶ．自然数 n に対し

$$c_n = \begin{cases} a_{\frac{n+1}{2}} & (n \text{ が奇数のとき}) \\ b_{\frac{n}{2}} & (n \text{ が偶数のとき}) \end{cases}, \quad c'_n = \begin{cases} a'_{\frac{n+1}{2}} & (n \text{ が奇数のとき}) \\ b'_{\frac{n}{2}} & (n \text{ が偶数のとき}) \end{cases}$$

とするとき，$f(x, y) = (0.c_1 c_2 \cdots)_{10}$, $f(x', y') = (0.c'_1 c'_2 \cdots)_{10}$ である．$f(x, y) = f(x', y')$ ならば $(0.c_1 c_2 \cdots)_{10} = (0.c'_1 c'_2 \cdots)_{10}$ であるので，任意の自然数 n に対し $c_n = c'_n$ である．よって，任意の自然数 n に対し $a_n = a'_n$ かつ $b_n = b'_n$ であるので，$x = x'$ かつ $y = y'$ である．ゆえに，f は単射である．

(2) $(0,1)$ の元 t に対し $g(t) = (t, t)$ と定めることにより，写像 $g: (0,1) \to (0,1) \times (0,1)$ を定義する．$(0,1)$ の元 s, t に対し，$g(s) = g(t)$ ならば $s = t$ である．よって，g は単射である．また，(1) より $f: (0,1) \times (0,1) \to (0,1)$ は単射である．従って，定理 2.13（ベルンシュタインの定理）より $(0,1) \times (0,1) \sim (0,1)$ である．例題 2.8，例 2.9 と定理 1.76 より，全単射 $h: \mathbb{R} \to (0,1)$ が存在する．問題 2.7 の解答と同様に，写像 $h \times h: \mathbb{R} \times \mathbb{R} \to (0,1) \times (0,1)$ も全単射である．従って，定理 2.1 (3) より $\mathbb{R} \times \mathbb{R} \sim (0,1) \times (0,1) \sim (0,1) \sim \mathbb{R}$ である．

問題 2.32 (1) X の元 x を任意にとる．$x \sim_R x$ であるので，$x \in [x]_R$ である．

(2) $x \sim_R y \Rightarrow [x]_R = [y]_R : x \sim_R y$ であるとする．対称律より $y \sim_R x$ である．$[x]_R$ の元 z を任意にとる．$x \sim_R z$ であるので，推移律より $y \sim_R z$ であり，$z \in [y]_R$ である．よって，$[x]_R \subset [y]_R$ である．$[y]_R$ の元 z を任意にとる．$y \sim_R z$ であるので，推移律より $x \sim_R z$ であり，$z \in [x]_R$ である．よって，$[x]_R \supset [y]_R$ である．従って，$[x]_R = [y]_R$ である．

$x \sim_R y \Leftarrow [x]_R = [y]_R : [x]_R = [y]_R$ であるとする．(1) より $y \in [y]_R$ であるので，$y \in [x]_R$ である．よって，$x \sim_R y$ である．

(3) 対偶を示す．$[x]_R \cap [y]_R \neq \varnothing$ であるとする．$[x]_R \cap [y]_R$ の元 z が存在する．$z \in [x]_R$ かつ $z \in [y]_R$ であるので，$x \sim_R z$ かつ $y \sim_R z$ である．対称律より $z \sim_R y$ であり，推移律より $x \sim_R y$ である．よって，(2) より $[x]_R = [y]_R$ である．

問題 2.40　$R \cap (A \times A)$ に対し，反射律，反対称律，推移律が成り立つことを示す．

反射律：A の元 x を任意にとる．$x \in X$ であり，R が反射律をみたすので，$(x, x) \in R$ である．$x \in A$ であるので，$(x, x) \in A \times A$ である．よって，$(x, x) \in R \cap (A \times A)$ である．

反対称律：A の元 x, y に対し $(x, y), (y, x) \in R \cap (A \times A)$ であるとする．(x, y), $(y, x) \in R$ であり，R が反対称律をみたすので，$x = y$ である．

推移律：A の元 x, y, z に対し $(x, y), (y, z) \in R \cap (A \times A)$ であるとする．(x, y), $(y, z) \in R$ であり，R が推移律をみたすので，$(x, z) \in R$ である．$x, z \in A$ であるので，$(x, z) \in A \times A$ である．よって，$(x, z) \in R \cap (A \times A)$ である．

問題 2.42　任意の実数 x, y に対し $x \leqq y$ または $y \leqq x$ であるので，例 2.36 の順序は全順序である．

$X = \mathcal{P}(\{0, 1\})$ とし，$A = \{0\}$, $B = \{1\}$ とする．$A \subset B$ でも $B \subset A$ でもないので，例 2.37 の順序は全順序でない．

3 は 2 の倍数でない．2 は 3 の倍数でない．よって，例 2.38 の順序は全順序でない．

問題 2.43　例 2.39 のように，$R', S', R * S$ を定義する．

十分であること：$(X, R), (Y, S)$ がいずれも全順序集合であるとする．$X \times Y$ の元 $(x_1, y_1), (x_2, y_2)$ を任意にとる．R が全順序であるので，$(x_1, x_2) \in R$ または $(x_2, x_1) \in R$ である．$x_1 \neq x_2$ ならば，$((x_1, y_1),\ (x_2, y_2)) \in R'$ または $((x_2, y_2), (x_1, y_1)) \in R'$ であるので，(x_1, y_1) と (x_2, y_2) は $R * S$ に関して比較可能である．$x_1 = x_2$ とする．S が全順序であるので，$(y_1, y_2) \in S$ または $(y_2, y_1) \in S$ である．よって，$((x_1, y_1), (x_2, y_2)) \in S'$ または $((x_2, y_2), (x_1, y_1)) \in S'$ であるので，(x_1, y_1) と (x_2, y_2) は $R * S$ に関して比較可能である．以上より，$R * S$ は $X \times Y$ 上の全順序である．

必要であること：$(X \times Y, R * S)$ が全順序集合であるとする．X の元 x_1, x_2 を任意にとる．$Y \neq \varnothing$ より，Y の元 y が存在する．$R * S$ が全順序であるので，$((x_1, y), (x_2, y)) \in R * S$ または $((x_2, y), (x_1, y)) \in R * S$ である．$((x_1, y), (x_2, y)) \in R'$ ならば，$(x_1, x_2) \in R$ である．$((x_1, y), (x_2, y)) \in S'$ ならば，$x_1 = x_2$ であるので $(x_1, x_2) \in R$ である．$((x_2, y), (x_1, y)) \in R'$ ならば，$(x_2, x_1) \in R$ である．$((x_2, y), (x_1, y)) \in S'$ ならば，$x_2 = x_1$ であるので $(x_2, x_1) \in R$ である．よって，x_1 と x_2 は R に関して比較可能である．従って，R は X 上の全順序である．Y の元 y_1, y_2 を任意にとる．$X \neq \varnothing$ より，X の元 x が存在する．$R * S$ が全順序であるので，$((x, y_1), (x, y_2)) \in R * S$ または $((x, y_2), (x, y_1)) \in R * S$ である．$((x, y_1), (x, y_2)) \in R * S$ ならば，$((x, y_1), (x, y_2)) \in S'$ であるので，$(y_1, y_2) \in S$ である．$((x, y_2), (x, y_1)) \in R * S$ ならば，$((x, y_2), (x, y_1)) \in S'$ であるので，$(y_2, y_1) \in S$ である．よって，y_1 と y_2 は S に関して比較可能である．従って，S は Y 上の全順序である．

問題 2.44　(1)　X の元 x, y がいずれも A の最大元であるとする．$y \in A$ であり，A の任意の元 a に対し $a \leqq_R x$ であるので，$y \leqq_R x$ である．$x \in A$ であり，A の任意の元 a に対し $a \leqq_R y$ であるので，$x \leqq_R y$ である．よって，反対称律より $x = y$

176   問題の解答

である. A の最小元がただひとつであることも同様に証明される.

A の上限は, A の上界全体の集合の最小元であるので, 存在すればただひとつである. A の下限も同様の理由で存在すればただひとつである.

(2) X の元 x が A の最大元であるとする. A の上界 y を任意にとる. $x \in A$ であり, A の任意の元 a に対し $a \leqq_R y$ であるので, $x \leqq_R y$ である. x は A の上界であるので, x は A の上界全体の集合の最小元である. すなわち, x は A の上限である.

(3) X の元 x が A の最小元であるとする. A の下界 y を任意にとる. $x \in A$ であり, A の任意の元 a に対し $y \leqq_R a$ であるので, $y \leqq_R x$ である. x は A の下界であるので, x は A の下界全体の集合の最大元である. すなわち, x は A の下限である.

問題 2.48 (1) $1_X\colon X \to X$ は順序同型写像であるので, (X,R) と (X,R) は順序同型である.

(2) (X,R) と (Y,S) が順序同型ならば, 順序同型写像 $f\colon X \to Y$ が存在する. このとき, $f^{-1}\colon Y \to X$ も順序同型写像である. よって, (Y,S) と (X,R) も順序同型である.

(3) (X,R) と (Y,S) が順序同型であり, かつ (Y,S) と (Z,T) が順序同型ならば, 順序同型写像 $f\colon X \to Y$, $g\colon Y \to Z$ が存在する. X の元 x_1, x_2 を任意にとる. f, g が順序を保つので, $x_1 \leqq_R x_2$ ならば $f(x_1) \leqq_S f(x_2)$ であり, $(g \circ f)(x_1) = g(f(x_1)) \leqq_T g(f(x_2)) = (g \circ f)(x_2)$ である. よって, $g \circ f$ は順序を保つ. Z の元 z_1, z_2 を任意にとる. f^{-1}, g^{-1} が順序を保つので, $z_1 \leqq_T z_2$ ならば $g^{-1}(z_1) \leqq_S g^{-1}(z_2)$ であり, $(f^{-1} \circ g^{-1})(z_1) = f^{-1}(g^{-1}(z_1)) \leqq_R f^{-1}(g^{-1}(z_2)) = (f^{-1} \circ g^{-1})(z_2)$ である. よって, $f^{-1} \circ g^{-1} = (g \circ f)^{-1}$ は順序を保つ. また, 定理 1.76 より $g \circ f$ は全単射である. 従って, $g \circ f\colon X \to Z$ も順序同型写像である. ゆえに, (X,R) と (Z,T) も順序同型である.

問題 2.49 例 2.5, 問題 2.17 (2) より $\mathbb{N}, \mathbb{Z}, \mathbb{Q}$ は可算集合であり, 定理 2.22 より $\mathbb{R}$ は可算集合でない. よって, $\mathbb{N}, \mathbb{Z}, \mathbb{Q}$ のいずれも $\mathbb{R}$ と順序同型でない. 1 は $\mathbb{N}$ の最小元である. 一方, 任意の整数 n に対し $n-1 < n$ かつ $n-1 \in \mathbb{Z}$ であるので, $\mathbb{Z}$ の最小元は存在しない. 同様に $\mathbb{Q}$ の最小元も存在しない. よって, $\mathbb{Z}, \mathbb{Q}$ のいずれも $\mathbb{N}$ と順序同型でない. $\mathbb{Z}$ と $\mathbb{Q}$ が順序同型でないことを背理法により証明する. $\mathbb{Z}$ と $\mathbb{Q}$ が順序同型であると仮定する. 順序同型写像 $f\colon \mathbb{Z} \to \mathbb{Q}$ が存在する. f が順序を保つので $f(0) \leqq f(1)$ であり, f が単射であるので $f(0) < f(1)$ である. $r = \frac{f(0)+f(1)}{2}$ とする. $f(0) < r < f(1)$ である. f が全射であるので, $f(n) = r$ をみたす整数 n が存在する. f が単射であるので, $n \in \mathbb{Z} - \{0,1\}$ である. $n > 1$ ならば, f が順序を保つので, $r = f(n) \geqq f(1)$ である. これは $r < f(1)$ に矛盾する. $n < 0$ ならば, f が順序を保つので, $r = f(n) \leqq f(0)$ である. これは $r > f(0)$ に矛盾する. よって, $\mathbb{Z}$ と $\mathbb{Q}$ は順序同型でない.

問題 2.51 X の元 x, y を任意にとる. $A = \{x,y\}$ は X の空でない部分集合であるので, A の最小元 $\min A$ が存在する. $x = \min A$ ならば $x \leqq_R y$ であり, $y = \min A$ ならば $y \leqq_R x$ である. よって, x と y は R に関して比較可能である. ゆえに, (X,R) は全順序集合である.

問題 2.54 例 2.39 のように，R', S', $R*S$ を定義する．$p_X\colon X\times Y \to X$, $p_Y\colon X \times Y \to Y$ をそれぞれ第 1 成分，第 2 成分への射影とする．

十分であること：(X, R), (Y, S) がいずれも整列集合であるとする．$X\times Y$ の空でない部分集合 C を任意にとる．$A = p_X(C)$ とする．$C \neq \varnothing$ より $A \neq \varnothing$ である．(X, R) が整列集合であるので，A の最小元 a が存在する．$B = p_Y(p_X^{-1}(a)\cap C)$ とする．$a \in A = p_X(C)$ であるので，$p_X^{-1}(a)\cap C \neq \varnothing$ である．よって，$B \neq \varnothing$ である．(Y, S) が整列集合であるので，B の最小元 b が存在する．$c = (a, b)$ とする．$b \in B$ であるので，$p_Y(u, v) = b$ をみたす $p_X^{-1}(a)\cap C$ の元 (u, v) が存在する．$(u, v) \in p_X^{-1}(a)$ より $u = a$ であり，$p_Y(u, v) = b$ より $v = b$ である．よって，$(u, v) \in C$ より $c = (a, b) \in C$ である．C の元 $z = (x, y)$ を任意にとる．$x = p_X(z) \in p_X(C) = A$ であるので，$(a, x) \in R$ である．$x \neq a$ ならば，$(c, z) \in R'$ である．$x = a$ とする．$z = (a, y) \in p_X^{-1}(a)\cap C$ であるので，$y \in B$ である．よって，$(b, y) \in S$ であり，$(c, z) \in S'$ である．従って，c は C の最小元である．ゆえに，$(X\times Y, R*S)$ は整列集合である．

必要であること：$(X\times Y, R*S)$ が整列集合であるとする．X の空でない部分集合 A を任意にとる．$Y \neq \varnothing$ より，$A\times Y$ は $X\times Y$ の空でない部分集合である．$(X\times Y, R*S)$ が整列集合であるので，$A\times Y$ の最小元 (a, v) が存在する．A の元 x を任意にとる．$(x, v) \in A\times Y$ であるので，$((a, v), (x, v)) \in R*S$ である．$((a, v), (x, v)) \in R'$ ならば，$(a, x) \in R$ である．$((a, v), (x, v)) \in S'$ ならば，$a = x$ であるので，$(a, x) \in R$ である．よって，a は A の最小元である．ゆえに，(X, R) は整列集合である．Y の空でない部分集合 B を任意にとる．$X \neq \varnothing$ より，$X\times B$ は $X\times Y$ の空でない部分集合である．$(X\times Y, R*S)$ が整列集合であるので，$X\times B$ の最小元 (u, b) が存在する．B の元 y を任意にとる．$(u, y) \in X\times B$ であるので，$((u, b), (u, y)) \in R*S$ である．$((u, b), (u, y)) \in S'$ であるので，$(b, y) \in S$ である．よって，b は B の最小元である．ゆえに，(Y, S) は整列集合である．

問題 2.56 (1) 問題 2.40 より，$R\langle a\rangle = R\cap(X\langle a\rangle \times X\langle a\rangle)$ は $X\langle a\rangle$ 上の順序である．$X\langle a\rangle$ の空でない部分集合 A を任意にとる．$A \subset X\langle a\rangle \subset X$ であり，(X, R) が整列集合であるので，R に関する A の最小元 a が存在する．a は $R\langle a\rangle$ に関する A の最小元でもある．よって，$(X\langle a\rangle, R\langle a\rangle)$ は整列集合である．

(2) $(X\langle b\rangle)\langle a\rangle = \{x \in X\langle b\rangle \mid x <_R a\} = X\langle b\rangle \cap X\langle a\rangle$ である．補題 1.20 (2) より $X\langle b\rangle \cap X\langle a\rangle \subset X\langle a\rangle$ である．問題 1.21 (3) より $X\langle a\rangle \subset X\langle a\rangle$ であり，$a <_R b$ のとき $X\langle a\rangle \subset X\langle b\rangle$ であるので，補題 1.22 (2) より $X\langle a\rangle \subset X\langle b\rangle \cap X\langle a\rangle$ である．よって，$X\langle b\rangle \cap X\langle a\rangle = X\langle a\rangle$ である．ゆえに，$(X\langle b\rangle)\langle a\rangle = X\langle a\rangle$ である．

問題 2.58 X の元 a を任意にとる．

$f(X\langle a\rangle) \subset Y\langle f(a)\rangle$ であること：$f(X\langle a\rangle)$ の元 y を任意にとる．$f(x) = y$ をみたす $X\langle a\rangle$ の元 x が存在する．$x <_R a$ であるので，$x \leqq_R a$ である．f が順序を保つので，$f(x) \leqq_S f(a)$ である．$x <_R a$ であるので，$x \neq a$ である．f が単射であるので，$f(x) \neq f(a)$ である．よって，$f(x) <_S f(a)$ である．ゆえに，$y = f(x) \in Y\langle f(a)\rangle$ である．

$f(X\langle a\rangle) \supset Y\langle f(a)\rangle$ であること：$Y\langle f(a)\rangle$ の元 y を任意にとる．f が全射であるので，$f(x) = y$ をみたす X の元 x が存在する．$y <_S f(a)$ であるので，$y \leqq_S f(a)$ である．f^{-1} が順序を保つので，$x = f^{-1}(f(x)) = f^{-1}(y) \leqq_R f^{-1}(f(a)) = a$ である．$y <_S f(a)$ であるので，$y \neq f(a)$ である．f^{-1} が単射であるので，$x \neq a$ である．よって，$x <_R a$ である．ゆえに，$y = f(x) \in f(X\langle a\rangle)$ である．

問題 2.63 φ が全射であること：$A_1 \times \cdots \times A_n$ の元 $(a_1, \ldots, a_n)$ を任意にとる．Λ の元 μ に対し $f(\mu) = a_\mu$ と定めることにより，写像 $f\colon \Lambda \to \bigcup_{\lambda \in \Lambda} A_\lambda$ を定義する．Λ の任意の元 μ に対し $f(\mu) \in A_\mu$ であるので，$f \in \prod_{\lambda \in \Lambda} A_\lambda$ である．$\varphi(f) = (f(1), \ldots, f(n)) = (a_1, \ldots, a_n)$ であるので，φ は全射である．

φ が単射であること：$\prod_{\lambda \in \Lambda} A_\lambda$ の元 f, g に対し，$\varphi(f) = \varphi(g)$ であるとする．φ の定義より，$(f(1), \ldots, f(n)) = (g(1), \ldots, g(n))$ である．Λ の任意の元 μ に対し $f(\mu) = g(\mu)$ であるので，$f = g$ である．よって，φ は単射である．

問題 2.64 Λ の元 μ を任意にとる．A_μ の元 a を任意にとる．選択公理より $\prod_{\lambda \in \Lambda} A_\lambda \neq \varnothing$ であるので，写像 $f\colon \Lambda \to \bigcup_{\lambda \in \Lambda} A_\lambda$ であって，Λ の任意の元 λ に対し $f(\lambda) \in A_\lambda$ をみたすものが存在する．$g(\mu) = a$ とし，$\Lambda - \{\mu\}$ の元 ν に対し $g(\nu) = f(\nu)$ と定めることにより，写像 $g\colon \Lambda \to \bigcup_{\lambda \in \Lambda} A_\lambda$ を定義する．このとき，$\mathrm{pr}_\mu(g) = g(\mu) = a$ であるので，pr_μ は全射である．

問題 2.66 必要であること：単射 $f\colon X \to Y$ が存在するとする．$X \neq \varnothing$ より，X の元 a をとる．Y の元 y を任意にとる．$y \in f(X)$ ならば，$f(x) = y$ をみたす X の元 x が存在する．f が単射であるので，このような x はただひとつである．$g(y) = x$ と定める．$y \in Y - f(X)$ ならば，$g(y) = a$ と定める．以上により，写像 $g\colon Y \to X$ を定義する．$g \circ f = 1_X$ であるので，定理 1.71 (1) より，g は全射である．

十分であること：全射 $g\colon Y \to X$ が存在するとする．定理 2.65 より，$g \circ f = 1_X$ をみたす写像 $f\colon X \to Y$ が存在する．定理 1.71 (2) より，f は単射である．

問題 2.68 $\Lambda = \varnothing$ ならば $\bigcup_{\lambda \in \Lambda} A_\lambda = \varnothing$ であるので，$\#(\bigcup_{\lambda \in \Lambda} A_\lambda) \leqq \aleph_0$ である．$\Lambda \neq \varnothing$ とし，$\Lambda_0 = \{\lambda \in \Lambda \mid A_\lambda \neq \varnothing\}$ とする．$\Lambda_0 = \varnothing$ ならば $\bigcup_{\lambda \in \Lambda} A_\lambda = \varnothing$ であるので，$\#(\bigcup_{\lambda \in \Lambda} A_\lambda) \leqq \aleph_0$ である．$\Lambda_0 \neq \varnothing$ とする．Λ_0 から Λ への包含写像は単射であるので，$\#\Lambda_0 \leqq \#\Lambda$ である．$\#\Lambda \leqq \aleph_0$ であるので，問題 2.18 (3) より $\#\Lambda_0 \leqq \aleph_0$ である．よって，問題 2.66 より全射 $\varphi\colon \mathbb{N} \to \Lambda_0$ が存在する．Λ_0 の任意の元 λ に対し $\#A_\lambda \leqq \aleph_0$ であるので，問題 2.66 より全射 $f_\lambda\colon \mathbb{N} \to A_\lambda$ が存在する．$\mathbb{N}^2$ の元 (m, n) に対し $F(m, n) = f_{\varphi(m)}(n)$ と定めることにより，写像 $F\colon \mathbb{N}^2 \to \bigcup_{\lambda \in \Lambda_0} A_\lambda$ を定義する．$\bigcup_{\lambda \in \Lambda_0} A_\lambda$ の元 a を任意にとる．$a \in A_\lambda$ をみたす Λ_0 の元 λ が存在する．f_λ が全射であるので，$f_\lambda(n) = a$ をみたす自然数 n が存在する．φ が全射であるので，$\varphi(m) = \lambda$ をみたす自然数 m が存在する．よって，$F(m, n) = f_{\varphi(m)}(n) = f_\lambda(n) = a$ である．従って，F は全射であるので，問題 2.66 より $\#(\bigcup_{\lambda \in \Lambda_0} A_\lambda) \leqq \#\mathbb{N}^2$ である．$\bigcup_{\lambda \in \Lambda} A_\lambda = \bigcup_{\lambda \in \Lambda_0} A_\lambda$ であり，例 2.6 より $\#\mathbb{N}^2 = \aleph_0$ であるので，問題 2.18 (3) より $\#(\bigcup_{\lambda \in \Lambda} A_\lambda) \leqq \aleph_0$ である．

問題 2.69　$\#X \leqq \aleph_0$ であるので，問題 2.66 より全射 $\varphi\colon \mathbb{N} \to X$ が存在する．自然数 n と $\mathbb{N}^n$ の元 $(m_1, \ldots, m_n)$ に対し $f(m_1, \ldots, m_n) = \{\varphi(m_1), \ldots, \varphi(m_n)\}$ と定めることにより，写像 $f\colon \bigcup_{n \in \mathbb{N}} \mathbb{N}^n \to \mathcal{A} - \{\varnothing\}$ を定義する．$\mathcal{A} - \{\varnothing\}$ の元 A を任意にとる．$\#A = n$ とし，$\psi\colon \{1, \ldots, n\} \to A$ を全単射とする．$\{1, \ldots, n\}$ の元 i を任意にとる．$\psi(i) \in A$ かつ $A \subset X$ であり，φ が全射であるので，$\varphi(m_i) = \psi(i)$ をみたす自然数 m_i が存在する．このとき

$$f(m_1, \ldots, m_n) = \{\varphi(m_1), \ldots, \varphi(m_n)\} = \{\psi(1), \ldots, \psi(n)\} = A$$

であるので，f は全射である．よって，問題 2.66 より $\#(\mathcal{A} - \{\varnothing\}) \leqq \#(\bigcup_{n \in \mathbb{N}} \mathbb{N}^n)$ である．

$\#\mathbb{N} = \aleph_0$ であり，問題 2.19 より任意の自然数 n に対し $\#\mathbb{N}^n \leqq \aleph_0$ であるので，問題 2.68 より $\#(\bigcup_{n \in \mathbb{N}} \mathbb{N}^n) \leqq \aleph_0$ である．よって，問題 2.18 (3) より $\#(\mathcal{A} - \{\varnothing\}) \leqq \aleph_0$ である．$\#\{\varnothing\} = 1 \leqq \aleph_0$ であり，$\mathcal{A} = (\mathcal{A} - \{\varnothing\}) \cup \{\varnothing\}$ であるので，問題 2.68 より $\#\mathcal{A} \leqq \aleph_0$ である．

問題 2.71　$X - A$ は無限集合であるので，例題 2.70 より，$\#B = \aleph_0$ をみたす $X - A$ の部分集合 B が存在する．$\#A = \aleph_0$ であるので，全単射 $f_A\colon \mathbb{N} \to A$，$f_B\colon \mathbb{N} \to B$ が存在する．$X = (X - (A \cup B)) \cup A \cup B$ であり，$A \cap B = \varnothing$，$(X - (A \cup B)) \cap A = \varnothing$，$(X - (A \cup B)) \cap B = \varnothing$ である．A の元 x に対し $f(x) = f_B(2f_A^{-1}(x) - 1)$，$B$ の元 x に対し $f(x) = f_B(2f_B^{-1}(x))$，$X - (A \cup B)$ の元 x に対し $f(x) = x$ と定めることにより，写像 $f\colon X \to X - A$ を定義する．$B_1 = \{f_B(2n-1) \mid n \in \mathbb{N}\}$，$B_2 = \{f_B(2n) \mid n \in \mathbb{N}\}$ とする．$X - A = (X - (A \cup B)) \cup B_1 \cup B_2$ であり，$B_1 \cap B_2 = \varnothing$，$(X - (A \cup B)) \cap B_1 = \varnothing$，$(X - (A \cup B)) \cap B_2 = \varnothing$ である．B_1 の元 x に対し $g(x) = f_A\left(\frac{f_B^{-1}(x)+1}{2}\right)$，$B_2$ の元 x に対し $g(x) = f_B\left(\frac{f_B^{-1}(x)}{2}\right)$，$X - (A \cup B)$ の元に対し $g(x) = x$ と定めることにより，写像 $g\colon X - A \to X$ を定義する．このとき，g は f の逆写像であるので，定理 1.76 より f は全単射である．よって，X と $X - A$ は対等である．

問題 2.73　自然数 n に対し，$X_n = \{1, \ldots, n\}$ とする．

必要であること：X が無限集合であるとする．例題 2.70 より，$\#A = \aleph_0$ をみたす X の部分集合 A が存在する．すなわち，全単射 $f_A\colon \mathbb{N} \to A$ が存在する．$a = f_A(1)$ とする．A の元 x に対し $f(x) = f_A(f_A^{-1}(x) + 1)$，$X - A$ の元 x に対し $f(x) = x$ と定めることにより，写像 $f\colon X \to X - \{a\}$ を定義する．$A - \{a\}$ の元 x に対し $g(x) = f_A(f_A^{-1}(x) - 1)$，$X - A$ の元 x に対し $g(x) = x$ と定めることにより，写像 $g\colon X - \{a\} \to X$ を定義する．このとき，g は f の逆写像であるので，定理 1.76 より f は全単射である．よって，X と $X - \{a\}$ は対等である．

十分であること：対偶を示す．X が有限集合であるとする．ある自然数 n に対し $\#X = n$ であるので，$X = X_n$ と仮定しても一般性を失わない．X_n の部分集合 A を任意にとる．$\#A = n$ ならば $A = X_n$ であることを，n に関する帰納法により証明する．$n = 1$ のとき，$X_1 = \{1\}$ であり，X_1 の部分集合は $\varnothing$ と X_1 である．X_1 と $\varnothing$ は対等でないので，X_1 と対等な部分集合は X_1 のみである．よって，$\#A = 1$ な

らば $A = X_1$ である. $n \geqq 2$ であるとし, X_{n-1} と対等な X_{n-1} の部分集合は X_{n-1} のみであると仮定する. $\#A = \#X_n$ であるとする. 全単射 $f\colon X_n \to A$ が存在する. $n \notin A$ ならば, $A \subset X_{n-1}$ である. $f|_{X_{n-1}}\colon X_{n-1} \to A - \{f(n)\}$ は全単射であるので, 帰納法の仮定より $A - \{f(n)\} = X_{n-1}$ である. よって, $f(n) \notin X_{n-1}$ である. 一方, $f(n) \in A \subset X_{n-1}$ である. これは矛盾である. 従って, $n \in A$ である. $f(k) = n$ をみたす X_n の元 k が存在する. $\sigma(k) = n$, $\sigma(n) = k$, $X_n - \{k, n\}$ の元 i に対し $\sigma(i) = i$ と定めることにより, 写像 $\sigma\colon X_n \to X_n$ を定義する. σ, f が全単射であるので, 定理 1.76 より $f \circ \sigma$ も全単射である. $(f \circ \sigma)(n) = n$ であるので, $(f \circ \sigma)|_{X_{n-1}}\colon X_{n-1} \to A - \{n\}$ は全単射である. $A - \{n\} \subset X_{n-1}$ であるので, 帰納法の仮定より $A - \{n\} = X_{n-1}$ である. よって, $A = (A - \{n\}) \cup \{n\} = X_{n-1} \cup \{n\} = X_n$ である.

問題 2.74 (1) x を X の最大元とする. $x \in X$ であり, かつ, X の任意の元 y に対し $y \leqq_R x$ である. よって, $x <_R y$ をみたす X の元 y は存在しない. ゆえに, x は X の極大元である.

(2) x を X の最小元とする. $x \in X$ であり, かつ, X の任意の元 y に対し $x \leqq_R y$ である. よって, $y <_R x$ をみたす X の元 y は存在しない. ゆえに, x は X の極小元である.

問題 2.75 (1) x を X の極大元とする. X の元 y を任意にとる. (X, R) が全順序集合であるので, $x \leqq_R y$ または $y \leqq_R x$ が成り立つ. x が X の極大元であるので, $x <_R y$ でない. よって, $y \leqq_R x$ である. ゆえに, x は X の最大元である.

(2) x を X の極小元とする. X の元 y を任意にとる. (X, R) が全順序集合であるので, $x \leqq_R y$ または $y \leqq_R x$ が成り立つ. x が X の極小元であるので, $y <_R x$ でない. よって, $x \leqq_R y$ である. ゆえに, x は X の最小元である.

● 第 3 章

問題 3.1 t に関する 2 次式

$$f(t) = \sum_{i=1}^{n} (a_i t + b_i)^2 = \left(\sum_{i=1}^{n} a_i^2\right) t^2 + 2\left(\sum_{i=1}^{n} a_i b_i\right) t + \left(\sum_{i=1}^{n} b_i^2\right)$$

を考える. 実数 t に対し $f(t) \geqq 0$ であるので, t に関する 2 次方程式 $f(t) = 0$ の判別式 D の値は 0 以下である. よって,

$$\frac{D}{4} = \left(\sum_{i=1}^{n} a_i b_i\right)^2 - \left(\sum_{i=1}^{n} a_i^2\right)\left(\sum_{i=1}^{n} b_i^2\right) \leqq 0$$

である.

問題 3.6 d_∞ が距離関数の性質 (D1)〜(D4) をみたすことを示す. $C(I)$ の元 f, g, h を任意にとる.

I の元 x に対し $u(x) = |f(x) - g(x)|$ と定めることにより, 写像 $u\colon I \to \mathbb{R}$ を定義する. $f, g \in C(I)$ であるので $u \in C(I)$ であり, u は I 上で最大値をとる. よって,

$d_\infty(f, g) = \max\{u(x) \mid x \in I\}$ は矛盾なく定義されている.

(D1) をみたすこと：I の任意の元 x に対し $|f(x) - g(x)| \geqq 0$ であるので, $d_\infty(f, g) \geqq 0$ である.

(D2) をみたすこと：$f = g$ ならば, I の任意の元 x に対し $f(x) = g(x)$ であり, $|f(x) - g(x)| = 0$ である. よって, $d_\infty(f, g) = 0$ である. $f \neq g$ ならば, $f(a) \neq g(a)$ をみたす I の元 a が存在する. よって, $|f(a) - g(a)| > 0$ であるので, $d_\infty(f, g) > 0$ である. 特に, $d_\infty(f, g) \neq 0$ である.

(D3) をみたすこと：I の任意の元 x に対し $|f(x) - g(x)| = |g(x) - f(x)|$ であるので, $d_\infty(f, g) = d_\infty(g, f)$ である.

(D4) をみたすこと：I の任意の元 x に対し

$$\left|f(x) - h(x)\right| = \left|f(x) - g(x) + g(x) - h(x)\right| \leqq \left|f(x) - g(x)\right| + \left|g(x) - h(x)\right|$$
$$\leqq d_\infty(f, g) + d_\infty(g, h)$$

であるので, $d_\infty(f, h) \leqq d_\infty(f, g) + d_\infty(g, h)$ である.

問題 3.7　$d|_{A \times A}$ が距離関数の性質 (D1)〜(D4) をみたすことを示す. A の元 x, y, z を任意にとる.

(D1) をみたすこと：d が (D1) をみたすので, $d|_{A \times A}(x, y) = d(x, y) \geqq 0$ である.

(D2) をみたすこと：d が (D2) をみたすので, $d(x, y) = d|_{A \times A}(x, y) = 0$ であるための必要十分条件は $x = y$ である.

(D3) をみたすこと：d が (D3) をみたすので, $d|_{A \times A}(x, y) = d(x, y) = d(y, x) = d|_{A \times A}(y, x)$ である.

(D4) をみたすこと：d が (D4) をみたすので, $d|_{A \times A}(x, z) = d(x, z) \leqq d(x, y) + d(y, z) = d|_{A \times A}(x, y) + d|_{A \times A}(y, z)$ である.

問題 3.8　距離空間 $(X_1, d_1), \ldots, (X_n, d_n)$ の直積距離空間を (X, d) とする. d が距離関数の性質 (D1)〜(D4) をみたすことを示す. $X_n = \{1, \ldots, n\}$ とする. X の元 $x = (x_1, \ldots, x_n)$, $y = (y_1, \ldots, y_n)$, $z = (z_1, \ldots, z_n)$ を任意にとる.

(D1) をみたすこと：d の定義より $d(x, y) \geqq 0$ である.

(D2) をみたすこと：$x = y$ ならば, X_n の任意の元 i に対し $x_i = y_i$ であり, d_i が (D2) をみたすので, $d(x, y) = 0$ である. $d(x, y) = 0$ ならば, $d_1(x_1, y_1)^2 + \cdots + d_n(x_n, y_n)^2 = 0$ であるので, X_n の任意の元 i に対し $d_i(x_i, y_i) = 0$ である. d_i が (D2) をみたすので, $x_i = y_i$ である. よって, $x = y$ である.

(D3) をみたすこと：X_n の任意の元 i に対し, d_i が (D3) をみたすので, $d_i(x_i, y_i) = d_i(y_i, x_i)$ である. よって, d の定義より $d(x, y) = d(y, x)$ である.

(D4) をみたすこと：X_n の任意の元 i に対し, $a_i = d_i(x_i, y_i)$, $b_i = d_i(y_i, z_i)$ とする. X_n の任意の元 i に対し, d_i が (D4) をみたすので, 問題 3.1 (シュワルツの不等式) より

$$d(x, z)^2$$
$$= \sum_{i=1}^n d_i(x_i, z_i)^2 \leqq \sum_{i=1}^n \left(d_i(x_i, y_i) + d_i(y_i, z_i)\right)^2 = \sum_{i=1}^n (a_i + b_i)^2$$

$$= \sum_{i=1}^{n} a_i^2 + \sum_{i=1}^{n} b_i^2 + 2 \sum_{i=1}^{n} a_i b_i \leqq \sum_{i=1}^{n} a_i^2 + \sum_{i=1}^{n} b_i^2 + 2 \sqrt{\left(\sum_{i=1}^{n} a_i^2 \right) \left(\sum_{i=1}^{n} b_i^2 \right)}$$

$$= \left(\sqrt{\sum_{i=1}^{n} a_i^2} + \sqrt{\sum_{i=1}^{n} b_i^2} \right)^2 = \left(\sqrt{\sum_{i=1}^{n} d_i(x_i, y_i)^2} + \sqrt{\sum_{i=1}^{n} d_i(y_i, z_i)^2} \right)^2$$

$$= (d(x, y) + d(y, z))^2$$

である. よって, $d(x, z) \leqq d(x, y) + d(y, z)$ が成り立つ.

問題 3.10 $(\mathbb{R}^2, d^{(2)})$, $(\mathbb{R}^2, d_\infty^{(2)})$, $(\mathbb{R}^2, d_1^{(2)})$ における $(0,0)$ の ε 近傍をそれぞれ $U(\varepsilon), U_\infty(\varepsilon), U_1(\varepsilon)$ とする. $d^{(2)}, d_\infty^{(2)}, d_1^{(2)}$ の定義より

$$U(\varepsilon) = \left\{ (x_1, x_2) \in \mathbb{R}^2 \mid x_1^2 + x_2^2 < \varepsilon \right\}$$
$$U_\infty(\varepsilon) = \left\{ (x_1, x_2) \in \mathbb{R}^2 \mid |x_1| < \varepsilon \text{ かつ } |x_2| < \varepsilon \right\}$$
$$U_1(\varepsilon) = \left\{ (x_1, x_2) \in \mathbb{R}^2 \mid |x_1| + |x_2| < \varepsilon \right\}$$

である. よって, これらは次のように図示される.

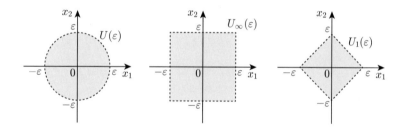

問題 3.11 A^i の点 a を任意にとる. $U(a; \varepsilon) \subset A$ をみたす正の実数 ε が存在する. $A \subset B$ であるので, $U(a; \varepsilon) \subset B$ である. よって, $a \in B^i$ である. ゆえに, $A^i \subset B^i$ である.

問題 3.14 A^a の点 a を任意にとる. 正の実数 ε を任意にとる. $U(a; \varepsilon) \cap A \neq \emptyset$ であり, $A \subset B$ であるので, $U(a; \varepsilon) \cap B \neq \emptyset$ である. よって, $a \in B^a$ である. ゆえに, $A^a \subset B^a$ である.

問題 3.16 (1) 補題 3.12 (2) より $(A^i)^i \subset A^i$ である. A^i の点 a を任意にとる. $U(a; \varepsilon) \subset A$ をみたす正の実数 ε が存在する. $U(a; \varepsilon)$ の点 x を任意にとる. $\delta = \varepsilon - d(x, a)$ とすると $\delta > 0$ である. $U(x; \delta)$ の点 y を任意にとる. このとき, 三角不等式より

$$d(y, a) \leqq d(y, x) + d(x, a) < \delta + d(x, a) = \varepsilon$$

であるので, $y \in U(a; \varepsilon)$ である. よって, $U(x; \delta) \subset U(a; \varepsilon) \subset A$ であり, $x \in A^i$ である. 従って, $U(a; \varepsilon) \subset A^i$ であるので, $a \in (A^i)^i$ である. ゆえに, $A^i \subset (A^i)^i$

である. 以上より, $(A^i)^i = A^i$ である.

(2) 補題 3.15 (1) より $A^a \subset (A^a)^a$ である. $(A^a)^a$ の点 a を任意にとる. 正の実数 ε を任意にとる. a が A^a の触点であるので, $U(a;\varepsilon) \cap A^a \neq \varnothing$ である. $U(a;\varepsilon) \cap A^a$ の点 x を任意にとる. $\delta = \varepsilon - d(x,a)$ とすると $\delta > 0$ である. $x \in A^a$ より $U(x;\delta) \cap A \neq \varnothing$ である. $U(x;\delta)$ の点 y を任意にとる. このとき, 三角不等式より

$$d(y,a) \leqq d(y,x) + d(x,a) < \delta + d(x,a) = \varepsilon$$

であるので, $y \in U(a;\varepsilon)$ である. よって, $U(x;\delta) \subset U(a;\varepsilon)$ であり, $U(a;\varepsilon) \cap A \neq \varnothing$ である. 従って, $a \in A^a$ である. ゆえに, $(A^a)^a \subset A^a$ である. 以上より, $(A^a)^a = A^a$ である.

問題 3.19 (1) $U(a;\varepsilon)$ の点 x を任意にとる. $\delta = \varepsilon - d(x,a)$ とする. $x \in U(a;\varepsilon)$ より $d(x,a) < \varepsilon$ であるので, $\delta > 0$ である. $U(x;\delta)$ の点 y を任意にとる. 三角不等式より

$$d(y,a) \leqq d(y,x) + d(x,a) < \delta + d(x,a) = \varepsilon$$

であるので, $y \in U(a;\varepsilon)$ である. よって, $U(x;\delta) \subset U(a;\varepsilon)$ であるので, $x \in U(a;\varepsilon)^i$ である. 従って, $U(a;\varepsilon) \subset U(a;\varepsilon)^i$ である. また, 補題 3.12 (2) より $U(a;\varepsilon)^i \subset U(a;\varepsilon)$ である. ゆえに, $U(a;\varepsilon)^i = U(a;\varepsilon)$ であり, $U(a;\varepsilon)$ は (X,d) の開集合である.

(2) $B(a;\varepsilon) = \{x \in X \mid d(x,a) \leqq \varepsilon\}$ とする. $B(a;\varepsilon)^c \subset (U(a;\varepsilon)^a)^c$ であることを示す. $B(a;\varepsilon)^c$ の点 x を任意にとる. $d(x,a) > \varepsilon$ である. $\delta = d(x,a) - \varepsilon$ とする. $U(x;\delta)$ の点 y を任意にとる. 三角不等式より

$$d(y,a) \geqq d(x,y) + d(y,a) \geqq d(x,a) > \varepsilon$$

であるので, $y \in U(a;\varepsilon)^c$ である. よって, $U(x;\delta) \subset U(a;\varepsilon)^c$ であるので, $U(x;\delta) \cap U(a;\varepsilon) = \varnothing$ である. 従って, x は $U(a;\varepsilon)$ の触点でないので, $x \in (U(a;\varepsilon)^a)^c$ である.

(3) 定理 3.17 より, $\{a\}^c = X - \{a\}$ が (X,d) の開集合であることを示せばよい. $X - \{a\}$ の元 x を任意にとる. $\delta = d(x,a)$ とする. $x \neq a$ より $\delta > 0$ である. $U(x;\delta)$ の元 y を任意にとる. 三角不等式より

$$d(y,a) \geqq d(x,a) - d(x,y) = \delta - d(x,y) > 0$$

であるので, $y \neq a$ であり, $y \in X - \{a\}$ である. よって, $U(x;\delta) \subset X - \{a\}$ であるので, $x \in (X - \{a\})^i$ である. 従って, $X - \{a\} \subset (X - \{a\})^i$ である. また, 補題 3.12 (2) より $(X - \{a\})^i \subset X - \{a\}$ である. ゆえに, $(X - \{a\})^i = X - \{a\}$ であり, $X - \{a\}$ は (X,d) の開集合である.

問題 3.22 $\mathcal{O}$ を (X,d) の開集合全体の集合とする.

(1) 定理 3.21 (1) より $\varnothing \in \mathcal{O}$ であるので, 定理 3.17 より $X = \varnothing^c \in \mathcal{A}$ である. 定理 3.21 (1) より $X \in \mathcal{O}$ であるので, 定理 3.17 より $\varnothing = X^c \in \mathcal{A}$ である.

(2) $A = A_1 \cup \cdots \cup A_n$ とする. $X_n = \{1, \ldots, n\}$ とする. X_n の任意の元 i に対し, $A_i \in \mathcal{A}$ であるので, 定理 3.17 より $A_i^c \in \mathcal{O}$ である. よって, 定理 3.21 (2) より

$A_1^c \cap \cdots \cap A_n^c \in \mathcal{O}$ である. 定理 1.27 （ド・モルガンの法則）より $A_1^c \cap \cdots \cap A_n^c = (A_1 \cup \cdots \cup A_n)^c = A^c$ であるので, $A^c \in \mathcal{O}$ である. よって, 定理 3.17 より $A \in \mathcal{A}$ である.

(3) $A = \bigcap_{\lambda \in \Lambda} A_\lambda$ とする. Λ の任意の元 λ に対し, $A_\lambda \in \mathcal{A}$ であるので, 定理 3.17 より $A_\lambda^c \in \mathcal{O}$ である. よって, 定理 3.21 (3) より $\bigcup_{\lambda \in \Lambda} A_\lambda^c \in \mathcal{O}$ である. 定理 1.66 (1) より $\bigcup_{\lambda \in \Lambda} A_\lambda^c = (\bigcap_{\lambda \in \Lambda} A_\lambda)^c = A^c$ であるので, $A^c \in \mathcal{O}$ である. よって, 定理 3.17 より $A \in \mathcal{A}$ である.

問題 3.23 $\mathcal{O}$ を (X, d) の開集合全体の集合とし, $\mathcal{A}$ を (X, d) の閉集合全体の集合とする.

(1) $A \cap B \subset A$, $A \cap B \subset B$ であるので, 問題 3.11 より $(A \cap B)^i \subset A^i$, $(A \cap B)^i \subset B^i$ である. よって, $(A \cap B)^i \subset A^i \cap B^i$ である. 補題 3.12 (2) より $A^i \subset A$, $B^i \subset B$ であるので, $A^i \cap B^i \subset A \cap B$ である. 定理 3.20 (1) より $A^i, B^i \in \mathcal{O}$ であるので, 定理 3.21 (2) より $A^i \cap B^i \in \mathcal{O}$ である. よって, 定理 3.20 (2) より $A^i \cap B^i \subset (A \cap B)^i$ である. 以上より, $(A \cap B)^i = A^i \cap B^i$ である.

(2) $A \subset A \cup B$, $B \subset A \cup B$ であるので, 問題 3.11 より $A^i \subset (A \cup B)^i$, $B^i \subset (A \cup B)^i$ である. よって, $A^i \cup B^i \subset (A \cup B)^i$ である.

(3) $A \subset A \cup B$, $B \subset A \cup B$ であるので, 問題 3.14 より $A^a \subset (A \cup B)^a$, $B^a \subset (A \cup B)^a$ である. よって, $A^a \cup B^a \subset (A \cup B)^a$ である. 補題 3.15 (1) より $A \subset A^a$, $B \subset B^a$ であるので, $A \cup B \subset A^a \cup B^a$ である. 定理 3.20 (3) より $A^a, B^a \in \mathcal{A}$ であるので, 問題 3.22 (2) より $A^a \cup B^a \in \mathcal{A}$ である. よって, 定理 3.20 (4) より $(A \cup B)^a \subset A^a \cup B^a$ である. 以上より, $(A \cup B)^a = A^a \cup B^a$ である.

(4) $A \cap B \subset A$, $A \cap B \subset B$ であるので, 問題 3.14 より $(A \cap B)^a \subset A^a$, $(A \cap B)^a \subset B^a$ である. よって, $(A \cap B)^a \subset A^a \cap B^a$ である.

問題 3.24 A^a の点 a を任意にとる. 正の実数 ε を任意にとる. このとき, $U(a; \varepsilon) \cap A \neq \varnothing$ である. もし $a \notin A$ ならば, $a \notin U(a; \varepsilon) \cap A$ であるので, $U(a; \varepsilon) \cap (A - \{a\}) \neq \varnothing$ である. よって, a は $A - \{a\}$ の触点, すなわち A の集積点である. 従って, $a \in A^d$ である. ゆえに, $A^a \subset A \cup A^d$ である.

$A \cup A^d$ の点 a を任意にとる. $a \in A$ ならば, 補題 3.15 (1) より $A \subset A^a$ であるので, $a \in A^a$ である. $a \in A^d$ ならば, a は $A - \{a\}$ の触点であるので, 任意の正の実数 ε に対し $U(a; \varepsilon) \cap (A - \{a\}) \neq \varnothing$ である. よって, 任意の正の実数 ε に対し $U(a; \varepsilon) \cap A \neq \varnothing$ であるので, $a \in A^a$ である. ゆえに, $A \cup A^d \subset A^a$ である.

以上より, $A^a = A \cup A^d$ である.

問題 3.25 (1) $U \in \mathcal{N}(a)$ とする. $a \in U^i$ であり, 補題 3.12 (2) より $U^i \subset U$ であるので, $a \in U$ である.

(2) $U, V \in \mathcal{N}(a)$ とする. $a \in U^i$ かつ $a \in V^i$ であるので, $a \in U^i \cap V^i$ である. 問題 3.23 (1) より $U^i \cap V^i = (U \cap V)^i$ であるので, $a \in (U \cap V)^i$ である. よって, $U \cap V \in \mathcal{N}(a)$ である.

(3) $U \in \mathcal{N}(a)$ かつ $U \subset V$ とする. $a \in U^i$ であり, 問題 3.11 より $U^i \subset V^i$ で

あるので, $a \in V^i$ である. よって, $V \in \mathcal{N}(a)$ である.

(4) $\mathcal{N}(a)$ の元 U を任意にとる. $V = U^i$ とする. $a \in U^i$ であり, 問題 3.16 (1) より $U^i = (U^i)^i$ であるので, $a \in (U^i)^i = V^i$ である. よって, $V \in \mathcal{N}(a)$ である. V の元 b を任意にとる. $b \in V = U^i$ であるので, $U \in \mathcal{N}(b)$ である.

問題 3.29 (1) X の点 x_1, x_2 に対し, $f(x_1) = f(x_2)$ とする. f が (X, d_X) から (Y, d_Y) への等長写像であるので,

$$d_X(x_1, x_2) = d_Y\big(f(x_1), f(x_2)\big) = 0$$

である. よって, $x_1 = x_2$ である. ゆえに, f は単射である.

(2) X の点 a を任意にとる. 正の実数 ε を任意にとる. $\delta = \varepsilon$ とする. $d_X(x, a) < \delta$ をみたす X の点 x を任意にとる. f が (X, d_X) から (Y, d_Y) への等長写像であるので,

$$d_Y\big(f(x), f(a)\big) = d_X(x, a) < \delta = \varepsilon$$

である. よって, f は a で連続である. ゆえに, f は (X, d_X) から (Y, d_Y) への連続写像である.

問題 3.31 (1) 必要であること：$a \in A^a$ とする. 正の実数 ε を任意にとる. $U(a; \varepsilon) \cap A \neq \varnothing$ であるので, $U(a; \varepsilon) \cap A$ の点 x が存在する. $x \in A$ かつ $d(x, a) < \varepsilon$ である. よって, $d(a, A) = \inf\{d(x, a) \mid x \in A\} = 0$ である.

十分であること：$d(a, A) = 0$ とする. $\inf\{d(x, a) \mid x \in A\} = 0$ である. よって, 任意の正の実数 ε に対し, $d(x, a) < \varepsilon$ をみたす A の点 x が存在する. $x \in U(a; \varepsilon) \cap A$ であるので, $U(a; \varepsilon) \cap A \neq \varnothing$ である. よって, $a \in A^a$ である.

(2) (1) と補題 3.15 (3) より

$$a \notin A^i \Leftrightarrow a \in (A^i)^c \Leftrightarrow a \in (A^c)^a \Leftrightarrow d(a, A^c) = 0$$

である. すなわち, $a \notin A^i$ であるための必要十分条件は, $d(a, A^c) = 0$ が成り立つことである. よって, $a \in A^i$ であるための必要十分条件は, $d(a, A^c) > 0$ が成り立つことである.

問題 3.33 $\mathbb{R}$ の部分集合 $\{d(x, y) \mid x, y \in A\}$ を $D(A)$ で表す.

(1) 必要であること：$\delta(A) = 0$ とする. A の点 a, b を任意にとる. $\sup D(A) = 0$ であるので, $d(a, b) = 0$ である. よって, $a = b$ である. $A \neq \varnothing$ であるので, $\#A = 1$ である.

十分であること：$\#A = 1$ とする. $A = \{a_0\}$ をみたす X の点 a_0 が存在する. このとき, $\delta(A) = \sup D(A) = \sup\{d(a_0, a_0)\} = \sup\{0\} = 0$ である.

(2) $A \subset B$ とする. $D(A) \subset D(B)$ であるので, $\delta(A) \leqq \delta(B)$ である.

(3) 必要であること：A が有界であるとする. $D(A)$ が上に有界であるので, $D(A)$ の上界 α が存在する. $A \neq \varnothing$ であるので, A の元 a が存在する. A の任意の元 x に対し, $d(x, a) \leqq \alpha < 2\alpha$ であるので, $x \in U(a; 2\alpha)$ である. よって, $A \subset U(a; 2\alpha)$ である.

十分であること：$A \subset U(a; \varepsilon)$ をみたす X の点 a と正の実数 ε が存在するとする.

A の点 x, y を任意にとる. 三角不等式より

$$d(x, y) \leqq d(x, a) + d(a, y) < \varepsilon + \varepsilon = 2\varepsilon$$

であるので, 2ε は $D(A)$ の上界である. よって, $D(A)$ は上に有界である. ゆえに, A は有界である.

問題 3.34 (1) X の任意の点 x, y に対し $d(x, y) = d(y, x)$ であるので, $\{d(x, y) \mid x \in A, y \in B\} = \{d(y, x) \mid y \in B, x \in A\}$ である. よって, $d(A, B) = d(B, A)$ である.

(2) $A \cap B \neq \varnothing$ とする. $A \cap B$ の元 a が存在する. $a \in A$ かつ $a \in B$ であり, $d(a, a) = 0$ であるので, $0 \in \{d(x, y) \mid x \in A, y \in B\}$ である. よって, $d(A, B) = 0$ である.

問題 3.35 $s(A, B) = \delta(A) + \delta(B) + d(A, B)$ と定める. $A \cup B$ の点 x, y を任意にとる. $x \in A$ かつ $y \in A$ ならば, $d(x, y) \leqq \delta(A) \leqq s(A, B)$ である. $x \in B$ かつ $y \in B$ ならば, $d(x, y) \leqq \delta(B) \leqq s(A, B)$ である. $x \in A$ かつ $y \in B$ であるとする. A の点 a と B の点 b を任意にとる. このとき, 三角不等式より

$$d(x, y) \leqq d(x, a) + d(a, b) + d(b, y) \leqq \delta(A) + d(a, b) + \delta(B)$$

が成り立つ. よって,

$$\begin{aligned} d(x, y) &\leqq \inf\{\delta(A) + d(a, b) + \delta(B) \mid a \in A, \ b \in B\} \\ &= \delta(A) + \inf\{d(a, b) \mid a \in A, \ b \in B\} + \delta(B) \\ &= \delta(A) + d(A, B) + \delta(B) = s(A, B) \end{aligned}$$

である. $x \in B$ かつ $y \in A$ の場合も同様に $d(x, y) \leqq s(A, B)$ である. 従って,

$$\delta(A \cup B) = \sup\{d(x, y) \mid x \in A, \ y \in B\} \leqq s(A, B)$$

が成り立つ.

問題 3.38 正の実数 ε を任意にとる. $(a_n)_{n \in \mathbb{N}}$ が a に収束するので, ある自然数 N_1 が存在し, $n > N_1$ をみたす任意の自然数 n に対し $d(a_n, a) < \frac{\varepsilon}{2}$ が成り立つ. $(a_n)_{n \in \mathbb{N}}$ が b に収束するので, ある自然数 N_2 が存在し, $n > N_2$ をみたす任意の自然数 n に対し $d(a_n, b) < \frac{\varepsilon}{2}$ が成り立つ. $N = \max\{N_1, N_2\}$ とする. このとき, $n > N$ をみたす任意の自然数 n に対し, 三角不等式より

$$d(a, b) \leqq d(a, a_n) + d(a_n, b) < \frac{\varepsilon}{2} + \frac{\varepsilon}{2} = \varepsilon$$

である. よって, $0 \leqq d(a, b) \leqq \inf\{\varepsilon \in \mathbb{R} \mid \varepsilon > 0\} = 0$ であるので, $d(a, b) = 0$ である. ゆえに, $a = b$ である.

問題 3.40 正の実数 ε を任意にとる. $(a_n)_{n \in \mathbb{N}}$ が a に収束するので, ある自然数 N_1 が存在し, $n > N_1$ をみたす任意の自然数 n に対し $d(a_n, a) < \frac{\varepsilon}{2}$ が成り立つ. $(a_n)_{n \in \mathbb{N}}$ が b に収束するので, ある自然数 N_2 が存在し, $n > N_2$ をみたす任意の自然数 n に対し $d(a_n, b) < \frac{\varepsilon}{2}$ が成り立つ. $N = \max\{N_1, N_2\}$ とする. このとき, $n > N$ をみたす任意の自然数 n に対し, 三角不等式より

$$d(a, b) \leqq d(a, a_n) + d(a_n, b_n) + d(b_n, b), \quad d(a_n, b_n) \leqq d(a_n, a) + d(a, b) + d(b, b_n)$$

である．よって，

$$d^{(1)}\bigl(d(a_n,b_n),d(a,b)\bigr) = \bigl|d(a_n,b_n) - d(a,b)\bigr| \leqq d(a_n,a) + d(b_n,b) \leqq \frac{\varepsilon}{2} + \frac{\varepsilon}{2} = \varepsilon$$

が成り立つ．ゆえに，$(d(a_n,b_n))_{n\in\mathbb{N}}$ は $d(a,b)$ に収束する．

問題 3.42　$\varepsilon = 1$ とする．このとき，任意の自然数 n に対し

$$d_\infty(f_n,f) = \max\bigl\{|f_n(x) - f(x)| \bigm| x \in I\bigr\} = \bigl|f_n(0) - f(0)\bigr| = n \geqq 1 = \varepsilon$$

である．よって，点列 $(f_n)_{n\in\mathbb{N}}$ は f に収束しない．

● 第 4 章

問題 4.1　$(\mathrm{O2}) \Rightarrow (\mathrm{O2})'$：$n$ に関する帰納法により証明する．$n = 2$ のとき，$O_1, O_2 \in \mathcal{O}$ ならば $(\mathrm{O2})$ より $O_1 \cap O_2 \in \mathcal{O}$ である．$n \geqq 3$ であるとし，$\mathcal{O}$ の任意の $n-1$ 個の元の共通部分が $\mathcal{O}$ の元であると仮定する．$O_1, \ldots, O_n \in \mathcal{O}$ とする．帰納法の仮定より $O_1 \cap \cdots \cap O_{n-1} \in \mathcal{O}$ である．よって，$(\mathrm{O2})$ より $O_1 \cap \cdots \cap O_n = (O_1 \cap \cdots \cap O_{n-1}) \cap O_n \in \mathcal{O}$ である．

$(\mathrm{O2})' \Rightarrow (\mathrm{O2})$：$(\mathrm{O2})'$ において $n = 2$ としたものが $(\mathrm{O2})$ である．

問題 4.4　d から定まる距離位相を $\mathcal{O}$ とする．X の点 a を任意にとる．d の定義より $U(a;\frac{1}{2}) = \{a\}$ であるので，a は $\{a\}$ の内点である．よって，$\{a\} \subset \{a\}^i$ である．補題 3.12 (2) より $\{a\}^i \subset \{a\}$ であるので，$\{a\}^i = \{a\}$ である．従って，$\{a\} \in \mathcal{O}$ である．$\mathcal{P}(X)$ の元 A を任意にとる．このとき，$A = \bigcup_{a \in A}\{a\}$ であるので，$(\mathrm{O3})$ より $A \in \mathcal{O}$ である．よって，$\mathcal{P}(X) \subset \mathcal{O}$ である．一方，$\mathcal{O} \subset \mathcal{P}(X)$ であるので，$\mathcal{O} = \mathcal{P}(X)$ である．ゆえに，$\mathcal{O}$ は離散位相である．

問題 4.6　それぞれ 1 個，4 個，29 個の位相が存在する．

$\{1\}$ の位相：$\{\varnothing, \{1\}\}$

$\{1,2\}$ の位相：$\{\varnothing, \{1,2\}\}$，$\{\varnothing, \{1\}, \{1,2\}\}$，$\{\varnothing, \{2\}, \{1,2\}\}$，$\{\varnothing, \{1\}, \{2\}, \{1,2\}\}$

$\{1,2,3\}$ の位相：$\{\varnothing, \{1,2,3\}\}$，$\{\varnothing, \{1\}, \{1,2,3\}\}$，$\{\varnothing, \{2\}, \{1,2,3\}\}$，$\{\varnothing, \{3\}, \{1,2,3\}\}$，$\{\varnothing, \{1,2\}, \{1,2,3\}\}$，$\{\varnothing, \{1,3\}, \{1,2,3\}\}$，$\{\varnothing, \{2,3\}, \{1,2,3\}\}$，$\{\varnothing, \{1\}, \{1,2\}, \{1,2,3\}\}$，$\{\varnothing, \{2\}, \{1,2\}, \{1,2,3\}\}$，$\{\varnothing, \{1\}, \{1,3\}, \{1,2,3\}\}$，$\{\varnothing, \{3\}, \{1,3\}, \{1,2,3\}\}$，$\{\varnothing, \{2\}, \{2,3\}, \{1,2,3\}\}$，$\{\varnothing, \{3\}, \{2,3\}, \{1,2,3\}\}$，$\{\varnothing, \{1\}, \{2,3\}, \{1,2,3\}\}$，$\{\varnothing, \{2\}, \{1,3\}, \{1,2,3\}\}$，$\{\varnothing, \{3\}, \{1,2\}, \{1,2,3\}\}$，$\{\varnothing, \{1\}, \{2\}, \{1,2\}, \{1,2,3\}\}$，$\{\varnothing, \{1\}, \{3\}, \{1,3\}, \{1,2,3\}\}$，$\{\varnothing, \{2\}, \{3\}, \{2,3\}, \{1,2,3\}\}$，$\{\varnothing, \{1\}, \{1,2\}, \{1,3\}, \{1,2,3\}\}$，$\{\varnothing, \{2\}, \{1,2\}, \{2,3\}, \{1,2,3\}\}$，$\{\varnothing, \{3\}, \{1,3\}, \{2,3\}, \{1,2,3\}\}$，$\{\varnothing, \{1\}, \{2\}, \{1,2\}, \{1,3\}, \{1,2,3\}\}$，$\{\varnothing, \{1\}, \{3\}, \{1,2\}, \{1,3\}, \{1,2,3\}\}$，$\{\varnothing, \{1\}, \{2\}, \{1,2\}, \{2,3\}, \{1,2,3\}\}$，$\{\varnothing, \{2\}, \{3\}, \{1,2\}, \{2,3\}, \{1,2,3\}\}$，$\{\varnothing, \{1\}, \{3\}, \{1,3\}, \{2,3\}, \{1,2,3\}\}$，$\{\varnothing, \{2\}, \{3\}, \{1,3\}, \{2,3\}, \{1,2,3\}\}$，$\{\varnothing, \{1\}, \{2\}, \{3\}, \{1,2\}, \{1,3\}, \{2,3\}, \{1,2,3\}\}$

問題 4.7　距離位相の定義より，X の部分集合 O が $(X, \mathcal{O})$ の開集合であるための

必要十分条件は, O が (X, d) の開集合であることである. よって, 閉集合の定義と定理 3.17 より, A が $(X, \mathcal{O})$ の閉集合であるための必要十分条件は, A が (X, d) の閉集合であることである.

問題 4.9 (1) (A1) より $\varnothing \in \mathcal{A}$ であるので, $X = \varnothing^c \in \mathcal{O}$ である. (A1) より $X \in \mathcal{A}$ であるので, $\varnothing = X^c \in \mathcal{O}$ である. よって, $\mathcal{O}$ は (O1) をみたす. $O_1, O_2 \in \mathcal{O}$ とし, $O = O_1 \cap O_2$ とする. $O_1, O_2 \in \mathcal{O}$ であるので $O_1^c, O_2^c \in \mathcal{A}$ である. よって, (A2) より $O_1^c \cup O_2^c \in \mathcal{A}$ である. $O_1^c \cup O_2^c = (O_1 \cap O_2)^c = O^c$ であるので, $O^c \in \mathcal{A}$ である. よって, $O \in \mathcal{O}$ である. 従って, $\mathcal{O}$ は (O2) をみたす. $(O_\lambda)_{\lambda \in \Lambda}$ を X の部分集合族とし, Λ の任意の元 λ に対し $O_\lambda \in \mathcal{O}$ とする. $O = \bigcup_{\lambda \in \Lambda} O_\lambda$ とする. Λ の任意の元 λ に対し, $O_\lambda \in \mathcal{O}$ であるので $O_\lambda^c \in \mathcal{A}$ である. よって, (A3) より $\bigcap_{\lambda \in \Lambda} O_\lambda^c \in \mathcal{A}$ である. $\bigcap_{\lambda \in \Lambda} O_\lambda^c = (\bigcup_{\lambda \in \Lambda} O_\lambda)^c = O^c$ であるので, $O^c \in \mathcal{A}$ である. よって, $O \in \mathcal{O}$ である. 従って, $\mathcal{O}$ は (O3) をみたす. ゆえに, $\mathcal{O}$ は X の位相である.

(2) $\mathcal{O} = \{A^c \mid A \in \mathcal{A}\}$ であるので, $\{O^c \mid O \in \mathcal{O}\} = \{(A^c)^c \mid A \in \mathcal{A}\} = \mathcal{A}$ である. よって, $\mathcal{A}$ は $(X, \mathcal{O})$ の閉集合全体の集合に等しい.

問題 4.10 必要であること:X の点 x が A の内点であるとする. $x \in A^i$ であり, $A^i = \bigcup \{O' \in \mathcal{O} \mid O' \subset A\}$ であるので, $O \subset A$ をみたす $\mathcal{O}$ の元 O であって, $x \in O$ をみたすものが存在する.

十分であること:$x \in O$ かつ $O \subset A$ をみたす $\mathcal{O}$ の元 O が存在するとする. このとき, $O \in \{O' \in \mathcal{O} \mid O' \subset A\}$ であるので $O \subset A^i$ である. よって, $x \in A^i$ であり, x は A の内点である.

問題 4.12 必要であること:$A \in \mathcal{O}$ であるとする. $A \in \mathcal{O}$ かつ $A \subset A$ であるので, $A \subset A^i$ である. また, 定理 4.11 (1) より $A^i \subset A$ である. よって, $A^i = A$ である.

十分であること:$A^i = A$ であるとする. $A^i \in \mathcal{O}$ であるので, $A \in \mathcal{O}$ である.

問題 4.13 $(X, \mathcal{O})$ における A の内部を A^i, (X, d) における A の内部を A^j で表す. 補題 3.12 (2) より $A^j \subset A$ であり, 定理 3.20 (1) より $A^j \in \mathcal{O}$ である. よって, $A^j \subset A^i$ である. 一方, 定義より $A^i \in \mathcal{O}$ であり, 定理 4.11 (1) より $A^i \subset A$ である. よって, 定理 3.20 (2) より $A^i \subset A^j$ である. ゆえに, $A^i = A^j$ である.

問題 4.14 (1) 定理 4.11 (1) より $A^i \subset A \subset A \cup B$ であり, $A^i \in \mathcal{O}$ であるので, $A^i \subset (A \cup B)^i$ である. 定理 4.11 (1) より $B^i \subset B \subset A \cup B$ であり, $B^i \in \mathcal{O}$ であるので, $B^i \subset (A \cup B)^i$ である. よって, $A^i \cup B^i \subset (A \cup B)^i$ である.

(2) $X = \mathbb{R}$, $A = (-\infty, 0]$, $B = [0, \infty)$ とし, $\mathcal{O}$ を $\mathbb{R}$ の通常の位相とする. このとき, $(A \cup B)^i = \mathbb{R}^i = \mathbb{R}$ であり, $A^i \cup B^i = (-\infty, 0) \cup (0, \infty) = \mathbb{R} - \{0\}$ である.

問題 4.16 $(X, \mathcal{O})$ の閉集合全体の集合を $\mathcal{A}$ とする. $A \cap O = \varnothing$ であるので, $A \subset O^c$ である. $O \in \mathcal{O}$ であるので, $O^c \in \mathcal{A}$ である. よって, 閉包の定義より $A^a \subset O^c$ である. ゆえに, $A^a \cap O = \varnothing$ である.

問題 4.17 $(X, \mathcal{O})$ の閉集合全体の集合を $\mathcal{A}$ とする.

必要であること:X の点 x が A の触点であるとする. $x \in O$ をみたす $\mathcal{O}$ の元 O

を任意にとる. もし $A \cap O = \varnothing$ であるとすると, 問題 4.16 より $A^a \cap O = \varnothing$ である. これは $x \in A^a \cap O$ に矛盾するので, $A \cap O \neq \varnothing$ である.

十分であること:$x \in O$ をみたす $\mathcal{O}$ の任意の元 O に対し, $A \cap O \neq \varnothing$ であるとする. $A \subset B$ をみたす $\mathcal{A}$ の元 B を任意にとる. $A \cap B^c = \varnothing$ かつ $B^c \in \mathcal{O}$ であるので, 仮定より $x \notin B^c$ である. よって, $x \in B$ である. ゆえに, $x \in A^a$ である.

問題 4.18 $(X, \mathcal{O})$ の閉集合全体の集合を $\mathcal{A}$ とする.

必要であること:$A \in \mathcal{A}$ であるとする. $A \in \mathcal{A}$ かつ $A \subset A$ であるので, $A^a \subset A$ である. また, 定理 4.15 (1) より $A \subset A^a$ である. よって, $A^a = A$ である.

十分であること:$A^a = A$ であるとする. $A^a \in \mathcal{A}$ であるので, $A \in \mathcal{A}$ である.

問題 4.19 $(X, \mathcal{O})$ の閉集合全体の集合を $\mathcal{A}$ とする. $(X, \mathcal{O})$ における A の閉包を A^a, (X, d) における A の閉包を A^b で表す. 補題 3.15 (1) より $A \subset A^b$ であり, 定理 3.20 (3) と問題 4.7 より $A^b \in \mathcal{A}$ である. よって, $A^a \subset A^b$ である. 一方, 定義より $A^a \in \mathcal{A}$ であり, 定理 4.15 (1) より $A \subset A^a$ である. よって, 定理 3.20 (4) と問題 4.7 より $A^b \subset A^a$ である. ゆえに, $A^a = A^b$ である.

問題 4.20 $(X, \mathcal{O})$ の閉集合全体の集合を $\mathcal{A}$ とする.

(1) 定理 4.15 (1) より $A \cap B \subset A \subset A^a$ であり, $A^a \in \mathcal{A}$ であるので, $(A \cap B)^a \subset A^a$ である. 定理 4.15 (1) より $A \cap B \subset B \subset B^a$ であり, $B^a \in \mathcal{A}$ であるので, $(A \cap B)^a \subset B^a$ である. よって, $(A \cap B)^a \subset A^a \cap B^a$ である.

(2) $X = \mathbb{R}$, $A = (-\infty, 0)$, $B = (0, \infty)$ とし, $\mathcal{O}$ を $\mathbb{R}$ の通常の位相とする. このとき, $(A \cap B)^a = \varnothing^a = \varnothing$ であり, $A^a \cap B^a = (-\infty, 0] \cap [0, \infty) = \{0\}$ である.

問題 4.24 $(X, \mathcal{O})$ の閉集合全体の集合を $\mathcal{A}$ とする.

(1) 定理 4.15 (1) より $A \subset A^a$ である. A^d の点 x を任意にとる. $x \in (A - \{x\})^a$ である. $A^a \in \mathcal{A}$ であり, $A - \{x\} \subset A \subset A^a$ であるので, $(A - \{x\})^a \subset A^a$ である. よって, $x \in A^a$ である. 従って, $A^d \subset A^a$ である. ゆえに, $A \cup A^d \subset A^a$ である. A^a の点 x を任意にとる. $x \in A$ ならば $x \in A \cup A^d$ である. $x \notin A$ とする. このとき, $A - \{x\} = A$ であるので, $(A - \{x\})^a = A^a$ である. よって, $x \in (A - \{x\})^a$ である. 従って, $x \in A^d$ であり, $x \in A \cup A^d$ である. ゆえに, $A^a \subset A \cup A^d$ である. 以上より, $A^a = A \cup A^d$ である.

(2) 必要であること:$A \in \mathcal{A}$ であるとする. 問題 4.18 より $A^a = A$ である. (1) より $A = A^a = A \cup A^d$ であるので, $A^d \subset A$ である.

十分であること:$A^d \subset A$ であるとする. (1) より $A^a = A \cup A^d \subset A \cup A = A$ である. 一方, 定理 4.15 (1) より $A \subset A^a$ であるので, $A^a = A$ である. よって, 問題 4.18 より $A \in \mathcal{A}$ である.

問題 4.27 x の開近傍全体の集合を $\mathcal{B}(x)$ とする. $\mathcal{N}(x)$ の元 U を任意にとる. $V = U^i$ とする. $x \in V$ かつ $V \in \mathcal{O}$ であるので, $V \in \mathcal{B}(x)$ である. また, 定理 4.11 (1) より $V = U^i \subset U$ である. よって, $\mathcal{B}(x)$ は $(X, \mathcal{O})$ における x の基本近傍系である.

問題 4.32 X の部分集合 A に対し, $(X, \mathcal{O}_1)$ における A の内部を A^i で表し, $(X, \mathcal{O}_2)$ における A の内部を A^j で表す. X の点 x に対し, $(X, \mathcal{O}_1)$ における x の近傍系を $\mathcal{N}_1(x)$ で表し, $(X, \mathcal{O}_2)$ における x の近傍系を $\mathcal{N}_2(x)$ で表す.

必要であること：$\mathcal{O}_2$ が $\mathcal{O}_1$ より大きいとする．X の点 x と $\mathcal{B}_1(x)$ の元 U を任意にとる．$\mathcal{B}_1(x) \subset \mathcal{N}_1(x)$ より $U \in \mathcal{N}_1(x)$ であるので，$x \in U^i$ である．$U^i \in \mathcal{O}_1$ であり，仮定より $\mathcal{O}_1 \subset \mathcal{O}_2$ であるので，$U^i \in \mathcal{O}_2$ である．よって，問題 4.12 より $U^i = (U^i)^j$ であり，$x \in (U^i)^j$ である．従って，$U^i \in \mathcal{N}_2(x)$ であるので，$V \subset U^i$ をみたす $\mathcal{B}_2(x)$ の元 V が存在する．定理 4.11 (1) より $U^i \subset U$ であるので，$V \subset U$ である．

十分であること：X の任意の点 x と $\mathcal{B}_1(x)$ の任意の元 U に対し，$V \subset U$ をみたす $\mathcal{B}_2(x)$ の元 V が存在するとする．$\mathcal{O}_1$ の元 O を任意にとる．O の点 x を任意にとる．問題 4.12 より $O = O^i$ であるので，$x \in O^i$ である．よって，$O \in \mathcal{N}_1(x)$ であるので，$U \subset O$ をみたす $\mathcal{B}_1(x)$ の元 U が存在する．仮定より，$V \subset U$ をみたす $\mathcal{B}_2(x)$ の元 V が存在する．$\mathcal{B}_2(x) \subset \mathcal{N}_2(x)$ より $V \in \mathcal{N}_2(x)$ であるので，$x \in V^j$ である．一方，$V \subset O$ であるので，$V^j \subset O^j$ である．よって，$x \in O^j$ である．従って，$O \subset O^j$ である．定理 4.11 (1) より $O^j \subset O$ であるので，$O^j = O$ である．ゆえに，問題 4.12 より $O \in \mathcal{O}_2$ である．以上より，$\mathcal{O}_1 \subset \mathcal{O}_2$ である．

問題 4.33 (1) d_1, d_2 が距離関数の性質 (D1)〜(D4) をみたすことを示す．X の点 x, y, z を任意にとる．

(D1) をみたすこと：d が (D1) をみたすので，$d(x,y) \geqq 0$ であり，$1 + d(x,y) \geqq 1$ である．よって，$d_1(x,y) = \frac{d(x,y)}{1+d(x,y)} \geqq 0$ であり，$d_2(x,y) = \min\{1, d(x,y)\} \geqq 0$ である．

(D2) をみたすこと：$x = y$ ならば，d が (D2) をみたすので $d(x,y) = 0$ である．よって，$d_1(x,y) = \frac{0}{1+0} = 0$ であり，$d_2(x,y) = \min\{1, 0\} = 0$ である．$d_1(x,y) = 0$ ならば，$\frac{d(x,y)}{1+d(x,y)} = 0$ であるので，$d(x,y) = 0$ である．d が (D2) をみたすので $x = y$ である．$d_2(x,y) = 0$ ならば，$\min\{1, d(x,y)\} = 0$ であるので，$d(x,y) = 0$ である．d が (D2) をみたすので $x = y$ である．

(D3) をみたすこと：d が (D3) をみたすので，$d_1(x,y) = \frac{d(x,y)}{1+d(x,y)} = \frac{d(y,x)}{1+d(y,x)} = d_1(y,x)$ であり，$d_2(x,y) = \min\{1, d(x,y)\} = \min\{1, d(y,x)\} = d_2(y,x)$ である．

(D4) をみたすこと：d が (D4) をみたすので，$d(x,z) \leqq d(x,y) + d(y,z)$ である．

$$
d_1(x,z) = \frac{d(x,z)}{1+d(x,z)} \leqq \frac{d(x,y) + d(y,z)}{1 + d(x,y) + d(y,z)}
$$
$$
= \frac{d(x,y)}{1 + d(x,y) + d(y,z)} + \frac{d(y,z)}{1 + d(x,y) + d(y,z)} \leqq \frac{d(x,y)}{1 + d(x,y)} + \frac{d(y,z)}{1 + d(y,z)}
$$
$$
= d_1(x,y) + d_1(y,z)
$$

が成り立つ．$d(x,y) \geqq 1$ または $d(y,z) \geqq 1$ ならば，$d_2(x,y) = 1$ または $d_2(y,z) = 1$ であるので，$d_2(x,z) = \min\{1, d(x,z)\} \leqq 1 \leqq d_2(x,y) + d_2(y,z)$ である．$d(x,y) < 1$ かつ $d(y,z) < 1$ ならば，$d_2(x,y) = d(x,y)$ かつ $d_2(y,z) = d(y,z)$ であるので，

$$
d_2(x,z) = \min\{1, d(x,z)\} \leqq d(x,z) \leqq d(x,y) + d(y,z) = d_2(x,y) + d_2(y,z)
$$

である．

(2)　X の点 x, y を任意にとる.

$$d_1(x,y) = \frac{d(x,y)}{1+d(x,y)} \leqq \frac{1+d(x,y)}{1+d(x,y)} = 1, \quad d_2(x,y) = \min\{1, d(x,y)\} \leqq 1$$

である. よって, d_1, d_2 に関する X の直径はいずれも 1 以下である.

(3)　d から定まる X の距離位相を $\mathcal{O}$ とし, d_1, d_2 から定まる X の距離位相をそれぞれ $\mathcal{O}_1, \mathcal{O}_2$ とする. X の点 a と正の実数 ε に対し

$$U(a;\varepsilon) = \{x \in X \mid d(x,a) < \varepsilon\}, \quad U_i(a;\varepsilon) = \{x \in X \mid d_i(x,a) < \varepsilon\} \ (i = 1, 2)$$

とする. X の点 a に対し

$$\mathcal{B}(a) = \{U(a;\varepsilon) \mid \varepsilon \in (0, \infty)\}, \quad \mathcal{B}_i(a) = \{U_i(a;\varepsilon) \mid \varepsilon \in (0, \infty)\} \ (i = 1, 2)$$

とする. 例 4.28 より, $\mathcal{B}(a), \mathcal{B}_1(a), \mathcal{B}_2(a)$ はそれぞれ $(X, \mathcal{O}), (X, \mathcal{O}_1), (X, \mathcal{O}_2)$ における a の基本近傍系である.

$\mathcal{O}_1 = \mathcal{O}$ であること : X の点 a を任意にとる. $\mathcal{B}_1(a)$ の元 U を任意にとる. $U = U_1(a;\varepsilon)$ をみたす正の実数 ε が存在する. $V = U(a;\varepsilon) \in \mathcal{B}(a)$ と定める. V の点 x を任意にとる. このとき, $d_1(x,a) = \frac{d(x,a)}{1+d(x,a)} \leqq d(x,a) < \varepsilon$ であるので, $x \in U$ である. よって, $V \subset U$ である. ゆえに, 問題 4.32 より $\mathcal{O}_1 \subset \mathcal{O}$ である. $\mathcal{B}(a)$ の元 U を任意にとる. $U = U(a;\varepsilon)$ をみたす正の実数 ε が存在する. $V = U_1(a; \frac{\varepsilon}{1+\varepsilon}) \in \mathcal{B}_1(a)$ と定める. V の点 x を任意にとる. $d_1(x,a) < \frac{\varepsilon}{1+\varepsilon}$ より $d(x,a) < \varepsilon$ であるので, $x \in U$ である. よって, $V \subset U$ である. ゆえに, 問題 4.32 より $\mathcal{O} \subset \mathcal{O}_1$ である.

$\mathcal{O}_2 = \mathcal{O}$ であること : X の点 a を任意にとる. $\mathcal{B}_2(a)$ の元 U を任意にとる. $U = U_2(a;\varepsilon)$ をみたす正の実数 ε が存在する. $V = U(a;\varepsilon) \in \mathcal{B}(a)$ と定める. V の点 x を任意にとる. このとき, $d_2(x,a) = \min\{1, d(x,a)\} \leqq d(x,a) < \varepsilon$ であるので, $x \in U$ である. よって, $V \subset U$ である. ゆえに, 問題 4.32 より $\mathcal{O}_2 \subset \mathcal{O}$ である. $\mathcal{B}(a)$ の元 U を任意にとる. $U = U(a;\varepsilon)$ をみたす正の実数 ε が存在する. $V = U_2(a; \min\{1, \varepsilon\}) \in \mathcal{B}_2(a)$ と定める. V の点 x を任意にとる. $d_2(x,a) < \min\{1, \varepsilon\}$ より $d(x,a) < \varepsilon$ であるので, $x \in U$ である. よって, $V \subset U$ である. ゆえに, 問題 4.32 より $\mathcal{O} \subset \mathcal{O}_2$ である.

問題 4.37　$\mathcal{O}_Z$ の元 O を任意にとる. g が連続であるので, $g^{-1}(O) \in \mathcal{O}_Y$ である. f が連続であるので, $f^{-1}(g^{-1}(O)) \in \mathcal{O}_X$ である. よって, $(g \circ f)^{-1}(O) \in \mathcal{O}_X$ である. ゆえに, $g \circ f$ は連続である.

問題 4.39　距離位相の定義・連続写像の定義と, 定理 3.28 から従う.

問題 4.40　(1)　X 上の恒等写像 $1_X : X \to X$ は連続であり, $1_X \circ 1_X = 1_X$ である. よって, 1_X は $(X, \mathcal{O})$ から $(X, \mathcal{O})$ への同相写像である.

(2)　写像 $f : X \to Y$ が $(X, \mathcal{O}_X)$ から $(Y, \mathcal{O}_Y)$ への同相写像ならば, f の逆写像 f^{-1} は $(Y, \mathcal{O}_Y)$ から $(X, \mathcal{O}_X)$ への同相写像である.

(3)　写像 $f : X \to Y$ が $(X, \mathcal{O}_X)$ から $(Y, \mathcal{O}_Y)$ への同相写像であり, 写像 $g : Y \to Z$ が $(Y, \mathcal{O}_Y)$ から $(Z, \mathcal{O}_Z)$ への同相写像であるとする. このとき, f と g の合成 $g \circ f$ の逆写像は $f^{-1} \circ g^{-1}$ である. よって, 問題 4.37 より, $g \circ f$ は $(X, \mathcal{O}_X)$ から

$(Z, \mathcal{O}_Z)$ への同相写像である.

問題 4.41 $(X, \mathcal{O}_X), (Y, \mathcal{O}_Y)$ の閉集合全体の集合をそれぞれ $\mathcal{A}_X, \mathcal{A}_Y$ とする.

(1) $\Rightarrow$ (2)：f が同相写像であるので, f は全単射であり, かつ連続写像である. $\mathcal{O}_X$ の元 O を任意にとる. f^{-1} が $(Y, \mathcal{O}_Y)$ から $(X, \mathcal{O}_X)$ への連続写像であるので, $f(O) = (f^{-1})^{-1}(O) \in \mathcal{O}_Y$ である. よって, f は開写像である.

(2) $\Rightarrow$ (1)：仮定より f は全単射であり, かつ連続写像である. $\mathcal{O}_X$ の元 O を任意にとる. f が開写像であるので, $(f^{-1})^{-1}(O) = f(O) \in \mathcal{O}_Y$ である. よって, f^{-1} は $(Y, \mathcal{O}_Y)$ から $(X, \mathcal{O}_X)$ への連続写像である.

(1) $\Rightarrow$ (3)：f が同相写像であるので, f は全単射であり, かつ連続写像である. $\mathcal{A}_X$ の元 A を任意にとる. f^{-1} が $(Y, \mathcal{O}_Y)$ から $(X, \mathcal{O}_X)$ への連続写像であるので, 定理 4.38 より $f(A) = (f^{-1})^{-1}(A) \in \mathcal{A}_Y$ である. よって, f は閉写像である.

(3) $\Rightarrow$ (1)：仮定より f は全単射であり, かつ連続写像である. $\mathcal{A}_X$ の元 A を任意にとる. f が閉写像であるので, $(f^{-1})^{-1}(A) = f(A) \in \mathcal{A}_Y$ である. よって, 定理 4.38 より, f^{-1} は $(Y, \mathcal{O}_Y)$ から $(X, \mathcal{O}_X)$ への連続写像である.

問題 4.42 $(X, \mathcal{O}_X), (Y, \mathcal{O}_Y), (Z, \mathcal{O}_Z)$ の閉集合全体の集合をそれぞれ $\mathcal{A}_X, \mathcal{A}_Y, \mathcal{A}_Z$ とする.

f, g がともに開写像であるとする. $\mathcal{O}_X$ の元 O を任意にとる. f が開写像であるので, $f(O) \in \mathcal{O}_Y$ である. g が開写像であるので, $g(f(O)) \in \mathcal{O}_Z$ である. よって, $(g \circ f)(O) \in \mathcal{O}_Z$ である. ゆえに, $g \circ f$ は開写像である.

f, g がともに閉写像であるとする. $\mathcal{A}_X$ の元 A を任意にとる. f が閉写像であるので, $f(A) \in \mathcal{A}_Y$ である. g が閉写像であるので, $g(f(A)) \in \mathcal{A}_Z$ である. よって, $(g \circ f)(A) \in \mathcal{A}_Z$ である. ゆえに, $g \circ f$ は閉写像である.

問題 4.43 (1) $\mathcal{O}$ が (O1) をみたすので, $X \in \mathcal{O}, \varnothing \in \mathcal{O}$ である. $A = X \cap A, \varnothing = \varnothing \cap A$ であるので, $A \in \mathcal{O}_A, \varnothing \in \mathcal{O}_A$ である. よって, $\mathcal{O}_A$ は (O1) をみたす. $\mathcal{O}_A$ の元 O_1', O_2' を任意にとる. $O_1' = O_1 \cap A, O_2' = O_2 \cap A$ をみたす $\mathcal{O}$ の元 O_1, O_2 が存在する. $\mathcal{O}$ が (O2) をみたすので, $O_1 \cap O_2 \in \mathcal{O}$ である. よって,

$$O_1' \cap O_2' = (O_1 \cap A) \cap (O_2 \cap A) = (O_1 \cap O_2) \cap A \in \mathcal{O}_A$$

である. ゆえに, $\mathcal{O}_A$ は (O2) をみたす. $(O_\lambda')_{\lambda \in \Lambda}$ を A の部分集合族とし, Λ の任意の元 λ に対し $O_\lambda' \in \mathcal{O}_A$ であるとする. Λ の任意の元 λ に対し, $O_\lambda' = O_\lambda \cap A$ をみたす $\mathcal{O}$ の元 O_λ が存在する. $\mathcal{O}$ が (O3) をみたすので, $\bigcup_{\lambda \in \Lambda} O_\lambda \in \mathcal{O}$ である. よって,

$$\bigcup_{\lambda \in \Lambda} O_\lambda' = \bigcup_{\lambda \in \Lambda} (O_\lambda \cap A) = \left(\bigcup_{\lambda \in \Lambda} O_\lambda \right) \cap A \in \mathcal{O}_A$$

である. ゆえに, $\mathcal{O}_A$ は (O3) をみたす. 以上より, $\mathcal{O}_A$ は A の位相である.

(2) $\mathcal{O}$ の元 O を任意にとる. $i^{-1}(O) = O \cap A \in \mathcal{O}_A$ である. よって, i は $(A, \mathcal{O}_A)$ から $(X, \mathcal{O})$ への連続写像である.

問題 4.44 (1) $(A, \mathcal{O}_A)$ の閉集合全体の集合を $\mathcal{A}_A$ とし, $\mathcal{A}_A' = \{B \cap A \mid B \in \mathcal{A}\}$ とする. $\mathcal{A}_A = \mathcal{A}_A'$ であることを示す. $\mathcal{A}_A$ の元 B' を任意にとる. $B' = A -$

O' をみたす $\mathcal{O}_A$ の元 O' が存在する. $O' = O \cap A$ をみたす $\mathcal{O}$ の元 O が存在する. よって,

$$B' = A - O' = A - (O \cap A) = A \cap (O \cap A)^c = A \cap (O^c \cup A^c) = O^c \cap A \in \mathcal{A}'_A$$

となる. 従って, $\mathcal{A}_A \subset \mathcal{A}'_A$ である. $\mathcal{A}'_A$ の元 B' を任意にとる. $B' = B \cap A$ をみたす $\mathcal{A}$ の元 B が存在する. $B = O^c$ をみたす $\mathcal{O}$ の元 O が存在する. $O' = O \cap A$ とすると, $O' \in \mathcal{O}_A$ である. よって,

$$B' = B \cap A = O^c \cap A = A - (O \cap A) = A - O' \in \mathcal{A}_A$$

となる. 従って, $\mathcal{A}'_A \subset \mathcal{A}_A$ である. ゆえに, $\mathcal{A}_A = \mathcal{A}'_A$ である.

(2)　$(A, \mathcal{O}_A)$ における x の近傍系を $\mathcal{N}_A(x)$ とし, $\mathcal{N}'_A(x) = \{U \cap A \mid U \in \mathcal{N}(x)\}$ とする. $\mathcal{N}_A(x) = \mathcal{N}'_A(x)$ であることを示す. $\mathcal{N}_A(x)$ の元 V を任意にとる. x は $(A, \mathcal{O}_A)$ における V の内点である. 問題 4.10 より, $x \in O'$ かつ $O' \subset V$ をみたす $\mathcal{O}_A$ の元 O' が存在する. $O' = O \cap A$ をみたす $\mathcal{O}$ の元 O が存在する. このとき, $U = V \cup O$ とする. $x \in O'$ と $O' = O \cap A$ より $x \in O$ であり, 問題 4.12 より $O = O^i$ であるので, $O \in \mathcal{N}(x)$ である. $O \subset U$ であるので, (N3) より $U \in \mathcal{N}(x)$ である. また,

$$V = V \cup O' = (V \cap A) \cup (O \cap A) = (V \cup O) \cap A = U \cap A$$

である. よって, $V \in \mathcal{N}'_A(x)$ である. ゆえに, $\mathcal{N}_A(x) \subset \mathcal{N}'_A(x)$ である. $\mathcal{N}'_A(x)$ の元 V を任意にとる. $V = U \cap A$ をみたす $\mathcal{N}(x)$ の元 U が存在する. $x \in U^i$ であるので, 問題 4.10 より, $x \in O$ かつ $O \subset U$ をみたす $\mathcal{O}$ の元 O が存在する. $x \in A$ より $x \in O \cap A$ であり, $O \cap A \subset U \cap A = V$ である. よって, 問題 4.10 より, x は $(A, \mathcal{O}_A)$ における V の内点である. 従って, $V \in \mathcal{N}_A(x)$ である. ゆえに, $\mathcal{N}'_A(x) \subset \mathcal{N}_A(x)$ である. 以上より, $\mathcal{N}_A(x) = \mathcal{N}'_A(x)$ である.

問題 4.45　必要であること：f が $(X, \mathcal{O}_X)$ から $(B, \mathcal{O}_B)$ への連続写像であるとする. 問題 4.43 (2) より, i は $(B, \mathcal{O}_B)$ から $(Y, \mathcal{O}_Y)$ への連続写像である. よって, 問題 4.37 より, $i \circ f$ は $(X, \mathcal{O}_X)$ から $(Y, \mathcal{O}_Y)$ への連続写像である.

十分であること：$i \circ f$ が $(X, \mathcal{O}_X)$ から $(Y, \mathcal{O}_Y)$ への連続写像であるとする. $\mathcal{O}_B$ の元 O' を任意にとる. $O' = O \cap B$ をみたす $\mathcal{O}_Y$ の元 O が存在する. このとき,

$$f^{-1}(O') = f^{-1}(O \cap B) = f^{-1}\big(i^{-1}(O)\big) = (i \circ f)^{-1}(O) \in \mathcal{O}_X$$

である. よって, f は $(X, \mathcal{O}_X)$ から $(B, \mathcal{O}_B)$ への連続写像である.

問題 4.46　A の点 a と正の実数 ε に対し, (A, d_A) における a の ε 近傍を $U_A(a; \varepsilon)$ とする. d_A から定まる A の距離位相を $\mathcal{O}'_A$ とする. $\mathcal{O}_A = \mathcal{O}'_A$ であることを示す.

$\mathcal{O}_A$ の元 O' を任意にとる. O' の点 a を任意にとる. $O' = O \cap A$ をみたす $\mathcal{O}$ の元 O が存在する. $O = O^i$ であるので, $U(a; \varepsilon) \subset O$ をみたす正の実数 ε が存在する.

$$U_A(a; \varepsilon) = \big\{x \in A \mid d_A(x, a) < \varepsilon\big\} = \big\{x \in X \mid d(x, a) < \varepsilon, \ x \in A\big\} = U(a; \varepsilon) \cap A$$

であるので, $U_A(a; \varepsilon) = U(a; \varepsilon) \cap A \subset O \cap A = O'$ である. よって, a は $(A, \mathcal{O}'_A)$ における O' の内点である. 従って, O' は $(A, \mathcal{O}'_A)$ における O' の内部に等しいので, $O' \in \mathcal{O}'_A$ である. ゆえに, $\mathcal{O}_A \subset \mathcal{O}'_A$ である. $\mathcal{O}'_A$ の元 O' を任意にとる. O' は

$(A, \mathcal{O}'_A)$ における O' の内部に等しいので，O' の任意の点は $(A, \mathcal{O}'_A)$ における O' の内点である．よって，

$$\Lambda = \left\{ (a, \varepsilon) \in O' \times (0, \infty) \,\middle|\, U_A(a; \varepsilon) \subset O' \right\}$$

とすると，$\bigcup_{(a,\varepsilon)\in\Lambda} U_A(a;\varepsilon) = O'$ である．このとき，$O = \bigcup_{(a,\varepsilon)\in\Lambda} U(a;\varepsilon)$ とする．問題 3.19 (1) より $U(a;\varepsilon) \in \mathcal{O}$ であるので，(O3) より $O \in \mathcal{O}$ である．また，

$$O' = \bigcup_{(a,\varepsilon)\in\Lambda} U_A(a;\varepsilon) = \bigcup_{(a,\varepsilon)\in\Lambda} (U(a;\varepsilon) \cap A) = \left(\bigcup_{(a,\varepsilon)\in\Lambda} U(a;\varepsilon) \right) \cap A = O \cap A$$

である．よって，$O' \in \mathcal{O}_A$ である．ゆえに，$\mathcal{O}'_A \subset \mathcal{O}_A$ である．以上より，$\mathcal{O}_A = \mathcal{O}'_A$ である．

問題 4.48　$(X, \mathcal{O}_X)$, $(Y, \mathcal{O}_Y)$, $(A, \mathcal{O}_A)$, $(B, \mathcal{O}_B)$ の閉集合全体の集合をそれぞれ $\mathcal{A}_X, \mathcal{A}_Y, \mathcal{A}_A, \mathcal{A}_B$ とする．また，$i_A \colon A \to X$, $i_B \colon B \to X$ を包含写像とする．

必要であること：f が $(X, \mathcal{O}_X)$ から $(Y, \mathcal{O}_Y)$ への連続写像であるとする．問題 4.43 (2) より，i_A, i_B はそれぞれ $(A, \mathcal{O}_A)$, $(B, \mathcal{O}_B)$ から $(X, \mathcal{O}_X)$ への連続写像である．よって，問題 4.37 より，$f|_A = f \circ i_A$, $f|_B = f \circ i_B$ はそれぞれ $(A, \mathcal{O}_A)$, $(B, \mathcal{O}_B)$ から $(Y, \mathcal{O}_Y)$ への連続写像である．

十分であること：$f|_A$, $f|_B$ がそれぞれ $(A, \mathcal{O}_A)$, $(B, \mathcal{O}_B)$ から $(Y, \mathcal{O}_Y)$ への連続写像であるとする．$\mathcal{A}_Y$ の元 D を任意にとる．定理 4.38 より，$f|_A^{-1}(D) \in \mathcal{A}_A$ かつ $f|_B^{-1}(D) \in \mathcal{A}_B$ である．問題 4.44 (1) より，$f|_A^{-1}(D) = C \cap A$, $f|_B^{-1}(D) = C' \cap B$ をみたす $\mathcal{A}_X$ の元 C, C' が存在する．また，

$$f|_A^{-1}(D) = f^{-1}(D) \cap A, \quad f|_B^{-1}(D) = f^{-1}(D) \cap B$$

であるので，$f^{-1}(D) \cap A = C \cap A$, $f^{-1}(D) \cap B = C' \cap B$ である．よって，

$$f^{-1}(D) = f^{-1}(D) \cap (A \cup B) = (f^{-1}(D) \cap A) \cup (f^{-1}(D) \cap B)$$
$$= (C \cap A) \cup (C' \cap B)$$

である．A, B, C, C' はいずれも $\mathcal{A}_X$ の元であるので，(A3) より $C \cap A \in \mathcal{A}_X$ かつ $C' \cap B \in \mathcal{A}_X$ であり，(A2) より $(C \cap A) \cup (C' \cap B) \in \mathcal{A}_X$ である．よって，$f^{-1}(D) \in \mathcal{A}_X$ である．ゆえに，定理 4.38 より，f は $(X, \mathcal{O}_X)$ から $(Y, \mathcal{O}_Y)$ への連続写像である．

問題 4.49　(1)　$\mathcal{O}$ が (O1) をみたすので，$Y \in \mathcal{O}$, $\varnothing \in \mathcal{O}$ である．$X = f^{-1}(Y)$, $\varnothing = f^{-1}(\varnothing)$ であるので，$X \in f^*\mathcal{O}$, $\varnothing \in f^*\mathcal{O}$ である．よって，$f^*\mathcal{O}$ は (O1) をみたす．$f^*\mathcal{O}$ の元 O'_1, O'_2 を任意にとる．$O'_1 = f^{-1}(O_1)$, $O'_2 = f^{-1}(O_2)$ をみたす $\mathcal{O}$ の元 O_1, O_2 が存在する．$\mathcal{O}$ が (O2) をみたすので，$O_1 \cap O_2 \in \mathcal{O}$ である．よって，

$$O'_1 \cap O'_2 = f^{-1}(O_1) \cap f^{-1}(O_2) = f^{-1}(O_1 \cap O_2) \in f^*\mathcal{O}$$

である．ゆえに，$f^*\mathcal{O}$ は (O2) をみたす．$(O'_\lambda)_{\lambda\in\Lambda}$ を X の部分集合族とし，Λ の任意の元 λ に対し $O'_\lambda \in f^*\mathcal{O}$ であるとする．Λ の任意の元 λ に対し，$O'_\lambda = f^{-1}(O_\lambda)$

をみたす $\mathcal{O}$ の元 O_λ が存在する. $\mathcal{O}$ が (O3) をみたすので, $\bigcup_{\lambda \in \Lambda} O_\lambda \in \mathcal{O}$ である. よって,

$$\bigcup_{\lambda \in \Lambda} O'_\lambda = \bigcup_{\lambda \in \Lambda} f^{-1}(O_\lambda) = f^{-1}\left(\bigcup_{\lambda \in \Lambda} O_\lambda\right) \in f^*\mathcal{O}$$

である. ゆえに, $f^*\mathcal{O}$ は (O3) をみたす. 以上より, $f^*\mathcal{O}$ は X の位相である.

(2) $\mathcal{O}$ の元 O を任意にとる. $f^*\mathcal{O}$ の定義より $f^{-1}(O) \in f^*\mathcal{O}$ である. よって, f は $(X, f^*\mathcal{O})$ から $(Y, \mathcal{O})$ への連続写像である.

(3) $f^*\mathcal{O}$ の元 O' を任意にとる. $O' = f^{-1}(O)$ をみたす $\mathcal{O}$ の元 O が存在する. f が $(X, \mathcal{O}')$ から $(Y, \mathcal{O})$ への連続写像であるので, $f^{-1}(O) \in \mathcal{O}'$ である. よって, $O' \in \mathcal{O}'$ である. ゆえに, $f^*\mathcal{O} \subset \mathcal{O}'$ である. すなわち, $\mathcal{O}'$ は $f^*\mathcal{O}$ より大きい.

問題 4.52 $\mathcal{B}_A = \{U \cap A \mid U \in \mathcal{B}\}$ とする. $\mathcal{O}_A$ の元 O' と O' の点 x を任意にとる. $O' = O \cap A$ をみたす $\mathcal{O}$ の元 O が存在する. $x \in O$ であり, $\mathcal{B}$ が $\mathcal{O}$ の基底であるので, $x \in U$ かつ $U \subset O$ をみたす $\mathcal{B}$ の元 U が存在する. このとき, $U' = U \cap A$ とする. $x \in A$ より $x \in U \cap A = U'$ であり, $U' = U \cap A \subset O \cap A = O'$ である. また, $U' \in \mathcal{B}_A$ である. よって, $\mathcal{B}_A$ は $\mathcal{O}_A$ の基底である.

問題 4.53 $\mathcal{B}(x)$ の元 V を任意にとる. $V \in \mathcal{B}$ であるので, $\mathcal{B} \subset \mathcal{O}$ より $V \in \mathcal{O}$ である. 問題 4.12 より $V = V^i$ であるので, $x \in V^i$ であり, $V \in \mathcal{N}(x)$ である. よって, $\mathcal{B}(x) \subset \mathcal{N}(x)$ である. $\mathcal{N}(x)$ の元 U を任意にとる. $x \in U^i$ であり, $U^i \in \mathcal{O}$ であるので, $x \in V$ かつ $V \subset U^i$ をみたす $\mathcal{B}$ の元 V が存在する. 定理 4.11 (1) より $U^i \subset U$ であるので $V \subset U$ であり, $V \in \mathcal{B}(x)$ である. 従って, $\mathcal{B}(x)$ は $(X, \mathcal{O})$ における x の基本近傍系である.

問題 4.57 必要であること：$\mathcal{O}_2$ が $\mathcal{O}_1$ より大きいとする. $\mathcal{B}_1$ の元 U と U の点 x を任意にとる. $\mathcal{B}_1 \subset \mathcal{O}_1$ であり, 仮定より $\mathcal{O}_1 \subset \mathcal{O}_2$ であるので, $U \in \mathcal{O}_2$ である. $\mathcal{B}_2$ が $\mathcal{O}_2$ の基底であるので, $x \in V$ かつ $V \subset U$ をみたす $\mathcal{B}_2$ の元 U が存在する.

十分であること：$\mathcal{B}_1$ の任意の元 U と U の任意の点 x に対し, $x \in V$ かつ $V \subset U$ をみたす $\mathcal{B}_2$ の元 V が存在するとする. $\mathcal{O}_1$ の元 O を任意にとる. O の点 x を任意にとる. $\mathcal{B}_1$ が $\mathcal{O}_1$ の基底であるので, $x \in U$ かつ $U \subset O$ をみたす $\mathcal{B}_1$ の元 U が存在する. 仮定より, $x \in V$ かつ $V \subset U$ をみたす $\mathcal{B}_2$ の元 V が存在する. よって, $x \in V$ かつ $V \subset O$ であり, $\mathcal{B}_2 \subset \mathcal{O}_2$ より $V \in \mathcal{O}_2$ である. 従って, 問題 4.10 より, x は $(X, \mathcal{O}_2)$ における O の内点である. よって, O は $(X, \mathcal{O}_2)$ における O の内部の部分集合である. 一方, 定理 4.11 (1) より, $(X, \mathcal{O}_2)$ における O の内部は O の部分集合である. ゆえに, 問題 4.12 より $O \in \mathcal{O}_2$ である. 以上より, $\mathcal{O}_1 \subset \mathcal{O}_2$ である.

問題 4.59 $\mathcal{S}_A = \{B \cap A \mid B \in \mathcal{S}\}$ とする. $\mathcal{O}_A - \{A\}$ の元 O' と O' の点 x を任意にとる. $O' = O \cap A$ をみたす $\mathcal{O}$ の元 O が存在する. $O' \neq A$ より $O \neq X$ である. $x \in O$ であり, $\mathcal{S}$ が $\mathcal{O}$ の準基底であるので, $x \in V_1 \cap \cdots \cap V_n$ かつ $V_1 \cap \cdots \cap V_n \subset O$ をみたす $\mathcal{S}$ の有限個の元 $V_1, \ldots, V_n$ が存在する. このとき, $\{1, \ldots, n\}$ の元 i に対し $V'_i = V_i \cap A$ とする. $x \in A$ より $x \in (V_1 \cap \cdots \cap V_n) \cap A = V'_1 \cap \cdots \cap V'_n$ であり, $V'_1 \cap \cdots \cap V'_n = (V_1 \cap \cdots \cap V_n) \cap A \subset O \cap A = O'$ である. また, $V'_1, \ldots, V'_n \in$

$\mathcal{S}_A$ である．よって，$\mathcal{S}_A$ は $\mathcal{O}_A$ の準基底である．

問題 4.61 $\mathcal{N}_Y(y)$ を $(Y, \mathcal{O}_Y)$ における点 y の近傍系とする．

(1) $\Rightarrow$ (2)：$\mathcal{S}_Y$ の元 A を任意にとる．$\mathcal{S}_Y \subset \mathcal{O}_Y$ であるので，$A \in \mathcal{O}_Y$ である．よって，仮定より $f^{-1}(A) \in \mathcal{O}_X$ である．

(2) $\Rightarrow$ (1)：$\mathcal{O}_Y$ の元 O を任意にとる．定理 4.60 の証明より，$\mathcal{P}(Y)$ の部分集合

$$\mathcal{B}_Y = \{Y\} \cup \left\{ \bigcap \mathcal{S}' \;\middle|\; \mathcal{S}' \subset \mathcal{S}_Y,\ \#\mathcal{S}' < \aleph_0,\ \mathcal{S}' \neq \varnothing \right\}$$

は $\mathcal{O}_Y$ の基底であり，定理 4.55 の証明より $\mathcal{O}_Y = \{\bigcup \mathcal{B}' \mid \mathcal{B}' \subset \mathcal{B}_Y\}$ である．$O = Y$ ならば $f^{-1}(O) = X \in \mathcal{O}_X$ である．$O \neq Y$ とする．$\mathcal{B}_Y$ の部分集合 $\mathcal{B}'$ と，$\mathcal{B}'$ の任意の元 U に対し $\mathcal{S}_Y$ の空でない有限部分集合 $\mathcal{S}_U$ が存在して，

$$O = \bigcup \mathcal{B}', \quad U = \bigcap \mathcal{S}_U$$

が成り立つ．よって，仮定と $\mathcal{O}_X$ が (O2), (O3) をみたすことより

$$f^{-1}(O) = f^{-1}\left(\bigcup_{U \in \mathcal{B}'} \left(\bigcap_{A \in \mathcal{S}_U} A \right) \right) = \bigcup_{U \in \mathcal{B}'} \left(\bigcap_{A \in \mathcal{S}_U} f^{-1}(A) \right) \in \mathcal{O}_X$$

である．ゆえに，f は $(X, \mathcal{O}_X)$ から $(Y, \mathcal{O}_Y)$ への連続写像である．

(1) $\Rightarrow$ (3)：X の点 x と $\mathcal{B}_Y(f(x))$ の元 U を任意にとる．$\mathcal{B}_Y(f(x)) \subset \mathcal{N}_Y(f(x))$ であるので，$U \in \mathcal{N}_Y(f(x))$ である．よって，仮定と定理 4.38 より $f^{-1}(U) \in \mathcal{N}_X(x)$ である．

(3) $\Rightarrow$ (1)：X の点 x と $\mathcal{N}_Y(f(x))$ の元 U を任意にとる．$V \subset U$ をみたす $\mathcal{B}_Y(f(x))$ の元 V が存在する．仮定より $f^{-1}(V) \in \mathcal{N}_X(x)$ である．$f^{-1}(V) \subset f^{-1}(U)$ であるので，(N3) より $f^{-1}(U) \in \mathcal{N}_X(x)$ である．よって，f は x で連続である．従って，定理 4.38 より，f は $(X, \mathcal{O}_X)$ から $(Y, \mathcal{O}_Y)$ への連続写像である．

問題 4.62 (1) $\Rightarrow$ (2)：$\mathcal{B}_X$ の元 U を任意にとる．$\mathcal{B}_X \subset \mathcal{O}_X$ であるので，$U \in \mathcal{O}_X$ である．よって，仮定より $f(U) \in \mathcal{O}_Y$ である．

(2) $\Rightarrow$ (1)：$\mathcal{O}_X$ の元 O を任意にとる．定理 4.55 の証明より $\mathcal{O}_X = \{\bigcup \mathcal{B}' \mid \mathcal{B}' \subset \mathcal{B}_X\}$ である．$\mathcal{B}_X$ の部分集合 $\mathcal{B}'$ が存在して，$O = \bigcup \mathcal{B}'$ が成り立つ．よって，仮定と $\mathcal{O}_Y$ が (O3) をみたすことより

$$f(O) = f\left(\bigcup \mathcal{B}' \right) = f\left(\bigcup_{U \in \mathcal{B}'} U \right) = \bigcup_{U \in \mathcal{B}'} f(U) \in \mathcal{O}_Y$$

である．ゆえに，f は $(X, \mathcal{O}_X)$ から $(Y, \mathcal{O}_Y)$ への開写像である．

(1) $\Rightarrow$ (3)：X の点 x と $\mathcal{N}_X(x)$ の元 U を任意にとる．$U^i \in \mathcal{O}_X$ であるので，仮定より $f(U^i) \in \mathcal{O}_Y$ である．また，定理 4.11 (1) より $U^i \subset U$ であるので，$f(U^i) \subset f(U)$ である．よって，$f(U^i) \subset f(U)^i$ である．$x \in U^i$ より $f(x) \in f(U^i)$ であるので，$f(x) \in f(U)^i$ である．よって，$f(U) \in \mathcal{N}_Y(f(x))$ である．

(3) ⇒ (1)：$\mathcal{O}_X$ の元 O を任意にとる．$f(O)$ の点 y を任意にとる．$f(x) = y$ をみたす O の点 x が存在する．問題 4.12 より $O^i = O$ であるので，$O \in \mathcal{N}_X(x)$ である．仮定より $f(O) \in \mathcal{N}_Y(f(x))$ である．よって，$y = f(x) \in f(O)^i$ である．従って，$f(O) \subset f(O)^i$ である．定理 4.11 (1) より $f(O)^i \subset f(O)$ であるので，$f(O)^i = f(O)$ である．問題 4.12 より，$f(O) \in \mathcal{O}_Y$ である．ゆえに，f は $(X, \mathcal{O}_X)$ から $(Y, \mathcal{O}_Y)$ への開写像である．

問題 4.63 (B1) をみたすこと：X の点 x を任意にとる．$\{1, \ldots, n\}$ の任意の元 i に対し $X_i \in \mathcal{O}_i$ であるので，$X = X_1 \times \cdots \times X_n \in \mathcal{B}$ である．よって，$\mathcal{B}$ は (B1) をみたす．

(B2) をみたすこと：$\mathcal{B}$ の元 U, V を任意にとる．$\{1, \ldots, n\}$ の任意の元 i に対し $\mathcal{O}_i$ の元 O_i, O_i' が存在し，

$$U = O_1 \times \cdots \times O_n, \quad V = O_1' \times \cdots \times O_n'$$

が成り立つ．$\mathcal{O}_i$ が (O2) をみたすので，$O_i \cap O_i' \in \mathcal{O}_i$ である．よって，$W = U \cap V$ とすると，$U \cap V$ の任意の点 x に対し $x \in W$ であり，

$$W = U \cap V = (O_1 \cap O_1') \times \cdots \times (O_n \cap O_n') \in \mathcal{B}$$

である．ゆえに，$\mathcal{B}$ は (B2) をみたす．

問題 4.64 $1 \leqq k < \ell \leqq n$ をみたす整数 k, ℓ に対し，$X_k, \ldots, X_\ell$ の直積を X_k^ℓ とし，$\mathcal{O}_k, \ldots, \mathcal{O}_\ell$ の直積位相を $\mathcal{O}_k^\ell$ とする．$\mathcal{O}_1^{n-1}$ と $\mathcal{O}_n$ の直積位相を $\mathcal{O}(n)$ とし，$\mathcal{O}_1$ と $\mathcal{O}_2^n$ の直積位相を $\mathcal{O}'(n)$ とする．

$\mathcal{O}_1^n = \mathcal{O}(n)$ であること：$\mathcal{O}_1^n$ は

$$\mathcal{B}_1^n = \left\{ O_1 \times \cdots \times O_n \mid \forall i \in \{1, \ldots, n\}(O_i \in \mathcal{O}_i) \right\}$$

を基底とする X_1^n の位相であり，$\mathcal{O}(n)$ は

$$\mathcal{B}(n) = \left\{ O' \times O_n \mid O' \in \mathcal{O}_1^{n-1}, \ O_n \in \mathcal{O}_n \right\}$$

を基底とする X_1^n の位相である．$\mathcal{B}_1^{n-1}$ が $\mathcal{O}_1^{n-1}$ の基底であり，

$$\mathcal{B}_1^n = \left\{ W \times O_n \mid W \in \mathcal{B}_1^{n-1}, \ O_n \in \mathcal{O}_n \right\}$$

であるので，$\mathcal{B}_1^n \subset \mathcal{B}(n)$ である．$\mathcal{B}_1^n$ の任意の元 U と U の任意の点 x に対し，$V = U$ とすると，$x \in V$ かつ $V \subset U$ であり，$V \in \mathcal{B}(n)$ である．よって，問題 4.57 より，$\mathcal{O}_1^n \subset \mathcal{O}(n)$ である．$\mathcal{B}(n)$ の元 U と U の点 x を任意にとる．$U = O' \times O_n$ をみたす $\mathcal{O}_1^{n-1}$ の元 O' と $\mathcal{O}_n$ の元 O_n が存在する．また，$x = (x', x_n)$ をみたす X_1^{n-1} の点 x' と X_n の点 x_n が存在する．$\mathcal{B}_1^{n-1}$ が $\mathcal{O}_1^{n-1}$ の基底であり，$x' \in O'$ であるので，$x' \in U'$ かつ $U' \subset O'$ をみたす $\mathcal{B}_1^{n-1}$ の元 U' が存在する．よって，$V = U' \times O_n$ とすると，$x = (x', x_n) \in U' \times O_n = V$ であり，$V = U' \times O_n \subset O' \times O_n = U$ である．また，$U' \in \mathcal{B}_1^{n-1}$ かつ $O_n \in \mathcal{O}_n$ であるので，$V \in \mathcal{B}_1^n$ である．ゆえに，問題 4.57 より，$\mathcal{O}_1^n \supset \mathcal{O}(n)$ である．以上より，$\mathcal{O}_1^n = \mathcal{O}(n)$ である．

$\mathcal{O}(3) = \mathcal{O}'(3)$ であること：上と全く同様の議論により，$\mathcal{O}_1^n = \mathcal{O}'(n)$ である．よっ

て，上と合わせて $\mathcal{O}(n) = \mathcal{O}'(n)$ である．特に，$n = 3$ とすると $\mathcal{O}(3) = \mathcal{O}'(3)$ である．

問題 4.65 $\mathcal{O}$ と $\mathcal{O}$ の直積位相 $\mathcal{O}^2$ は，$\mathcal{B} = \{O_1 \times O_2 \mid O_1, O_2 \in \mathcal{O}\}$ を基底とする $X \times X$ の位相である．$\mathcal{B}$ の元 U を任意にとる．$U = O_1 \times O_2$ をみたす $\mathcal{O}$ の元 O_1, O_2 が存在する．$\mathcal{O}$ が (O2) をみたすので，

$$\delta_X^{-1}(U) = \delta_X^{-1}(O_1 \times O_2) = \{x \in X \mid (x, x) \in O_1 \times O_2\} = O_1 \cap O_2 \in \mathcal{O}$$

である．よって，問題 4.61 より，δ_X は $(X, \mathcal{O})$ から $(X \times X, \mathcal{O}^2)$ への連続写像である．

問題 4.66 $\mathcal{O}_1, \ldots, \mathcal{O}_n$ の直積位相を $\mathcal{O}'$ とする．$i \in \{1, \ldots, n\}$ とする．X_i の点 a_i と正の実数 ε に対し，(X_i, d_i) における a_i の ε 近傍を $U_i(a_i; \varepsilon)$ で表す．X の点 $a = (a_1, \ldots, a_n)$ に対し

$$\mathcal{B}'(a) = \{U_1(a_1; \varepsilon_1) \times \cdots \times U_n(a_n; \varepsilon_n) \mid \varepsilon_1, \ldots, \varepsilon_n \in (0, \infty)\}$$

とする．$(X, \mathcal{O}')$ における a の近傍 U を任意にとる．$a \in U^i$ かつ $U^i \in \mathcal{O}'$ であるので，$\mathcal{O}'$ の定義より，$a \in O_1 \times \cdots \times O_n$ かつ $O_1 \times \cdots \times O_n \subset U^i$ をみたす $\mathcal{O}_1, \ldots, \mathcal{O}_n$ の元 $O_1, \ldots, O_n$ が存在する．$\{1, \ldots, n\}$ の元 i を任意にとる．$a_i \in O_i$ であり，問題 4.12 より $O_i = (O_i)^i$ であるので，O_i は $(X_i, \mathcal{O}_i)$ における a_i の近傍である．例 4.28 より $\{U_i(a_i; \varepsilon) \mid \varepsilon \in (0, \infty)\}$ は $(X_i, \mathcal{O}_i)$ における a_i の基本近傍系であるので，$U_i(a_i; \varepsilon_i) \subset O_i$ をみたす正の実数 ε_i が存在する．よって，定理 4.11 (1) より

$$U_1(a_1; \varepsilon_1) \times \cdots \times U_n(a_n; \varepsilon_n) \subset O_1 \times \cdots \times O_n \subset U^i \subset U$$

である．ゆえに，$\mathcal{B}'(a)$ は $(X, \mathcal{O}')$ における a の基本近傍系である．

$\mathcal{O} = \mathcal{O}'$ であることを示す．X の点 $a = (a_1, \ldots, a_n)$ を任意にとる．例 4.28 より $\mathcal{B}(a) = \{U(a; \varepsilon) \mid \varepsilon \in (0, \infty)\}$ は $(X, \mathcal{O})$ における a の基本近傍系である．ここで，$U(a; \varepsilon)$ は (X, d) における a の ε 近傍である．$\mathcal{B}(a)$ の元 U を任意にとる．$U = U(a; \varepsilon)$ をみたす正の実数 ε が存在する．このとき，$V = U_1(a_1; \frac{\varepsilon}{\sqrt{n}}) \times \cdots \times U_n(a_n; \frac{\varepsilon}{\sqrt{n}})$ とする．$V \in \mathcal{B}'(a)$ である．V の点 $x = (x_1, \ldots, x_n)$ を任意にとる．

$$d(x, a) = \sqrt{d_1(x_1, a_1)^2 + \cdots + d_n(x_n, a_n)^2} < \sqrt{\left(\frac{\varepsilon}{\sqrt{n}}\right)^2 + \cdots + \left(\frac{\varepsilon}{\sqrt{n}}\right)^2} = \varepsilon$$

であるので，$x \in U(a; \varepsilon) = U$ である．よって，$V \subset U$ である．ゆえに，問題 4.32 より $\mathcal{O} \subset \mathcal{O}'$ である．X の元 $a = (a_1, \ldots, a_n)$ を任意にとる．$\mathcal{B}'(a)$ の元 U を任意にとる．$U = U_1(a_1; \varepsilon_1) \times \cdots \times U_n(a_n; \varepsilon_n)$ をみたす正の実数 $\varepsilon_1, \ldots, \varepsilon_n$ が存在する．$\varepsilon = \min\{\varepsilon_1, \ldots, \varepsilon_n\}$ とし，$V = U(a; \varepsilon)$ とする．V の元 $x = (x_1, \ldots, x_n)$ を任意にとる．$\{1, \ldots, n\}$ の任意の元 i に対し，

$$d_i(x_i, a_i) \leqq \sqrt{d_1(x_1, a_1)^2 + \cdots + d_n(x_n, a_n)^2} = d(x, a) < \varepsilon \leqq \varepsilon_i$$

であるので，$x_i \in U_i(a_i; \varepsilon_i)$ である．よって，$x \in U$ である．従って，$V \subset U$ である．ゆえに，問題 4.32 より $\mathcal{O}' \subset \mathcal{O}$ である．以上より，$\mathcal{O} = \mathcal{O}'$ である．

問題 4.67　$\prod_{\lambda \in \Lambda} X_\lambda$ の元 f に対し $\varphi(f) = (f(1), \ldots, f(n))$ と定めることにより，写像 $\varphi \colon \prod_{\lambda \in \Lambda} X_\lambda \to X_1 \times \cdots \times X_n$ を定義する．問題 2.63 より，$\varphi \colon X \to X'$ は全単射である．$\mathcal{O}$ の定義より $\mathcal{S} = \{\mathrm{pr}_\lambda^{-1}(O_\lambda) \mid \lambda \in \Lambda,\ O_\lambda \in \mathcal{O}_\lambda\}$ は $\mathcal{O}$ の準基底であり，$\mathcal{O}'$ の定義より $\mathcal{B}' = \{O_1 \times \cdots \times O_n \mid \forall i \in \{1, \ldots, n\}(O_i \in \mathcal{O}_i)\}$ は $\mathcal{O}'$ の基底である．$\mathcal{S}$ の元 A を任意にとる．$A = \mathrm{pr}_\lambda^{-1}(O_\lambda)$ をみたす Λ の元 λ と $\mathcal{O}_\lambda$ の元 O_λ が存在する．このとき，

$$
\begin{aligned}
(\varphi^{-1})^{-1}(A) = \varphi(A) &= \varphi\big(\mathrm{pr}_\lambda^{-1}(O_\lambda)\big) \\
&= \big\{(f(1), \ldots, f(n)) \in X' \mid f \in \mathrm{pr}_\lambda^{-1}(O_\lambda)\big\} \\
&= \big\{(f(1), \ldots, f(n)) \in X' \mid f \in X,\ f(\lambda) \in O_\lambda\big\} \\
&= X_1 \times \cdots \times X_{\lambda-1} \times O_\lambda \times X_{\lambda+1} \times \cdots \times X_n
\end{aligned}
$$

であるので，$(\varphi^{-1})^{-1}(A) \in \mathcal{B}'$ である．$\mathcal{B}' \subset \mathcal{O}'$ であるので，$(\varphi^{-1})^{-1}(A) \in \mathcal{O}'$ である．よって，問題 4.61 より，φ^{-1} は $(X', \mathcal{O}')$ から $(X, \mathcal{O})$ への連続写像である．$\mathcal{B}'$ の元 U を任意にとる．$U = O_1 \times \cdots \times O_n$ をみたす $\mathcal{O}_1, \ldots, \mathcal{O}_n$ の元 $O_1, \ldots, O_n$ が存在する．

$$
\varphi^{-1}(U) = \varphi^{-1}(O_1 \times \cdots \times O_n) = \bigcap_{\lambda \in \Lambda} \{f \in X \mid f(\lambda) \in O_\lambda\} = \bigcap_{\lambda \in \Lambda} \mathrm{pr}_\lambda^{-1}(O_\lambda)
$$

である．Λ の任意の元 λ に対し，$\mathrm{pr}_\lambda^{-1}(O_\lambda) \in \mathcal{S}$ であるので，$\mathcal{S} \subset \mathcal{O}$ より $\mathrm{pr}_\lambda^{-1}(O_\lambda) \in \mathcal{O}$ である．よって，$(\mathrm{O2})'$ より $\varphi^{-1}(U) \in \mathcal{O}$ である．従って，問題 4.61 より，φ は $(X, \mathcal{O})$ から $(X', \mathcal{O}')$ への連続写像である．ゆえに，φ は $(X, \mathcal{O})$ から $(X', \mathcal{O}')$ への同相写像である．特に，$(X, \mathcal{O})$ と $(X', \mathcal{O}')$ は同相である．

問題 4.70　$\mathcal{O}$ の定義より $\mathcal{S} = \{\mathrm{pr}_\lambda^{-1}(O_\lambda) \mid \lambda \in \Lambda,\ O_\lambda \in \mathcal{O}_\lambda\}$ は $\mathcal{O}$ の準基底である．$\mathcal{S}$ の元 A を任意にとる．$A = \mathrm{pr}_\mu^{-1}(O_\mu)$ をみたす Λ の元 μ と $\mathcal{O}_\mu$ の元 O_μ が存在する．仮定より，$\mathrm{pr}_\mu \colon X \to X_\mu$ が $(X, \mathcal{O}')$ から $(X_\mu, \mathcal{O}_\mu)$ への連続写像であるので，$A = \mathrm{pr}_\mu^{-1}(O_\mu) \in \mathcal{O}'$ である．よって，$\mathcal{S} \subset \mathcal{O}'$ である．問題 4.61 より，X 上の恒等写像 1_X は $(X, \mathcal{O}')$ から $(X, \mathcal{O})$ への連続写像である．ゆえに，$\mathcal{O} \subset \mathcal{O}'$ である．

問題 4.71　直積位相の定義より

$$
\mathcal{S} = \{\mathrm{pr}_\lambda^{-1}(O_\lambda) \mid \lambda \in \Lambda,\ O_\lambda \in \mathcal{O}_\lambda\}
$$

は $\mathcal{O}$ の準基底である．

$\mathcal{B}((x_\lambda)_{\lambda \in \Lambda})$ の元 V を任意にとる．$\#\Lambda' < \aleph_0$ をみたす Λ の空でない部分集合 Λ' と，Λ' の任意の元 λ に対し $\mathcal{B}_\lambda(x_\lambda)$ の元 U_λ が存在し，$V = \bigcap_{\lambda \in \Lambda'} \mathrm{pr}_\lambda^{-1}(U_\lambda)$ が成り立つ．Λ' の元 μ を任意にとる．U_μ は $(X_\mu, \mathcal{O}_\mu)$ における x_μ の近傍であるので，$\mathrm{pr}_\mu((x_\lambda)_{\lambda \in \Lambda}) = x_\mu \in U_\mu^i$ である．よって，$(x_\lambda)_{\lambda \in \Lambda} \in \mathrm{pr}_\mu^{-1}(U_\mu^i)$ である．定理 4.68 より $\mathrm{pr}_\mu^{-1}(U_\mu^i) \in \mathcal{O}$ であり，$U_\mu^i \subset U_\mu$ より $\mathrm{pr}_\mu^{-1}(U_\mu^i) \subset \mathrm{pr}_\mu^{-1}(U_\mu)$ であるので，$\mathrm{pr}_\mu^{-1}(U_\mu^i) \subset \mathrm{pr}_\mu^{-1}(U_\mu)^i$ である．従って，定理 4.11 (3) より

$$(x_\lambda)_{\lambda \in \Lambda} \in \bigcap_{\lambda \in \Lambda'} \mathrm{pr}_\lambda^{-1}(U_\lambda^i) \subset \bigcap_{\lambda \in \Lambda'} \mathrm{pr}_\lambda^{-1}(U_\lambda)^i \subset \left(\bigcap_{\lambda \in \Lambda'} \mathrm{pr}_\lambda^{-1}(U_\lambda) \right)^i = V^i$$

である. ゆえに, V は $(X, \mathcal{O})$ における $(x_\lambda)_{\lambda \in \Lambda}$ の近傍である.

$(X, \mathcal{O})$ における $(x_\lambda)_{\lambda \in \Lambda}$ の近傍 U を任意にとる. $(x_\lambda)_{\lambda \in \Lambda} \in U^i$ である. $\mathcal{S}$ が $\mathcal{O}$ の準基底であるので, $\# \Lambda' < \aleph_0$ をみたす Λ の空でない部分集合 Λ' と, Λ' の任意の元 λ に対し $\mathcal{O}_\lambda$ の元 O_λ が存在し, $(x_\lambda)_{\lambda \in \Lambda} \in \bigcap_{\lambda \in \Lambda'} \mathrm{pr}_\lambda^{-1}(O_\lambda) \subset U^i$ が成り立つ. Λ' の元 μ を任意にとる. 問題 1.68 (2) と問題 1.79 より

$$x_\mu = \mathrm{pr}_\mu((x_\lambda)_{\lambda \in \Lambda}) \in \mathrm{pr}_\mu \left(\bigcap_{\lambda \in \Lambda'} \mathrm{pr}_\lambda^{-1}(O_\lambda) \right) \subset \bigcap_{\lambda \in \Lambda'} \mathrm{pr}_\mu(\mathrm{pr}_\lambda^{-1}(O_\lambda))$$
$$= \mathrm{pr}_\mu(\mathrm{pr}_\mu^{-1}(O_\mu)) = O_\mu$$

である. 定理 4.12 より $O_\mu^i = O_\mu$ であるので, O_μ は $(X_\mu, \mathcal{O}_\mu)$ における x_μ の近傍である. よって, $U_\mu \subset O_\mu$ をみたす $\mathcal{B}_\mu(x_\mu)$ の元 U_μ が存在する. $V = \bigcap_{\lambda \in \Lambda'} \mathrm{pr}_\lambda^{-1}(U_\lambda)$ と定めると, $V \subset U^i \subset U$ であり, $V \in \mathcal{B}((x_\lambda)_{\lambda \in \Lambda})$ である. よって, $\mathcal{B}((x_\lambda)_{\lambda \in \Lambda})$ は $(X, \mathcal{O})$ における $(x_\lambda)_{\lambda \in \Lambda}$ の基本近傍系である.

問題 4.72 $\left(\prod_{\lambda \in \Lambda} A_\lambda \right)^a \subset \prod_{\lambda \in \Lambda} A_\lambda^a$ であること : $\left(\prod_{\lambda \in \Lambda} A_\lambda \right)^a$ の点 $(x_\lambda)_{\lambda \in \Lambda}$ を任意にとる. Λ の元 μ を任意にとる. $x_\mu \in O_\mu$ をみたす $\mathcal{O}_\mu$ の元 O_μ を任意にとる. $x_\mu = \mathrm{pr}_\mu((x_\lambda)_{\lambda \in \Lambda})$ であるので, $(x_\lambda)_{\lambda \in \Lambda} \in \mathrm{pr}_\mu^{-1}(O_\mu)$ である. 定理 4.68 より, $\mathrm{pr}_\mu : X \to X_\mu$ が $(X, \mathcal{O})$ から $(X_\mu, \mathcal{O}_\mu)$ への連続写像であるので, $\mathrm{pr}_\mu^{-1}(O_\mu) \in \mathcal{O}$ である. よって, 問題 4.17 より $\left(\prod_{\lambda \in \Lambda} A_\lambda \right) \cap \mathrm{pr}_\mu^{-1}(O_\mu) \neq \varnothing$ である. 問題 2.64 と定理 1.40 (2), (6) より

$$A_\mu \cap O_\mu = \mathrm{pr}_\mu \left(\prod_{\lambda \in \Lambda} A_\lambda \right) \cap O_\mu \supset \mathrm{pr}_\mu \left(\prod_{\lambda \in \Lambda} A_\lambda \right) \cap \mathrm{pr}_\mu(\mathrm{pr}_\mu^{-1}(O_\mu))$$
$$\supset \mathrm{pr}_\mu \left(\left(\prod_{\lambda \in \Lambda} A_\lambda \right) \cap \mathrm{pr}_\mu^{-1}(O_\mu) \right) \neq \varnothing$$

が成り立つ. よって, 問題 4.17 より $x_\mu \in A_\mu^a$ である. ゆえに, $(x_\lambda)_{\lambda \in \Lambda} \in \prod_{\lambda \in \Lambda} A_\lambda^a$ である.

$\prod_{\lambda \in \Lambda} A_\lambda^a \subset \left(\prod_{\lambda \in \Lambda} A_\lambda \right)^a$ であること : $\prod_{\lambda \in \Lambda} A_\lambda^a$ の点 $(x_\lambda)_{\lambda \in \Lambda}$ を任意にとる. $(x_\lambda)_{\lambda \in \Lambda} \in O$ をみたす $\mathcal{O}$ の元 O を任意にとる. O は $(X, \mathcal{O})$ における $(x_\lambda)_{\lambda \in \Lambda}$ の開近傍である. 問題 4.27 と問題 4.71 より

$$\mathcal{B}((x_\lambda)_{\lambda \in \Lambda}) = \left\{ \bigcap_{\lambda \in \Lambda'} \mathrm{pr}_\lambda^{-1}(O_\lambda) \ \middle| \ \begin{array}{l} \Lambda' \subset \Lambda, \ \# \Lambda' < \aleph_0, \ \Lambda' \neq \varnothing, \\ \forall \lambda \in \Lambda'(O_\lambda \in \mathcal{O}_\lambda, \ x_\lambda \in O_\lambda) \end{array} \right\}$$

は $(X, \mathcal{O})$ における $(x_\lambda)_{\lambda \in \Lambda}$ の基本近傍系である. よって $V \subset O$ をみたす $\mathcal{B}((x_\lambda)_{\lambda \in \Lambda})$ の元 V が存在する. $\#\Lambda' < \aleph_0$ をみたす Λ の空でない部分集合 Λ' と, Λ' の任意の元 λ に対し x_λ の開近傍 O_λ が存在し, $V = \bigcap_{\lambda \in \Lambda'} \mathrm{pr}_\lambda^{-1}(O_\lambda)$ が成り立つ. Λ の元 λ に対し, $\lambda \in \Lambda'$ ならば $O_\lambda' = O_\lambda$ とし, $\lambda \in \Lambda - \Lambda'$ ならば $O_\lambda' = X_\lambda$ とする. このとき, $V = \prod_{\lambda \in \Lambda} O_\lambda'$ である. $\lambda \in \Lambda'$ ならば, $x_\lambda \in A_\lambda^a$ であるので, 問題 4.17 より $A_\lambda \cap O_\lambda' = A_\lambda \cap O_\lambda \neq \varnothing$ である. $\lambda \in \Lambda - \Lambda'$ ならば, $A_\lambda \cap O_\lambda' = A_\lambda \cap X_\lambda = A_\lambda \neq \varnothing$ である. よって, 選択公理より

$$\left(\prod_{\lambda \in \Lambda} A_\lambda \right) \cap O \supset \left(\prod_{\lambda \in \Lambda} A_\lambda \right) \cap V = \left(\prod_{\lambda \in \Lambda} A_\lambda \right) \cap \left(\bigcap_{\lambda \in \Lambda'} \mathrm{pr}_\lambda^{-1}(O_\lambda) \right)$$

$$= \left(\prod_{\lambda \in \Lambda} A_\lambda \right) \cap \left(\prod_{\lambda \in \Lambda} O_\lambda' \right) = \prod_{\lambda \in \Lambda} (A_\lambda \cap O_\lambda') \neq \varnothing$$

が成り立つ. ゆえに, 問題 4.17 より $(x_\lambda)_{\lambda \in \Lambda} \in (\prod_{\lambda \in \Lambda} A_\lambda)^a$ である.

問題 4.76　$\mathcal{O}$ の定義より, $\mathcal{S} = \{f_\lambda^{-1}(O) \mid \lambda \in \Lambda, O \in \mathcal{O}_\lambda\}$ は $\mathcal{O}$ の準基底である.

(1)　Λ の元 μ を任意にとる. $\mathcal{O}_\mu$ の元 O_μ を任意にとる. $\mathcal{O}$ の定義より $f_\mu^{-1}(O_\mu) \in \mathcal{S} \subset \mathcal{O}$ であるので, f_μ は $(X, \mathcal{O})$ から $(X_\mu, \mathcal{O}_\mu)$ への連続写像である.

(2)　$\mathcal{S}$ の元 A を任意にとる. $A = f_\mu^{-1}(O_\mu)$ をみたす Λ の元 μ と $\mathcal{O}_\mu$ の元 O_μ が存在する. 仮定より, $f_\mu \colon X \to X_\mu$ が $(X, \mathcal{O}')$ から $(X_\mu, \mathcal{O}_\mu)$ への連続写像であるので, $A = f_\mu^{-1}(O_\mu) \in \mathcal{O}'$ である. よって, $\mathcal{S} \subset \mathcal{O}'$ である. 問題 4.61 より, X 上の恒等写像 1_X は $(X, \mathcal{O}')$ から $(X, \mathcal{O})$ への連続写像である. ゆえに, $\mathcal{O} \subset \mathcal{O}'$ である.

問題 4.78　(1)　$\mathcal{O}_X$ が (O1) をみたすので, $X \in \mathcal{O}_X, \varnothing \in \mathcal{O}_X$ である. $f^{-1}(Y) = X, f^{-1}(\varnothing) = \varnothing$ であるので, $Y \in \mathcal{O}_Y, \varnothing \in \mathcal{O}_Y$ である. よって, $\mathcal{O}_Y$ は (O1) をみたす. $\mathcal{O}_Y$ の元 O_1, O_2 を任意にとる. $f^{-1}(O_1) \in \mathcal{O}_X, f^{-1}(O_2) \in \mathcal{O}_X$ である. $\mathcal{O}_X$ が (O2) をみたすので,

$$f^{-1}(O_1 \cap O_2) = f^{-1}(O_1) \cap f^{-1}(O_2) \in \mathcal{O}_X$$

である. よって, $O_1 \cap O_2 \in \mathcal{O}_Y$ である. ゆえに, $\mathcal{O}_Y$ は (O2) をみたす. $(O_\lambda)_{\lambda \in \Lambda}$ を Y の部分集合族とし, Λ の任意の元 λ に対し $O_\lambda \in \mathcal{O}_Y$ であるとする. Λ の任意の元 λ に対し, $f^{-1}(O_\lambda) \in \mathcal{O}_X$ である. $\mathcal{O}_X$ が (O3) をみたすので,

$$f^{-1}\left(\bigcup_{\lambda \in \Lambda} O_\lambda \right) = \bigcup_{\lambda \in \Lambda} f^{-1}(O_\lambda) \in \mathcal{O}_X$$

である. よって, $\bigcup_{\lambda \in \Lambda} O_\lambda \in \mathcal{O}_Y$ である. ゆえに, $\mathcal{O}_Y$ は (O3) をみたす. 以上より, $\mathcal{O}_Y$ は Y の位相である.

(2)　$\mathcal{O}_Y$ の元 O を任意にとる. $\mathcal{O}_Y$ の定義より, $f^{-1}(O) \in \mathcal{O}_X$ である. よって, f は $(X, \mathcal{O}_X)$ から $(Y, \mathcal{O}_Y)$ への連続写像である.

(3) $\mathcal{O}$ の元 O を任意にとる. 仮定より, $f^{-1}(O) \in \mathcal{O}_X$ である. よって, $\mathcal{O}_Y$ の定義より, $O \in \mathcal{O}_Y$ である. ゆえに, $\mathcal{O} \subset \mathcal{O}_Y$ である.

問題 4.83 (1) Λ の任意の元 λ に対し $\mathcal{O}_\lambda$ が (O1) をみたすので, $X_\lambda \in \mathcal{O}_\lambda, \varnothing \in \mathcal{O}_\lambda$ である. Λ の任意の元 λ に対し $f_\lambda^{-1}(Y) = X_\lambda, f_\lambda^{-1}(\varnothing) = \varnothing$ であるので, $Y \in \mathcal{O}, \varnothing \in \mathcal{O}$ である. よって, $\mathcal{O}$ は (O1) をみたす. $\mathcal{O}$ の元 A_1, A_2 を任意にとる. Λ の任意の元 λ に対し $f_\lambda^{-1}(A_1) \in \mathcal{O}_\lambda, f_\lambda^{-1}(A_2) \in \mathcal{O}_\lambda$ である. $\mathcal{O}_\lambda$ が (O2) をみたすので,

$$f_\lambda^{-1}(A_1 \cap A_2) = f_\lambda^{-1}(A_1) \cap f_\lambda^{-1}(A_2) \in \mathcal{O}_\lambda$$

である. よって, $A_1 \cap A_2 \in \mathcal{O}$ である. ゆえに, $\mathcal{O}$ は (O2) をみたす. $(A_\mu)_{\mu \in M}$ を Y の部分集合族とし, M の任意の元 μ に対し $A_\mu \in \mathcal{O}$ であるとする. Λ の任意の元 λ と M の任意の元 μ に対し, $f_\lambda^{-1}(A_\mu) \in \mathcal{O}_\lambda$ である. $\mathcal{O}_\lambda$ が (O3) をみたすので,

$$f_\lambda^{-1} \left(\bigcup_{\mu \in M} A_\mu \right) = \bigcup_{\mu \in M} f^{-1}(A_\mu) \in \mathcal{O}_\lambda$$

である. よって, $\bigcup_{\mu \in M} A_\mu \in \mathcal{O}$ である. ゆえに, $\mathcal{O}$ は (O3) をみたす. 以上より, $\mathcal{O}$ は Y の位相である.

(2) $\mathcal{O}$ の元 A を任意にとる. $\mathcal{O}$ の定義より, Λ の任意の元 λ に対し $f_\lambda^{-1}(A) \in \mathcal{O}_\lambda$ である. よって, Λ の任意の元 λ に対し, f_λ は $(X_\lambda, \mathcal{O}_\lambda)$ から $(Y, \mathcal{O})$ への連続写像である.

(3) $\mathcal{O}'$ の元 A を任意にとる. 仮定より, Λ の任意の元 λ に対し $f_\lambda^{-1}(A) \in \mathcal{O}_\lambda$ である. よって, $\mathcal{O}$ の定義より, $A \in \mathcal{O}$ である. ゆえに, $\mathcal{O}' \subset \mathcal{O}$ である.

● **第 5 章** ═══════════════════════════════

問題 5.3 (1) X の点 x に対し, $(X, \mathcal{O})$ における x の近傍系を $\mathcal{N}(x)$ とする. $(X, \mathcal{O})$ が第 1 可算公理をみたすので, $(X, \mathcal{O})$ における x の基本近傍系 $\mathcal{B}(x)$ であって $\#\mathcal{B}(x) \leq \aleph_0$ をみたすものが存在する. A の点 x を任意にとる. $(A, \mathcal{O}_A)$ における x の近傍系を $\mathcal{N}_A(x)$ とし, $\mathcal{B}_A(x) = \{V \cap A \mid V \in \mathcal{B}(x)\}$ とする. $\mathcal{N}_A(x)$ の元 U_A を任意にとる. 問題 4.44 (2) より $\mathcal{N}_A(x) = \{U \cap A \mid U \in \mathcal{N}(x)\}$ であるので, $U_A = U \cap A$ をみたす $\mathcal{N}(x)$ の元 U が存在する. $V \subset U$ をみたす $\mathcal{B}(x)$ の元 V が存在するので, $V \cap A \subset U_A$ かつ $V \cap A \in \mathcal{B}_A(x)$ が成り立つ. $\mathcal{B}(x) \subset \mathcal{N}(x)$ より $\mathcal{B}_A(x) \subset \mathcal{N}_A(x)$ である. よって, $\mathcal{B}_A(x)$ は $(A, \mathcal{O}_A)$ における x の基本近傍系である. $\mathcal{B}(x)$ の元 V に対し $f(V) = V \cap A$ と定めることにより, 写像 $f \colon \mathcal{B}(x) \to \mathcal{B}_A(x)$ を定義する. f は全射であるので, 問題 2.66 より $\#\mathcal{B}_A(x) \leq \#\mathcal{B}(x)$ である. よって, 問題 2.18 (3) より $\#\mathcal{B}_A(x) \leq \aleph_0$ である. ゆえに, $(A, \mathcal{O}_A)$ も第 1 可算公理をみたす.

(2) $(X, \mathcal{O})$ が第 2 可算公理をみたすので, $\#\mathcal{B} \leq \aleph_0$ をみたす $\mathcal{O}$ の基底 $\mathcal{B}$ が存在する. $\mathcal{B}_A = \{U \cap A \mid U \in \mathcal{B}\}$ とする. 問題 4.52 より $\mathcal{B}_A$ は $\mathcal{O}_A$ の基底である. $\mathcal{B}$ の元 U に対し $f(U) = U \cap A$ と定めることにより, 写像 $f \colon \mathcal{B} \to \mathcal{B}_A$ を定義する. f は全射であるので, 問題 2.66 より $\#\mathcal{B}_A \leq \#\mathcal{B}$ である. よって, 問題 2.18 (3) より

$\#\mathcal{B}_A \leqq \aleph_0$ である. ゆえに, $(A, \mathcal{O}_A)$ も第2可算公理をみたす.

問題 5.5 必要であること: A が $(X, \mathcal{O})$ において稠密であるとする. $\mathcal{O}$ の空でない元 O を任意にとる. $O \neq \varnothing$ であるので, $x \in O$ をみたす X の元 x が存在する. $x \in X = A^a$ であるので, 問題 4.17 より $A \cap O \neq \varnothing$ である.

十分であること: $\mathcal{O}$ の空でない任意の元 O に対し $A \cap O \neq \varnothing$ であるとする. X の点 x を任意にとる. $x \in O$ をみたす $\mathcal{O}$ の元 O を任意にとる. $O \neq \varnothing$ であるので, 仮定より $A \cap O \neq \varnothing$ である. よって, 問題 4.17 より $x \in A^a$ である. 従って, $X \subset A^a$ である. $A^a \subset X$ であるので, $A^a = X$ である. ゆえに, A は $(X, \mathcal{O})$ において稠密である.

問題 5.6 (1) X の点 $(x_\lambda)_{\lambda \in \Lambda}$ を任意にとる. Λ の任意の元 λ に対し, $(X_\lambda, \mathcal{O}_\lambda)$ が第1可算公理をみたすので, $\#\mathcal{B}_\lambda(x_\lambda) \leqq \aleph_0$ をみたす x_λ の基本近傍系 $\mathcal{B}_\lambda(x_\lambda)$ が存在する. このとき, 問題 4.71 より,

$$\mathcal{B}((x_\lambda)_{\lambda \in \Lambda}) = \left\{ \bigcap_{\lambda \in \Lambda'} \mathrm{pr}_\lambda^{-1}(U_\lambda) \;\middle|\; \begin{array}{l} \Lambda' \subset \Lambda, \; \#\Lambda' < \aleph_0, \; \Lambda' \neq \varnothing, \\ \forall \lambda \in \Lambda'(U_\lambda \in \mathcal{B}_\lambda(x_\lambda)) \end{array} \right\}$$

は $(X, \mathcal{O})$ における $(x_\lambda)_{\lambda \in \Lambda}$ の基本近傍系である. $\mathcal{P}_0(\Lambda) = \{\Lambda' \in \mathcal{P}(\Lambda) \mid \#\Lambda' < \aleph_0\}$ とする. $\mathcal{P}_0(\Lambda) - \{\varnothing\}$ の元 Λ' に対し

$$\mathcal{B}_{\Lambda'}((x_\lambda)_{\lambda \in \Lambda}) = \left\{ \bigcap_{\lambda \in \Lambda'} \mathrm{pr}_\lambda^{-1}(U_\lambda) \;\middle|\; \forall \lambda \in \Lambda'(U_\lambda \in \mathcal{B}_\lambda(x_\lambda)) \right\}$$

とする. $\prod_{\lambda \in \Lambda'} \mathcal{B}_\lambda(x_\lambda)$ の元 $(U_\lambda)_{\lambda \in \Lambda'}$ に対し $f((U_\lambda)_{\lambda \in \Lambda'}) = \bigcap_{\lambda \in \Lambda'} \mathrm{pr}_\lambda^{-1}(U_\lambda)$ と定めることにより, 写像 $f \colon \prod_{\lambda \in \Lambda'} \mathcal{B}_\lambda(x_\lambda) \to \mathcal{B}_{\Lambda'}((x_\lambda)_{\lambda \in \Lambda})$ を定義する. f は全射であるので, 問題 2.66 より $\#\mathcal{B}_{\Lambda'}((x_\lambda)_{\lambda \in \Lambda}) \leqq \#(\prod_{\lambda \in \Lambda'} \mathcal{B}_\lambda(x_\lambda))$ である. $\#\Lambda' < \aleph_0$ であり, Λ' の任意の元 λ に対し $\#\mathcal{B}_\lambda(x_\lambda) \leqq \aleph_0$ であるので, 問題 2.19 と問題 2.63 より $\#(\prod_{\lambda \in \Lambda'} \mathcal{B}_\lambda(x_\lambda)) \leqq \aleph_0$ である. よって, 問題 2.18 (3) より $\#\mathcal{B}_{\Lambda'}((x_\lambda)_{\lambda \in \Lambda}) \leqq \aleph_0$ である. $\#\Lambda \leqq \aleph_0$ であるので, 問題 2.69 より $\#\mathcal{P}_0(\Lambda) \leqq \aleph_0$ である. $\mathcal{P}_0(\Lambda) - \{\varnothing\} \subset \mathcal{P}_0(\Lambda)$ であるので, $\#(\mathcal{P}_0(\Lambda) - \{\varnothing\}) \leqq \#\mathcal{P}_0(\Lambda)$ である. よって, 問題 2.18 (3) より $\#(\mathcal{P}_0(\Lambda) - \{\varnothing\}) \leqq \aleph_0$ である.

$$\mathcal{B}((x_\lambda)_{\lambda \in \Lambda}) = \bigcup_{\Lambda' \in \mathcal{P}_0(\Lambda) - \{\varnothing\}} \mathcal{B}_{\Lambda'}((x_\lambda)_{\lambda \in \Lambda})$$

であるので, 問題 2.68 より $\#\mathcal{B}((x_\lambda)_{\lambda \in \Lambda}) \leqq \aleph_0$ である. ゆえに, $(X, \mathcal{O})$ は第1可算公理をみたす.

(2) Λ の任意の元 λ に対し, $(X_\lambda, \mathcal{O}_\lambda)$ が第2可算公理をみたすので, $\#\mathcal{B}_\lambda \leqq \aleph_0$ をみたす $\mathcal{O}_\lambda$ の基底 $\mathcal{B}_\lambda$ が存在する. また, 直積位相の定義と定理 4.60 の証明より

$$\widetilde{\mathcal{B}} = \{X\} \cup \left\{ \bigcap_{\lambda \in \Lambda'} \mathrm{pr}_\lambda^{-1}(O_\lambda) \;\middle|\; \begin{array}{l} \Lambda' \subset \Lambda, \; \#\Lambda' < \aleph_0, \; \Lambda' \neq \varnothing, \\ \forall \lambda \in \Lambda'(O_\lambda \in \mathcal{O}_\lambda) \end{array} \right\}$$

は $\mathcal{O}$ の基底である．このとき，

$$\mathcal{B} = \{X\} \cup \left\{ \bigcap_{\lambda \in \Lambda'} \mathrm{pr}_\lambda^{-1}(U_\lambda) \,\middle|\, \begin{array}{l} \Lambda' \subset \Lambda,\ \#\Lambda' < \aleph_0,\ \Lambda' \neq \varnothing, \\ \forall \lambda \in \Lambda'(U_\lambda \in \mathcal{B}_\lambda) \end{array} \right\}$$

とする．Λ の任意の元 λ に対し $\mathcal{B}_\lambda \subset \mathcal{O}_\lambda$ であるので，$\mathcal{B} \subset \widetilde{\mathcal{B}}$ である．$\widetilde{\mathcal{B}} \subset \mathcal{O}$ であるので，$\mathcal{B} \subset \mathcal{O}$ である．$\mathcal{O}$ の元 O と，O の点 $(x_\lambda)_{\lambda \in \Lambda}$ を任意にとる．$O = X$ ならば $U = X$ とする．このとき，$(x_\lambda)_{\lambda \in \Lambda} \in U$ かつ $U \subset O$ であり，$U \in \mathcal{B}$ である．$O \neq X$ とする．$\widetilde{\mathcal{B}}$ が $\mathcal{O}$ の基底であるので，Λ の部分集合 Λ' と，Λ' の各元 λ に対して $\mathcal{O}_\lambda$ の元 O_λ が存在して

$$(x_\lambda)_{\lambda \in \Lambda} \in \bigcap_{\lambda \in \Lambda'} \mathrm{pr}_\lambda^{-1}(O_\lambda),\ \bigcap_{\lambda \in \Lambda'} \mathrm{pr}_\lambda^{-1}(O_\lambda) \subset O,\ \#\Lambda' < \aleph_0,\ \Lambda' \neq \varnothing$$

が成り立つ．Λ' の元 μ を任意にとる．$(x_\lambda)_{\lambda \in \Lambda} \in \mathrm{pr}_\mu^{-1}(O_\mu)$ であるので，$x_\mu = \mathrm{pr}_\mu((x_\lambda)_{\lambda \in \Lambda}) \in O_\mu$ である．$\mathcal{B}_\mu$ が $\mathcal{O}_\mu$ の基底であるので，$x_\mu \in U_\mu$ かつ $U_\mu \subset O_\mu$ をみたす $\mathcal{B}_\mu$ の元 U_μ が存在する．このとき，$(x_\lambda)_{\lambda \in \Lambda} \in \mathrm{pr}_\mu^{-1}(U_\mu)$ かつ $\mathrm{pr}_\mu^{-1}(U_\mu) \subset \mathrm{pr}_\mu^{-1}(O_\mu)$ である．よって，

$$(x_\lambda)_{\lambda \in \Lambda} \in \bigcap_{\lambda \in \Lambda'} \mathrm{pr}_\lambda^{-1}(U_\lambda),\ \bigcap_{\lambda \in \Lambda'} \mathrm{pr}_\lambda^{-1}(U_\lambda) \subset \bigcap_{\lambda \in \Lambda'} \mathrm{pr}_\lambda^{-1}(O_\lambda) \subset O$$

が成り立つ．ゆえに，$\mathcal{B}$ は $\mathcal{O}$ の基底である．$\mathcal{P}_0(\Lambda) = \{\Lambda' \in \mathcal{P}(\Lambda) \mid \#\Lambda' < \aleph_0\}$ とする．$\mathcal{P}_0(\Lambda) - \{\varnothing\}$ の元 Λ' に対し

$$\mathcal{B}_{\Lambda'} = \left\{ \bigcap_{\lambda \in \Lambda'} \mathrm{pr}_\lambda^{-1}(U_\lambda) \,\middle|\, \forall \lambda \in \Lambda'(U_\lambda \in \mathcal{B}_\lambda) \right\}$$

とする．$\prod_{\lambda \in \Lambda'} \mathcal{B}_\lambda$ の元 $(U_\lambda)_{\lambda \in \Lambda'}$ に対し $f((U_\lambda)_{\lambda \in \Lambda'}) = \bigcap_{\lambda \in \Lambda'} \mathrm{pr}_\lambda^{-1}(U_\lambda)$ と定めることにより，写像 $f \colon \prod_{\lambda \in \Lambda'} \mathcal{B}_\lambda \to \mathcal{B}_{\Lambda'}$ を定義する．f は全射であるので，問題 2.66 より $\#\mathcal{B}_{\Lambda'} \leqq \#(\prod_{\lambda \in \Lambda'} \mathcal{B}_\lambda)$ である．$\#\Lambda' < \aleph_0$ であり，Λ' の任意の元 λ に対し $\#\mathcal{B}_\lambda \leqq \aleph_0$ であるので，問題 2.19 と問題 2.63 より $\#(\prod_{\lambda \in \Lambda'} \mathcal{B}_\lambda) \leqq \aleph_0$ である．よって，問題 2.18 (3) より $\#\mathcal{B}_{\Lambda'} \leqq \aleph_0$ である．$\#\Lambda \leqq \aleph_0$ であるので，問題 2.69 より $\#\mathcal{P}_0(\Lambda) \leqq \aleph_0$ である．$\mathcal{P}_0(\Lambda) - \{\varnothing\} \subset \mathcal{P}_0(\Lambda)$ であるので，$\#(\mathcal{P}_0(\Lambda) - \{\varnothing\}) \leqq \#\mathcal{P}_0(\Lambda)$ である．よって，問題 2.18 (3) より $\#(\mathcal{P}_0(\Lambda) - \{\varnothing\}) \leqq \aleph_0$ である．$\mathcal{B} = \{X\} \cup (\bigcup_{\Lambda' \in \mathcal{P}_0(\Lambda) - \{\varnothing\}} \mathcal{B}_{\Lambda'})$ であるので，問題 2.68 より $\#\mathcal{B} \leqq \aleph_0$ である．ゆえに，$(X, \mathcal{O})$ は第 2 可算公理をみたす．

(3) Λ の任意の元 λ に対し，$(X_\lambda, \mathcal{O}_\lambda)$ が可分であるので，$A_\lambda^a = X_\lambda$ かつ $\#A_\lambda \leqq \aleph_0$ をみたす X_λ の部分集合 A_λ が存在する．$A = \prod_{\lambda \in \Lambda} A_\lambda$ とする．問題 4.72 より

$$A^a = \left(\prod_{\lambda \in \Lambda} A_\lambda \right)^a = \prod_{\lambda \in \Lambda} A_\lambda^a = \prod_{\lambda \in \Lambda} X_\lambda = X$$

である．$\#\Lambda < \aleph_0$ であり，Λ の任意の元 λ に対し $\#A_\lambda \leqq \aleph_0$ であるので，問題 2.19 と問題 2.63 より $\#A \leqq \aleph_0$ である．ゆえに，$(X, \mathcal{O})$ は可分である．

問題 5.9 $(X, \mathcal{O})$ が可分であるので，$\#A \leqq \aleph_0$ をみたす X の部分集合 A であって，$(X, \mathcal{O})$ において稠密であるものが存在する．$\mathcal{B} = \{U(a; \frac{1}{n}) \mid a \in A, \ n \in \mathbb{N}\}$ とする．$\mathcal{O}$ の元 O と O の点 x を任意にとる．距離空間における開集合の定義より，$U(x; \varepsilon) \subset O$ をみたす正の実数 ε が存在する．また，$\frac{1}{n} < \frac{\varepsilon}{2}$ をみたす自然数 n が存在する．$x \in U(x; \frac{1}{n})$ であるので $U(x; \frac{1}{n}) \neq \varnothing$ であり，問題 3.19 (1) より $U(x; \frac{1}{n}) \in \mathcal{O}$ である．A が $(X, \mathcal{O})$ において稠密であるので，問題 5.5 より $A \cap U(x; \frac{1}{n}) \neq \varnothing$ である．よって，$A \cap U(x; \frac{1}{n})$ の点 a が存在する．$U(a; \frac{1}{n})$ の点 y を任意にとる．

$$d(x, y) \leqq d(x, a) + d(a, y) < \frac{1}{n} + \frac{1}{n} = \frac{2}{n} < \varepsilon$$

である．よって，$U(a; \frac{1}{n}) \subset U(x; \varepsilon)$ である．$U(x; \varepsilon) \subset O$ であるので，$U(a; \frac{1}{n}) \subset O$ である．また，$d(x, a) < \frac{1}{n}$ であるので $x \in U(a; \frac{1}{n})$ である．従って，$\mathcal{B}$ は $\mathcal{O}$ の基底である．A の点 a に対し $\mathcal{B}(a) = \{U(a; \frac{1}{n}) \mid n \in \mathbb{N}\}$ とする．自然数 n に対し $f(n) = U(a; \frac{1}{n})$ と定めることにより，写像 $f : \mathbb{N} \to \mathcal{B}(a)$ を定義する．f は全射であるので，問題 2.66 より $\#\mathcal{B}(a) \leqq \aleph_0$ である．$\#A \leqq \aleph_0$ であり，$\mathcal{B} = \bigcup_{a \in A} \mathcal{B}(a)$ であるので，問題 2.68 より $\#\mathcal{B} \leqq \aleph_0$ である．ゆえに，$(X, \mathcal{O})$ は第 2 可算公理をみたす．

問題 5.12 (1) $\Rightarrow$ (2)：X の点 x を任意にとる．$\mathcal{N}(x)$ の任意の元 U に対し，(N1) より $x \in U$ である．よって，$\{x\} \subset \bigcap \mathcal{N}(x)$ である．$X - \{x\}$ の点 y を任意にとる．仮定より $x \in U$ かつ $y \notin U$ をみたす $\mathcal{O}$ の元 U が存在する．問題 4.12 より $U^i = U$ であるので，$x \in U^i$ であり，$U \in \mathcal{N}(x)$ である．よって，$y \notin \bigcap \mathcal{N}(x)$ である．従って，$X - \{x\} \subset X - \bigcap \mathcal{N}(x)$ であり，$\bigcap \mathcal{N}(x) \subset \{x\}$ である．ゆえに，$\bigcap \mathcal{N}(x) = \{x\}$ である．

(2) $\Rightarrow$ (1)：X の異なる 2 点 x, y を任意にとる．仮定より $y \notin \{x\} = \bigcap \mathcal{N}(x)$ であるので，$y \in X - \bigcap \mathcal{N}(x) = \bigcup \{X - U \mid U \in \mathcal{N}(x)\}$ である．すなわち，$y \notin U$ をみたす $\mathcal{N}(x)$ の元 U が存在する．$x \in U^i$ であり，定理 4.11 (1) より $U^i \subset U$ であるので $y \notin U^i$ である．また，$U^i \in \mathcal{O}$ である．よって，$(X, \mathcal{O})$ は T_1 をみたす．

(1) $\Rightarrow$ (3)：X の点 x を任意にとる．$X - \{x\}$ の点 y を任意にとる．仮定より $y \in U$ かつ $x \notin U$ をみたす $\mathcal{O}$ の元 U が存在する．$U \subset X - \{x\}$ であるので，問題 4.10 より y は $X - \{x\}$ の内点である．よって，$X - \{x\} \subset (X - \{x\})^i$ である．定理 4.11 (1) より $(X - \{x\})^i \subset X - \{x\}$ であるので，$(X - \{x\})^i = X - \{x\}$ である．ゆえに，問題 4.12 より $X - \{x\} \in \mathcal{O}$ であり，$\{x\} \in \mathcal{A}$ である．

(3) $\Rightarrow$ (1)：X の異なる 2 点 x, y を任意にとる．仮定より $\{y\} \in \mathcal{A}$ であるので，$X - \{y\} \in \mathcal{O}$ である．また，$x \in X - \{y\}$ であり，$y \notin X - \{y\}$ である．よって，$(X, \mathcal{O})$ は T_1 をみたす．

問題 5.13 $(X, \mathcal{O})$ の閉集合全体の集合を $\mathcal{A}$ とする．

(1) X の異なる 2 点 x, y を任意にとる. 仮定より, $x \in U$ かつ $y \notin U$ をみたす $\mathcal{O}$ の元 U が存在する. よって, $(X, \mathcal{O})$ は T_0 をみたす.

(2) X の異なる 2 点 x, y を任意にとる. 仮定より, $x \in U$, $y \in V$, $U \cap V = \varnothing$ をみたす $\mathcal{O}$ の元 U, V が存在する. このとき, $y \in V \subset X - U$ であるので, $y \notin U$ である. よって, $(X, \mathcal{O})$ は T_1 をみたす.

(3) X の異なる 2 点 x, y を任意にとる. $(X, \mathcal{O})$ が T_1 をみたすので, 問題 5.12 より $\{y\} \in \mathcal{A}$ である. $(X, \mathcal{O})$ が T_3 をみたすので, $x \in U$, $\{y\} \subset V$, $U \cap V = \varnothing$ をみたす $\mathcal{O}$ の元 U, V が存在する. このとき, $y \in V$ である. よって, $(X, \mathcal{O})$ はハウスドルフ空間である.

(4) $x \notin A$ をみたす X の点 x と $\mathcal{A}$ の元 A を任意にとる. $(X, \mathcal{O})$ が T_1 をみたすので, 問題 5.12 より $\{x\} \in \mathcal{A}$ である. $(X, \mathcal{O})$ が T_4 をみたすので, $\{x\} \subset U$, $A \subset V$, $U \cap V = \varnothing$ をみたす $\mathcal{O}$ の元 U, V が存在する. このとき, $x \in U$ である. よって, $(X, \mathcal{O})$ は正則空間である.

問題 5.17 位相空間 $(X, \mathcal{O}_X)$, $(Y, \mathcal{O}_Y)$ に対し, $\mathcal{O}_X$ と $\mathcal{O}_X$, $\mathcal{O}_Y$ と $\mathcal{O}_Y$, $\mathcal{O}_X$ と $\mathcal{O}_Y$ の直積位相をそれぞれ $\mathcal{O}_X^2$, $\mathcal{O}_Y^2$, $\mathcal{O}$ とし, $(X, \mathcal{O}_X)$, $(Y \times Y, \mathcal{O}_Y^2)$, $(X \times Y, \mathcal{O})$ の閉集合全体の集合をそれぞれ $\mathcal{A}_X$, $\mathcal{A}_Y^2$, $\mathcal{A}$ とする.

(1) $\Rightarrow$ (2): 位相空間 $(X, \mathcal{O}_X)$ と, $(X, \mathcal{O}_X)$ から $(Y, \mathcal{O}_Y)$ への連続写像 $f, g \colon X \to Y$ を任意にとる. 定理 4.75 と問題 4.67 より, f と g の直積 $f \times g \colon X \times X \to Y \times Y$ は $(X \times X, \mathcal{O}_X^2)$ から $(Y \times Y, \mathcal{O}_Y^2)$ への連続写像である. また, 問題 4.65 より, 対角写像 $\delta_X \colon X \to X \times X$ は $(X, \mathcal{O}_X)$ から $(X \times X, \mathcal{O}_X^2)$ への連続写像である. よって, 問題 4.37 より, $(f \times g) \circ \delta_X$ は $(X, \mathcal{O}_X)$ から $(Y \times Y, \mathcal{O}_Y^2)$ への連続写像である. 仮定と定理 5.16 より $\Delta_Y \in \mathcal{A}_Y^2$ であるので, 定理 4.38 より $\{x \in X \mid f(x) = g(x)\} = ((f \times g) \circ \delta_X)^{-1}(\Delta_Y) \in \mathcal{A}_X$ である.

(2) $\Rightarrow$ (1): $\mathrm{pr}_1, \mathrm{pr}_2 \colon Y \times Y \to Y$ をそれぞれ第 1 成分, 第 2 成分への射影とする. 定理 4.68 と問題 4.67 より, $\mathrm{pr}_1, \mathrm{pr}_2$ は $(Y \times Y, \mathcal{O}_Y^2)$ から $(Y, \mathcal{O}_Y)$ への連続写像である. よって, 仮定より $\Delta_Y = \{(y_1, y_2) \in Y \times Y \mid \mathrm{pr}_1(y_1) = \mathrm{pr}_2(y_2)\} \in \mathcal{A}_Y^2$ である. ゆえに, 定理 5.16 より $(Y, \mathcal{O}_Y)$ はハウスドルフ空間である.

(1) $\Rightarrow$ (3): 位相空間 $(X, \mathcal{O}_X)$ と, $(X, \mathcal{O}_X)$ から $(Y, \mathcal{O}_Y)$ への連続写像 $f \colon X \to Y$ を任意にとる. $\Gamma_f = \{(x, y) \in X \times Y \mid y = f(x)\}$ とする. $X \times Y - \Gamma_f$ の点 (x, y) を任意にとる. $y \neq f(x)$ であるので, 仮定より, $f(x) \in W$, $y \in V$, $W \cap V = \varnothing$ をみたす $\mathcal{O}_Y$ の元 W, V が存在する. $U = f^{-1}(W)$ とする. f が連続写像であるので, $U \in \mathcal{O}_X$ である. よって, 直積位相の定義より $U \times V \in \mathcal{O}$ である. $f(x) \in W$ より $x \in U$ であるので, $(x, y) \in U \times V$ である. $U \times V$ の点 (x', y') を任意にとる. $x' \in U$ より $f(x') \in W$ であり, $W \cap V = \varnothing$ であるので, $y' \neq f(x')$ である. よって, $(x', y') \in X \times Y - \Gamma_f$ である. 従って, $U \times V \subset X \times Y - \Gamma_f$ である. 問題 4.10 より, (x, y) は $X \times Y - \Gamma_f$ の内点である. よって,

$$X \times Y - \Gamma_f \subset (X \times Y - \Gamma_f)^i$$

である. 定理 4.11 (1) より $(X \times Y - \Gamma_f)^i \subset X \times Y - \Gamma_f$ であるので, $(X \times Y -$

$\Gamma_f{}^i = X \times Y - \Gamma_f$ である．ゆえに，問題 4.12 より $X \times Y - \Gamma_f \in \mathcal{O}$ であり，$\Gamma_f \in \mathcal{A}$ である．

(3) $\Rightarrow$ (1)：Y 上の恒等写像 1_Y は $(Y, \mathcal{O}_Y)$ から $(Y, \mathcal{O}_Y)$ への連続写像である．よって，仮定より $\Delta_Y = \{(y_1, y_2) \in Y \times Y \mid y_2 = 1_Y(y_1)\} \in \mathcal{A}_Y^2$ である．ゆえに，定理 5.16 より $(Y, \mathcal{O}_Y)$ はハウスドルフ空間である．

問題 5.19 (1) $\Rightarrow$ (2)：$A \subset O$ をみたす $\mathcal{A}$ の元 A と $\mathcal{O}$ の元 O を任意にとる．$O^c = X - O \in \mathcal{A}$ であり，$A \cap O^c = \varnothing$ であるので，仮定より $A \subset U$，$O^c \subset V$，$U \cap V = \varnothing$ をみたす $\mathcal{O}$ の元 U, V が存在する．$U \subset V^c$ であり，$V^c \in \mathcal{A}$ であるので，$U^a \subset V^c \subset O$ である．

(2) $\Rightarrow$ (1)：$A \cap B = \varnothing$ をみたす $\mathcal{A}$ の元 A, B を任意にとる．$A \subset B^c$ かつ $B^c \in \mathcal{O}$ であるので，仮定より $A \subset U$ かつ $U^a \subset B^c$ をみたす $\mathcal{O}$ の元 U が存在する．$V = (U^a)^c$ とすると，$V \in \mathcal{O}$ かつ $B \subset V$ であり，問題 4.15 (1) より $U \cap V \subset U^a \cap (U^a)^c = \varnothing$ である．よって，$(X, \mathcal{O})$ は T_4 をみたす．

問題 5.20 $(X, \mathcal{O}_X)$ の閉集合全体の集合を $\mathcal{A}_X$ とする．$\mathbb{R}$, $\mathbb{R}^2$ の通常の位相をそれぞれ $\mathcal{O}$, $\mathcal{O}^2$ とする．

T_1 をみたすこと：X の異なる 2 点 x, y を任意にとる．$\varepsilon = d(x, y)$ とする．(D1)，(D2) より $\varepsilon > 0$ である．$U = U(x; \frac{\varepsilon}{2})$ とする．問題 3.19 (1) より $U \in \mathcal{O}_X$ である．(D2) より $d(x, x) = 0$ であるので，$x \in U$ である．$d(x, y) = \varepsilon > \frac{\varepsilon}{2}$ であるので，$y \notin U$ である．よって，$(X, \mathcal{O}_X)$ は T_1 をみたす．

T_4 をみたすこと：$A \cap B = \varnothing$ をみたす $\mathcal{A}_X$ の元 A, B を任意にとる．$A = \varnothing$ ならば $U = \varnothing$, $V = X$ とし，$B = \varnothing$ ならば $U = X$, $V = \varnothing$ とする．$A \neq \varnothing$ かつ $B \neq \varnothing$ とする．X の点 x に対し $f(x) = d(x, A) - d(x, B)$ と定めることにより，写像 $f: X \to \mathbb{R}$ を定義する．X の点 x に対し $g(x) = (d(x, A), d(x, B))$ と定めることにより，写像 $g: X \to \mathbb{R}^2$ を定義する．$\mathrm{pr}_1, \mathrm{pr}_2: \mathbb{R}^2 \to \mathbb{R}$ をそれぞれ第 1, 第 2 成分への射影とする．定理 3.32 と問題 4.39 より，$\mathrm{pr}_1 \circ g$, $\mathrm{pr}_2 \circ g$ は $(X, \mathcal{O}_X)$ から $(\mathbb{R}, \mathcal{O})$ への連続写像である．例 3.9 と問題 4.66 より $\mathcal{O}^2$ は $\mathcal{O}$ と $\mathcal{O}$ の直積位相に等しいので，定理 4.73 と問題 4.67 より g は $(X, \mathcal{O}_X)$ から $(\mathbb{R}^2, \mathcal{O}^2)$ への連続写像である．微分積分学より，2 つの実数の組 (x, y) に対しそれらの差 $x - y$ を与える写像 $\alpha: \mathbb{R}^2 \to \mathbb{R}$ は，$(\mathbb{R}^2, d^{(2)})$ から $(\mathbb{R}, d^{(1)})$ への連続写像である．よって，問題 4.39 より，α は $(\mathbb{R}^2, \mathcal{O}^2)$ から $(\mathbb{R}, \mathcal{O})$ への連続写像である．従って，問題 4.37 より $f = \alpha \circ g$ は $(X, \mathcal{O}_X)$ から $(\mathbb{R}, \mathcal{O})$ への連続写像である．$U = f^{-1}((-\infty, 0))$, $V = f^{-1}((0, \infty))$ とする．

$$U \cap V = f^{-1}\big((-\infty, 0)\big) \cap f^{-1}\big((0, \infty)\big) = f^{-1}\big((-\infty, 0) \cap (0, \infty)\big)$$
$$= f^{-1}(\varnothing) = \varnothing$$

である．例 3.18 より $(-\infty, 0) \in \mathcal{O}$, $(0, \infty) \in \mathcal{O}$ であるので，$U \in \mathcal{O}_X$, $V \in \mathcal{O}_X$ である．$A \in \mathcal{A}_X$ かつ $B \in \mathcal{A}_X$ であるので，問題 4.18 と問題 4.19 より A, B はいずれも (X, d) の閉集合である．A の点 x を任意にとる．$x \in A^a$ であるので，問題 3.31 (1) より $d(x, A) = 0$ である．$x \notin B^a$ であるので，問題 3.31 (1) より $d(x, B) > 0$ である．よって，$f(x) < 0$ であるので，$x \in U$ である．従って，$A \subset U$ である．B の点

x を任意にとる．$x \in B^a$ であるので，問題 3.31 (1) より $d(x, B) = 0$ である．$x \notin A^a$ であるので，問題 3.31 (1) より $d(x, A) > 0$ である．よって，$f(x) > 0$ であるので，$x \in V$ である．従って，$B \subset V$ である．ゆえに，$(X, \mathcal{O}_X)$ は T_4 をみたす．

以上より，$(X, \mathcal{O}_X)$ は正規空間である．

問題 5.21　$(A, \mathcal{O}_A)$ の閉集合全体の集合を $\mathcal{A}_A$ とする．

(1)　A の異なる 2 点 x, y を任意にとる．仮定より，$x \in U$ かつ $y \notin U$ をみたす $\mathcal{O}$ の元 U，または，$x \notin V$ かつ $y \in V$ をみたす $\mathcal{O}$ の元 V のいずれかが存在する．U が存在するとき，$U_A = U \cap A$ とする．$x \in U_A$ かつ $y \notin U_A$ であり，$U_A \in \mathcal{O}_A$ である．V が存在するとき，$V_A = V \cap A$ とする．$x \notin V_A$ かつ $y \in V_A$ であり，$V_A \in \mathcal{O}_A$ である．よって，$(A, \mathcal{O}_A)$ は T_0 をみたす．

(2)　A の異なる 2 点 x, y を任意にとる．仮定より，$x \in U$ かつ $y \notin U$ をみたす $\mathcal{O}$ の元 U が存在する．$U_A = U \cap A$ とする．$x \in U_A$ かつ $y \notin U_A$ であり，$U_A \in \mathcal{O}_A$ である．よって，$(A, \mathcal{O}_A)$ は T_1 をみたす．

(3)　A の異なる 2 点 x, y を任意にとる．仮定より，$x \in U$, $y \in V$, $U \cap V = \varnothing$ をみたす $\mathcal{O}$ の元 U, V が存在する．$U_A = U \cap A$, $V_A = V \cap A$ とする．$x \in U_A$ かつ $U_A \in \mathcal{O}_A$ であり，$y \in V_A$ かつ $V_A \in \mathcal{O}_A$ である．また，$U_A \cap V_A = U \cap V \cap A = \varnothing$ である．よって，$(A, \mathcal{O}_A)$ は T_2 をみたす．

(4)　$x \notin B_A$ をみたす A の点 x と $\mathcal{A}_A$ の元 B_A を任意にとる．$B_A = B \cap A$ をみたす $\mathcal{A}$ の元 B が存在する．$x \notin B$ であるので，仮定より，$x \in U$, $B \subset V$, $U \cap V = \varnothing$ をみたす $\mathcal{O}$ の元 U, V が存在する．$U_A = U \cap A$, $V_A = V \cap A$ とする．$x \in U_A$ かつ $U_A \in \mathcal{O}_A$ であり，$B_A \subset V_A$ かつ $V_A \in \mathcal{O}_A$ である．また，$U_A \cap V_A = U \cap V \cap A = \varnothing$ である．よって，$(A, \mathcal{O}_A)$ は T_3 をみたす．

(5)　$B_A \cap C_A = \varnothing$ をみたす $\mathcal{A}_A$ の元 B_A, C_A を任意にとる．$B_A = B \cap A$, $C_A = C \cap A$ をみたす $\mathcal{A}$ の元 B, C が存在する．仮定より $A \in \mathcal{A}$ であるので，(A3) より $B_A \in \mathcal{A}$ かつ $C_A \in \mathcal{A}$ である．仮定より，$B_A \subset U$, $C_A \subset V$, $U \cap V = \varnothing$ をみたす $\mathcal{O}$ の元 U, V が存在する．$U_A = U \cap A$, $V_A = V \cap A$ とする．$B_A \subset U_A$ かつ $U_A \in \mathcal{O}_A$ であり，$C_A \subset V_A$ かつ $V_A \in \mathcal{O}_A$ である．また，$U_A \cap V_A = U \cap V \cap A = \varnothing$ である．よって，$(A, \mathcal{O}_A)$ は T_4 をみたす．

問題 5.23　Λ の元 λ に対し，$(X_\lambda, \mathcal{O}_\lambda)$ の閉集合全体の集合を $\mathcal{A}_\lambda$ とする．$(X, \mathcal{O})$ の閉集合全体の集合を $\mathcal{A}$ とする．

(1)　X の異なる 2 点 $(x_\lambda)_{\lambda \in \Lambda}$, $(y_\lambda)_{\lambda \in \Lambda}$ を任意にとる．$x_\mu \neq y_\mu$ をみたす Λ の元 μ が存在する．仮定より，$x_\mu \in U_\mu$ かつ $y_\mu \notin U_\mu$ をみたす $\mathcal{O}_\mu$ の元 U_μ，または，$x_\mu \notin V_\mu$ かつ $y_\mu \in V_\mu$ をみたす $\mathcal{O}_\mu$ の元 V_μ のいずれかが存在する．U_μ が存在するとする．$U = \mathrm{pr}_\mu^{-1}(U_\mu)$ とする．$(x_\lambda)_{\lambda \in \Lambda} \in U$ かつ $(y_\lambda)_{\lambda \in \Lambda} \notin U$ であり，$U \in \mathcal{O}$ である．V_μ が存在するとする．$V = \mathrm{pr}_\mu^{-1}(V_\mu)$ とする．$(x_\lambda)_{\lambda \in \Lambda} \notin V$ かつ $(y_\lambda)_{\lambda \in \Lambda} \in V$ であり，$V \in \mathcal{O}$ である．よって，$(X, \mathcal{O})$ は T_0 をみたす．

(2)　X の異なる 2 点 $(x_\lambda)_{\lambda \in \Lambda}$, $(y_\lambda)_{\lambda \in \Lambda}$ を任意にとる．$x_\mu \neq y_\mu$ をみたす Λ の元 μ が存在する．仮定より，$x_\mu \in U_\mu$ かつ $y_\mu \notin U_\mu$ をみたす $\mathcal{O}_\mu$ の元 U_μ が存在する．$U = \mathrm{pr}_\mu^{-1}(U_\mu)$ とする．$(x_\lambda)_{\lambda \in \Lambda} \in U$ かつ $(y_\lambda)_{\lambda \in \Lambda} \notin U$ であり，$U \in \mathcal{O}$ であ

る．よって，$(X, \mathcal{O})$ は T_1 をみたす．

(3) X の異なる 2 点 $(x_\lambda)_{\lambda \in \Lambda}$, $(y_\lambda)_{\lambda \in \Lambda}$ を任意にとる．$x_\mu \neq y_\mu$ をみたす Λ の元 μ が存在する．仮定より，$x_\mu \in U_\mu$, $y_\mu \notin V_\mu$, $U_\mu \cap V_\mu = \varnothing$ をみたす $\mathcal{O}_\mu$ の元 U_μ, V_μ が存在する．$U = \mathrm{pr}_\lambda^{-1}(U_\mu)$, $V = \mathrm{pr}_\lambda^{-1}(V_\mu)$ とする．$(x_\lambda)_{\lambda \in \Lambda} \in U$, $(y_\lambda)_{\lambda \in \Lambda} \in V$, $U \cap V = \varnothing$ であり，$U \in \mathcal{O}$ かつ $V \in \mathcal{O}$ である．よって，$(X, \mathcal{O})$ は T_2 をみたす．

(4) $\mathcal{O}$ の元 O と，O の点 $(x_\lambda)_{\lambda \in \Lambda}$ を任意にとる．直積位相の定義より $\mathcal{S} = \{\mathrm{pr}_\lambda^{-1}(O_\lambda) \mid \lambda \in \Lambda, O_\lambda \in \mathcal{O}_\lambda\}$ は $\mathcal{O}$ の準基底であるので，定理 4.60 の証明より $\mathcal{B} = \{X\} \cup \{\bigcap \mathcal{S}' \mid \mathcal{S}' \subset \mathcal{S}, \#\mathcal{S}' < \aleph_0, \mathcal{S}' \neq \varnothing\}$ は $\mathcal{O}$ の基底である．よって，$(x_\lambda)_{\lambda \in \Lambda} \in V$ かつ $V \subset O$ をみたす $\mathcal{B}$ の元 V が存在する．$V = X$ ならば，$V \subset O$ より $O = X$ であり，定理 4.15 (1) より $V^a = X$ である．よって，$V^a \subset O$ である．$V = \bigcap \mathcal{S}'$, $\#\mathcal{S}' < \aleph_0$, $\mathcal{S}' \neq \varnothing$ をみたす $\mathcal{S}$ の部分集合 $\mathcal{S}'$ が存在するとする．$\mathcal{S}'$ の元 A に対し，$A = \mathrm{pr}_\mu^{-1}(O_\mu)$ をみたす Λ の元 μ と $\mathcal{O}_\mu$ の元 O_μ が存在する．$(x_\lambda)_{\lambda \in \Lambda} \in V$ と $V \subset A$ より $x_\mu \in O_\mu$ であるので，仮定より $x_\mu \in U_\mu$ かつ $U_\mu^a \subset O_\mu$ をみたす $\mathcal{O}_\mu$ の元 U_μ が存在する．$U_A = \mathrm{pr}_\mu^{-1}(U_\mu)$ とする．定理 4.68 より pr_μ は連続写像であり，$U_\mu^a \in \mathcal{A}_\mu$ であるので，定理 4.38 より $\mathrm{pr}_\mu^{-1}(U_\mu^a) \in \mathcal{A}$ である．よって，

$$U_A^a = \mathrm{pr}_\mu^{-1}(U_\mu)^a \subset \mathrm{pr}_\mu^{-1}(U_\mu^a) \subset \mathrm{pr}_\mu^{-1}(O_\mu) = A$$

である．$U = \bigcap_{A \in \mathcal{S}'} U_A$ とする．$\#\mathcal{S}' < \aleph_0$ と (O2)$'$ より $U \in \mathcal{O}$ である．$\mathcal{S}'$ の任意の元 A に対し $(x_\lambda)_{\lambda \in \Lambda} \in U_A$ であるので，$(x_\lambda)_{\lambda \in \Lambda} \in U$ である．$\#\mathcal{S}' < \aleph_0$ であるので，問題 4.20 (1) より

$$U^a = \left(\bigcap_{A \in \mathcal{S}'} U_A\right)^a \subset \bigcap_{A \in \mathcal{S}'} U_A^a \subset \bigcap_{A \in \mathcal{S}'} A = \bigcap \mathcal{S}' = V \subset O$$

である．ゆえに，定理 5.18 より $(X, \mathcal{O})$ は T_3 をみたす．

問題 5.26 $(X, \mathcal{O}_X)$ の閉集合全体の集合を $\mathcal{A}_X$ とする．$\mathcal{O}$ を $\mathbb{R}$ の通常の位相とする．

(1) $x \notin A$ をみたす X の点 x と $\mathcal{A}_X$ の元 A を任意にとる．$(X, \mathcal{O}_X)$ が T_1 をみたすので，$\{x\} \in \mathcal{A}_X$ である．$(X, \mathcal{O}_X)$ が T_4 をみたすので，定理 5.25（ウリゾーンの補題）より，次の (i)〜(iii) をみたす $(X, \mathcal{O}_X)$ 上の実連続関数 $f\colon X \to \mathbb{R}$ が存在する．(i) $f(X) \subset [0, 1]$, (ii) $f(x) = 0$, (iii) A の任意の点 a に対し $f(a) = 1$ である．よって，$(X, \mathcal{O}_X)$ は完全正則空間である．

(2) $x \notin A$ をみたす X の点 x と $\mathcal{A}_X$ の元 A を任意にとる．$(X, \mathcal{O}_X)$ が $\mathrm{T}_{3\frac{1}{2}}$ をみたすので，次の (i)〜(iii) をみたす $(X, \mathcal{O}_X)$ 上の実連続関数 $f\colon X \to \mathbb{R}$ が存在する．(i) $f(X) \subset [0, 1]$, (ii) $f(x) = 0$, (iii) A の任意の点 a に対し $f(a) = 1$ である．このとき，$U = f^{-1}((-\infty, \frac{1}{2}))$, $V = f^{-1}((\frac{1}{2}, \infty))$ とする．$(-\infty, \frac{1}{2}) \in \mathcal{O}$, $(\frac{1}{2}, \infty) \in \mathcal{O}$ であり，f が $(X, \mathcal{O}_X)$ 上の実連続関数であるので，$U \in \mathcal{O}_X$, $V \in \mathcal{O}_X$ である．(ii) より $x \in U$ であり，(iii) より $A \subset V$ である．また，

$$U \cap V = f^{-1}\left(\left(-\infty, \frac{1}{2}\right) \cap \left(\frac{1}{2}, \infty\right)\right) = f^{-1}(\varnothing) = \varnothing$$

である. よって, $(X, \mathcal{O}_X)$ は T_3 をみたす. 仮定より $(X, \mathcal{O}_X)$ は T_1 をみたすので, $(X, \mathcal{O}_X)$ は正則空間である.

問題 5.27 (1) $(X, \mathcal{O}_X)$ と $(Y, \mathcal{O}_Y)$ は同相であるので, 問題 4.40 (2) より $(Y, \mathcal{O}_Y)$ と $(X, \mathcal{O}_X)$ も同相である. よって, $(Y, \mathcal{O}_Y)$ から $(X, \mathcal{O}_X)$ への同相写像 $f\colon Y \to X$ が存在する. 仮定より, X 上の距離関数 $d_X\colon X \times X \to \mathbb{R}$ であって, d_X から定まる距離位相が $\mathcal{O}_X$ に等しいものが存在する. Y の点 y_1, y_2 に対し $d_Y(y_1, y_2) = d_X(f(y_1), f(y_2))$ と定めることにより, 写像 $d_Y\colon Y \times Y \to \mathbb{R}$ を定義する. d_Y が Y 上の距離関数であることを示す. Y の点 y_1, y_2, y_3 を任意にとる. d_X が (D1) をみたすので, $d_Y(y_1, y_2) = d_X(f(y_1), f(y_2)) \geqq 0$ である. よって, d_Y も (D1) をみたす. $y_1 = y_2$ ならば $f(y_1) = f(y_2)$ である. d_X が (D2) をみたすので $d_Y(y_1, y_2) = d_X(f(y_1), f(y_2)) = 0$ である. $d_Y(y_1, y_2) = 0$ ならば, d_X が (D2) をみたすので $f(y_1) = f(y_2)$ であり, f が単射であるので $y_1 = y_2$ である. よって, d_Y も (D2) をみたす. d_X が (D3) をみたすので, $d_Y(y_1, y_2) = d_X(f(y_1), f(y_2)) = d_X(f(y_2), f(y_1)) = d_Y(y_2, y_1)$ である. よって, d_Y も (D3) をみたす. d_X が (D4) をみたすので,

$$d_Y(y_1, y_3) = d_X(f(y_1), f(y_3))$$
$$\leqq d_X(f(y_1), f(y_2)) + d_X(f(y_2), f(y_3)) = d_Y(y_1, y_2) + d_Y(y_2, y_3)$$

である. よって, d_Y も (D4) をみたす. ゆえに, d_Y は Y 上の距離関数である.

d_Y から定まる Y の距離位相を $\mathcal{O}'_Y$ とする. $\mathcal{O}_Y = \mathcal{O}'_Y$ であることを示す. 例 4.51 より $\mathcal{B}'_Y = \{U(b; \varepsilon) \mid b \in Y, \varepsilon \in (0, \infty)\}$ は $\mathcal{O}'_Y$ の基底である. d_Y の定義より, f は (Y, d_Y) から (X, d_X) への等長写像かつ全単射である. よって, Y の任意の点 b と任意の正の実数 ε に対し

$$f\big(U(b; \varepsilon)\big) = \{f(y) \mid y \in Y,\ d_Y(y, b) < \varepsilon\} = \{x \in X \mid d_X(x, f(b)) < \varepsilon\}$$
$$= U(f(b); \varepsilon)$$

が成り立つことに注意する. $\mathcal{O}_Y$ の元 O を任意にとる. O の点 b を任意にとる. 問題 4.41 より, f は $(Y, \mathcal{O}_Y)$ から $(X, \mathcal{O}_X)$ への開写像であるので, $f(O) \in \mathcal{O}_X$ である. $f(b) \in f(O)$ であり, 問題 4.12 より $f(O)^i = f(O)$ であるので, $f(b) \in f(O)^i$ であり, $f(O) \in \mathcal{N}(f(b))$ である. よって, 例 4.28 より $U(f(b); \varepsilon) \subset f(O)$ をみたす正の実数 ε が存在する. 上の等式より $U(f(b); \varepsilon) = f(U(b; \varepsilon)) \subset f(O)$ であるので, $U(b; \varepsilon) \subset O$ である. 従って, 問題 4.57 より $\mathcal{O}_Y \subset \mathcal{O}'_Y$ である. $\mathcal{B}'_Y$ の元 U を任意にとる. $U = U(b; \varepsilon)$ をみたす Y の点 b と正の実数 ε が存在する. 問題 3.19 (1) より $U(f(b); \varepsilon) \in \mathcal{O}_X$ であり, f が $(Y, \mathcal{O}_Y)$ から $(X, \mathcal{O}_X)$ への同相写像であるので,

$$U = U(b; \varepsilon) = f^{-1}\big(f(U(b; \varepsilon))\big) = f^{-1}\big(U(f(b); \varepsilon)\big) \in \mathcal{O}_Y$$

である. よって, $\mathcal{B}'_Y \subset \mathcal{O}_Y$ であるので, 問題 4.57 より $\mathcal{O}'_Y \subset \mathcal{O}_Y$ である. ゆえに, $\mathcal{O}_Y = \mathcal{O}'_Y$ である. 以上より, $(Y, \mathcal{O}_Y)$ は距離づけ可能である.

(2)　仮定より，X 上の距離関数 $d_X \colon X \times X \to \mathbb{R}$ であって，d_X から定まる距離位相が $\mathcal{O}_X$ に等しいものが存在する．問題 4.46 より，d_X の $A \times A$ への制限 $d_X|_{A \times A}$ から定まる距離位相は $\mathcal{O}_A$ に等しい．よって，$(A, \mathcal{O}_A)$ は距離づけ可能である．

問題 5.31　$(X, \mathcal{O})$ の閉集合全体の集合を $\mathcal{A}$ とする．$(X, \mathcal{O})$ が第 2 可算公理をみたすので，$\#\mathcal{B} \leqq \aleph_0$ をみたす $\mathcal{O}$ の基底 $\mathcal{B}$ が存在する．$A \cap B = \varnothing$ をみたす $\mathcal{A}$ の元 A, B を任意にとる．$A = \varnothing$ ならば $U = \varnothing$ かつ $V = X$ とし，$B = \varnothing$ ならば $U = X$ かつ $V = \varnothing$ とする．$A \neq \varnothing$ かつ $B \neq \varnothing$ であるとする．$\mathcal{U} = \{W \in \mathcal{B} \mid W \cap A \neq \varnothing, W^a \cap B = \varnothing\}$ とする．A の点 x を任意にとる．$x \in B^c$ かつ $B^c \in \mathcal{O}$ であり，$(X, \mathcal{O})$ が T_3 をみたすので，定理 5.18 より $x \in O$ かつ $O^a \subset B^c$ をみたす $\mathcal{O}$ の元 O が存在する．$\mathcal{B}$ が $\mathcal{O}$ の基底であるので，$x \in W$ かつ $W \subset O$ をみたす $\mathcal{B}$ の元 W が存在する．$W \cap A \supset \{x\} \neq \varnothing$ であり，$W^a \subset O^a \subset B^c$ より $W^a \cap B = \varnothing$ であるので，$W \in \mathcal{U}$ である．よって，$x \in \bigcup \mathcal{U}$ である．従って，$A \subset \bigcup \mathcal{U}$ である．また，$\mathcal{U} \subset \mathcal{B}$ であるので，$\#\mathcal{U} \leqq \#\mathcal{B} \leqq \aleph_0$ である．全単射 $f \colon \mathbb{N} \to \mathcal{U}$ が存在するか，もしくは，ある自然数 n と全単射 $f' \colon \{1, \ldots, n\} \to \mathcal{U}$ が存在する．後者の場合，自然数 i に対し，$i \in \{1, \ldots, n\}$ ならば $f(i) = f'(i)$，$i \in \mathbb{N} - \{1, \ldots, n\}$ ならば $f(i) = f'(n)$ と定めることにより，写像 $f \colon \mathbb{N} \to \mathcal{U}$ を定義する．$\mathcal{V} = \{W \in \mathcal{B} \mid W \cap B \neq \varnothing, W^a \cap A = \varnothing\}$ とすると，$\mathcal{U}$ と同様に $B \subset \bigcup \mathcal{V}$ かつ $\#\mathcal{V} \leqq \aleph_0$ である．f と同様に写像 $g \colon \mathbb{N} \to \mathcal{V}$ が定義される．

X の部分集合族 $\{U_n\}_{n \in \mathbb{N}}$, $\{V_n\}_{n \in \mathbb{N}}$ を以下のように帰納的に定義する．まず，$U_1 = f(1)$, $V_1 = g(1) \cap (U_1^a)^c$ とする．n を 2 以上の整数とする．$\{1, \ldots, n-1\}$ の任意の元 i に対し V_i が定義されているとき $U_n = f(n) \cap (\bigcap_{i=1}^{n-1} (V_i^a)^c)$ と定め，$\{1, \ldots, n\}$ の任意の元 i に対し U_i が定義されているとき $V_n = g(n) \cap (\bigcap_{i=1}^{n} (U_i^a)^c)$ と定める．$V_i^a \in \mathcal{A}$ より $(V_i^a)^c \in \mathcal{O}$ であるので，$(\mathrm{O2})'$ より $\bigcap_{i=1}^{n-1} (V_i^a)^c \in \mathcal{O}$ である．また，$f(n) \in \mathcal{B} \subset \mathcal{O}$ であるので，$(\mathrm{O2})$ より $U_n \in \mathcal{O}$ である．$U_i^a \in \mathcal{A}$ より $(U_i^a)^c \in \mathcal{O}$ であるので，$(\mathrm{O2})'$ より $\bigcap_{i=1}^{n} (U_i^a)^c \in \mathcal{O}$ である．また，$g(n) \in \mathcal{B} \subset \mathcal{O}$ であるので，$(\mathrm{O2})$ より $V_n \in \mathcal{O}$ である．自然数 n に対し，$f(n) \in \mathcal{U}$, $g(n) \in \mathcal{V}$ より $f(n)^a \cap B = \varnothing$, $g(n)^a \cap A = \varnothing$ であり，$U_n \subset f(n)$, $V_n \subset g(n)$ であるので，$A \subset (g(n)^a)^c \subset (V_n^a)^c$, $B \subset (f(n)^a)^c \subset (U_n^a)^c$ である．$U_1 \cap A = f(1) \cap A$, $V_1 \cap B = g(1) \cap B$ であり，2 以上の整数 n に対し

$$U_n \cap A = \left(f(n) \cap \left(\bigcap_{i=1}^{n-1} (V_i^a)^c \right) \right) \cap A = f(n) \cap A$$

$$V_n \cap B = \left(g(n) \cap \left(\bigcap_{i=1}^{n} (U_i^a)^c \right) \right) \cap B = g(n) \cap B$$

が成り立つ．$U = \bigcup_{n=1}^{\infty} U_n$, $V = \bigcup_{n=1}^{\infty} V_n$ とするとき，$A \subset \bigcup \mathcal{U}$, $B \subset \bigcup \mathcal{V}$ より

$$A = \left(\bigcup \mathcal{U} \right) \cap A = \left(\bigcup_{n=1}^{\infty} f(n) \right) \cap A = \bigcup_{n=1}^{\infty} \left(f(n) \cap A \right) = \bigcup_{n=1}^{\infty} (U_n \cap A) \subset U$$

$$B = \left(\bigcup \mathcal{V}\right) \cap B = \left(\bigcup_{n=1}^{\infty} g(n)\right) \cap B = \bigcup_{n=1}^{\infty} (g(n) \cap B) = \bigcup_{n=1}^{\infty} (V_n \cap B) \subset V$$

が成り立つ. 自然数 m, n に対し, $n > m$ ならば定理 4.15 (1) より

$$U_n \cap V_m \subset \left(\bigcap_{i=1}^{n-1} (V_i^a)^c\right) \cap V_m \subset (V_m^a)^c \cap V_m \subset (V_m^a)^c \cap V_m^a = \varnothing$$

であり, $n \leqq m$ ならば定理 4.15 (1) より

$$U_n \cap V_m \subset U_n \cap \left(\bigcap_{i=1}^{m} (U_i^a)^c\right) \subset U_n \cap (U_n^a)^c \subset U_n^a \cap (U_n^a)^c = \varnothing$$

である. よって,

$$U \cap V = \left(\bigcup_{n=1}^{\infty} U_n\right) \cap \left(\bigcup_{m=1}^{\infty} V_m\right) = \bigcup_{n=1}^{\infty} \bigcup_{m=1}^{\infty} (U_n \cap V_m) = \varnothing$$

である. (O3) より $U \in \mathcal{O}$ かつ $V \in \mathcal{O}$ である. よって, $(X, \mathcal{O})$ は T_4 をみたす.

問題 5.34 $\mathcal{O}$ から定まる A の相対位相を $\mathcal{O}_A$ とする.

必要であること：A が $(X, \mathcal{O})$ のコンパクト集合であるとする. $(X, \mathcal{O})$ における A の開被覆 $\mathcal{U}$ を任意にとる. $\mathcal{U}_A = \{O \cap A \mid O \in \mathcal{U}\}$ とする. $\mathcal{U} \subset \mathcal{O}$ より $\mathcal{U}_A \subset \mathcal{O}_A$ であり, $A \subset \bigcup \mathcal{U}$ より $A \subset (\bigcup \mathcal{U}) \cap A = \bigcup \mathcal{U}_A$ である. すなわち, $\mathcal{U}_A$ は $(A, \mathcal{O}_A)$ の開被覆である. $(A, \mathcal{O}_A)$ がコンパクトであるので, $\mathcal{V}_A \subset \mathcal{U}_A$ をみたす A の有限被覆 $\mathcal{V}_A$ が存在する. $\mathcal{U}$ の元 O に対し $\varphi(O) = O \cap A$ と定めることにより, 写像 $\varphi \colon \mathcal{U} \to \mathcal{U}_A$ を定義する. $\mathcal{V}_A \subset \mathcal{U}_A$ かつ $\#\mathcal{V}_A < \aleph_0$ であり, φ が全射であるので, $\mathcal{U}$ の部分集合 $\mathcal{V}$ であって, $\varphi|_{\mathcal{V}} \colon \mathcal{V} \to \mathcal{V}_A$ が全単射となるものが存在する. このとき, $A \subset \bigcup \mathcal{V}_A = \bigcup \varphi(\mathcal{V}) \subset \bigcup \mathcal{V}$ である. よって, $\mathcal{V}$ は X における A の有限被覆である.

十分であること：$(A, \mathcal{O}_A)$ の開被覆 $\mathcal{U}_A$ を任意にとる. $\mathcal{U}_A$ の元 U に対し, $\mathcal{O}_U = \{O \in \mathcal{O} \mid O \cap A = U\}$ とし, $O_U = \bigcup \mathcal{O}_U$ とする. $\mathcal{O}_U \subset \mathcal{O}$ と (O3) より $O_U \in \mathcal{O}$ である. $\mathcal{U} = \{O_U \mid U \in \mathcal{U}_A\}$ とする. $\mathcal{U} \subset \mathcal{O}$ である. $\mathcal{U}_A$ の任意の元 U と $\mathcal{O}_U$ の任意の元 O に対し $U = O \cap A \subset O$ であるので, $U \subset \bigcup \mathcal{O}_U = O_U$ である. よって, $A = \bigcup \mathcal{U}_A \subset \bigcup \mathcal{U}$ である. 仮定より, $\mathcal{V} \subset \mathcal{U}$ をみたす A の有限被覆 $\mathcal{V}$ が存在する. $\mathcal{V}_A = \{O \cap A \mid O \in \mathcal{V}\}$ とする. $A = (\bigcup \mathcal{V}) \cap A = \bigcup \mathcal{V}_A$ であり, $\#\mathcal{V} < \aleph_0$ より $\#\mathcal{V}_A < \aleph_0$ である. また, $\mathcal{V}_A \subset \{O \cap A \mid O \in \mathcal{U}\} = \{O_U \cap A \mid U \in \mathcal{U}_A\} = \mathcal{U}_A$ である. よって, $(A, \mathcal{O}_A)$ はコンパクトである. ゆえに, A は $(X, \mathcal{O})$ のコンパクト集合である.

問題 5.35 (1) $(X, \mathcal{O})$ の開被覆 $\mathcal{U}$ を任意にとる. 仮定より $\#\mathcal{O} = \#\{X, \varnothing\} \leqq 2$ であり, $\mathcal{U} \subset \mathcal{O}$ であるので, $\#\mathcal{U} \leqq 2 < \aleph_0$ である. $\mathcal{V} = \mathcal{U}$ とする. $\mathcal{V}$ は $\mathcal{V} \subset \mathcal{U}$ をみたす X の有限被覆である. よって, $(X, \mathcal{O})$ はコンパクトである.

(2) $(X, \mathcal{O})$ の開被覆 $\mathcal{U}$ を任意にとる. $\#X < \aleph_0$ であるので, 問題 2.12 より $\#\mathcal{P}(X) < \aleph_0$ である. $\mathcal{U} \subset \mathcal{O} \subset \mathcal{P}(X)$ であるので, $\#\mathcal{U} \leqq \#\mathcal{P}(X) < \aleph_0$ である. よって, $\mathcal{U}$ は X の有限被覆である. $\mathcal{V} = \mathcal{U}$ とする. $\mathcal{V}$ は $\mathcal{V} \subset \mathcal{U}$ をみたす X の有限

被覆である．ゆえに，$(X, \mathcal{O})$ はコンパクトである．

(3) $\mathcal{U} = \{\{x\} \mid x \in X\}$ とする．$\mathcal{O} = \mathcal{P}(X)$ であるので，$\mathcal{U} \subset \mathcal{O}$ である．また，$\bigcup \mathcal{U} = \bigcup_{x \in X} \{x\} = X$ である．よって，$\mathcal{U}$ は $(X, \mathcal{O})$ の開被覆である．$(X, \mathcal{O})$ がコンパクトであるので，$\mathcal{V} \subset \mathcal{U}$ をみたす X の有限被覆 $\mathcal{V}$ が存在する．もし $\mathcal{V} \neq \mathcal{U}$ ならば，$\{y\} \in \mathcal{U}$ かつ $\{y\} \notin \mathcal{V}$ をみたす X の点 y が存在する．このとき，$\bigcup \mathcal{V} \subset \bigcup(\mathcal{U} - \{\{y\}\}) = \bigcup_{x \in X - \{y\}} \{x\} = X - \{y\}$ であり，$\mathcal{V}$ が X の被覆であることに矛盾する．よって，$\mathcal{V} = \mathcal{U}$ である．$\#\mathcal{V} < \aleph_0$ であるので，$\#X = \#\mathcal{U} < \aleph_0$ である．

問題 5.36 $(X, \mathcal{O})$ における $A_1 \cup \cdots \cup A_n$ の開被覆 $\mathcal{U}$ を任意にとる．$\{1, \ldots, n\}$ の元 i を任意にとる．$A_i \subset A_1 \cup \cdots \cup A_n$ であるので，$\mathcal{U}$ は $(X, \mathcal{O})$ における A_i の開被覆である．A_i が $(X, \mathcal{O})$ のコンパクト集合であるので，問題 5.34 より $\mathcal{V}_i \subset \mathcal{U}$ をみたす X における A_i の有限被覆 $\mathcal{V}_i$ が存在する．$\mathcal{V} = \mathcal{V}_1 \cup \cdots \cup \mathcal{V}_n$ とする．$\mathcal{V} \subset \mathcal{U}$ であり，問題 2.20 (2) と問題 2.3 (2) より $\#\mathcal{V} < \aleph_0$ である．また，$\bigcup \mathcal{V} = (\bigcup \mathcal{V}_1) \cup \cdots \cup (\bigcup \mathcal{V}_n) \supset A_1 \cup \cdots \cup A_n$ である．よって，問題 5.34 より $A_1 \cup \cdots \cup A_n$ は $(X, \mathcal{O})$ のコンパクト集合である．

問題 5.39 $X = X_1 \times X_2$ とする．直積位相の定義より，$\mathcal{B} = \{U_1 \times U_2 \mid U_1 \in \mathcal{O}_1, U_2 \in \mathcal{O}_2\}$ は $\mathcal{O}$ の基底である．$\mathcal{U} = \{U \in \mathcal{B} \mid U \subset O, U \cap (A_1 \times A_2) \neq \varnothing\}$ とする．$A_1 \times A_2$ の点 (x_1, x_2) を任意にとる．$A_1 \times A_2 \subset O$ であり，$O \in \mathcal{O}$ であるので，$(x_1, x_2) \in U$ かつ $U \subset O$ をみたす $\mathcal{B}$ の元 U が存在する．$(x_1, x_2) \in U \cap (A_1 \times A_2)$ であるので，$U \cap (A_1 \times A_2) \neq \varnothing$ である．よって，$U \in \mathcal{U}$ である．従って，$(x_1, x_2) \in U$ より $(x_1, x_2) \in \bigcup \mathcal{U}$ である．ゆえに，$A_1 \times A_2 \subset \bigcup \mathcal{U}$ である．$\mathcal{U} \subset \mathcal{B} \subset \mathcal{O}$ であるので，$\mathcal{U}$ は $(X, \mathcal{O})$ における $A_1 \times A_2$ の開被覆である．また，$\mathcal{U}$ の任意の元 U に対し $U \subset O$ であるので，$\bigcup \mathcal{U} \subset O$ である．

A_1 の点 x を任意にとる．

$$\mathcal{U}(x) = \{U_2 \in \mathcal{O}_2 \mid x \in U_1 \text{ かつ } U_1 \times U_2 \in \mathcal{U} \text{ をみたす } \mathcal{O}_1 \text{ の元 } U_1 \text{ が存在する}\}$$

と定める．A_2 の点 y を任意にとる．$A_1 \times A_2 \subset \bigcup \mathcal{U}$ より，$(x, y) \in U$ をみたす $\mathcal{U}$ の元 U が存在する．$U = U_1 \times U_2$ をみたす $\mathcal{O}_1$ の元 U_1 と $\mathcal{O}_2$ の元 U_2 が存在する．このとき，$y \in U_2$ かつ $U_2 \in \mathcal{U}(x)$ である．よって，$\mathcal{U}(x)$ は $(X_2, \mathcal{O}_2)$ における A_2 の開被覆である．A_2 が $(X_2, \mathcal{O}_2)$ のコンパクト集合であるので，問題 5.34 より $\mathcal{V}(x) \subset \mathcal{U}(x)$ をみたす X_2 における A_2 の有限被覆 $\mathcal{V}(x) = \{U_{2,1}(x), \ldots, U_{2,n(x)}(x)\}$ が存在する．$\{1, \ldots, n(x)\}$ の任意の元 i に対し，$U_{1,i}(x) \times U_{2,i}(x) \in \mathcal{U}$ をみたす $\mathcal{O}_1$ の元 $U_{1,i}(x)$ をひとつ選ぶ．

$$U_1(x) = U_{1,1}(x) \cap \cdots \cap U_{1,n(x)}(x), \quad U_2(x) = U_{2,1}(x) \cup \cdots \cup U_{2,n(x)}(x)$$

とする．(O2) より $U_1(x) \in \mathcal{O}_1$ であり，(O3) より $U_2(x) \in \mathcal{O}_2$ である．$\{1, \ldots, n(x)\}$ の任意の元 i に対し $x \in U_{1,i}(x)$ であるので，$x \in U_1(x)$ であり，$A_2 \subset \bigcup \mathcal{V}(x) = \bigcup_{i=1}^{n(x)} U_{2,i}(x) = U_2(x)$ である．

$\mathcal{U}_1 = \{U_1(x) \mid x \in A_1\}$ とする．$\mathcal{U}_1$ は $(X_1, \mathcal{O}_1)$ における A_1 の開被覆である．A_1 が $(X_1, \mathcal{O}_1)$ のコンパクト集合であるので，問題 5.34 より $\mathcal{V}_1 \subset \mathcal{U}_1$ をみたす X_1 における A_1 の有限被覆 $\mathcal{V}_1 = \{U_1(x_1), \ldots, U_1(x_n)\}$ が存在する．ここで，

$$O_1 = U_1(x_1) \cup \cdots \cup U_1(x_n), \quad O_2 = U_2(x_1) \cap \cdots \cap U_2(x_n)$$

とする. (O3) より $O_1 \in \mathcal{O}_1$ であり, (O2) より $O_2 \in \mathcal{O}_2$ である. $A_1 \subset \bigcup \mathcal{V}_1 = \bigcup_{i=1}^{n} U_1(x_i) = O_1$ であり, $\{1, \ldots, n\}$ の任意の元 i に対し $A_2 \subset U_2(x_i)$ であるので, $A_2 \subset \bigcap_{i=1}^{n} U_2(x_i) = O_2$ である. よって, $A_1 \times A_2 \subset O_1 \times O_2$ である. また,

$$O_1 \times O_2 = \left(\bigcup_{i=1}^{n} U_1(x_i) \right) \times O_2 = \bigcup_{i=1}^{n} \left(U_1(x_i) \times O_2 \right) \subset \bigcup_{i=1}^{n} \left(U_1(x_i) \times U_2(x_i) \right)$$

$$\subset \bigcup_{x \in A_1} \left(U_1(x) \times U_2(x) \right) = \bigcup_{x \in A_1} \left(U_1(x) \times \left(\bigcup_{i=1}^{n(x)} U_{2,i}(x) \right) \right)$$

$$= \bigcup_{x \in A_1} \left(\bigcup_{i=1}^{n(x)} \left(U_1(x) \times U_{2,i}(x) \right) \right) \subset \bigcup_{x \in A_1} \left(\bigcup_{i=1}^{n(x)} \left(U_{1,i}(x) \times U_{2,i}(x) \right) \right) \subset \bigcup \mathcal{U}$$

$$\subset O$$

である.

問題 5.43 $\mathbb{R}$ の通常の位相を $\mathcal{O}$ とする. $\{1, \ldots, n\}$ の元 i に対し $A_i = [a_i, b_i]$ とし, $A = A_1 \times \cdots \times A_n$ とする. $\mathcal{O}^n$ から定まる A の相対位相を $\mathcal{O}_A^n$ とする.

$\{1, \ldots, n\}$ の元 i を任意にとる. 実数 x に対し $f_i(x) = (b_i - a_i)x + a_i$ と定めることにより, 写像 $f_i \colon \mathbb{R} \to \mathbb{R}$ を定義する. 微分積分学より f_i は $(\mathbb{R}, d^{(1)})$ から $(\mathbb{R}, d^{(1)})$ への連続写像であるので, 問題 4.39 より f_i は $(\mathbb{R}, \mathcal{O})$ から $(\mathbb{R}, \mathcal{O})$ への連続写像である. $I = [0, 1]$ の点 x を任意にとる. $b_i - a_i > 0$ より $a_i \leqq (b_i - a_i)x + a_i$ であり, $a_i < b_i$ より $a_i(1 - x) \leqq b_i(1 - x)$ であるので, $(b_i - a_i)x + a_i \leqq b_i$ である. よって, $f_i(x) \in A_i$ である. 従って, $f_i(I) \subset A_i$ である. A_i の点 y を任意にとる. $x = \frac{y - a_i}{b_i - a_i}$ とする. $a_i \leqq y \leqq b_i$ より $y - a_i \geqq 0$ かつ $y - a_i \leqq b_i - a_i$ であるので, $0 \leqq x \leqq 1$ である. また, $f_i(x) = \frac{(b_i - a_i)(y - a_i)}{b_i - a_i} + a_i = y$ である. よって, $y \in f_i(I)$ である. 従って, $A_i \subset f_i(I)$ であり, $f_i(I) = A_i$ である. 定理 5.42 (ハイネ–ボレルの被覆定理) より, I は $(\mathbb{R}, \mathcal{O})$ のコンパクト集合である. f_i が連続写像であるので, 定理 5.38 より $A_i = f_i(I)$ は $(\mathbb{R}, \mathcal{O})$ のコンパクト集合である. すなわち, $\mathcal{O}$ から定まる A_i の相対位相を $\mathcal{O}_i$ とするとき, $(A_i, \mathcal{O}_i)$ はコンパクトである. よって, $\mathcal{O}_1, \ldots, \mathcal{O}_n$ の直積位相を $\mathcal{O}_A$ とするとき, 定理 5.41 (チコノフの定理) と問題 4.67 より $(A, \mathcal{O}_A)$ はコンパクトである. $\{1, \ldots, n\}$ の任意の元 i に対し, 問題 4.46 より $\mathcal{O}_i$ は $d^{(1)}|_{A_i \times A_i}$ から定まる A_i の距離位相に等しい. 例 3.9 より $(\mathbb{R}^n, d^{(n)})$ は n 個の $(\mathbb{R}, d^{(1)})$ の直積距離空間に等しいので, $(A, d^{(n)}|_{A \times A})$ は $(A_1, d^{(1)}|_{A_1 \times A_1}), \ldots, (A_n, d^{(1)}|_{A_n \times A_n})$ の直積距離空間に等しい. よって, 問題 4.66 より $\mathcal{O}_A$ は $d^{(n)}|_{A \times A}$ から定まる A の距離位相に等しく, さらに問題 4.46 よりこれは $\mathcal{O}^n$ から定まる A の相対位相に等しい. すなわち, $\mathcal{O}_A = \mathcal{O}_A^n$ である. 従って, $(A, \mathcal{O}_A^n)$ はコンパクトである. ゆえに, A は $(\mathbb{R}^n, \mathcal{O}^n)$ のコンパクト集合である.

問題 5.47 $X - A$ の点 x を任意にとる. 仮定と補題 5.46 より, $x \in U$, $A \subset V$,

$U \cap V = \varnothing$ をみたす $\mathcal{O}$ の元 U, V が存在する. このとき, $U \subset X - V \subset X - A$ であるので, 問題 4.10 より $x \in (X - A)^i$ である. よって, $X - A \subset (X - A)^i$ である. 定理 4.11 (1) より $(X - A)^i \subset X - A$ であるので, $(X - A)^i = X - A$ である. よって, 問題 4.12 より $X - A \in \mathcal{O}$ である. ゆえに, A は $(X, \mathcal{O})$ の閉集合である.

問題 5.48 $(X, \mathcal{O}_X)$ の閉集合 A を任意にとる. $(X, \mathcal{O}_X)$ がコンパクトであるので, 定理 5.37 より A は $(X, \mathcal{O}_X)$ のコンパクト集合である. f が $(X, \mathcal{O}_X)$ から $(Y, \mathcal{O}_Y)$ への連続写像であるので, 定理 5.38 より $f(A)$ は $(Y, \mathcal{O}_Y)$ のコンパクト集合である. $(Y, \mathcal{O}_Y)$ はハウスドルフ空間であるので, 問題 5.47 より $f(A)$ は $(Y, \mathcal{O}_Y)$ の閉集合である. よって, f は $(X, \mathcal{O}_X)$ から $(Y, \mathcal{O}_Y)$ への閉写像である.

問題 5.51 $(X, \mathcal{O})$ がハウスドルフ空間であるので, 問題 5.13 (2) より $(X, \mathcal{O})$ は T_1 をみたす. $A \cap B = \varnothing$ をみたす $(X, \mathcal{O})$ の閉集合 A, B を任意にとる. $(X, \mathcal{O})$ がコンパクトであるので, 定理 5.37 より A, B は $(X, \mathcal{O})$ のコンパクト集合である. $A \cap B = \varnothing$ であるので, 定理 5.50 より, $A \subset U$, $B \subset V$, $U \cap V = \varnothing$ をみたす $\mathcal{O}$ の元 U, V が存在する. よって, $(X, \mathcal{O})$ は T_4 をみたす. ゆえに, $(X, \mathcal{O})$ は正規空間である.

問題 5.53 (1) X の点 x を任意にとる. 定理 4.11 (2) より $X^i = X$ であるので, $x \in X^i$ である. すなわち, X は x の近傍である. $(X, \mathcal{O})$ がコンパクトであるので, X は $(X, \mathcal{O})$ のコンパクト集合である. よって, $(X, \mathcal{O})$ は局所コンパクトである.

(2) X の点 x を任意にとる. $\mathcal{O} = \mathcal{P}(X)$ であるので, $\{x\} \in \mathcal{O}$ である. よって, 問題 4.12 より $\{x\}^i = \{x\}$ であるので, $x \in \{x\}^i$ である. すなわち, $\{x\}$ は $(X, \mathcal{O})$ における x の近傍である. $\mathcal{O}$ から定まる $\{x\}$ の相対位相を $\mathcal{O}_x$ とする. $\#\{x\} = 1 < \aleph_0$ であるので, 問題 5.35 (2) より $(\{x\}, \mathcal{O}_x)$ はコンパクトである. すなわち, $\{x\}$ は $(X, \mathcal{O})$ のコンパクト集合である. ゆえに, $(X, \mathcal{O})$ は局所コンパクトである.

問題 5.57 $A \subset O$ をみたす $(X, \mathcal{O})$ のコンパクト集合 A と $\mathcal{O}$ の元 O をとる.

$$\mathcal{U} = \{W \in \mathcal{O} \mid A \cap W \neq \varnothing, W^a \subset O, W^a は (X, \mathcal{O}) のコンパクト集合\}$$

とする. A の点 x を任意にとる. $(X, \mathcal{O})$ が局所コンパクトハウスドルフ空間であるので, 定理 5.55 より, $V \subset O$ をみたす $\mathcal{N}(x)$ の元 V であって, $(X, \mathcal{O})$ のコンパクト集合であるものが存在する. 補題 5.54 (1) $\Rightarrow$ (2) とその証明より, V^i は $(X, \mathcal{O})$ において相対コンパクトな x の開近傍である. よって, $x \in V^i$ より $A \cap V^i \neq \varnothing$ であり, $(V^i)^a$ は $(X, \mathcal{O})$ のコンパクト集合である. $(X, \mathcal{O})$ がハウスドルフ空間であるので, 問題 5.47 より V は $(X, \mathcal{O})$ の閉集合である. よって, 問題 4.18 より $V^a = V$ である. 定理 4.11 (1) より $V^i \subset V$ であるので, $(V^i)^a \subset V^a = V \subset O$ である. 従って, $V^i \in \mathcal{U}$ であり, $x \in V^i$ より $x \in \bigcup \mathcal{U}$ である. ゆえに, $A \subset \bigcup \mathcal{U}$ である. A が $(X, \mathcal{O})$ のコンパクト集合であるので, 問題 5.34 より, $\mathcal{V} \subset \mathcal{U}$ をみたす X における A の有限被覆 $\mathcal{V}$ が存在する. $U = \bigcup \mathcal{V}$ とする. $A \subset U$ である. $\mathcal{V} \subset \mathcal{U} \subset \mathcal{O}$ であるので, (O3) より $U \in \mathcal{O}$ である. 問題 4.15 (3) より $U^a = (\bigcup \mathcal{V})^a = \bigcup_{W \in \mathcal{V}} W^a$ であるので, 問題 5.36 より U^a は $(X, \mathcal{O})$ のコンパクト集合である. $\mathcal{V}$ の任意の元 W に対し $W^a \subset O$ であるので, $U^a = \bigcup_{W \in \mathcal{V}} W^a \subset O$ である.

問題 5.58 $(X, \mathcal{O})$ の閉集合全体の集合を $\mathcal{A}$ とする. $x \notin A$ をみたす X の点 x と $\mathcal{A}$ の元 A を任意にとる. $\mathcal{O}$ から定まる $\{x\}$ の相対位相を $\mathcal{O}_x$ とする. $\#\{x\} = 1 < \aleph_0$ であるので, 問題 5.35 (2) より $(\{x\}, \mathcal{O}_x)$ はコンパクトである. すなわち, $\{x\}$ は $(X, \mathcal{O})$ のコンパクト集合である. また, $A^c = X - A \in \mathcal{O}$ であり, $\{x\} \subset A^c$ である. $(X, \mathcal{O})$ が局所コンパクトハウスドルフ空間であるので, 問題 5.57 より, $\{x\} \subset U$ かつ $U^a \subset A^c$ をみたす $\mathcal{O}$ の元 U であって, U^a が $(X, \mathcal{O})$ のコンパクト集合であるものが存在する. $\mathcal{O}$ から定まる U^a の相対位相を $\mathcal{O}_{U^a}$ とするとき, $(U^a, \mathcal{O}_{U^a})$ はコンパクトである. $(X, \mathcal{O})$ がハウスドルフ空間であるので, 問題 5.21 (3) より $(U^a, \mathcal{O}_{U^a})$ もハウスドルフ空間である. よって, 問題 5.51 より $(U^a, \mathcal{O}_{U^a})$ は正規空間である. $(X, \mathcal{O})$ がハウスドルフ空間であるので, 問題 5.13 (2) より $(X, \mathcal{O})$ は T_1 をみたす. よって, 問題 5.12 より $\{x\} \in \mathcal{A}$ である. 定理 4.15 (1) より $\{x\} \subset U \subset U^a$ であるので, 問題 4.44 (1) より $\{x\} = \{x\} \cap U^a$ は $(U^a, \mathcal{O}_{U^a})$ の閉集合である. $U \in \mathcal{O}$ より $X - U \in \mathcal{A}$ であるので, 問題 4.44 (1) より $(X - U) \cap U^a = U^a - U$ は $(U^a, \mathcal{O}_{U^a})$ の閉集合である. また, $x \in U$ より $\{x\} \cap (U^a - U) = \varnothing$ である. 定理 5.25（ウリゾーンの補題）より, 次の (i)〜(iii) をみたす $(U^a, \mathcal{O}_{U^a})$ 上の実連続関数 $g \colon U^a \to \mathbb{R}$ が存在する. (i) $g(U^a) \subset [0, 1]$; (ii) $g(x) = 0$; (iii) $U^a - U$ の任意の点 y に対し $g(y) = 1$ である. X の点 y に対し $y \in U^a$ ならば $f(y) = g(y)$, $y \in X - U^a$ ならば $f(y) = 1$ と定めることにより, 写像 $f \colon X \to \mathbb{R}$ を定義する. このとき, $f(X) \subset [0, 1]$ であり, $f(x) = 0$ である. また, $X - U$ の任意の点 y に対し $f(y) = 1$ であり, $A \subset X - U^a \subset X - U$ であるので, A の任意の点 a に対し $f(a) = 1$ である. $\mathcal{O}$ から定まる $X - U$ の相対位相を $\mathcal{O}_{X-U}$ とする. $f(X - U) = \{1\}$ であるので, 例 4.35 より f の $X - U$ への制限 $f|_{X-U} \colon X - U \to \mathbb{R}$ は $(X - U, \mathcal{O}_{X-U})$ 上の実連続関数である. f の U^a への制限 $f|_{U^a} \colon U^a \to \mathbb{R}$ は g に等しいので, $(U^a, \mathcal{O}_{U^a})$ 上の実連続関数である. よって, 問題 4.48（貼り合わせの補題）より f は $(X, \mathcal{O})$ 上の実連続関数である. ゆえに, $(X, \mathcal{O})$ は完全正則空間である.

問題 5.61 $(X, \mathcal{O})$ の閉集合全体の集合を $\mathcal{A}$ とする. $(X^*, \mathcal{O}^*)$ における X の閉包を X^a とする. $\mathcal{O}^*$ から定まる X の相対位相を $\mathcal{O}_X^*$ とする.

必要であること：対偶を示す. $(X, \mathcal{O})$ がコンパクトであるとする. 定理 5.59 (2) より $(X, \mathcal{O}_X^*)$ もコンパクトである. (A1) より $X \in \mathcal{A}$ であるので, $X - \varnothing = X \in \mathcal{A}_0$ である. よって, $\{x_\infty\} = \varnothing \cup \{x_\infty\} \in \mathcal{O}_\infty \subset \mathcal{O}^*$ である. $x_\infty \in \{x_\infty\}$ かつ $X \cap \{x_\infty\} = \varnothing$ であるので, 問題 4.17 より $x_\infty \notin X^a$ である. 従って, $X^a \neq X^*$ である. ゆえに, X は $(X^*, \mathcal{O}^*)$ において稠密でない.

十分であること：対偶を示す. X が $(X^*, \mathcal{O}^*)$ において稠密でないとする. $X^a \neq X^*$ である. 定理 4.15 (1) より $X \subset X^a$ であり, $X^* = X \cup \{x_\infty\}$ であるので, $X^a = X$ であり, $x_\infty \notin X^a$ である. よって, 問題 4.17 より, $x_\infty \in O^*$ かつ $X \cap O^* = \varnothing$ をみたす $\mathcal{O}^*$ の元 O^* が存在する. $X \cap O^* = \varnothing$ より $O^* \subset X^* - X = \{x_\infty\}$ であり, $x_\infty \in O^*$ より $\{x_\infty\} \subset O^*$ であるので, $O^* = \{x_\infty\}$ である. よって, $\{x_\infty\} \in \mathcal{O}^*$ である. $x_\infty \notin X$ より $\{x_\infty\} \notin \mathcal{O}$ であるので, $\{x_\infty\} \in \mathcal{O}_\infty$ である. 従って, $X = X - \varnothing \in \mathcal{A}_0$ である. ゆえに, X は $(X^*, \mathcal{O}^*)$ のコンパクト集合であり, $(X, \mathcal{O})$ は

コンパクトである.

問題 5.62 必要であること:対偶を示す. $\mathcal{O} \cap \mathcal{A} \neq \{X, \varnothing\}$ であるとする. (O1), (A1) より $\mathcal{O} \cap \mathcal{A} \supset \{X, \varnothing\}$ であるので, $\mathcal{O} \cap \mathcal{A} \not\subset \{X, \varnothing\}$ である. よって, $A \neq X$ かつ $A \neq \varnothing$ をみたす $\mathcal{O} \cap \mathcal{A}$ の元 A が存在する. このとき, $X = A \cup A^c$ かつ $A \cap A^c = \varnothing$ であり, $A \neq X$ より $A^c \neq \varnothing$ である. よって, $(X, \mathcal{O})$ は連結でない.

十分であること:対偶を示す. $(X, \mathcal{O})$ が連結でないとする. $X = U \cup V, U \cap V = \varnothing, U \neq \varnothing, V \neq \varnothing$ をみたす $\mathcal{O}$ の元 U, V が存在する. $X = U \cup V$ より $U \subset V^c$ であり, $U \cap V = \varnothing$ より $V \subset U^c$ であるので, $V = U^c$ である. よって, $U^c \in \mathcal{O}$ より $U \in \mathcal{A}$ である. また, $U^c \neq \varnothing$ より $U \neq X$ である. 従って, $U \in \mathcal{O} \cap \mathcal{A}$ であり, $U \notin \{X, \varnothing\}$ である. ゆえに, $\mathcal{O} \cap \mathcal{A} \neq \{X, \varnothing\}$ である.

問題 5.63 $\mathcal{O}$ から定まる A の相対位相を $\mathcal{O}_A$ とする.

必要であること:対偶を示す. $A \subset U \cup V, U \cap V \cap A = \varnothing, U \cap A \neq \varnothing, V \cap A \neq \varnothing$ をみたす $\mathcal{O}$ の元 U, V が存在するとする. $U_A = U \cap A, V_A = V \cap A$ とする. $U \in \mathcal{O}$ より $U_A \in \mathcal{O}_A$ であり, $V \in \mathcal{O}$ より $V_A \in \mathcal{O}_A$ である. $A \subset U \cup V$ より $A = (U \cup V) \cap A = (U \cap A) \cup (V \cap A) = U_A \cup V_A$ であり, $U_A \cap V_A = A = (U \cap A) \cap (V \cap A) = U \cap V \cap A = \varnothing$ である. よって, $(A, \mathcal{O}_A)$ は連結でない. ゆえに, A は $(X, \mathcal{O})$ の連結集合でない.

十分であること:対偶を示す. A が $(X, \mathcal{O})$ の連結集合でないとする. $(A, \mathcal{O}_A)$ が連結でないので, $A = U_A \cup V_A, U_A \cap V_A = \varnothing, U_A \neq \varnothing, V_A \neq \varnothing$ をみたす $\mathcal{O}_A$ の元 U_A, V_A が存在する. $U \cap A = U_A, V \cap A = V_A$ をみたす $\mathcal{O}$ の元 U, V が存在する. このとき, $A = U_A \cup V_A = (U \cap A) \cup (V \cap A) \subset U \cup V$ であり, $U \cap V \cap A = (U \cap A) \cap (V \cap A) = U_A \cap V_A = \varnothing$ である. また, $U \cap A = U_A \neq \varnothing$ であり, $V \cap A = V_A \neq \varnothing$ である.

問題 5.65 $\#X \geqq 2$ であるので, $x \neq y$ をみたす X の点 x, y が存在する. $U = \{x\}, V = X - \{x\}$ とする. $\mathcal{O} = \mathcal{P}(X)$ であるので, $U \in \mathcal{O}$ かつ $V \in \mathcal{O}$ である. $V = U^c$ であるので, $U \cup V = X$ であり, $U \cap V = \varnothing$ である. $x \in U$ より $U \neq \varnothing$ であり, $y \in V$ より $V \neq \varnothing$ である. よって, $(X, \mathcal{O})$ は連結でない.

問題 5.66 $U = (-\infty, \sqrt{2}), V = (\sqrt{2}, \infty)$ とする. 例 4.58 より $U \in \mathcal{O}$ かつ $V \in \mathcal{O}$ である. $\sqrt{2} \notin \mathbb{Q}$ であるので, $\mathbb{Q} \subset \mathbb{R} - \{\sqrt{2}\} = U \cup V$ である. $U \cap V = \varnothing$ であるので, $U \cap V \cap \mathbb{Q} = \varnothing$ である. $0 \in U \cap \mathbb{Q}$ より $U \cap \mathbb{Q} \neq \varnothing$ であり, $2 \in V \cap \mathbb{Q}$ より $V \cap \mathbb{Q} \neq \varnothing$ である. よって, 問題 5.63 より $\mathbb{Q}$ は $(\mathbb{R}, \mathcal{O})$ の連結集合でない.

問題 5.69 背理法により証明する. $A = \bigcup_{\lambda \in \Lambda} A_\lambda$ が $(X, \mathcal{O})$ の連結集合でないと仮定する. 問題 5.63 より, $A \subset U \cup V, U \cap V \cap A = \varnothing, U \cap A \neq \varnothing, V \cap A \neq \varnothing$ をみたす $\mathcal{O}$ の元 U, V が存在する. $U \cap A \neq \varnothing$ より $U \cap A$ の元 x が存在し, $V \cap A \neq \varnothing$ より $V \cap A$ の元 y が存在する. $x \in A$ かつ $y \in A$ より, $x \in A_\lambda, y \in A_\mu$ をみたす Λ の元 λ, μ が存在する. 仮定より λ, μ に対し, 自然数 n と Λ の $n + 1$ 個の元 $\lambda_0, \ldots, \lambda_n$ が存在し,

$$A_{\lambda_{i-1}} \cap A_{\lambda_i} \neq \varnothing \ (i = 1, \ldots, n), \quad \lambda_0 = \lambda, \quad \lambda_n = \mu$$

が成り立つ. $\{1,\dots,n\}$ の元 k に対し, $B_k = \bigcup_{i=0}^{k} A_{\lambda_i}$ とする. B_k が $(X,\mathcal{O})$ の連結集合であることを, k に関する帰納法により証明する. $k=1$ のとき, $A_{\lambda_0} \cap A_{\lambda_1} \neq \varnothing$ であるので, 定理 5.68 より $B_1 = A_{\lambda_0} \cup A_{\lambda_1}$ は $(X,\mathcal{O})$ の連結集合である. $k \geqq 2$ であるとし, B_{k-1} が $(X,\mathcal{O})$ の連結集合であると仮定する. $B_{k-1} \cap A_k \supset A_{k-1} \cap A_k \neq \varnothing$ であるので, 定理 5.68 より $B_k = B_{k-1} \cup A_{\lambda_k}$ は $(X,\mathcal{O})$ の連結集合である. 特に, B_n は $(X,\mathcal{O})$ の連結集合である. 一方, $B_n \subset A$, $x \in U \cap B_n$, $y \in V \cap B_n$ より, $B_n \subset U \cap V$, $U \cap V \cap B_n = \varnothing$, $U \cap B_n \neq \varnothing$, $V \cap B_n \neq \varnothing$ である. よって, 問題 5.63 より B_n は $(X,\mathcal{O})$ の連結集合でない. これは矛盾である. ゆえに, A は $(X,\mathcal{O})$ の連結集合でなければならない.

問題 5.71 必要であること:対偶を示す. $(X,\mathcal{O})$ から $(\{0,1\},\mathcal{O}^\delta)$ への連続写像 $f\colon X \to \{0,1\}$ が全射であるとする. $U = f^{-1}(\{0\})$, $V = f^{-1}(\{1\})$ と定める. $\mathcal{O}^\delta = \mathcal{P}(\{0,1\})$ であるので, $\{0\} \in \mathcal{O}^\delta$ かつ $\{1\} \in \mathcal{O}^\delta$ である. f が連続であるので, $U \in \mathcal{O}$ かつ $V \in \mathcal{O}$ である. $\{0\} \cup \{1\} = \{0,1\}$ より $X = U \cup V$ であり, $\{0\} \cap \{1\} = \varnothing$ より $U \cap V = \varnothing$ である. f が全射であるので $U \neq \varnothing$ かつ $V \neq \varnothing$ である. よって, $(X,\mathcal{O})$ は連結でない.

十分であること:対偶を示す. $(X,\mathcal{O})$ が連結でないとする. $X = U \cup V$, $U \cap V = \varnothing$, $U \neq \varnothing$, $V \neq \varnothing$ をみたす $\mathcal{O}$ の元 U, V が存在する. X の点 x に対し $x \in U$ ならば $f(x) = 0$, $x \in V$ ならば $f(x) = 1$ と定めることにより, 写像 $f\colon X \to \{0,1\}$ を定義する. $X = U \cup V$ かつ $U \cap V = \varnothing$ であるので, f は矛盾なく定義されている. $U \neq \varnothing$ かつ $V \neq \varnothing$ であるので, f は全射である. $\mathcal{O}^\delta = \mathcal{P}(\{0,1\})$ であり, $f^{-1}(\varnothing) = \varnothing \in \mathcal{O}$, $f^{-1}(\{0,1\}) = X \in \mathcal{O}$, $f^{-1}(\{0\}) = U \in \mathcal{O}$, $f^{-1}(\{1\}) = V \in \mathcal{O}$ であるので, f は $(X,\mathcal{O})$ から $(\{0,1\},\mathcal{O}^\delta)$ への連続写像である.

問題 5.72 (1) $\{x\} \subset U \cup V$ かつ $U \cap V \cap \{x\} = \varnothing$ をみたす $\mathcal{O}$ の元 U, V を任意にとる. $x \in U \cup V$ であるので, $x \in U$ または $x \in V$ である. $x \in U$ ならば $U \cap \{x\} \subset V^c$ より $x \notin V$ であり, $x \in V$ ならば $V \cap \{x\} \subset U^c$ より $x \notin U$ である. よって, $\{x\} \in \mathcal{C}$ である. $x \in \{x\}$ より $\{x\} \subset C(x)$ であるので, $x \in C(x)$ である.

(2) $\{A \in \mathcal{C} \mid x \in A\}$ の元 A, B を任意にとる. $x \in A \cap B$ であるので, $A \cap B \neq \varnothing$ である. 問題 5.69 より, $C(x) = \bigcup \{A \in \mathcal{C} \mid x \in A\}$ は $(X,\mathcal{O})$ の連結集合である.

(3) (2) より $C(x) \in \mathcal{C}$ であるので, 定理 5.67 より $C(x)^a \in \mathcal{C}$ である. (1) より $x \in C(x)$ であり, 定理 4.15 (1) より $C(x) \subset C(x)^a$ であるので, $x \in C(x)^a$ である. よって, $C(x)^a \in \{A \in \mathcal{C} \mid x \in A\}$ である. 従って, $C(x)^a \subset C(x)$ である. ゆえに, $C(x)^a = C(x)$ であるので, 問題 4.18 より $C(x)$ は $(X,\mathcal{O})$ の閉集合である.

(4) X の元 x, y に対し $C(x) \cap C(y) \neq \varnothing$ であるとする. (2) より $C(x) \in \mathcal{C}$ かつ $C(y) \in \mathcal{C}$ であるので, 定理 5.68 より $C(x) \cup C(y) \in \mathcal{C}$ である. (1) より $x \in C(x)$ であり, $C(x) \subset C(x) \cup C(y)$ であるので, $x \in C(x) \cup C(y)$ である. よって, $C(x) \cup C(y) \in \{A \in \mathcal{C} \mid x \in A\}$ であり, $C(x) \cup C(y) \subset C(x)$ である. 従って, $C(x) \cup C(y) = C(x)$ である. 同様に $C(x) \cup C(y) = C(y)$ であるので, $C(x) = C(y)$ である.

(5) R に対し, 反射律, 対称律, 推移律が成り立つことを示す.

反射律：X の元 x を任意にとる．(1) の解答より $\{x\} \in \mathcal{C}$ であり，$x \in \{x\}$ であるので，$x \sim_R x$ である．

対称律：X の元 x, y に対し $x \sim_R y$ とする．$x \in A$ かつ $y \in A$ をみたす $\mathcal{C}$ の元 A が存在する．よって，$y \in A$ かつ $x \in A$ をみたす $\mathcal{C}$ の元 A が存在する．ゆえに，$y \sim_R x$ である．

推移律：X の元 x, y, z に対し，$x \sim_R y$ かつ $y \sim_R z$ とする．$x \in A$ かつ $y \in A$ をみたす $\mathcal{C}$ の元 A と，$y \in B$ かつ $z \in B$ をみたす $\mathcal{C}$ の元 B が存在する．$y \in A \cap B$ より $A \cap B \neq \varnothing$ であるので，定理 5.68 より $A \cup B \in \mathcal{C}$ である．$x \in A \subset A \cup B$ かつ $z \in B \subset A \cup B$ であるので，$x \sim_R z$ である．

$C(x) = [x]_R$ であること：X の点 y に対し「$y \in [x]_R \Leftrightarrow x \sim_R y \Leftrightarrow x \in A$ かつ $y \in A$ をみたす $\mathcal{C}$ の元 A が存在する $\Leftrightarrow y \in C(x)$」が成り立つ．よって，$C(x) = [x]_R$ である．

問題 5.74 背理法により証明する．$(X, \mathcal{O})$ が完全不連結でないと仮定する．$C(x) \neq \{x\}$ をみたす X の点 x が存在する．問題 5.72 (1) より $x \in C(x)$ であるので，$\{x\} \subset C(x)$ である．よって，$C(x) \not\subset \{x\}$ である．従って，$y \neq x$ をみたす $C(x)$ の点 y が存在する．$U = \{x\}, V = X - \{x\}$ とする．$\mathcal{O} = \mathcal{P}(X)$ であるので，$U \in \mathcal{O}$ かつ $V \in \mathcal{O}$ である．$V = U^c$ であるので，$C(x) \subset X = U \cup V$ であり，$U \cap V \cap C(x) = \varnothing$ である．$x \in U \cap C(x)$ より $U \cap C(x) \neq \varnothing$ であり，$y \in V \cap C(x)$ より $V \cap C(x) \neq \varnothing$ である．よって，問題 5.63 より $C(x)$ は $(X, \mathcal{O})$ の連結集合でない．一方，問題 5.72 (2) より $C(x)$ は $(X, \mathcal{O})$ の連結集合である．これは矛盾である．ゆえに，$(X, \mathcal{O})$ は完全不連結である．

問題 5.78 $\mathbb{R}$ の部分集合 A に対し，$\mathcal{O}$ から定まる A の相対位相を $\mathcal{O}_A$ で表す．$(\mathbb{R}, \mathcal{O})$ における A の閉包を A^a で表し，$(\mathbb{R}, d^{(1)})$ における A の閉包を A^b で表す．$a < b$ をみたす実数 a, b を考える．

例 4.47 より，$(\mathbb{R}, \mathcal{O})$ から $((-1, 1), \mathcal{O}_{(-1,1)})$ への同相写像 $f \colon \mathbb{R} \to (-1, 1)$ が存在する．$(-1, 1)$ の点 x に対し $g(x) = \frac{(b-a)x+a+b}{2}$ と定めることにより，写像 $g \colon (-1, 1) \to \mathbb{R}$ を定義する．微分積分学より g は $((-1, 1), d^{(1)}|_{(-1,1)})$ から $(\mathbb{R}, d^{(1)})$ への連続写像であるので，問題 4.39 と問題 4.46 より g は $((-1, 1), \mathcal{O}_{(-1,1)})$ から $(\mathbb{R}, \mathcal{O})$ への連続写像である．よって，問題 4.37 より，$g \circ f$ は $(\mathbb{R}, \mathcal{O})$ から $(\mathbb{R}, \mathcal{O})$ への連続写像である．$(-1, 1)$ の点 x を任意にとる．$a < b$ より $b - a > 0$ であり，$-1 < x < 1$ より $1 + x > 0$ かつ $1 - x > 0$ である．よって，$g(x) - a = \frac{(b-a)(1+x)}{2} > 0$ かつ $b - g(x) = \frac{(b-a)(1-x)}{2} > 0$ であるので，$g(x) \in (a, b)$ である．従って，$g((-1, 1)) \subset (a, b)$ である．(a, b) の点 y を任意にとる．$x = \frac{2y-a-b}{b-a}$ とする．$a < b$ より $b - a > 0$ であり，$a < y < b$ より $y - a > 0$ かつ $b - y > 0$ である．よって，$x - (-1) = \frac{2(y-a)}{b-a} > 0$ かつ $1 - x = \frac{2(b-y)}{b-a} > 0$ であるので，$x \in (-1, 1)$ である．また，

$$g(x) = \frac{\frac{(b-a)(2y-a-b)}{b-a} + a + b}{2} = y$$

である. よって, $y \in g((-1,1))$ である. 従って $g((-1,1)) \supset (a,b)$ であり, $g((-1,1)) = (a,b)$ である. ゆえに, $f(\mathbb{R}) = (-1,1)$ より $(g \circ f)(\mathbb{R}) = (a,b)$ である. 定理 5.77 より $(\mathbb{R}, \mathcal{O})$ は連結であるので, 定理 5.70 より (a,b) は $(\mathbb{R}, \mathcal{O})$ の連結集合である.

$[a,b]$ の点 x を任意にとる. 正の実数 ε を任意にとる. (D2) より $d^{(1)}(x,x) = 0$ であり, $x \in U(x;\varepsilon)$ であるので, $x \in (a,b)$ ならば $U(x;\varepsilon) \cap (a,b) \neq \varnothing$ である. $x = a$ ならば $a < \frac{a+b}{2} < b$ かつ $a < a + \frac{\varepsilon}{2} < a + \varepsilon$ であるので, $c = \min\{a + \frac{\varepsilon}{2}, \frac{a+b}{2}\}$ とするとき $c \in U(x;\varepsilon) \cap (a,b)$ である. よって, $U(x;\varepsilon) \cap (a,b) \neq \varnothing$ である. $x = b$ ならば $a < \frac{a+b}{2} < b$ かつ $b - \varepsilon < b - \frac{\varepsilon}{2} < b$ であるので, $d = \max\{b - \frac{\varepsilon}{2}, \frac{a+b}{2}\}$ とするとき $d \in U(x;\varepsilon) \cap (a,b)$ である. よって, $U(x;\varepsilon) \cap (a,b) \neq \varnothing$ である. 従って, $x \in (a,b)^b$ である. ゆえに, $(\mathbb{R}, d^{(1)})$ において $[a,b] \subset (a,b)^b$ であり, 問題 4.19 より $(\mathbb{R}, \mathcal{O})$ において $[a,b] \subset (a,b)^a$ である. 例 3.18 より $[a,b]$ は $(\mathbb{R}, d^{(1)})$ の閉集合であるので, 問題 4.18 と問題 4.19 より $[a,b]$ は $(\mathbb{R}, \mathcal{O})$ の閉集合である. よって, $(a,b) \subset [a,b]$ より $(a,b)^a \subset [a,b]$ である. 以上より, $(a,b)^a = [a,b]$ である. (a,b) が $(\mathbb{R}, \mathcal{O})$ の連結集合であり, $(a,b) \subset (a,b] \subset [a,b]$, $(a,b) \subset [a,b)$ であるので, 定理 5.67 より $(a,b], [a,b), [a,b]$ はいずれも $(\mathbb{R}, \mathcal{O})$ の連結集合である.

自然数 n に対し $A_n = (a, a+n)$, $A'_n = [a, a+n)$, $B_n = (b-n, b)$, $B'_n = (b-n, b]$ と定めることにより, $\mathbb{N}$ で添字づけられた $\mathbb{R}$ の部分集合族 $(A_n)_{n \in \mathbb{N}}$, $(A'_n)_{n \in \mathbb{N}}$, $(B_n)_{n \in \mathbb{N}}$, $(B'_n)_{n \in \mathbb{N}}$ をそれぞれ定義する. このとき,

$$(a, \infty) = \bigcup_{n \in \mathbb{N}} A_n, \quad [a, \infty) = \bigcup_{n \in \mathbb{N}} A'_n,$$
$$(-\infty, b) = \bigcup_{n \in \mathbb{N}} B_n, \quad (-\infty, b] = \bigcup_{n \in \mathbb{N}} B'_n$$

であり, $a + \frac{1}{2} \in \bigcap_{n \in \mathbb{N}} A_n$, $a + \frac{1}{2} \in \bigcap_{n \in \mathbb{N}} A'_n$, $b - \frac{1}{2} \in \bigcap_{n \in \mathbb{N}} B_n$, $b - \frac{1}{2} \in \bigcap_{n \in \mathbb{N}} B'_n$ であるので, 問題 5.69 より $(a, \infty), [a, \infty), (-\infty, b), (-\infty, b]$ はいずれも $(\mathbb{R}, \mathcal{O})$ の連結集合である.

問題 5.72 (1) の解答より, $[a,a] = \{a\}$ は $(\mathbb{R}, \mathcal{O})$ の連結集合である.

問題 5.79 $\mathcal{O}$ を $\mathbb{R}$ の通常の位相とする. 例 3.9 より $(\mathbb{R}^n, d^{(n)})$ は n 個の $(\mathbb{R}, d^{(1)})$ の直積距離空間である. よって, 問題 4.66 より $(\mathbb{R}^n, \mathcal{O}^n)$ は n 個の $(\mathbb{R}, \mathcal{O})$ の直積位相空間である. 定理 5.77 より $(\mathbb{R}, \mathcal{O})$ は連結であるので, 定理 5.75 と問題 4.67 より $(\mathbb{R}^n, \mathcal{O}^n)$ も連結である.

問題 5.81 $\#A = 1$ ならば, $A = \{a\}$ をみたす実数 a が存在する. このとき, $A = [a,a]$ である. $\#A \geqq 2$ であるとする. $a' < b'$ をみたす A の点 a', b' が存在する.

A の上界と A の下界がともに存在するとき：実数の連続性より $a = \inf A$, $b = \sup A$ が存在する. $a \leqq a' < b' \leqq b$ であるので, $b - a > 0$ である. よって, $N > \frac{2}{b-a}$ をみたす自然数 N が存在する. $n \geqq N$ をみたす自然数 n を任意にとる. このとき, $a + \frac{1}{n} \leqq a + \frac{1}{N} < b - \frac{1}{N} \leqq b - \frac{1}{n}$ である. a が A の下限であるので, $a \leqq x_n < a + \frac{1}{n}$ をみたす A の点 x_n が存在する. b が A の上限であるので, $b - \frac{1}{n} < y_n \leqq b$

をみたす A の点 y_n が存在する. A が $(\mathbb{R}, \mathcal{O})$ の連結集合であるので，補題 5.80 より $[x_n, y_n] \subset A$ である. 特に，$[a + \frac{1}{n}, b - \frac{1}{n}] \subset A$ である. よって，

$$(a, b) = \bigcup_{n=N}^{\infty} \left[a + \frac{1}{n}, b - \frac{1}{n} \right] \subset A$$

である. 一方，上限と下限の定義より $A \subset [a, b]$ である. ゆえに，A は (a, b), $(a, b]$, $[a, b)$, $[a, b]$ のいずれかに等しい.

　A の下界が存在し A の上界が存在しないとき：実数の連続性より $a = \inf A$ が存在する. 自然数 n を任意にとる. $a + \frac{1}{n} < a + n + 1$ である. a が A の下限であるので，$a \leqq x_n < a + \frac{1}{n}$ をみたす A の点 x_n が存在する. A の上界が存在しないので，$a + n + 1 < y_n$ をみたす A の点 y_n が存在する. A が $(\mathbb{R}, \mathcal{O})$ の連結集合であるので，補題 5.80 より $[x_n, y_n] \subset A$ である. 特に，$[a + \frac{1}{n}, a + n + 1] \subset A$ である. よって，

$$(a, \infty) = \bigcup_{n=1}^{\infty} \left[a + \frac{1}{n}, a + n + 1 \right] \subset A$$

である. 一方，下限の定義より $A \subset [a, \infty)$ である. ゆえに，A は (a, ∞), $[a, \infty)$ のいずれかに等しい.

　A の上界が存在し A の下界が存在しないとき：実数の連続性より $b = \sup A$ が存在する. 自然数 n を任意にとる. $b - n - 1 < b - \frac{1}{n}$ である. b が A の上限であるので，$b - \frac{1}{n} < y_n \leqq b$ をみたす A の点 y_n が存在する. A の下界が存在しないので，$x_n < b - n - 1$ をみたす A の点 x_n が存在する. A が $(\mathbb{R}, \mathcal{O})$ の連結集合であるので，補題 5.80 より $[x_n, y_n] \subset A$ である. 特に，$[b - n - 1, b - \frac{1}{n}] \subset A$ である. よって，

$$(-\infty, b) = \bigcup_{n=1}^{\infty} \left[b - n - 1, b - \frac{1}{n} \right] \subset A$$

である. 一方，上限の定義より $A \subset (-\infty, b]$ である. ゆえに，A は $(-\infty, b)$, $(-\infty, b]$ のいずれかに等しい.

　A の上界と A の下界がともに存在しないとき：自然数 n を任意にとる. A の下界が存在しないので，$x_n < -n$ をみたす A の点 x_n が存在する. A の上界が存在しないので，$n < y_n$ をみたす A の点 y_n が存在する. A が $(\mathbb{R}, \mathcal{O})$ の連結集合であるので，補題 5.80 より $[x_n, y_n] \subset A$ である. 特に，$[-n, n] \subset A$ である. よって，$\mathbb{R} = \bigcup_{n=1}^{\infty} [-n, n] \subset A$ である. ゆえに，A は $\mathbb{R}$ に等しい.

　問題 5.87 $\mathcal{O}$ を $\mathbb{R}$ の通常の位相とする. $\mathbb{R}$ の部分集合 J に対し，$\mathcal{O}$ から定まる J の相対位相を $\mathcal{O}_J$ とする. X の部分集合 A に対し，$\mathcal{O}_X$ から定まる A の相対位相を $\mathcal{O}_A$ とする.

　（1）　R に対し，反射律，対称律，推移律が成り立つことを示す.

　反射律：X の点 x を任意にとる. $I = [0, 1]$ の点 t に対し $f(t) = x$ と定めることにより，写像 $f : I \to X$ を定義する. $f(I) = \{x\}$ であるので，例 4.35 より f は $(I, \mathcal{O}_I)$ から $(X, \mathcal{O}_X)$ への連続写像である. $f(0) = x$, $f(1) = x$ であるので，f は x と x を

結ぶ弧である. よって, $x \sim_R x$ である.

対称律:X の点 x, y に対し $x \sim_R y$ とする. x と y を結ぶ弧 $f: I \to X$ が存在する. I の点 t に対し $\overline{f}(t) = f(1-t)$ と定めることにより, 写像 $\overline{f}: I \to X$ を定義する. 実数 t に対し $\widetilde{\alpha}(t) = 1-t$ と定めることにより, 写像 $\widetilde{\alpha}: \mathbb{R} \to \mathbb{R}$ を定義する. I の点 t に対し $\alpha(t) = 1-t$ と定めることにより, 写像 $\alpha: I \to I$ を定義する. $0 \leqq t \leqq 1$ ならば $0 \leqq 1-t \leqq 1$ であるので, α は矛盾なく定義されている. 包含写像 $i: I \to \mathbb{R}$ に対し, $\widetilde{\alpha} \circ i = i \circ \alpha$ が成り立つ. 微分積分学より $\widetilde{\alpha}$ は $(\mathbb{R}, d^{(1)})$ から $(\mathbb{R}, d^{(1)})$ への連続写像であるので, 問題 4.39 より $\widetilde{\alpha}$ は $(\mathbb{R}, \mathcal{O})$ から $(\mathbb{R}, \mathcal{O})$ への連続写像である. 問題 4.43 (2) より i は $(I, \mathcal{O}_I)$ から $(\mathbb{R}, \mathcal{O})$ への連続写像であるので, 問題 4.37 より $\widetilde{\alpha} \circ i \, (= i \circ \alpha)$ は $(I, \mathcal{O}_I)$ から $(\mathbb{R}, \mathcal{O})$ への連続写像である. よって, 問題 4.45 より α は $(I, \mathcal{O}_I)$ から $(I, \mathcal{O}_I)$ への連続写像である. f が $(I, \mathcal{O}_I)$ から $(X, \mathcal{O}_X)$ への連続写像であるので, 問題 4.37 より $\overline{f} = f \circ \alpha$ は $(I, \mathcal{O}_I)$ から $(X, \mathcal{O}_X)$ への連続写像である. $\overline{f}(0) = f(1) = y$, $\overline{f}(1) = f(0) = x$ であるので, $\overline{f}$ は y と x を結ぶ弧である. ゆえに, $y \sim_R x$ である.

推移律:X の点 x, y, z に対し, $x \sim_R y$ かつ $y \sim_R z$ とする. x と y を結ぶ弧 $f: I \to X$ と, y と z を結ぶ弧 $g: I \to X$ が存在する. 実数 t に対し $\widetilde{\beta_1}(t) = 2t$, $\widetilde{\beta_2}(t) = 2t - 1$ と定めることにより, 写像 $\widetilde{\beta_1}, \widetilde{\beta_2}: \mathbb{R} \to \mathbb{R}$ を定義する. $I_1 = [0, \frac{1}{2}]$ の点 t に対し $\beta_1(t) = 2t$ と定めることにより, 写像 $\beta_1: I_1 \to I$ を定義する. $0 \leqq t \leqq \frac{1}{2}$ ならば $0 \leqq 2t \leqq 1$ であるので, β_1 は矛盾なく定義されている. 包含写像 $i_1: I_1 \to \mathbb{R}$ に対し, $\widetilde{\beta_1} \circ i_1 = i \circ \beta_1$ が成り立つ. $I_2 = [\frac{1}{2}, 1]$ の点 t に対し $\beta_2(t) = 2t - 1$ と定めることにより, 写像 $\beta_2: I_2 \to I$ を定義する. $\frac{1}{2} \leqq t \leqq 1$ ならば $0 \leqq 2t - 1 \leqq 1$ であるので, β_2 は矛盾なく定義されている. 包含写像 $i_2: I_2 \to \mathbb{R}$ に対し, $\widetilde{\beta_2} \circ i_2 = i \circ \beta_2$ が成り立つ. I の点 t に対し $t \in I_1$ ならば $h(t) = (f \circ \beta_1)(t)$, $t \in I_2$ ならば $h(t) = (g \circ \beta_2)(t)$ と定めることにより, 写像 $h: I \to X$ を定義する. $(f \circ \beta_1)(\frac{1}{2}) = f(1) = y = g(0) = (g \circ \beta_2)(\frac{1}{2})$ であるので, h は矛盾なく定義されている. 微分積分学より $\widetilde{\beta_1}, \widetilde{\beta_2}$ は $(\mathbb{R}, d^{(1)})$ から $(\mathbb{R}, d^{(1)})$ への連続写像であるので, 問題 4.39 より $\widetilde{\beta_1}, \widetilde{\beta_2}$ は $(\mathbb{R}, \mathcal{O})$ から $(\mathbb{R}, \mathcal{O})$ への連続写像である. 問題 4.43 (2) より i_1 は $(I_1, \mathcal{O}_{I_1})$ から $(\mathbb{R}, \mathcal{O})$ への連続写像であるので, 問題 4.37 より $\widetilde{\beta_1} \circ i_1 \, (= i \circ \beta_1)$ は $(I_1, \mathcal{O}_{I_1})$ から $(\mathbb{R}, \mathcal{O})$ への連続写像である. よって, 問題 4.45 より β_1 は $(I_1, \mathcal{O}_{I_1})$ から $(I, \mathcal{O}_I)$ への連続写像である. f が $(I, \mathcal{O}_I)$ から $(X, \mathcal{O}_X)$ への連続写像であるので, 問題 4.37 より $f \circ \beta_1$ は $(I_1, \mathcal{O}_{I_1})$ から $(X, \mathcal{O}_X)$ への連続写像である. 問題 4.43 (2) より i_2 は $(I_2, \mathcal{O}_{I_2})$ から $(\mathbb{R}, \mathcal{O})$ への連続写像であるので, 問題 4.37 より $\widetilde{\beta_2} \circ i_2 \, (= i \circ \beta_2)$ は $(I_2, \mathcal{O}_{I_2})$ から $(\mathbb{R}, \mathcal{O})$ への連続写像である. よって, 問題 4.45 より β_2 は $(I_2, \mathcal{O}_{I_2})$ から $(I, \mathcal{O}_I)$ への連続写像である. g が $(I, \mathcal{O}_I)$ から $(X, \mathcal{O}_X)$ への連続写像であるので, 問題 4.37 より $g \circ \beta_2$ は $(I_2, \mathcal{O}_{I_2})$ から $(X, \mathcal{O}_X)$ への連続写像である. $\mathcal{O}_{I_1}$, $\mathcal{O}_{I_2}$ はそれぞれ $\mathcal{O}_I$ から定まる I_1, I_2 の相対位相に等しい. 例 3.18 より I_1, I_2 は $(\mathbb{R}, d^{(1)})$ の閉集合であるので, 問題 4.18 と問題 4.19 より I_1, I_2 は $(\mathbb{R}, \mathcal{O})$ の閉集合

である. よって, 問題 4.44 (1) より $I_1 = I_1 \cap I$, $I_2 = I_2 \cap I$ は $(I, \mathcal{O}_I)$ の閉集合である. $h|_{I_1} = f \circ \beta_1$, $h|_{I_2} = g \circ \beta_2$ であるので, 問題 4.48（貼り合わせの補題）より, h は $(I, \mathcal{O}_I)$ から $(X, \mathcal{O}_X)$ への連続写像である. また,

$$h(0) = (f \circ \beta_1)(0) = f(0) = x, \quad h(1) = (g \circ \beta_2)(1) = g(1) = z$$

である. 従って, h は x と z を結ぶ弧である. ゆえに, $x \sim_R z$ である.

$\overline{C}(x) = [x]_R$ であること：$\overline{C}(x)$ の点 y を任意にとる. $x \in A$ かつ $y \in A$ をみたす $\overline{C}$ の元 A が存在する. よって, x と y を結ぶ弧 $f: I \to A$ が存在する. ここで, f は $(I, \mathcal{O}_I)$ から $(A, \mathcal{O}_A)$ への連続写像である. 問題 4.43 (2) より, 包含写像 $j: A \to X$ は $(A, \mathcal{O}_A)$ から $(X, \mathcal{O}_X)$ への連続写像であるので, 問題 4.37 より $j \circ f$ は $(I, \mathcal{O}_I)$ から $(X, \mathcal{O}_X)$ への連続写像である. $(j \circ f)(0) = x$, $(j \circ f)(1) = y$ であるので, $x \sim_R y$ である. 従って, $y \in [x]_R$ である. ゆえに, $\overline{C}(x) \subset [x]_R$ である. $[x]_R$ の点 y を任意にとる. $x \sim_R y$ であるので, x と y を結ぶ弧 $f: I \to X$ が存在する. ここで, f は $(I, \mathcal{O}_I)$ から $(X, \mathcal{O}_X)$ への連続写像である. 下に示すように I は $(\mathbb{R}, \mathcal{O})$ の弧状連結集合であるので, 定理 5.85 より $f(I)$ は $(X, \mathcal{O}_X)$ の弧状連結集合である. $x = f(0) \in f(I)$, $y = f(1) \in f(I)$ であるので, $y \in \overline{C}(x)$ である. ゆえに, $[x]_R \subset \overline{C}(x)$ であり, $\overline{C}(x) = [x]_R$ である.

(2) $\overline{C}(x)$ の点 y, z を任意にとる. (1) より $\overline{C}(x) = [x]_R$ であるので, $x \sim_R y$ かつ $x \sim_R z$ である. よって, (1) の対称律より $y \sim_R x$ であり, (1) の推移律より $y \sim_R z$ である. 従って, y と z を結ぶ弧が存在する. ゆえに, $\overline{C}(x) \in \overline{C}$ である.

(3) (1) より R は X 上の同値関係であり, $\overline{C}(x) = [x]_R$, $\overline{C}(y) = [y]_R$ であるので, 問題 2.32 (3) より $\overline{C}(x) \cap \overline{C}(y) \neq \varnothing$ ならば $\overline{C}(x) = \overline{C}(y)$ である.

【(1) の補足】 $(I, \mathcal{O}_I)$ が弧状連結であること：I の点 a, b を任意にとる. 実数 t に対し $\widetilde{f}(t) = (1-t)a + bt$ と定めることにより, 写像 $\widetilde{f}: \mathbb{R} \to \mathbb{R}$ を定義する. I の点 t に対し $f(t) = (1-t)a + bt$ と定めることにより, 写像 $f: I \to I$ を定義する. $a \leqq b$ ならば $f(t) - a = (b-a)t \geqq 0$ かつ $b - f(t) = (b-a)(1-t) \geqq 0$ であり, $b < a$ ならば $f(t) - a = (b-a)t \leqq 0$ かつ $b - f(t) = (b-a)(1-t) \leqq 0$ である. いずれの場合も $f(t) \in I$ である. よって, f は矛盾なく定義されている. 包含写像 $i: I \to \mathbb{R}$ に対し, $\widetilde{f} \circ i = i \circ f$ が成り立つ. 微分積分学より $\widetilde{f}$ は $(\mathbb{R}, d^{(1)})$ から $(\mathbb{R}, d^{(1)})$ への連続写像であるので, 問題 4.39 より $\widetilde{f}$ は $(\mathbb{R}, \mathcal{O})$ から $(\mathbb{R}, \mathcal{O})$ への連続写像である. 問題 4.43 (2) より i は $(I, \mathcal{O}_I)$ から $(\mathbb{R}, \mathcal{O})$ への連続写像であるので, 問題 4.37 より $\widetilde{f} \circ i \,(= i \circ f)$ は $(I, \mathcal{O}_I)$ から $(\mathbb{R}, \mathcal{O})$ への連続写像である. よって, 問題 4.45 より f は $(I, \mathcal{O}_I)$ から $(I, \mathcal{O}_I)$ への連続写像である. 従って, f は a と b を結ぶ弧である. ゆえに, $(I, \mathcal{O}_I)$ は弧状連結である.

問題 5.88 X の点 x と $\mathcal{N}(x)$ の元 U を任意にとる. 仮定より, $V \subset U$ かつ $V \in \mathcal{N}(x)$ をみたす $(X, \mathcal{O})$ の弧状連結集合 V が存在する. 定理 5.84 より V は $(X, \mathcal{O})$ の連結集合である. よって, $(X, \mathcal{O})$ は局所連結である.

問題 5.89 X の点 x と $\mathcal{N}(x)$ の元 U を任意にとる. $V = \{x\}$ と定める. $x \in U^i$ であり, 定理 4.11 (1) より $U^i \subset U$ であるので, $x \in U$ である. よって, $V \subset U$ で

ある．仮定より $V \in \mathcal{P}(X) = \mathcal{O}$ であるので，問題 4.12 より $V^i = V$ である．よっ
て，$x \in V^i$ であり，$V \in \mathcal{N}(x)$ である．$I = [0,1]$ の点 t に対し $f(t) = x$ と定める
ことにより，写像 $f: I \to X$ を定義する．$f(I) = V$ であるので，例 4.35 より f は
$(I, \mathcal{O}_I)$ から $(X, \mathcal{O}_X)$ への連続写像である．$f(0) = x$, $f(1) = x$ であるので，f は x
と x を結ぶ弧である．よって，V は $(X, \mathcal{O})$ の弧状連結集合である．ゆえに，$(X, \mathcal{O})$
は局所弧状連結である．

問題 5.90 $\mathcal{O}$ の元 U と U の点 x に対し，x を含む $(U, \mathcal{O}_U)$ の弧状連結成分を
$\overline{C}_U(x)$ とする．

必要であること：$(X, \mathcal{O})$ が局所弧状連結であるとする．$\mathcal{O}$ の元 U と U の点 x を
任意にとる．$\overline{C}_U(x)$ の点 y を任意にとる．$\overline{C}_U(x) \subset U$ であり，問題 4.12 より $U =$
U^i であるので，$y \in U^i$ である．よって，$U \in \mathcal{N}(y)$ である．$(X, \mathcal{O})$ が局所弧状連
結であるので，$V \subset U$ かつ $V \in \mathcal{N}(y)$ をみたす $(X, \mathcal{O})$ の弧状連結集合 V が存在
する．$\mathcal{O}$ から定まる V の相対位相を $\mathcal{O}_V$ とするとき，$(V, \mathcal{O}_V)$ は弧状連結である．
$V \subset U$ であり，$\mathcal{O}_U$ から定まる V の相対位相は $\mathcal{O}_V$ に等しいので，V は $(U, \mathcal{O}_U)$ の
弧状連結集合でもある．定理 4.11 (1) より $V^i \subset V$ であるので，$y \in V$ であり，$V \subset$
$\overline{C}_U(y)$ である．$\overline{C}_U(x) \cap \overline{C}_U(y) \supset \{y\} \neq \varnothing$ であるので，問題 5.87 (3) より $\overline{C}_U(x) =$
$\overline{C}_U(y)$ である．よって，$V \subset \overline{C}_U(x)$ である．$y \in V^i$ かつ $V^i \in \mathcal{O}$ であるので，問
題 4.10 より $y \in \overline{C}_U(x)^i$ である．従って，$\overline{C}_U(x) \subset \overline{C}_U(x)^i$ である．定理 4.11 (1)
より $\overline{C}_U(x)^i \subset \overline{C}_U(x)$ であるので，$\overline{C}_U(x)^i = \overline{C}_U(x)$ である．ゆえに，問題 4.12 よ
り $\overline{C}_U(x) \in \mathcal{O}$ である．

十分であること：X の点 x と $\mathcal{N}(x)$ の元 W を任意にとる．$U = W^i$ とすると，
$x \in U$ であり，$U \in \mathcal{O}$ である．$V = \overline{C}_U(x)$ とする．仮定より $V \in \mathcal{O}$ である．問
題 5.87 (2) より V は $(U, \mathcal{O}_U)$ の弧状連結集合である．問題 4.43 (2) より，包含写
像 $i: U \to X$ は $(U, \mathcal{O}_U)$ から $(X, \mathcal{O}_X)$ への連続写像であるので，定理 5.85 より，
$i(V) = V$ は $(X, \mathcal{O}_X)$ の弧状連結集合である．$V \in \mathcal{O}$ であるので，問題 4.12 より
$V = V^i$ である．問題 5.87 (1) より $x \in V$ であるので，$x \in V^i$ であり，$V \in \mathcal{N}(x)$
である．定理 4.11 (1) より $V = \overline{C}_U(x) \subset U = W^i \subset W$ である．以上より，$(X, \mathcal{O})$
は局所弧状連結である．

問題 5.92 $\mathbb{R}$ の通常の位相を $\mathcal{O}$ とする．$\mathbb{R}$ の部分集合 A に対し，$\mathcal{O}$ から定まる
A の相対位相を $\mathcal{O}_A$ とする．$\mathbb{R}^n$ の部分集合 B に対し，$\mathcal{O}^n$ から定まる B の相対位
相を $\mathcal{O}_B^n$ とする．O の点 x に対し，$(O, \mathcal{O}_O^n)$ における x の近傍系を $\mathcal{N}_O(x)$ とする．

O の点 x と $\mathcal{N}_O(x)$ の元 U_O を任意にとる．問題 4.44 (2) より $U \cap O = U_O$ をみ
たす $\mathcal{N}(x)$ の元 U が存在する．$U^i \in \mathcal{O}^n$ かつ $O \in \mathcal{O}^n$ であるので，(O2) より $U^i \cap$
$O \in \mathcal{O}^n$ である．よって，$U^i \cap O$ は $(\mathbb{R}^n, d^{(n)})$ の開集合である．$x \in U^i \cap O$ であ
るので，$U(x; \varepsilon) \subset U^i \cap O$ をみたす正の実数 ε が存在する．$V = U(x; \varepsilon)$ とする．定
理 4.11 (1) より $V \subset U^i \cap O \subset U \cap O \subset U$ である．$x \in U(x; \frac{\varepsilon}{2}) \subset V$ であるので，
問題 4.13 より $x \in V^i$ であり，$V \in \mathcal{N}(x)$ である．よって，問題 4.44 (2) より $V =$
$V \cap O \in \mathcal{N}_O(x)$ である．V の点 $y = (y_1, \ldots, y_n)$, $z = (z_1, \ldots, z_n)$ を任意にとる．

$I = [0,1]$ の点 t に対し $f(t) = (1-t)y + tz$ と定めることにより，写像 $f\colon I \to V$ を定義する．$d^{(n)}(y,x) < \varepsilon$ かつ $d^{(n)}(z,x) < \varepsilon$ であるので，$d^{(n)}$ の定義と三角不等式より

$$d^{(n)}\big(f(t),x\big) = d^{(n)}((1-t)y + tz, x) = d^{(n)}\big((1-t)(y-x) + t(z-x), 0\big)$$
$$\leqq d^{(n)}\big((1-t)(y-x) + t(z-x), t(z-x)\big) + d^{(n)}\big(t(z-x), 0\big)$$
$$= (1-t)d^{(n)}(y,x) + td^{(n)}(z,x) < (1-t)\varepsilon + t\varepsilon = \varepsilon$$

である．よって，$f(t) \in V$ であり，f は矛盾なく定義されている．実数 t に対し $\widetilde{f}(t) = (1-t)y + tz$ と定めることにより，写像 $\widetilde{f}\colon \mathbb{R} \to \mathbb{R}^n$ を定義する．$\{1,\ldots,n\}$ の元 i と実数 t に対し $\widetilde{f_i}(t) = (1-t)y_i + tz_i\ (= (z_i - y_i)t + y_i)$ と定めることにより，写像 $\widetilde{f_i}\colon \mathbb{R} \to \mathbb{R}$ を定義する．微分積分学より $\widetilde{f_i}$ は $(\mathbb{R}, d^{(1)})$ から $(\mathbb{R}, d^{(1)})$ への連続写像であるので，問題 4.39 より $\widetilde{f_i}$ は $(\mathbb{R}, \mathcal{O})$ から $(\mathbb{R}, \mathcal{O})$ への連続写像である．$\{1,\ldots,n\}$ の元 i に対し，$\mathrm{pr}_i\colon \mathbb{R}^n \to \mathbb{R}$ を第 i 成分への射影とする．$\mathrm{pr}_i \circ \widetilde{f} = \widetilde{f_i}$ であり，例 3.9 と問題 4.66 より $\mathcal{O}^n$ は n 個の $\mathcal{O}$ の直積位相に等しいので，問題 4.67 と定理 4.73 より $\widetilde{f}$ は $(\mathbb{R}, \mathcal{O})$ から $(\mathbb{R}^n, \mathcal{O}^n)$ への連続写像である．包含写像 $j\colon I \to \mathbb{R}$, $j'\colon V \to \mathbb{R}^n$ に対し，$\widetilde{f} \circ j = j' \circ f$ が成り立つ．問題 4.43 (2) より j は $(I, \mathcal{O}_I)$ から $(\mathbb{R}, \mathcal{O})$ への連続写像であるので，問題 4.37 より $\widetilde{f} \circ j\ (= j' \circ f)$ は $(I, \mathcal{O}_I)$ から $(\mathbb{R}^n, \mathcal{O}^n)$ への連続写像である．よって，問題 4.45 より f は $(I, \mathcal{O}_I)$ から $(V, \mathcal{O}_V^n)$ への連続写像である．$f(0) = y$, $f(1) = z$ であるので，f は y と z を結ぶ弧である．従って，$(V, \mathcal{O}_V^n)$ は弧状連結である．$\mathcal{O}^n$ から定まる V の相対位相は $\mathcal{O}_V^n$ に等しいので，V は $(O, \mathcal{O}_O^n)$ の弧状連結集合である．ゆえに，$(O, \mathcal{O}_O^n)$ は局所弧状連結である．仮定より $(O, \mathcal{O}_O^n)$ は連結であるので，定理 5.91 より $(O, \mathcal{O}_O^n)$ は弧状連結である．すなわち，O は $(\mathbb{R}^n, \mathcal{O}^n)$ の弧状連結集合である．

● 第 6 章

問題 6.2 $\mathcal{O}$ から定まる A の相対位相を $\mathcal{O}_A$ とする．(X, d) が距離空間であるので，問題 5.20 と問題 5.13 (3), (4) より $(X, \mathcal{O})$ はハウスドルフ空間である．A が $(X, \mathcal{O})$ のコンパクト集合であるので，問題 5.47 より A は $(X, \mathcal{O})$ の閉集合である．よって，問題 4.7 より A は (X, d) の閉集合である．$(A, \mathcal{O}_A)$ がコンパクトであるので，定理 6.1 と問題 4.46 より $(A, d|_{A \times A})$ は有界である．すなわち，A は (X, d) において有界である．

問題 6.6 正の実数 ε を任意にとる．$(a_n)_{n \in \mathbb{N}}$ が a に収束するので，ある自然数 N が存在し，$k > N$ をみたす任意の自然数 k に対し $d(a_k, a) < \frac{\varepsilon}{2}$ である．$m, n > N$ をみたす自然数 m, n を任意にとる．三角不等式より

$$d(a_m, a_n) \leqq d(a_m, a) + d(a, a_n) < \frac{\varepsilon}{2} + \frac{\varepsilon}{2} = \varepsilon$$

である．よって，$(a_n)_{n \in \mathbb{N}}$ は (X, d) のコーシー列である．

問題 6.7 $(a_n)_{n \in \mathbb{N}}$ が (X, d) のコーシー列であるので，ある自然数 N が存在し，

$m, n > N$ をみたす任意の自然数 m, n に対し $d(a_m, a_n) < 1$ である. $n > N+1$ を
みたす任意の自然数 n に対し,三角不等式より

$$d(a_1, a_n) \leqq d(a_1, a_{N+1}) + d(a_{N+1}, a_n) \leqq d(a_1, a_{N+1}) + 1$$

である.よって,$r = \max\{d(a_1, a_2), \ldots, d(a_1, a_N), d(a_1, a_{N+1}) + 1\}$ とするとき,
任意の自然数 n に対し $d(a_1, a_n) \leqq r$ が成り立つ.従って,任意の自然数 m, n に対
し,三角不等式より $d(a_m, a_n) \leqq d(a_m, a_1) + d(a_1, a_n) \leqq 2r$ である.ゆえに,$2r$ は
$\{d(a_m, a_n) \mid m, n \in \mathbb{N}\}$ の上界であり,$\{a_n \mid n \in \mathbb{N}\}$ は有界である.

問題 6.10 必要であること:$(A, d|_{A \times A})$ が完備であるとする.A^a の点 a を任意
にとる.定理 3.43 より,a に収束する A の点列 $(a_n)_{n \in \mathbb{N}}$ が存在する.問題 6.6 より,
$(a_n)_{n \in \mathbb{N}}$ は (X, d) のコーシー列であるので,$(a_n)_{n \in \mathbb{N}}$ は $(A, d|_{A \times A})$ のコーシー列
でもある.よって,仮定より $(a_n)_{n \in \mathbb{N}}$ は A の点 b に収束する.このとき,問題 3.38
より $a = b$ であるので,$a \in A$ である.従って,$A^a \subset A$ である.定理 3.15 (1) より
$A \subset A^a$ であるので,$A^a = A$ である.ゆえに,A は (X, d) の閉集合である.

十分であること:A が (X, d) の閉集合であるとする.$(A, d|_{A \times A})$ のコーシー列
$(a_n)_{n \in \mathbb{N}}$ を任意にとる.$(a_n)_{n \in \mathbb{N}}$ は (X, d) のコーシー列でもある.(X, d) が完備で
あるので,$(a_n)_{n \in \mathbb{N}}$ は X の点 a に収束する.任意の自然数 n に対し $a_n \in A$ である
ので,定理 3.43 より $a \in A^a$ である.仮定より $A^a = A$ であるので,$a \in A$ である.
すなわち,$(a_n)_{n \in \mathbb{N}}$ は A の点に収束する.ゆえに,$(A, d|_{A \times A})$ は完備である.

問題 6.11 (X, d) のコーシー列 $(a_n)_{n \in \mathbb{N}}$ を任意にとる.自然数 n に対し $a_n = (a_1^{(n)}, \ldots, a_k^{(n)})$ とする.任意の正の実数 ε に対し,ある自然数 N が存在し,$m, n >$
N をみたす任意の自然数 m, n に対し $d(a_m, a_n) < \varepsilon$ である.$\{1, \ldots, k\}$ の元 i に
対し,

$$d_i(a_i^{(m)}, a_i^{(n)}) \leqq \sqrt{d_1(a_1^{(m)}, a_1^{(n)})^2 + \cdots + d_k(a_k^{(m)}, a_k^{(n)})^2} = d(a_m, a_n) < \varepsilon$$

であるので,点列 $(a_i^{(n)})_{n \in \mathbb{N}}$ は (X_i, d_i) のコーシー列である.(X_i, d_i) が完備である
ので,$(a_i^{(n)})_{n \in \mathbb{N}}$ は (X_i, d_i) において X_i の点 a_i に収束する.$a = (a_1, \ldots, a_k)$ と
する.

正の実数 ε を任意にとる.$\{1, \ldots, k\}$ の元 i に対し,$(a_i^{(n)})_{n \in \mathbb{N}}$ が a_i に収束するの
で,ある自然数 N_i が存在し,$n > N_i$ をみたす任意の自然数 n に対し $d_i(a_i^{(n)}, a_i) <$
$\frac{\varepsilon}{\sqrt{k}}$ である.このとき,$n > \max\{N_1, \ldots, N_k\}$ をみたす任意の自然数 n に対し

$$d(a_n, a) = \sqrt{d_1(a_1^{(n)}, a_1)^2 + \cdots + d_k(a_k^{(n)}, a_k)^2} < \sqrt{\left(\frac{\varepsilon}{\sqrt{k}}\right)^2 + \cdots + \left(\frac{\varepsilon}{\sqrt{k}}\right)^2}$$
$$= \varepsilon$$

が成り立つ.よって,$(a_n)_{n \in \mathbb{N}}$ は a に収束する.ゆえに,(X, d) は完備である.

問題 6.12 仮定より,任意の正の実数 ε に対し,X の有限被覆 $\mathcal{U}$ が存在し,$\mathcal{U}$ の
任意の元 U に対し $\delta(U) < \varepsilon$ が成り立つ.$\mathcal{U}_A = \{U \cap A \mid U \in \mathcal{U}\}$ とする.$\#\mathcal{U} <$
$\aleph_0$ より $\#\mathcal{U}_A < \aleph_0$ である.正の実数 ε と $\mathcal{U}_A$ の元 U_A を任意にとる.$U \cap A = U_A$

をみたす $\mathcal{U}$ の元 U が存在する．$\delta(U_A) = \delta(U \cap A) \leqq \delta(U) < \varepsilon$ である．よって，$(A, d|_{A \times A})$ も全有界である．

問題 6.13　仮定より，X の有限被覆 $\mathcal{U}$ が存在し，$\mathcal{U}$ の任意の元 U に対し $\delta(U) < 1$ が成り立つ．$\mathcal{U}_0 = \mathcal{U} - \{\varnothing\}$ とすると，$\mathcal{U}_0$ も X の被覆である．また，$\mathcal{U}_0 \subset \mathcal{U}$ であるので，問題 2.18 (3) より $\#\mathcal{U}_0 \leqq \#\mathcal{U} < \aleph_0$ である．$\#\mathcal{U}_0 = n$ とし，$\mathcal{U}_0 = \{U_1, \ldots, U_n\}$ とする．$\{1, \ldots, n-1\}$ の任意の元 i に対し $r_i = d(U_1 \cup \cdots \cup U_i, U_{i+1})$ とする．問題 3.35 より

$$\delta(X) = \delta(U_1 \cup \cdots \cup U_n) \leqq \sum_{i=1}^{n} \delta(U_i) + \sum_{i=1}^{n-1} d(U_1 \cup \cdots \cup U_i, U_{i+1})$$
$$< n + r_1 + \cdots + r_{n-1}$$

であるので，(X, d) は有界である．

問題 6.15　自然数 n を任意にとる．仮定より，X の有限被覆 $\mathcal{U}_n$ が存在し，$\mathcal{U}_n$ の任意の元 U に対し $\delta(U) < \frac{1}{n}$ が成り立つ．$\mathcal{U}_n^0 = \mathcal{U}_n - \{\varnothing\}$ とすると，$\mathcal{U}_n^0$ も X の被覆である．また，$\mathcal{U}_n^0 \subset \mathcal{U}_n$ であるので，問題 2.18 (3) より $\#\mathcal{U}_n^0 \leqq \#\mathcal{U}_n < \aleph_0$ である．$\mathcal{U}_n^0$ のすべての元からひとつずつ点を選ぶことにより，X の有限部分集合 A_n がえられる．$A = \bigcup_{n \in \mathbb{N}} A_n$ とする．問題 2.68 より $\#A \leqq \aleph_0$ である．

$\mathcal{O}$ の空でない元 O を任意にとる．O の点 x が存在する．$U(x; \varepsilon) \subset O$ をみたす正の実数 ε が存在する．$N > \frac{1}{\varepsilon}$ をみたす自然数 N が存在する．$\mathcal{U}_N$ が X の被覆であるので，$x \in U$ をみたす $\mathcal{U}_N$ の元 U が存在する．$\#(A_N \cap U) = 1$ であるので，$A_N \cap U = \{a\}$ をみたす X の点 a が存在する．$\delta(U) < \frac{1}{N}$ より $d(x, a) < \frac{1}{N}$ である．よって，

$$A \cap O \supset A \cap U(x; \varepsilon) \supset A \cap U\left(x; \frac{1}{N}\right) \supset \{a\} \neq \varnothing$$

である．ゆえに，問題 5.5 より A は $(X, \mathcal{O})$ において稠密である．

以上より，$(X, \mathcal{O})$ は可分である．

問題 6.17　正の実数 ε を任意にとる．$(a_n)_{n \in \mathbb{N}}$ が a に収束するので，ある自然数 N が存在し，$n > N$ をみたす任意の自然数 n に対し $d(a_n, a) < \varepsilon$ である．k が単射であるので，$k(\ell) > N$ をみたす自然数 ℓ が存在する．（もしそのような ℓ が存在しないとすると，k は $\mathbb{N}$ から $\{1, \ldots, N\}$ への単射であるので $\aleph_0 \leqq N$ である．一方，$\{1, \ldots, N\}$ から $\mathbb{N}$ への包含写像は単射であるので $N \leqq \mathbb{N}$ である．よって，問題 2.18 (2) より $N = \mathbb{N}$ であるが，これは問題 2.2 (2) に矛盾する．）k が順序を保つ単射であるので，$i > \ell$ をみたす任意の自然数 i に対し $k(i) > k(\ell)$ である．このとき，$k(i) > N$ であるので，$d(a_{k(i)}, a) < \varepsilon$ が成り立つ．ゆえに，$(a_{k(i)})_{i \in \mathbb{N}}$ も a に収束する．

問題 6.21　$\mathbb{R}^n$ の通常の位相を $\mathcal{O}$ とする．仮定より，$r = \sup\{d^{(n)}(x, y) \mid x, y \in A\}$ が存在する．A の点 a をひとつ選ぶ．A の任意の点 x に対し $d(x, a) \leqq r < 2r$ であるので，$A \subset U(a; 2r)$ である．問題 3.19 (2) より

$$K = U(a; 2r)^a \subset \left\{x \in \mathbb{R}^n \mid d^{(n)}(x, a) \leqq 2r\right\}$$

であるので，K の任意の点 x, y に対し

$$d^{(n)}(x, y) \leqq d^{(n)}(x, a) + d^{(n)}(a, y) \leqq 4r$$

である．よって，K は有界である．また，定理 3.20 (3) より K は $(\mathbb{R}, d^{(n)})$ の閉集合である．従って，定理 6.3 より K は $(\mathbb{R}^n, \mathcal{O})$ のコンパクト集合であり，定理 6.19 と定理 6.20 より $(K, d^{(n)}|_{K \times K})$ は全有界である．補題 3.15 (1) より $U(a; 2r) \subset K$ であるので，問題 6.12 より $(A, d^{(n)}|_{A \times A})$ も全有界である．

問題 6.23 例 3.9 より，$(\mathbb{R}^n, d^{(n)})$ は n 個の $(\mathbb{R}, d^{(1)})$ の直積距離空間に等しい．例題 6.22 より $(\mathbb{R}, d^{(1)})$ は完備であるので，問題 6.11 より $(\mathbb{R}^n, d^{(n)})$ も完備である．

問題 6.24 f が (X, d) の縮小写像であるので，$0 < c < 1$ をみたす実数 c が存在し，X の任意の元 x, y に対し $d(f(x), f(y)) \leqq c \cdot d(x, y)$ が成り立つ．X の点 a を任意にとる．正の実数 ε を任意にとる．$\delta = \varepsilon$ とする．$d(x, a) < \delta$ をみたす X の点 x を任意にとる．このとき，

$$d\big(f(x), f(a)\big) \leqq c \cdot d(x, a) < c \cdot \delta < \delta = \varepsilon$$

である．よって，f は a で連続である．ゆえに，f は (X, d) から (X, d) への連続写像である．

問題 6.27 d から定まる X の距離位相を $\mathcal{O}$ とする．対偶を示す．すべての自然数 n に対し $F_n^i = \varnothing$ であるとする．自然数 n を任意にとる．補題 3.15 (3) より $(F_n^c)^a = (F_n^i)^c = X$ であるので，F_n^c は $(X, \mathcal{O})$ において稠密である．F_n が (X, d) の閉集合であるので，F_n^c は (X, d) の開集合，従って $F_n^c \in \mathcal{O}$ である．よって，補題 3.15 (3) と定理 6.26（ベールのカテゴリー定理）より

$$\left(\left(\bigcup_{n \in \mathbb{N}} F_n \right)^i \right)^c = \left(\left(\bigcup_{n \in \mathbb{N}} F_n \right)^c \right)^a = \left(\bigcap_{n \in \mathbb{N}} F_n^c \right)^a = X$$

である．ゆえに，$\left(\bigcup_{n \in \mathbb{N}} F_n \right)^i = \varnothing$ である．

問題 6.30 d から定まる X の距離位相を $\mathcal{O}$ とし，$\mathcal{O}$ から定まる A^* の相対位相を $\mathcal{O}_{A^*}$ とする．i が包含写像であるので，A の任意の点 x, y に対し $d(i(x), i(y)) = d(x, y)$ である．よって，i は $(A, d|_{A \times A})$ から $(A^*, d|_{A^* \times A^*})$ への等長写像である．定理 3.20 (3) より A^* は (X, d) の閉集合であるので，問題 6.10 より $(A^*, d|_{A^* \times A^*})$ は完備である．A^* は $A = i(A)$ の (X, d) における閉包であるので，問題 4.19 より A の $(X, \mathcal{O})$ における閉包に等しい．さらに，A の $(A^*, \mathcal{O}_{A^*})$ における閉包にも等しい．よって，A は $(A^*, \mathcal{O}_{A^*})$ において稠密である．以上より，$((A^*, d|_{A^* \times A^*}), i)$ は $(A, d|_{A \times A})$ の完備化である．

参 考 文 献

[1] 松坂和夫『集合・位相入門』(岩波書店), 1968 年.
[2] 内田伏一『集合と位相』(裳華房・数学シリーズ), 1986 年.
[3] 斎藤毅『集合と位相』(東京大学出版会・大学数学の入門 8), 2009 年.
[4] 森田茂之『集合と位相空間』(朝倉書店・講座 数学の考え方 8), 2002 年.
[5] 鈴木晋一『集合と位相への入門 —ユークリッド空間の位相—』(サイエンス社・ライブラリ新数学大系 E1), 2003 年.
[6] 鈴木晋一『理工基礎 演習 集合と位相』(サイエンス社・ライブラリ演習新数学大系 S1), 2005 年.
[7] 齋藤正彦『数学の基礎 集合・数・位相』(東京大学出版会・基礎数学 14), 2002 年.
[8] 新井敏康『集合・論理と位相』(東京図書・基幹講座数学), 2016 年.
[9] 大田春外『はじめての集合と位相』(日本評論社), 2012 年.
[10] 小森洋平『集合と位相』(日本評論社・日評ベーシックシリーズ), 2016 年.
[11] 柴田敏男『集合と位相空間』(共立出版・共立数学講座 8), 1972 年.
[12] 篠田寿一・米澤佳己『集合・位相演習』(サイエンス社・数学演習ライブラリ 7), 1995 年.
[13] 彌永昌吉・彌永健一『集合と位相』(岩波書店), 1990 年.
[14] 和久井道久『大学数学ベーシックトレーニング』(日本評論社), 2013 年.
[15] 嘉田勝『論理と集合から始める数学の基礎』(日本評論社), 2008 年.
[16] 河田敬義・三村征雄『現代数学概説 II』(岩波書店・現代数学 2), 1965 年.
[17] ブルバキ『数学原論 位相 1〜5』(東京図書), 1968 年.
[18] J. R. Munkres, "Topology: a first course", Prentice-Hall, Inc., 1975.
[19] J. Dugundji, "Topology", Allyn and Bacon, Inc., 1965.
[20] L. A. Steen and J. A. Seebach, Jr., "Counterexamples on topology", Springer-Verlag, 1970.

索　引

著者略歴

遠　藤　久　顕
えん　どう　ひさ　あき

1997 年　大阪大学大学院理学研究科博士後期課程修了
現　　在　東京工業大学理学院数学系教授
　　　　　博士（理学）

ライブラリ現代の数学への道＝3

現代の数学への道 集合と位相

────────────────────────────────

2020 年 12 月 10 日ⓒ　　　　　　　　初 版 発 行

著　者　遠藤久顕　　　　　発行者　森 平 敏 孝
　　　　　　　　　　　　　印刷者　大 道 成 則

発行所　　株式会社　サ イ エ ン ス 社

〒151-0051　東京都渋谷区千駄ヶ谷 1 丁目 3 番 25 号
営業 ☎ (03)5474-8500（代）　振替 00170-7-2387
編集 ☎ (03)5474-8600（代）
FAX ☎ (03)5474-8900

────────────────────────────────

印刷・製本　（株）太洋社
《検印省略》

ISBN978-4-7819-1494-7
PRINTED IN JAPAN

サイエンス社のホームページのご案内
https://www.saiensu.co.jp
ご意見・ご要望は
rikei@saiensu.co.jp　まで．